“十二五”普通高等教育本科国家级规划教材

无机非金属材料学

（第2版）

主　编　陈照峰

副主编　李斌斌　王少刚

西北工业大学出版社

【内容简介】 “无机非金属材料学”是“材料科学基础”课程的后续拓展课程。本书内容包括水泥、玻璃、陶瓷、碳、陶瓷基复合材料和气凝胶等六大类无机非金属材料，是一本全面概括无机非金属材料的教材。书中重点阐述无机非金属材料的特点、功能和应用，强调科学性和先进性，融合无机非金属材料领域的新成果，引入无机非金属材料的新发展，注重应用理论解决实际问题。

本书既是材料科学与工程或相关专业本科生和研究生的教材，也可作为从事无机非金属材料研究、生产和使用的科研人员和工程技术人员的参考书。

图书在版编目(CIP)数据

无机非金属材料学/陈照峰主编．—2版．—西安：西北工业大学出版社，2016.2(2017.1重印)

ISBN 978-7-5612-4737-2

Ⅰ.①无… Ⅱ.①陈… Ⅲ.①无机非金属材料—高等学校—教材 Ⅳ.①TB321

中国版本图书馆CIP数据核字(2016)第031542号

出版发行：西北工业大学出版社
通信地址：西安市友谊西路127号 邮编：710072
电　　话：(029)88493844 88491757
网　　址：www.nwpup.com
印 刷 者：兴平市博闻印务有限公司
开　　本：787 mm×1 092 mm 1/16
印　　张：20.5
字　　数：493千字
版　　次：2016年2月第2版 2017年1月第2版第2次印刷
定　　价：40.00元

前　言

无机非金属材料是国民经济的重要基础，也是航空、航天、交通、能源和电子等高技术领域的重要支撑，目前正朝着多元化、复合化、功能化、结构-功能一体化方向发展。随着材料科学与工程学科实行大类招生，“无机非金属材料”已成为在校大学生和研究生的必修课程，也是毕业生走向工作岗位必须掌握的专业基础和技能的一部分。

现有的无机非金属材料学方面的教材基本是根据各高校的专业特点编写的，有的偏重于水泥，有的偏重于陶瓷，没有涉及或较少涉及碳、气凝胶和陶瓷基复合材料等先进无机非金属材料，而上述三种先进无机非金属材料在航空、航天等高技术领域具有无与伦比的地位和重要性，并开始走向民用领域。基于高校大类招生和综合培养的教学特点，本书将水泥、陶瓷、玻璃、碳、气凝胶和陶瓷基复合材料编在一本书中，把传统无机非金属材料和先进无机非金属材料融合在一起，使学生在掌握基本原理和理论的同时，洞悉无机非金属材料的最新发展成果，启发学生的创造性思维，开发学生的创新能力。

本书由陈照峰、李斌斌和王少刚编写，陈照峰统稿。在本书的编写过程中，参考了大量的图书和期刊资料，在此向这些文献的原作者表示感谢！同时，吴王平、承涵、陈舟、刘勇、万水成、王世明、关天茹和王娟为第1版书稿的文字录入提供了很多帮助，张硕对全文进行了文字纠误，张硕、胡述伟等对图表和公式进行了校对，向他们表示感谢！

本书的编写是一种新的尝试，由于笔者水平有限，经验不多，疏漏之处在所难免，恳请读者提出宝贵意见。

编　者

2016年1月

目　录

第1章 水 泥

1.1 概 述

水泥起源于胶凝材料，是在胶凝材料的发展过程中逐渐演变和发明的。胶凝材料是指在物理、化学作用下，能从浆体变成坚固的石状体，并能胶结其他物料而具有一定机械强度的物质。胶凝材料可分为无机胶凝材料和有机胶凝材料两大类，沥青和各种树脂属于有机胶凝材料，无机胶凝材料按照硬化条件分为水硬性胶凝材料和非水硬性胶凝材料两种。非水硬性胶凝材料只能在空气中吸收水汽缓慢反应硬化而不能直接在水中硬化，故又称其为气硬性胶凝材料，如石灰、石膏等。水硬性胶凝材料在拌水后既能在空气中又能在水中硬化，即所谓的水泥。

1.1.1 水泥的定义

凡细磨成粉末状，加入适量水后可成为塑性浆体，既能在空气中硬化，又能在水中继续硬化，并能将砂、石、金属纤维和玻璃纤维等材料胶结在一起的水硬性胶凝材料通称为水泥。

1.1.2 水泥的分类

水泥按用途及性能可分为三类：

① 通用硅酸盐水泥。通用水泥以其中的主要水硬性矿物名称冠以混合材料名称或其他适当名称命名，包括硅酸盐水泥、普通硅酸盐水泥、矿渣硅酸盐水泥、火山灰硅酸盐水泥、粉煤灰硅酸盐水泥、复合硅酸盐水泥和石灰石硅酸盐水泥等。

② 专用水泥。专用水泥以其用途命名，并可冠以不同型号，例如A级油井水泥、砌筑水泥和道路硅酸盐水泥等。

③ 特种水泥。特种水泥以其中的主要水硬性矿物名称冠以水泥的主要特性命名，并可冠以不同型号或混合材料名称，如快硬硅酸盐水泥、低热矿渣硅酸盐水泥和膨胀硫铝酸盐水泥等。

水泥也可以按其主要水硬性物质名称分为硅酸盐水泥、铝酸盐水泥、硫铝酸盐水泥、铁铝酸盐水泥、氟铝酸盐水泥、以火山灰或潜在水硬性材料及其他活性材料为主要组分的水泥。

1.2　硅酸盐水泥熟料

1.2.1　硅酸盐水泥的定义

凡由硅酸盐水泥熟料，0～5%石灰石或粒化高炉矿渣和适量石膏磨细制成的水硬性胶凝材料，称为硅酸盐水泥。硅酸盐水泥分两种类型，不掺杂混合材料的称为Ⅰ型硅酸盐水泥，代号为P.Ⅰ；在硅酸盐水泥熟料粉磨时，掺杂不超过水泥质量5%的石灰石或粒化高炉矿渣混合材料的称为Ⅱ型硅酸盐水泥，代号为P.Ⅱ。

硅酸盐水泥的主要组分包括以下材料：

硅酸盐水泥熟料，以 CaO，SiO_2，Al_2O_3，Fe_2O_3 为主的原料按适当比例配合，磨成细粉（生料）并烧至部分熔融，得到以硅酸钙为主要成分的水硬性胶凝物质，然后粉碎成细粉。

石膏，用做调节水泥凝结时间的组分，是缓凝剂。

混合材料，在粉磨水泥时与熟料、石膏一起加入，用以改善水泥性能、调节水泥标号、提高水泥产量的矿物质材料，包括活性混合材料与非活性混合材料。

窑灰，从回转窑窑尾废气中收集下来的粉尘。

另外，水泥磨粉时允许加入助磨剂，其加入量不得超过水泥质量的1%。

1.2.2　熟料的化学组成

硅酸盐水泥熟料中的主要化学成分是 CaO，SiO_2，Al_2O_3，Fe_2O_3 四种氧化物，其总和通常占熟料总量的95%以上。此外，还含有少量的其他氧化物，如 MgO，SO_3，Na_2O，K_2O，TiO_2，P_2O_5 等，它们的总量通常占熟料的5%以下。当用萤石或其他金属尾矿作矿化剂生产硅酸盐水泥熟料时，熟料中还会有少量的 CaF_2 或其他微量金属元素。在实际生产中，硅酸盐水泥熟料中主要氧化物含量的波动范围一般为：CaO 是 62%～67%，SiO_2 是 20%～24%，Al_2O_3 是 4%～7%，Fe_2O_3 是 2.5%～6%。在某些特定生产条件下，由于原料及生产工艺过程的差异，硅酸盐水泥熟料的各主要氧化物含量也有可能略为偏离上述范围，甚至由于某些生产所用的原料、燃料带入的 MgO，SO_3 等含量较高，致使有的硅酸盐水泥熟料中的次要氧化物含量总和有可能高于5%。

1.2.3　熟料的矿物组成

在硅酸盐水泥熟料中，CaO，SiO_2，Al_2O_3，Fe_2O_3 等并不是以单独的氧化物存在，而是以两种或两种以上的氧化物反应组合成各种不同的化合物，即以多种熟料矿物的形态存在。这些熟料矿物结晶细小，通常为30～60μm。硅酸盐水泥熟料中的主要矿物有以下四种：

硅酸三钙，$3CaO \cdot SiO_2$，简写成 C_3S。

硅酸二钙，$2CaO \cdot SiO_2$，简写成 C_2S。

铝酸三钙，$3CaO \cdot Al_2O_3$，简写成 C_3A。

铁铝酸四钙，$4CaO \cdot Al_2O_3 \cdot Fe_2O_3$，简写成 C_4AF。

另外，还有少量的游离氧化钙、方镁石、含碱矿物以及玻璃体等。

当使用萤石作矿化剂或萤石-石膏作复合矿化剂生产硅酸盐水泥熟料时，熟料中还可能会有氟铝酸钙($C_{11}A_7 \cdot CaF_2$)及过渡相硫铝酸钙($3CA \cdot CaSO_4$,简写为C_4A_3S)等,但氟铝酸钙的存在与否同生产工艺过程等有关。一般氟铝酸钙与铝酸三钙共存,其相对量变化影响含铝相的组成和水泥性能。

硅酸三钙和硅酸二钙合称为硅酸盐矿物,占75%左右,要求最低为66%以上,它们是熟料的主要组分。铝酸三钙和铁铝酸四钙合称熔剂矿物,占22%左右。硅酸盐矿物和熔剂矿物总和占95%左右。

硅酸三钙和硅酸二钙都是硅酸盐矿物,硅酸盐水泥熟料的名称也由此而来。在煅烧过程中,铝酸三钙和铁铝酸四钙与氧化镁、碱等从1 250~1 280℃开始,会逐渐熔融成液相以促进硅酸三钙的顺利形成,因而把它们称为熔剂性矿物。

1.2.4 熟料矿物的特性

1.硅酸三钙(C_3S)

C_3S是硅酸盐水泥熟料中的主要矿物,通常在高温液相作用下,由先形成的固相硅酸二钙吸收氧化钙而成,纯C_3S只有在1 250~2 065℃温度范围内才稳定。在2 065℃以上,不稳定地熔融为CaO和液相,在1 250℃以下分解为C_2S和CaO,但反应十分缓慢,只有在缓慢降温且伴随还原气氛条件下才明显进行,所以C_3S在室温条件下可以以介稳状态存在。

纯C_3S为白色,密度为$3.14g/cm^3$,其晶体截面为六角形或棱柱形。纯C_3S具有同质多晶现象。多晶现象与温度有关,而且相当复杂,到目前为止已发现三种晶系七种变型,即

$$R \xrightleftharpoons{1\,070℃} M_{Ⅲ} \xrightleftharpoons{1\,060℃} M_{Ⅱ} \xrightleftharpoons{990℃} M_{Ⅰ} \xrightleftharpoons{960℃} T_{Ⅲ} \xrightleftharpoons{920℃} T_{Ⅱ} \xrightleftharpoons{520℃} T_{Ⅰ}$$

其中,R型为三方晶系,M型为单斜晶系,T型为三斜晶系。

在硅酸盐水泥熟料中的硅酸三钙并不是以纯的C_3S形式存在,而总是与少量的其他氧化物如Al_2O_3,Fe_2O_3,MgO等形成固溶体。为了区别它与纯C_3S,将其定名为阿利特(Alite),简称A矿。A矿的化学组成仍接近于纯C_3S,因而简单地把A矿看做是C_3S。

2.硅酸二钙(C_2S)

C_2S在熟料中含量一般为20%左右,是硅酸盐水泥熟料的主要矿物之一。与C_3S类似,C_2S在熟料中并不是以纯C_2S的形式存在,而是与少量Al_2O_3,Fe_2O_3,MgO等氧化物形成固溶体,通常称为贝利特(Belite)或B矿。纯C_2S色洁白,当含有Fe_2O_3时呈棕黄色。纯C_2S在1 450℃以下有下列多晶转变:

$$\alpha \xrightleftharpoons{1\,425℃} \alpha'_H \xrightleftharpoons{1\,160℃} \alpha'_L \xrightleftharpoons{630\sim680℃} \beta \xrightleftharpoons{<500℃} \gamma$$

在室温下,α,α'_H,α'_L,β等变型都是不稳定的,有转变成γ型的趋势。在熟料中α型和α'型一般较少存在,在烧成温度较高、冷却较快的熟料中,由于固溶有少量Al_2O_3,Fe_2O_3,MgO等氧化物,故可以β型存在。通常所指的硅酸二钙或B矿即为β型硅酸二钙。

α型和α'型C_2S强度较高,而γ型C_2S几乎无水硬性。在实际生产中,若通风不良、还原气氛严重、烧成温度低、液相量不足、冷却较慢时,则硅酸二钙在低于500℃下,易由密度为$3.28g/cm^3$的β型转变为密度为$2.97g/cm^3$的γ型,体积膨胀10%而导致熟料粉化。但若液相量多,可使熔剂矿物形成玻璃体,将β型硅酸二钙晶体包围住,并采用迅速冷却方法使之越过β型向γ型转变温度而保留下来。

3. 铝酸三钙(C_3A)

C_3A 在熟料煅烧中起熔剂的作用,亦被称为熔剂性矿物,它和铁铝酸四钙在 1 250～1 280℃时熔融成液相,从而促使硅酸三钙顺利生成。冷却时,部分液相结晶,来不及结晶的部分液相凝固成玻璃体。C_3A 也可以固溶少量 SiO_2,Fe_2O_3,MgO 等而成固溶体。C_3A 晶形随原材料性质、熟料形成与冷却工艺的不同而有所差别,尤其是受熟料冷却速度的影响最大。通常在氧化铝含量高的慢冷熟料中,结晶出较完整的 C_3A 晶体,当冷却速度快时,C_3A 溶入玻璃相或呈不规则的微晶体析出。

4. 铁铝酸四钙(C_4AF)

C_4AF 代表的是硅酸盐水泥熟料中一系列连续的铁相固溶体。一般铁铝酸四钙中溶有少量的 MgO,SiO_2 等氧化物,通常称为才利特(Celite)或 C 矿。C_4AF 也是一种熔剂性矿物,常呈棱柱和圆粒状晶体。在反光镜下,由于 C 矿反射能力强,呈亮白色,并填充在 A 矿和 B 矿间,故通常又把它称为白色中间相。

5. 玻璃体

在实际生产中,由于冷却较快,熟料中的部分熔融液相被快速冷却,来不及结晶而成为过冷凝体,称为玻璃体。在玻璃体中,质点排列无序,组成也不定。其主要成分是 Al_2O_3,Fe_2O_3,CaO 以及少量 MgO 和碱等。

玻璃体在熟料中的含量取决于熟料煅烧时形成的液相量和冷却条件。当液相一定时,玻璃体含量则随冷却速度而异,快冷时玻璃体较多,而慢冷时玻璃体较少甚至几乎没有。

6. 游离氧化钙和方镁石

游离氧化钙是指熟料中没有以化合状态存在的氧化钙,又称为游离石灰(f-CaO)。经高温煅烧的游离氧化钙结构比较致密,水化很慢,通常要在 3 天后才明显反应。水化生成氢氧化钙体积增加 97.9%,在硬化的水泥浆体中造成局部膨胀应力。随着游离氧化钙含量的增加,首先是抗折强度下降,进而引起 3 天以后强度倒缩,严重时引起安定性不良。因此,在熟料煅烧中要严格控制游离氧化钙含量。

方镁石是指游离状态的 MgO 晶体,是熟料中 MgO 的一部分。当熟料煅烧时,MgO 有一部分可与熟料结合成固溶体以及溶于玻璃相中,多余的 MgO 结晶出来,呈游离状态。当熟料快速冷却时,结晶细小,而慢冷时其晶粒发育粗大,结构致密。方镁石水化速度很慢,通常认为要经过几个月甚至几年才明显反映出来。水化时生成 $Mg(OH)_2$,体积膨胀 148%,在已硬化的水泥石内部产生很大的破坏应力,轻者会降低水泥制品强度,严重时会造成水泥制品破坏,如开裂、崩溃等。

1.2.5 熟料的率值

硅酸盐水泥熟料中各主要氧化物含量之间比例关系的系数称为率值。

通过率值可以简明表示化学成分与矿物组成之间的关系,明确地表示出水泥熟料的性能及其对煅烧的影响,是水泥生产质量控制的基本要素。

在一定的工艺条件下,在生产中把率值作为控制生产的主要指标。目前,国内外所采用的率值有多种,而我国主要采用石灰饱和系数(KH)、硅率(n)、铝率(p)三个率值。

1.石灰饱和系数

石灰饱和系数的符号用 KH 表示。其物理意义是：水泥熟料中的总 CaO 含量扣除饱和酸性氧化物（如 Al_2O_3，Fe_2O_3）所需要的氧化钙后，剩下的与二氧化硅化合的氧化钙的含量与理论上二氧化硅全部化合成硅酸三钙所需要的氧化钙含量的比值。简言之，石灰饱和系数表示熟料中二氧化硅被氧化钙饱和成硅酸三钙的程度。

KH 值的数学表达式为

理论值：

$$KH=\frac{w_{CaO}-1.65w_{Al_2O_3}-0.35w_{Fe_2O_3}}{2.8w_{SiO_2}} \tag{1.1}$$

实际值：

$$KH=\frac{w_{CaO}-w_{f\text{-}CaO}-(1.65w_{Al_2O_3}+0.35w_{Fe_2O_3}+0.7w_{SO_3})}{2.8w_{SiO_2}-w_{f-SiO_2}} \tag{1.2}$$

式中，w_{CaO}，w_{SiO_2}，$w_{Al_2O_3}$，$w_{Fe_2O_3}$，w_{SO_3} 为熟料中相应氧化物的质量分数；$w_{f\text{-}CaO}$，$w_{f\text{-}SiO_2}$ 为熟料中呈游离状态的氧化钙、二氧化硅的质量分数。当 $w_{f\text{-}CaO}$，$w_{f\text{-}SiO_2}$ 及 w_{SO_3} 数值很小时，或配料计算时无法预先确定其含量时，通常采用理论值公式计算 KH 值。

通过 KH 值的数学表达式可知，KH 值高，则水泥熟料中 C_3S 较多，C_2S 较少。当 $KH=1$ 时，熟料中只有 C_3S，而无 C_2S；当 $KH>1$ 时，无论生产条件多好，熟料中都有游离氧化钙存在，熟料矿物组成为 C_3S，C_3A，C_4AF 及 f－CaO；当 $KH\leqslant 0.667$ 时，熟料中无 C_3S，熟料矿物中只有 C_2S，C_3A，C_4AF。

熟料的 KH 值一般控制在 0.667～1.00 之间。这样不仅可以生成四种主要矿物，理论上也无 f－CaO 存在。但在实际生产中，由于被煅烧物料的性质、煅烧温度、液相量、液相黏度等因素的限制，理论计算和实际情况并不完全一致。当 KH 值接近于 1 时，工艺条件难以满足需要，往往 f－CaO 明显增加，熟料质量反而下降；当 KH 值过低时，熟料中 C_3S 过少，熟料质量必然也会很差。为使熟料顺利形成，而又不至于出现过多的游离氧化钙，在生产条件下，通常 KH 值控制在 0.87～0.96 之间。

在国外，尤其是欧美国家大多采用石灰饱和系数 LSF 来控制生产。LSF 是英国标准规范的一部分，用于限定水泥中的最大石灰含量，其表达式为

$$LSF=\frac{100w_{CaO}}{2.8w_{SiO_2}+1.18w_{Al_2O_3}+0.65w_{Fe_2O_3}} \tag{1.3}$$

LSF 的含义是：熟料中 CaO 质量分数与全部酸性组分需要结合的 CaO 质量分数之比。一般来说，LSF 值高，水泥强度也高。一般硅酸盐水泥熟料的 $LSF=90\sim95$，早强型水泥熟料的 $LSF=95\sim98$。

2.硅率

硅率又称硅氧率，我国俗称硅酸率。硅率符号用 n 或 SM 来表示。硅率的数学表达式为

$$n(\text{或}\ SM)=\frac{w_{SiO_2}}{w_{Al_2O_3}+w_{Fe_2O_3}} \tag{1.4}$$

其含义是：熟料中 SiO_2 的质量分数与 Al_2O_3，Fe_2O_3 质量分数之和的比例。它反映了熟料中硅酸盐矿物（C_3S+C_2S）、熔剂矿物（C_3A+C_4AF）的相对含量。

n 值过高，表示硅酸盐矿物多，熔剂矿物少，对熟料强度有利，但将给煅烧造成困难；随 n

值的降低，液相量增加，对熟料的易烧性和操作有利，但 n 值过低，熟料中熔剂性矿物过多，煅烧时易出现结大块、结圈等现象，且熟料强度低，操作困难。硅酸盐水泥熟料的 n 值一般控制在 1.7～2.7 之间。

3. 铝率

铝率又称铝氧率或铁率，用 p 或 IM 表示，其含义是：水泥熟料中 Al_2O_3 质量分数与 Fe_2O_3 质量分数之比。铝率的数学表达式为

$$p(\text{或 } IM)=\frac{w_{Al_2O_3}}{w_{Fe_2O_3}} \tag{1.5}$$

铝率反映了熟料中 C_3A 和 C_4AF 的相对质量分数。熟料中铝率一般控制在 0.9～1.9之间。

当 p 增大时，意味着 C_3A 增多，C_4AF 的质量分数相对较少，液相黏度增加，不利于 C_3S 的形成，且由于 C_3A 的增多，易引起水泥的快凝；p 过低，则 C_3A 相对质量分数少，C_4AF 量相对较多，液相黏度小，对 C_3S 形成有利，但易使窑内结大块，对煅烧操作不利。

我国目前采用的是石灰饱和系数、硅率和铝率三个率值。为使熟料既顺利烧成，又保证质量，保持矿物组成稳定，应根据原料、燃料和设备等具体条件来选择三个率值，使之互相适当配合，不能单独强调某一率值。一般来说，三个率值不能同时都高或同时都低。

1.2.6 熟料矿物组成的计算与换算

1. *熟料矿物组成的计算*

熟料的矿物组成可用仪器分析，如用岩相分析、X 射线分析和红外光谱分析等测定；也可采用计算法，即根据化学成分或率值计算。

岩相分析法是用显微镜测出单位面积中各矿物所占的百分率，然后根据各矿物的密度计算出各矿物的质量分数。这种方法测定结果可靠，符合实际情况，但当矿物晶体较小时，可能因重叠而产生误差。

X 射线分析则基于熟料中各矿物的特征峰强度与单矿物特征峰强度之比求得其质量分数。这种方法误差较小，但质量分数太低时则不易测准。

红外光谱分析误差也较小，近年来广泛采用电子探针、X 射线光谱分析仪等对熟料矿物进行定量分析。

根据熟料化学成分或率值计算所得的矿物组成往往与实际情况有些出入，但是，根据计算结果一般已能说明矿物组成对水泥性能的影响。因此，这种方法在水泥工业中仍然得到了广泛应用，具体计算熟料矿物的方法较多，现选两种方法加以说明。

(1)化学法

化学法计算熟料矿物的公式如下：

$$w_{C_3S}=3.80(3KH-2)w_{SiO_2} \tag{1.6}$$

$$w_{C_2S}=8.60(1-KH)w_{SiO_2} \tag{1.7}$$

$$w_{C_3A}=2.65(w_{Al_2O_3}-0.64w_{Fe_2O_3}) \tag{1.8}$$

$$w_{C_4AF}=3.04w_{Fe_2O_3} \tag{1.9}$$

式中，w_{SiO_2}，$w_{Al_2O_3}$，$w_{Fe_2O_3}$ 为熟料中相应氧化物的质量分数(%)；KH 为熟料的石灰饱和系数。

为了说明该方法，下面列举一例。已知熟料化学成分如表1.1所示，试求熟料的矿物组成。

表1.1　熟料的化学成分

氧化物	SiO_2	Al_2O_3	Fe_2O_3	CaO	MgO	SO_3	f-CaO
质量分数/(%)	22.40	6.22	4.35	64.60	1.06	0.37	1.00

根据式(1.2)，有

$$KH=\frac{w_{CaO}-w_{f\text{-}CaO}-(1.65w_{Al_2O_3}+0.35w_{Fe_2O_3}+0.7w_{SO_3})}{2.8w_{SiO_2}-w_{f\text{-}SiO_2}}$$

$$KH=\frac{64.60-1.00-(1.65\times6.22+0.35\times4.35+0.7\times0.37)}{2.8\times22.4-0}=0.822$$

按化学法可求得熟料矿物组成如下：

$$w_{C_3S}=3.80(3KH-2)w_{SiO_2}=3.80\times(3\times0.822-2)\times22.40=39.67\%$$

$$w_{C_2S}=8.60(1-KH)\ w_{SiO_2}=8.60\times(1-0.822)\times22.40=34.29\%$$

$$w_{C_3A}=2.65(w_{Al_2O_3}-0.64w_{Fe_2O_3})=2.65\times(6.22-0.64\times4.35)=9.11\%$$

$$w_{C_4AF}=3.04w_{Fe_2O_3}=3.04\times4.35=13.22\%$$

(2)代数法

代数法也称鲍格法。若以C_3S，C_2S，C_3A，C_4AF，$CaSO_4$及C，S，A，F，SO_3分别代表熟料中硅酸三钙、硅酸二钙、铝酸三钙、铁铝酸四钙、硫酸钙，以及CaO，SiO_2，Al_2O_3，Fe_2O_3和SO_3的质量分数，则四种矿物及$CaSO_4$的化学组成质量分数可按下列计算式计算：

$$w_{C_3S}=4.07w_C-7.60w_S-6.72w_A-1.43w_F-2.86w_{SO_3}-4.07w_{f\text{-}CaO} \quad (1.10)$$

$$w_{C_2S}=8.60+5.07w_A+1.07w_F+2.15w_{SO_3}-3.07w_C=2.87w_S-0.754w_{C_3S} \quad (1.11)$$

$$w_{C_3A}=2.65w_A-1.69w_F \quad (1.12)$$

$$w_{C_4AF}=3.04w_F \quad (1.13)$$

$$w_{CaSO_4}=1.70w_{SO_3} \quad (1.14)$$

2.熟料化学组成、矿物组成与率值的换算

(1)由矿物组成计算各率值

若已知熟料矿物组成(质量分数)，则可按下列式子计算各率值：

$$KH=\frac{w_{C_3S}+0.883\,8w_{C_2S}}{w_{C_3S}+1.325\,6w_{C_2S}} \quad (1.15)$$

$$n=\frac{w_{C_3S}+1.325\,6w_{C_2S}}{1.434\,1w_{C_3A}+2.046\,4w_{C_4AF}} \quad (1.16)$$

$$p=\frac{1.150\,1w_{C_3A}}{w_{C_4AF}}+0.638\,3 \quad (1.17)$$

(2)由熟料率值计算化学成分

设$\Sigma=w_{CaO}+w_{SiO_2}+w_{Al_2O_3}+w_{Fe_2O_3}$，一般$\Sigma=95\%\sim98\%$，实际中$\Sigma$值的大小受原料化学成分和配料方案的影响。通常情况下可选取$\Sigma=97.5\%$。

若已知熟料率值,可按下式求出各熟料化学成分:

$$w_{Fe_2O_3}=\frac{\sum}{(2.8KH+1)(p+1)n+2.65p+1.35} \tag{1.18}$$

$$w_{Al_2O_3}=p\times w_{Fe_2O_3} \tag{1.19}$$

$$w_{SiO_2}=n(w_{Al_2O_3}+w_{Fe_2O_3}) \tag{1.20}$$

$$w_{CaO}=\sum-(w_{SiO_2}+w_{Al_2O_3}+w_{Fe_2O_3}) \tag{1.21}$$

(3)由矿物组成计算化学成分

$$w_{SiO_2}=0.263\,1w_{C_3S}+0.348\,8w_{C_2S} \tag{1.22}$$

$$w_{Al_2O_3}=0.377\,3w_{C_3A}+0.209\,8w_{C_4AF} \tag{1.23}$$

$$w_{Fe_2O_3}=0.328\,6w_{C_4AF} \tag{1.24}$$

$$w_{CaO}=0.736\,9w_{C_3S}+0.651\,2w_{C_2S}+0.622w_{C_3A}+0.461\,6w_{C_4AF}+0.411\,9w_{CaSO_4} \tag{1.25}$$

$$w_{SO_3}=0.588\,1w_{CaSO_4} \tag{1.26}$$

1.3 硅酸盐水泥的配料

1.3.1 配料的相关概念

1.生料

由石灰质原料、黏土质原料、少量校正原料(有时还加入适量的矿化剂、晶种等,立窑生产时还会加入一定量的煤)按比例配合,粉磨到一定细度的物料,称为生料。生料的化学成分随水泥品种、原燃料质量、生产方法、窑型及其他生产条件等不同而有所差别。生料的形态主要随生产方法而异,有生料粉、生料浆两种。

(1)生料粉

干法生产用的生料为生料粉,一般生料粉含水量要求不超过1%。根据配料方式不同,通常又有白生料、全黑生料、半黑生料等。

白生料:将各种原料按比例配合后进行粉磨,磨出生料因不含煤,故称白生料,通常也称为普通生料。

全黑生料:将各种原料和煅烧所需的全部用煤一起配合入磨,所制得的生料称为全黑生料,简称黑生料。

半黑生料:将煅烧所需煤总量的一部分和原料配合共同粉磨,所制得的生料称为半黑生料。这"一部分"的煤通常称为入磨煤或预磨煤,除这"一部分"之外的煅烧用煤则常常在生料磨以外加入,故又称为外加煤。

(2)生料浆

湿法生产所用的生料为生料浆。生料浆通常是由各种原料并掺入适量水后共同磨制而成的含水32%～40 %的料浆。

2.配料

根据水泥品种、原燃料品质、工厂具体生产条件等选择合理的熟料矿物组成或率值,并由此计算所用原料及燃料的配合比,称为生料配料,简称配料。其目的是确定各原料、燃料的消耗比例,改善物料易磨性和生料的易烧性,为窑磨创造良好的操作条件,达到优质、高产、低消耗的生产目的。

配料的基本原则如下:使煅烧出来的熟料具有良好的物理化学性能和较高的强度;确定某一品种的水泥熟料率值,通过计算确定各种原料的正确配比;指导生产,要求达到易于烧成和粉磨,生产上易于控制和操作。

3. 配料计算中的常用基准及换算

(1)干燥基准

物料中物理水分蒸发后处于干燥状态,用干燥状态物料作计算基准时称为干燥基准,简称干基。干基用于计算干燥原料的配合比和干燥原料的化学成分。如果不考虑生产损失,则干燥原料的质量等于生料的质量,即

$$\text{干石灰石}+\text{干黏土}+\text{干铁粉}=\text{干生料(白生料)} \tag{1.27}$$

(2)灼烧基准

生料经灼烧去掉烧失量(结晶水、CO_2与挥发物质等)之后处于灼烧状态,以灼烧状态作计算基准,称为灼烧基准。如不考虑生产损失,在采用有灰分掺入的煤作燃料时,则灼烧生料与掺入熟料中的煤灰之和应等于熟料的质量,即

$$\text{灼烧生料}+\text{煤灰(掺入熟料中的)}=\text{熟料} \tag{1.28}$$

若已知某物质干基化学成分与烧失量,则可按下式换算出该物料的灼烧基成分:

$$\text{灼烧基成分}(\%)=\frac{A}{100-L}\times 100\% \tag{1.29}$$

式中,A为干基物料成分(%);L为干基物料烧失量(%)。

物料中的干基用量与灼烧基用量可按下式换算:

$$\text{灼烧基用量}=(100-L)\times\text{干基用量}/100 \tag{1.30}$$

$$\text{干基用量}=100\times\text{灼烧基用量}/(100-L) \tag{1.31}$$

(3)湿基准

用含水物料作计算基准称为湿基准,简称湿基。若已知物料含水量为ω(%),则

$$\text{湿基成分}=(100\times\text{干基成分})/(100-\omega) \tag{1.32}$$

1.3.2 配料方案的选择

配料方案,即熟料的矿物组成或熟料的三率值。配料方案的选择,实质上就是选择合理的熟料矿物组成,也就是对熟料三率值KH,n,p的确定。

1. 确定配料方案的依据

(1)水泥品种

不同的水泥品种所要求的熟料矿物组成也不同,因而熟料的率值就不同。若生产特殊用途的硅酸盐水泥,应根据其特殊技术要求,选择合适的矿物组成和率值。例如,生产快硬硅酸盐水泥,需要较高的早期强度,则应适当提高熟料中的硅酸三钙和铝酸三钙的含量,为此,应适当提高KH值和p值。如果提高铝酸三钙含量有困难,可适当提高硅酸三钙的含量。铝酸三钙易烧性下降,为易于烧成,可适当降低n值以增加液相量;硅酸三钙由于KH值较高,对易烧性不利,但液相黏度并非增大,熟料并不一定过分难烧,因而硅酸率n不一定过多降低。生产水工硅酸盐水泥时,为避免水化热过高,应当降低水泥熟料中的C_3S和C_3A的含量。但水泥强度、抗冻性等会因C_3S过分减少而显著降低。因此,首先应降低熟料中的C_3A,同时适当

降低 C_3S 含量，生产中控制适当的低 p 值与低 KH 值即可。通用水泥的不同品种主要区别在于混合材料和掺量不同，因此可使其熟料组成在一定范围内波动，采用多种配料方案进行生产。

(2)原料品质

熟料率值的选取应与原料化学组成相适应。要综合考虑原料中四种主要氧化物的相对含量，尽量减少校正原料的品种，以简化工艺流程，便于生产控制。如果采用三种原料配料，即使熟料率值略偏离原设计要求，也能保证水泥质量和工厂生产，因此，就不必考虑更换某种原料或掺加另一种校正原料进行四组分原料配料。如石灰石品位低而黏土中氧化硅含量又不高，则无法提高 KH 值和 n 值，熟料强度难以提高，只有采用品位高的石灰石和氧化硅含量高的黏土才能提高 KH 值和 n 值。若石灰石中的燧石含量较高或黏土中的粗砂含量高，则原料难磨，生料易烧性差，熟料难烧，故熟料的 KH 值不宜太高，而应适当降低 KH 值以适应原料的实际情况。生料易烧性好，可以选择较高的 KH 值和 n 值。

(3)燃料品质

当燃煤质量较差、灰分高、发热量低时，一般烧成温度低，因而熟料中的 KH 值不宜选择过高。因此，除立窑采用全黑生料外，对其他窑型，由于煤灰掺入熟料中是不均匀的，因而生产中常造成一部分熟料的石灰饱和系数偏低，而另一部分相对偏高，结果熟料的矿物形成不均，岩相结构不良。煤粉愈粗，灰分愈高，影响也愈大。因此，当煤质变化大时，除了考虑适当提高煤粉细度外，还该考虑进行燃煤的预均化。

(4)生料质量

熟料的率值，特别是石灰饱和系数应与生料的均匀性及细度相适应。在同样的原料和生产条件下，生料成分均匀性差的在配料时应考虑将 KH 值控制得稍低些，否则熟料中的游离氧化钙增加，熟料质量变差；反之，如原料预均化、生料均化较好时则 KH 值可适当提高。若生料粒度粗，或者是原料中晶质二氧化硅含量高，石灰质原料中方镁石结晶较大时，由于生料的反应能力差，化学反应难以完全进行或分解、扩散、化合相对缓慢，则 KH 值也应适当低些。

2. 熟料率值的选择

选择熟料率值时，原则上三个率值不能同时偏高或偏低，也不能片面强调某一率值而忽略其他两个率值，必须互相吻合。

(1)KH 值的选择

若工艺、技术条件好，生料成分均匀稳定，生料预烧性好，这时应选择较高的 KH 值；反之，KH 值宜适当低一些。在实际生产中，KH 值过高时，一般会使 $f-CaO$ 剧增，从而导致熟料安定性不良，并且当煅烧操作跟不上时，反而使熟料烧成率大幅度下降，生料较多。在生产过程中，最佳 KH 值可根据生产经验综合考虑熟料的煅烧难易程度和熟料质量等确定，并应控制 KH 值在一定范围内波动(一般波动值为 $\pm(0.01\sim0.02)$)。最佳 KH 值也可以用统计方法找出并不断修正后确定。

(2)n 值的选择

确定 n 值时既要保证熟料中有一定数量的硅酸盐矿物，又必须与 KH 值相适应。要提高熟料强度，硅酸盐矿物须有一定的量，n 值应稍高。一般应避免以下倾向：

①KH 值高、n 值也偏高，这时熔剂性矿物含量必然少，生料易烧性变差，吸收 $f-CaO$ 反应不完全，且 $f-CaO$ 高；

②KH 值低、n 值偏高，熟料的煅烧温度不必太高，但硅酸盐矿物中的 C_2S 含量将相对增高，从而易造成熟料的“粉化”，熟料强度低；

③KH 值高、n 值偏低，熟料的煅烧温度同样不需很高，但熔剂矿物的总量较高，以致液相量较高，易产生结窑、结大块现象。同时由于大块料不易烧透，$f-CaO$ 还是很高，因而熟料质量差。

(3)p 值的选择

选择 p 值时也要考虑与 KH 值相适应。一般情况下，当提高 KH 值时便应降低 p 值，以降低液相出现的温度和黏度，从而有助于 C_3S 的形成。至于究竟是采用高铝还是高铁配料方案，应根据原燃料特点及工艺设备、操作水平以及用户对水泥性能的要求等各方面情况综合分析决定。

1.3.3　配料计算

配料方案确定之后，便可根据所用原料进行配料计算。配料的计算方法很多，如代数法、率值公式法、尝试误差法、最小二乘法等，其中应用较多的是尝试误差法中的递减试凑法、拼凑法以及率值公式法。随着科学技术的发展，计算机的应用已普及各领域并已广泛应用于水泥工业。目前，股份制企业已使用网络化生料配料等计算机控制和管理系统，使配料计算更加模块化，简单、方便，效率更高。

递减试凑法是从熟料化学成分中依次递减配合比的原料成分，试凑至符合要求为止，它是尝试误差法中的一种。计算时以 100kg 熟料为计算基准，直接利用原料各氧化物质量分数的原始分析结果，逐步接近要求配比来进行计算。

配料计算步骤如下：

①列出原料、煤灰的化学成分和煤的工业分析资料。

②计算煤灰掺入量。

③选择熟料率值。

④根据熟料率值计算要求的熟料化学成分。

⑤递减试凑求各原料配合比。

⑥计算熟料化学成分并校验率值。

⑦将干燥原料配合比换算成湿原料配合比。

列出原燃料资料时，原燃料分析数据应精确到小数点后两位。如果分析结果总和 $\sum$ 超过 100%，则应按比例缩减使总和等于 100%，即各成分除以 $\sum$；若分析结果总和 $\sum$ 小于 100%，这是由于某些物质没有被分析测定出来，此时可把小于 100% 的差数注明为“其他”项，不必换算。当已知条件和要求不同时，上述的配料步骤亦可有所不同。大多数情况下都给定原燃料有关数据及熟料率值控制目标值，故此时可以省略上述步骤中的①和③两项。

1.4　硅酸盐水泥熟料的煅烧

1.4.1　煅烧过程物理化学变化

水泥生料入窑后，在加热煅烧过程中发生干燥、黏土脱水、碳酸盐分解、固相反应、熟料烧成和冷却等物理化学反应。这些过程的反应温度、速度及生成的产物不仅与生料的化学成分及熟料的矿物组成有关,也受到其他因素(如生料细度、生料均匀性、传热方式等)的影响。

1. 干燥

干燥即自由水的蒸发过程。生料中都有一定量的自由水,生料中自由水的含量因生产方法与窑型不同而异。干法窑生料含水量一般不超过 1.0%;立窑、立波尔窑生料须加水 12%~14%成球;湿法生产的料浆水分为 30%~40%。

自由水的蒸发温度为 100~150℃。生料加热到 100℃左右,自由水分开始蒸发,当温度升到 150~200℃时,生料中自由水全部被排除。自由水的蒸发过程消耗的热量很大,每千克水蒸发热高达 2 257 kJ。如湿法窑料浆含水 35%,每生产 1 kg 水泥熟料用于蒸发水分的热量高达 2 100 kJ,占湿法窑热耗的 1/3 以上。降低料浆水分是降低湿法生产热耗的重要途径。

2. 黏土脱水

黏土脱水即黏土中矿物分解放出结合水。黏土主要由含水硅酸铝所组成,常见的有高岭土和蒙脱石,大部分黏土属于高岭土。

黏土矿物的化合水有两种:一种是以 OH^- 离子状态存在于晶体结构中,称为晶体配位水(也称结构水);另一种是以分子状态吸附于晶层结构间,称为晶间水或层间吸附水。所有的黏土都含有配位水,多水高岭土、蒙脱石还含有层间水,伊利石的层间水因风化程度而异。层间水在 100℃左右即可除去,而配位水则必须在 400~600℃范围才能脱去,具体温度范围取决于黏土的矿物组成。下面以高岭土为例说明黏土的脱水过程。

高岭土主要由高岭石($2SiO_2 \cdot Al_2O_3 \cdot nH_2O$)组成。加热温度达 100℃时高岭石失去吸附水。温度升高至 400~600℃时高岭石失去结构水,变为偏高岭石($2SiO_2 \cdot Al_2O_3$),并进一步分解为化学活性较高的无定型氧化铝和氧化硅。黏土中的主要矿物高岭土发生脱水分解反应,如下式所示:

$$2SiO_2 \cdot Al_2O_3 \cdot nH_2O \xrightarrow{400\sim600℃} 2SiO_2 \cdot Al_2O_3 + nH_2O \tag{1.33}$$

$$2SiO_2 \cdot Al_2O_3 \xrightarrow{400\sim600℃} 2SiO_2 + Al_2O_3 \tag{1.34}$$

由于偏高岭石中存在着因 OH^- 离子跑出后留下的空位,因而通常把它看成是无定型的 SiO_2 和 Al_2O_3,这些无定型物具有较高的化学活性,为下一步与氧化钙反应创造了有利条件。

3. 碳酸盐分解

碳酸盐分解是熟料煅烧的重要过程之一。碳酸盐分解与温度、颗粒粒径、生料中黏土的性质、气体中 CO_2 的含量等因素有关。

石灰石中的碳酸钙和少量碳酸镁在煅烧过程中都要分解放出二氧化碳,其反应式如下:

$$MgCO_3 \xrightleftharpoons{600℃} MgO + CO_2\uparrow \tag{1.35}$$

$$CaCO_3 \xrightleftharpoons{900℃} CaO + CO_2\uparrow \tag{1.36}$$

其中碳酸钙在水泥生料中所占比率在 80%左右,其分解过程需要吸收大量的热,是熟料煅烧过程中消耗热量最多的一个过程,是水泥熟料煅烧过程中的重要环节。

碳酸盐分解反应的特点如下:

1)可逆反应。碳酸钙的分解过程受系统温度、周围介质中 CO_2 分压的影响较大。升温并供给足够的热量,及时排除周围的 CO_2,降低周围的 CO_2 分压,有利于分解反应的顺利进行。

2)强吸热反应。碳酸钙的分解过程是熟料形成过程中消耗热量最多的一个工艺过程,分解所需总热量约占湿法生产总热耗的1/3,约占新型干法窑的1/2。因此,为了使分解反应顺利进行,必须保持较高的反应温度,并提供足够的热量。

3)烧失量大。每100 kg纯$CaCO_3$分解后排除的挥发性CO_2气体为44 kg,烧失量占44%。但在实际生产中,由于石灰石不纯,故烧失量一般在40%左右。

4)分解温度与矿物晶体结构有关。石灰石中伴生矿物和杂质一般会降低分解温度。方解石的结晶程度高、晶体粗大,则分解温度高;反之,微晶的分解温度低。

通常$CaCO_3$在600℃时已开始有微弱分解,800~850℃时分解速度加快,894℃时分解出的CO_2分压达0.1 MPa,分解反应快速进行,1 100~1 200℃时分解速度极为迅速。

碳酸钙颗粒的分解过程如图1.1所示。颗粒表面首先受热,达到分解温度后分解放出CO_2,表层变为CaO,分解反应面逐步向颗粒内层推进,分解放出的CO_2通过CaO层扩散至颗粒表面并进入气流中。反应可分为五个过程,并用等效电路来表示分解各个过程的阻力。气流向颗粒表面的传热过程,其阻值用R_α表示;颗粒内部通过CaO层向反应面导热,阻值为R_λ;反应面上的化学反应,阻值为R_κ;反应产物CO_2通过CaO层的传质,阻值为R_δ;颗粒表面CaO向外界的传质,阻值为R_β。

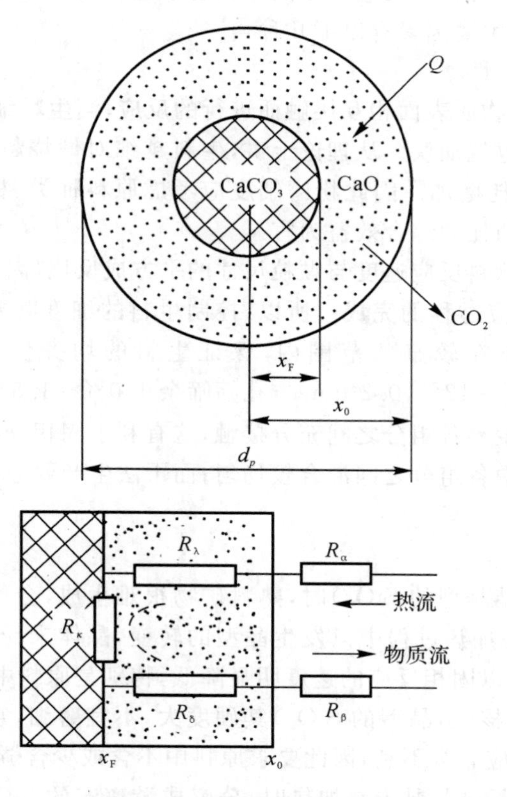

图1.1 碳酸钙颗粒的分解过程

在上述五个过程中,四个是物理传递过程,一个是化学动力学过程。显然,哪个过程的阻值最大,该过程即为控制因素。随着反应的进行,反应面不断向核心推移,各阻值也在不断变化。五个过程各受不同因素的影响,都可能影响分解过程,各因素影响的程度亦不相同。

$CaCO_3$的分解过程受生料粉粒径的影响很大。研究表明，当粒径较大时，如 $D=10$ mm 的料球，整个分解过程的阻力主要是气流向颗粒表面的传热，传热及传质过程为主要影响因素，而化学反应过程不占主导地位；在粒径 $D=2$ mm 时，传热及传质的物理过程与化学反应过程占同样重要的地位。当粒径较小时，如 $D=30$ μm 时，分解过程主要取决于化学反应过程，整个分解过程的阻力由化学分步反应过程所决定。

4. 固相反应

固相反应是指固相与固相之间所进行的反应。黏土和石灰石分解以后分别形成了 CaO，MgO，SiO_2，Al_2O_3 等氧化物，这些氧化物随着温度的增高会反应形成各种矿物：

约 800℃开始反应形成 CA，C_2F，C_2S；

800～900℃开始形成 $C_{12}A_7$，C_2F；

900～1 100℃早期形成的 C_2AS 再分解，开始形成 C_3A 和 C_4AF；

1 100～1 200℃大量形成 C_3A 和 C_4AF，同时 C_2S 含量达最大值。

从以上化学反应的温度不难发现，这些反应温度都小于反应物和生成物的熔点（如 CaO，SiO_2 与 2CaO·SiO 的熔点分别为 2 570℃，1 713℃与 2 130℃），也就是说，物料在以上这些反应过程中都没有熔融状态物出现，反应是在固体状态下进行的，这就是固相反应的特点。

影响固相反应速度的主要因素有以下几种：

(1)生料的细度和均匀性

由于固相反应是固体物质表面相互接触而进行的反应，当生料细度较细时，组分之间接触面积增加，固相反应速度也就加快。从理论上讲，生料越细对煅烧越有利，但生料细度过细会使磨机产量降低，同时电耗增加。因此粉磨细度应考虑原料种类、粉磨设备及煅烧设备的性能，以达到优质、高产、低消耗的综合效益为宜。

通过实验发现，由于物料反应速度与颗粒尺寸的平方成反比，因而即使有少量较大尺寸的颗粒，都可以显著延缓反应过程的完成。所以，控制生料的细度既要考虑生料中细颗粒的含量，也要考虑使颗粒分布在较窄的范围内，保证生料的均齐性。生料细度一般控制在 0.080 mm方孔筛筛余 8%～12%，0.2 mm 方孔筛筛余 1.0%～1.5%。

生料均匀混合，将使生料各组分之间充分接触，这有利于固相反应进行。湿法生产的料浆由于流动性好，因而生料中各组分之间混合较均匀；而干法生产要通过空气均化来达到生料成分均匀的目的。

(2)原料性质

原料中含有石英砂（结晶型的 SiO_2）时，熟料矿物很难生成，会使熟料中游离氧化钙含量增加。因为结晶型 SiO_2 在加热过程中只发生晶型的转变，晶体未受到破坏，晶体内分子很难离开晶体而参加反应。所以固相反应的速度明显降低，特别是原料中含有粗颗粒石英时，影响更大。原料中含的燧石结核（结晶型的 SiO_2）其硬度大，不宜磨细，它的反应能力亦较无定型的 SiO_2 低得多，对固相反应非常不利，因此要求原料中不含或少含燧石结核。

而黏土中的 SiO_2 情况不同，黏土在加热时，分解成游离态的 SiO_2 和 Al_2O_3。其晶体已经破坏，因而容易与碳酸钙分解出的 CaO 发生固相反应，形成熟料矿物。

(3)温度和时间

温度升高使质点能量增加，从而增加了质点的扩散速度和化学反应速度，所以固相反应速度加快。由于固相反应时离子的扩散和迁移需要时间，所以必须保证一定的时间才能使固相反应完全进行。

(4)矿化剂

能加速结晶化合物的形成,使水泥生料易烧的少量外加剂称为矿化剂。加入矿化剂可以通过与反应物作用而使晶格活化,从而增强反应能力,加速固相反应。

熟料形成过程中,固相反应次序虽如前所述,但实际上随着原料的性能、粉磨细度、加热速度等条件的变化,各矿物形成的温度有一定范围,而且会相互交叉,如 C_2S 虽然在 800～900℃内开始形成,但全部的 C_2S 形成要在 1 200℃,而生料的不均匀性使交叉的温度范围更宽。

5. 熟料的烧成

物料加热到最低共熔温度(物料在加热过程中,开始出现液相的温度称为最低共熔温度)时,物料中开始出现液相,液相主要由 C_3A 和 C_4AF 所组成,还有少量的 MgO,Na_2O,K_2O 等,在液相的作用下进行熟料烧成。

液相出现后,C_2S 和 CaO 都开始溶于其中,在液相中 C_2S 吸收游离氧化钙形成 C_3S,其反应式如下:

$$C_2S(液)+CaO(液)\xrightarrow{1\ 350\sim1\ 450℃}C_3S(固) \tag{1.37}$$

熟料的烧结包含三个过程:

①C_2S 和 CaO 逐步溶解于液相中并扩散;

②C_3S 晶核的形成;

③C_3S 晶核的发育和长大,完成熟料的烧结过程。即随着温度的升高和时间延长,液相量增加,液相黏度降低,C_2S 和 CaO 不断溶解、扩散,C_3S 晶核不断形成,并逐渐发育、长大,最终形成几十微米大小、发育良好的阿利特晶体。

与此同时,晶体不断重排、收缩、密实化,物料逐渐由疏松状态转变为色泽灰黑、结构致密的熟料。这个过程称为熟料的烧结过程,也称石灰吸收过程。

大量 C_3S 的生成是在液相出现之后,普通硅酸盐水泥物料一般在 1 300℃左右时就开始出现液相,而 C_3S 形成最快温度约在 1 350℃,一般在 1 450℃以下 C_3S 绝大部分生成,所以熟料烧成温度为 1 300～1 450℃或 1 450℃。

任何反应过程都需要有一定时间,C_3S 的形成也不例外。它的形成不仅需要有一定温度,而且需要在烧成温度下停留一段时间,使其能充分反应。但时间也不宜过长,否则易使 C_3S 生成粗而圆的晶体,从而使其强度不仅发挥慢而且还要降低,一般需要在高温下煅烧 20～30 min。

从上述的分析可知,熟料烧成形成 C_3S 的过程,与液相形成温度、液相量、液相性质以及氧化钙、硅酸二钙溶解液相的溶解速度、离子扩散速度等各种因素有关。液相量的增加和液相黏度的减小,都利于 C_2S 和 CaO 在液相中扩散,即有利于 C_2S 吸收 CaO 形成 C_3S。所以,液相量和液相黏度也是影响 C_3S 生成的因素,下面进行具体分析。

(1)最低共熔点

物料在加热过程中,两种或两种以上组分开始出现液相的温度称为最低共熔温度。最低共熔温度决定于系统组分的数目和性质。表 1.2 列出了一些系统的最低共熔点。

由表 1.2 可以看出,系统组分的数目和性质都影响系统的最低共熔温度。组分数愈多,最低共熔温度愈低。硅酸盐水泥熟料一般有氧化镁、氧化钠、氧化钾、硫酐、氧化钛、氧化磷等次要氧化物，最低共熔温度为 1 280℃左右。适量的矿化剂与其他微量元素等可以降低最低共熔点，使熟料烧结所需的液相提前出现（约 1 250℃），但含量过多时，会对熟料质量造成影响，故对其含量要有一定限制。

表 1.2 最低共熔温度

系 统	最低共熔温度/℃
$C_3S-C_2S-C_3A$	1 455
$C_3S-C_2S-C_3A-Na_2O$	1 430
$C_3S-C_2S-C_3A-MgO$	1 375
$C_3S-C_2S-C_3A-Na_2O-MgO$	1 365
$C_3S-C_2S-C_3A-C_4AF$	1 338
$C_3S-C_2S-C_3A-Na_2O-Fe_2O_3$	1 315
$C_3S-C_2S-C_3A-Fe_2O_3-MgO$	1 300
$C_3S-C_2S-C_3A-Na_2O-Fe_2O_3-MgO$	1 280

(2)液相量

液相量不仅与组分的性质有关，也与组分的含量、熟料烧结温度有关。一般 C_3A 和 C_4AF 在 1 300℃左右时，都能熔成液相，所以称 C_3A 与 C_4AF 为熔剂性矿物，而 C_3A 与 C_4AF 的增加必须是 Al_2O_3 和 Fe_2O_3 的增加，所以熟料中 Al_2O_3 和 Fe_2O_3 的增加使液相量增加，熟料中 MgO，R_2O 等成分也能增加液相量。

液相量与组分的性质、含量及熟料烧结温度有关，所以不同的生料成分与煅烧温度等对液相量有很大影响。一般水泥熟料煅烧阶段的液相量为 20%～30%。硅酸盐水泥熟料成分生成的液相量可近似用下列各式进行计算。

当烧成温度为 1 400℃时，有

$$L=2.95A+2.2F+M+R \tag{1.38}$$

当烧成温度为 1450℃时，有

$$L=3.0A+2.25F+M+R \tag{1.39}$$

式中，L 为液相质量分数(%)；A 为熟料中 Al_2O_3 的质量分数(%)；F 为熟料中 Fe_2O_3 的质量分数(%)；M 为熟料中 MgO 的质量分数(%)；R 为熟料中 R_2O 的质量分数(%)。

从上述公式可知，影响液相量的主要成分是 Al_2O_3，Fe_2O_3，MgO 和 R_2O，后两者在含量较多时为有害成分，只有通过增加 Al_2O_3 和 Fe_2O_3 的含量来增加液相量，以利于 C_3S 的生成。但液相量过多，易结大块、结圈等，所以液相量控制要适当。

(3)液相黏度

液相黏度直接影响硅酸三钙的形成速度和晶体的尺寸。黏度小，则黏滞阻力小，液相中质点的扩散速度增加，越有利于硅酸三钙的形成和晶体的发育成长；反之则使硅酸三钙形成困难。熟料液相黏度随温度和组成(包括少量氧化物)而变化。温度高，黏度降低。熟料铝率增加，液相黏度增大。

(4)液相的表面张力

液相的表面张力越小，越易润湿固体物质或熟料颗粒，越有利于固液反应，促进 C_3S 的形成。

液相的表面张力与液相温度、组成和结构有关。

液相中有镁、碱、硫等物质存在时，可降低液相表面张力，从而促进熟料烧结。

(5)氧化钙溶解于液相的速度

C_3S的形成也可以视为C_2S和CaO在液相中的溶解过程。C_2S和CaO逐步溶解于液相的速度越大，C_3S的成核与发展也越快。因此，要加速C_3S的形成，实际上就是提高C_2S和CaO的溶解速度。而这个速率大小受CaO颗粒大小和液相黏度所控制。实验表明，随着CaO粒径减小和温度增高，CaO溶解速率增大。

6.熟料的冷却

熟料烧成后就要进行冷却。冷却的目的在于回收熟料余热，降低热耗，提高热效率；改进熟料质量，提高熟料的易磨性；降低熟料温度，便于熟料的运输、储存和粉磨。

熟料冷却的好坏及冷却速度对熟料质量影响较大，因为部分熔融的熟料中的液相在冷却时，往往还与固相进行反应。

熟料中矿物的结构决定于冷却速度、固液相中的质点扩散速度和固液相的反应速度等。如果冷却很慢，使固液相中的离子扩散足以保证固液相间的反应充分进行，称为平衡冷却；如果冷却速度中等，使液相能够析出结晶，由于固相中质点扩散很慢，不能保证固液相间的反应充分进行，称为独立结晶；如果冷却很快，使液相不能析出晶体成为玻璃体，称为淬冷。

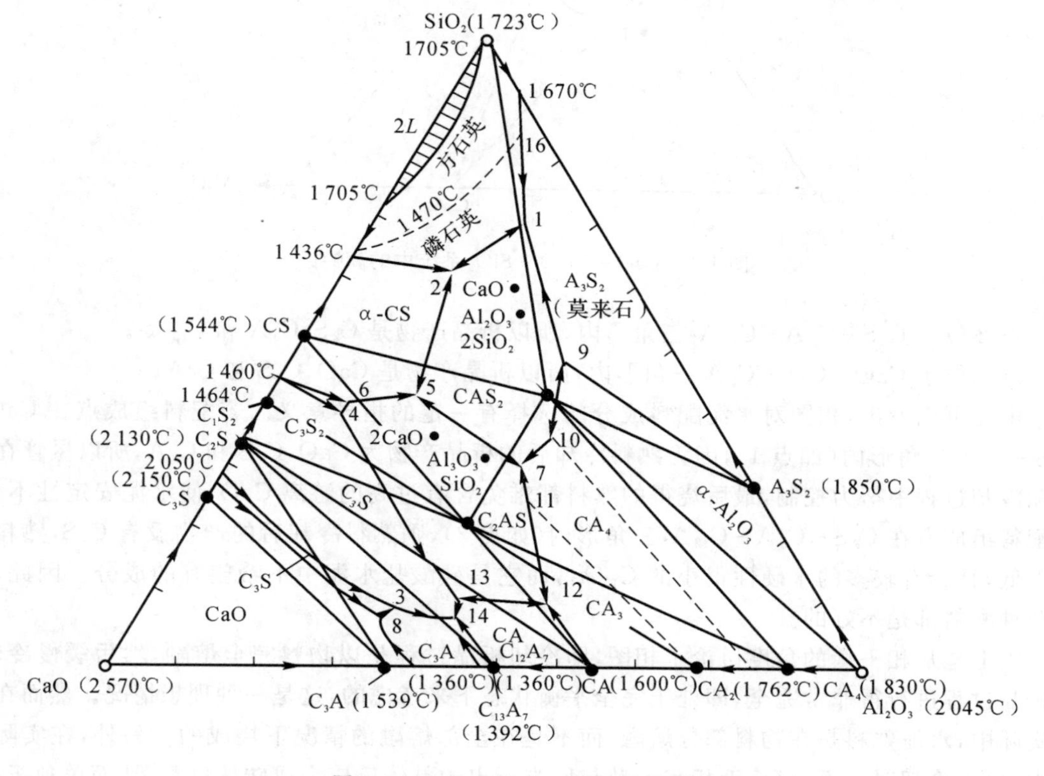

图1.2　$CaO-Al_2O_3-SiO_2$系统相图

如图1.2所示是$CaO-Al_2O_3-SiO_2$系统的相图，其中$CaO-Al_2O_3-SiO_2$系统中的高钙

区，对硅酸盐水泥的生产有重要的意义。在这个区域内，按可以共同析出化合物的组成点连成三个分三角形，即 $CaO-C_3S-C_3A$，$C_3S-C_3A-C_2S$，$C_2S-C_3A-C_{12}A_7$，如图 1.3 所示。一般硅酸盐水泥熟料的配料，应控制在 $C_3S-C_3A-C_2S$ 三角形中的小圆圈范围内，因为硅酸盐水泥熟料在 1 450℃左右烧成，应有 30%左右的液相，以利于 C_3S 的生成，同时各主要熟料矿物的质量分数一般是：C_3S 为 40%～60%，C_2S 为 15%～30%，C_3A 为 6%～12%和 C_4AF 为 10%～16%。熟料的化学成分一般是：CaO 为 60%～67%，SiO_2 为 20%～24%，Al_2O_3 为 5%～7%，Fe_2O_3 为 4%～6%。在 $CaO-Al_2O_3-SiO_2$ 系统中可将 Fe_2O_3 的量包括在 Al_2O_3 部分内。

图 1.3 中硅酸盐水泥熟料组成范围内一些点冷却时的析晶情况讨论如下：

点 3 是大多数硅酸盐水泥熟料的组成点，位于 $C_3S-C_3A-C_2S$ 三角形内，所以析晶产物是 C_3S，C_3A 和 C_2S 三晶相，其固相组成点与原始组成点 3 重合。

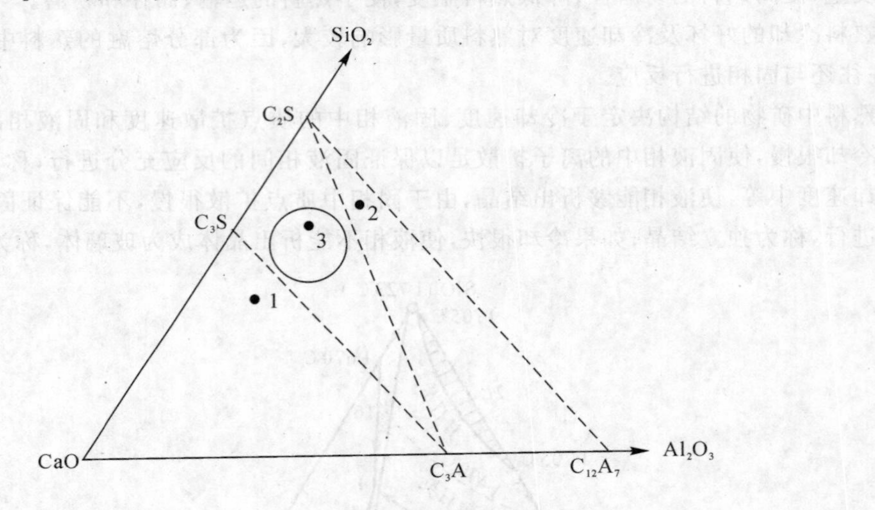

图 1.3　$CaO-Al_2O_3-SiO_2$ 系统中的高钙区

点 2 位于 $C_2S-C_3A-C_{12}A_7$ 三角形内，所以析晶产物是 C_2S，C_3A 和 $C_{12}A_7$。

点 1 位于 $CaO-C_3S-C_3A$ 三角形内，所以析晶产物是 CaO，C_3S 和 C_3A。

由此可以看出，相图对水泥配料成分的选择有一定的指导意义。若配料组成点在 $CaO-C_3S-C_3A$ 三角形内（如点 1），因为熟料冷却后的析晶产物为 CaO，C_3S 和 C_3A，所以尽管在煅烧和冷却过程中努力控制，最后烧得的熟料都难免含有过高的游离 CaO，使水泥安定性不良。若配料组成点在 $C_2S-C_3A-C_{12}A_7$ 三角形内（如点 2），则熟料冷却后的产物没有 C_3S，熟料强度极低，且会有较多的水硬性很小的 $C_{12}A_7$，而它是硅酸盐水泥中不希望有的成分。因此，上述两种配料都是不好的。

以上是从相平衡的角度讨论了相图，即冷却析晶过程是以物料完全熔融，然后缓慢冷却，使析晶过程进行得非常完全，即处于完全平衡状态下来考虑的，这是一种理想情况。然而在生产实际中，水泥熟料是在物料部分熔融，而不是在全部熔融的情况下烧成的。另外，在实际生产中，由于冷却时间不充分，液相来不及与原先析出的晶体反应完成转熔过程，从而单独析晶。

通过实验和生产实践得知，急速冷却熟料对改善熟料质量有许多优点，主要表现在以下几个方面：

(1)防止或减少$\beta-C_2S$转化成$\gamma-C_2S$

由于C_2S结构排列不同,因此有不同的结晶形态,而且相互之间能发生转化。煅烧时形成的$\beta-C_2S$在冷却的过程中若慢冷就易转化成$\gamma-C_2S$,$\beta-C_2S$的相对密度为3.28,而$\gamma-C_2S$的相对密度为2.97。在$\beta-C_2S$转变成$\gamma-C_2S$时其体积增加10%,由于体积的增加产生了膨胀应力,因而引起熟料的粉化,而且$\gamma-C_2S$几乎无水硬性。当熟料快冷时,可以迅速越过晶型转变温度使$\beta-C_2S$来不及转变成$\gamma-C_2S$,而以介稳状态保持下来,同时急冷时玻璃体较多,这些玻璃体包裹住了$\beta-C_2S$晶体使其稳定下来,因而防止或减少$\beta-C_2S$转化成$\gamma-C_2S$,从而提高了熟料的水硬性,增强了熟料的强度。

(2)防止或减少C_3S的分解

当温度低于1 280℃,尤其在1 250℃时,C_3S易分解成C_2S和二次$f-CaO$,使熟料强度降低。当熟料急冷时,温度迅速从烧成温度开始下降越过C_3S的分解温度,使C_3S来不及分解而以介稳状态保存下来,从而防止或减少C_3S的分解,保证了水泥熟料的强度。

(3)改善水泥的安定性

当熟料慢冷时,MgO结晶成方镁石,水化速度很慢,往往几年后还在水化,水化后生成$Mg(OH)_2$,体积增加148%,使已硬化的水泥石体积膨胀而遭到破坏,导致水泥安定性不良。当熟料急冷时,熟料液相中的MgO来不及析晶,或者即使结晶也来不及长大,晶体的尺寸非常细小。其水化速度相比大尺寸的方镁石晶体快,与其他矿物的水化速度大致相等,对安定性的危害很小。尤其当熟料中MgO含量较高时,急冷可以克服由于其含量高所带来的不利影响,达到改善水泥安定性的目的。

(4)减少熟料中C_3A结晶体

急冷时C_3A来不及结晶出来而存在玻璃体中,或结晶细小。结晶型的C_3A水化后易使水泥浆快凝,而非结晶的C_3A水化后不会使水泥浆快凝。因此,急冷的熟料加水后不易产生快凝,凝结时间容易控制。实验表明,呈玻璃态的C_3A很少会受到硫酸钠或硫酸镁的侵蚀,从而有利于提高水泥的抗硫酸盐性能。

(5)提高熟料易磨性

急冷时熟料矿物结晶细小,粉磨时能耗低。急冷使熟料形成较多玻璃体,这些玻璃体由于体积效应在颗粒内部不均衡地发生,造成熟料产生较大的内部应力,从而提高熟料易磨性。

从上述分析可知,熟料的急冷对熟料质量、充分利用能源及生产过程有重要的作用。如何使熟料快速冷却并尽可能回收熟料余热,一直是水泥熟料生产过程中的重要课题。

1.4.2 熟料形成热

水泥生料在加热过程中发生的一系列物理化学变化,有些是吸热反应,有些是放热反应,将全过程的总吸热量减去总放热量,并换算为每生成1 kg熟料所需要的净热量就是熟料形成热,也是熟料形成的理论热耗。熟料形成热与生料化学组成和原料性质有关,与煅烧窑炉及煅烧操作等无关。

1.熟料形成过程的热效应

水泥生料在加热过程中各反应温度和热效应列于表1.3中。

表 1.3　水泥熟料的反应温度和热效应

温度/℃	反　应	相应温度下 1 kg 物料热效应
100	自由水蒸发	吸热，2249 kJ(水)
450	黏土脱水	吸热，932 kJ(高岭石)
600	碳酸镁分解	吸热，1 421 kJ($MgCO_3$)
900	黏土中无定形物质转为晶体	放热，259～284 kJ(脱水高岭石)
900	碳酸钙分解	吸热，1 655 kJ($CaCO_3$)
900～1 200	固相反应生成矿物	放热，418～502 kJ(熟料)
1 250～1 280	生成部分液相	吸热，105 kJ(熟料)
1 300	$C_2S+CaO \rightarrow C_3S$	微吸热，8.6 kJ(C_2S)

反应热与反应温度有关。例如，高岭石脱水需热量，在 450℃时为 932 kJ/kg，而在 20℃时为 606 kJ/kg；碳酸钙分解吸热在 900℃时为 1 655 kJ/kg，而在 20℃时为 1 775 kJ/kg。在不同温度下反应，其热效应不同。

2. 各熟料矿物形成热

各水泥熟料矿物凡是在固体状态生成的均为放热反应，只有 C_3S 是在液相中形成，一般认为是微吸热反应，具体数值列于表 1.4 中。

表 1.4　各熟料矿物形成热

反　应	20℃时热效应/(kJ・kg^{-1})	1 300℃热效应/(kJ・kg^{-1})
$2CaO+SiO_2$(石英砂)$=C_2S$	723，放热	619，放热
$3CaO+SiO_2$(石英砂)$=C_3S$	539，放热	464，放热
$3CaO+Al_2O_3=C_3A$	67，放热	347，放热
$4CaO+Al_2O_3+Fe_2O_3=C_4AF$	105，放热	109，放热
$C_2S+CaO=C_3S$	2.38，吸热	1.55，吸热

3. 生成 1 kg 熟料的理论热耗

以 20℃为计算的温度基准。假定生成 1 kg 熟料需理论生料量约为 1.55 kg，在一般原料的情况下，根据物料在反应过程中的化学反应热和物理热，可计算出生成 1kg 普通硅酸盐水泥熟料的理论热耗如下：

$$\text{理论热耗}=\text{吸收总热量}-\text{放出总热量} \tag{1.40}$$

假定生产 1 kg 熟料中生料的石灰石和黏土按 78∶22 配比，则熟料理论热耗的计算如表 1.5 所示。

表1.5 生成1 kg熟料的理论热耗

类别	序号	项 目	热效应/($kJ \cdot kg^{-1}$)	所占比例/(%)
吸收热量	1	干生料由0℃加热到450℃	736.53	17.3
	2	黏土在450℃脱水	100.35	2.4
	3	生料自450℃加热到900℃	816.25	19.2
	4	碳酸钙在900℃分解	1 982.40	46.5
	5	物料自900℃加热到1 400℃	516.50	12.0
	6	熔融净热	109	2.6
		合 计	4 261.03	100
放出热量	1	脱水黏土结晶放热	28.47	1.1
	2	矿物组成形成热	405.86	16.1
	3	熟料自1 400℃冷却到0℃	1 528.80	60.5
	4	CO_2自900℃冷却到0℃	512.79	20.3
	5	水蒸气自450℃冷至0℃	50.62	2.0
		合 计	2 526.54	100

根据表1.5可计算出生成1 kg熟料的理论热耗为

$$\text{理论热耗}=4\,261.03-2\,526.54=1\,734.49\ \text{kJ/kg}$$

由于原料和燃料不同,以及原料的配比和熟料组成的变化,使煅烧时的理论热耗有所不同,但一般波动为1 630～1 800 kJ/kg。

从表1.5可以看出,在水泥熟料形成过程的吸热反应中,碳酸盐分解吸收的热量最多,约占总吸热量的一半;而在放热反应中,熟料冷却放出的热量最多,占放热量的50%以上。因此,降低碳酸盐分解吸收的热量和有效提高熟料冷却余热的利用是提高热效率的有效途径。

4.熟料实际热耗

在实际生产中,由于熟料形成过程中物料不可能没有损失,也不可能没有热量损失,而且废气、熟料不可能冷却到计算的基准温度(0℃或20℃),因此,熟料形成的实际消耗热量要比理论热耗大。每煅烧1kg熟料,窑内实际消耗的热量称为熟料实际热耗,简称熟料热耗,也叫熟料单位热耗。影响熟料热耗的因素有以下几种:

①生产方法与窑型。生产方法不同,生料在煅烧过程中消耗的热量不一。如湿法生产须蒸发大量的水分而耗热巨大,而新型干法生料粉在悬浮态受热,热效率较高。因此,湿法热耗一般均较干法高,而新型干法生产的熟料热耗则较干法中空窑热耗为低。窑的结构、规格大小也是影响熟料热耗的重要因素,因为传热效率高,则热耗低。

②废气余热的利用。熟料冷却时须放出大量热,虽然这部分热量是必须释放的,但可以设法使其最大可能地被回收利用。熟料冷却时产生的废气可用做助燃空气或是利用窑尾废气余热发电;提高煅烧设备的热效率,最大限度降低窑尾排放的废气温度,则可以降低热损失,从而降低熟料热耗。

③生料组成、细度及生料易烧性。若生料的成分适合,细度细,颗粒级配均匀,则生料的易

烧性好。易烧性好的生料，则热耗小；而易烧性差的生料，则热耗增大。

④燃料不完全燃烧时的热损失。燃料的不完全燃烧包括机械不完全燃烧和化学不完全燃烧。燃煤质量不稳定及质量差、煤粒过粗或过细、操作不当等均是引起不完全燃烧的原因。煤燃烧不完全，煤耗必然增加，熟料热耗增大。

⑤窑体散热损失。窑内衬隔热保温效果好，则窑体散热损失小；否则散热损失大，熟料热耗增加。

⑥矿化剂及微量元素的作用。适量加入矿化剂或合理利用微量组分，则可以改善易烧性或加速熟料烧成，从而降低熟料热耗。

此外，稳定煅烧过程的热工制度，提高煅烧设备的运转率和水泥窑的产量等均有利于提高窑的热效率，降低熟料热耗。

1.5　硅酸盐水泥的水化和硬化

水泥加一定量的水拌和，形成能胶结砂石集料的可塑性浆体，并逐渐失去塑性而凝结硬化成为具有相当强度的石状物体，同时还伴随着水泥浆的放热、水泥石的体积变化及机械强度的增长等。这说明水泥加水拌和后产生了复杂的物理化学变化，这些变化决定着水泥的建筑性能，如凝结时间、强度、安定性、耐久性等。掌握水泥的水化硬化过程、水化产物及硬化水泥浆体的结构，对进一步控制和改善水泥的使用性能是十分有意义的。

1.5.1　熟料矿物的水化

一种物质从无水状态变成含水状态叫做水化作用，物质加水分解的作用叫做水解作用，一般水泥熟料的水化作用同时包括水解作用。

1. 硅酸三钙的水化

硅酸三钙是硅酸盐水泥熟料中的主要矿物，约占50%，高的可达60%以上。因此水泥的水化主要取决于C_3S的水化。C_3S的水化速率较快，大量的水化在28天以内进行，约1年后，水化过程基本完成。

C_3S在常温下的水化反应，可近似用下列方程式表示：

$$3CaO \cdot SiO_2 + nH_2O \rightarrow xCaO \cdot SiO_2 \cdot yH_2O + (3-x)Ca(OH)_2 \quad (1.41)$$

上式简写为

$$C_3S + nH \rightarrow C-S-H + (3-x)CH \quad (1.42)$$

式中，x为钙硅比（简称C/S）；n为结合水量。

从以上反应可以看出，C_3S的水化产物是C-S-H凝胶和氢氧化钙。C-S-H也称为水化硅酸钙，这种物质组成不定，在不同温度、水灰比以及不同浓度的氢氧化钙溶液中，其生成水化产物的C/S都不相同。

通过在室温下对$CaO-SiO_2-H_2O$系统进行研究表明，在水化过程中，溶液中氢氧化钙的浓度不同时，生成的水化硅酸钙的组成也不相同。当溶液中CaO浓度小于1～2 mmol/L，即0.06～0.112g/L时，水化产物为$Ca(OH)_2$和硅酸凝胶；当溶液中CaO浓度为2～20 mmol/L，即0.112～1.12g/L时，水化产物为$Ca(OH)_2$和C/S比为0.8～1.5的水化硅酸钙，其组成可用$(0.8\sim1.5)CaO \cdot SiO \cdot (0.5\sim2.5)H_2O$来表示，称为C-S-H（Ⅰ）；当溶液中

CaO 浓度饱和，即 CaO 浓度大于 1.12g/L 时，则生成更高碱性的、C/S 比为 1.5～2.0 的水化硅酸钙，一般用(1.5～2.0)CaO・SiO・(1～4) H_2O 来表示，称为 C-S-H(Ⅱ)。

硅酸三钙的水化是放热反应，其水化速率很快，通过对 C_3S 在不同时期的水化放热速率的研究，得到 C_3S 的水化放热速率-时间曲线，如图 1.4 所示，根据图示可将 C_3S 的水化过程划分成五个阶段。

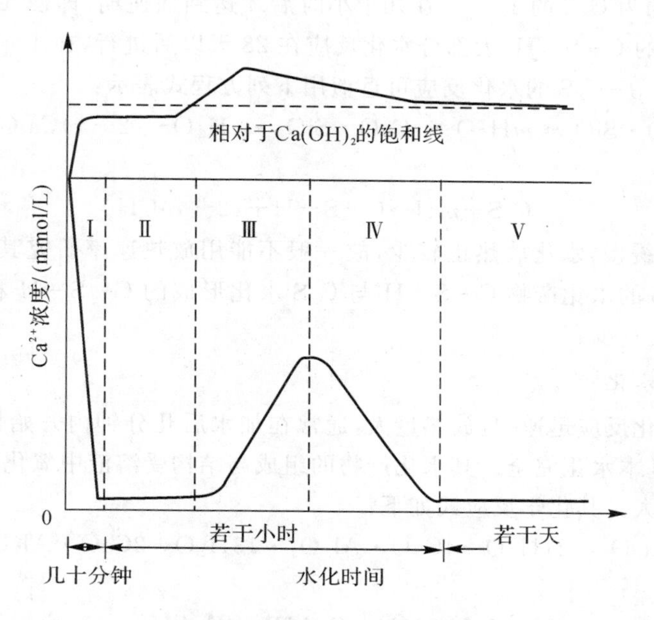

图 1.4　C_3S 水化放热速率和 Ca^{2+} 浓度随时间变化曲线

①初始期。加水后立即发生急剧反应并迅速放热，Ca^{2+} 离子和 OH^- 离子迅速进入溶液。该阶段持续时间很短，一般在十几分钟到几十分种即结束，又称为诱导前期。

②诱导期。这一阶段反应速率极其缓慢，又称为静止期或潜伏期，一般持续 2～4h，硅酸盐水泥浆体在此时保持塑性，其 Ca^{2+} 离子和 OH^- 离子浓度缓慢增长，在诱导期结束前达到过饱和状态。

③加速期。反应重新加快，水化速率随时间延长而增大，出现第二个放热峰，在峰顶达到最大反应速率时本阶段即告结束，持续时间为 4～8h，$Ca(OH)_2$ 结晶出来，C-S-H 沉淀在水填充的孔隙中，开始早期硬化。

④衰退期。反应速率随时间延长而下降，又称减速期，持续时间为 12～24h。由于水化产物 $Ca(OH)_2$ 和 C-S-H 不断结晶沉淀出来而在 C_3S 表面形成包裹层，故水化作用逐渐受扩散速率控制而减慢。

⑤稳定期。反应速率很低，基本处于稳定的阶段，水化完全受扩散速率控制，直到水化结束。

从以上结果可知，在水化初期，反应非常迅速，但反应速率很快变得相当缓慢，从而进入诱导期；在诱导期结束时水化才重新加速，生成较多的水化产物；然后，水化速率随时间增长而逐渐下降，一直到水化结束。大多数学者都认为，诱导期的本质影响着以后的水化过程以及硬化水泥浆体的某些性能，诱导期的长短，受 C_3S 的晶体形态、尺寸大小、水固比、水化温度和外加剂等因素的影响。

2. 硅酸二钙的水化

硅酸二钙也是硅酸盐水泥熟料中的主要矿物组分之一，约占20%，常以$\beta-C_2S$形式存在。$\beta-C_2S$的水化过程和水化产物与C_3S极为相似，也有诱导期、加速期等。但其水化速率比C_3S要慢得多，约为C_3S的1/20。在几十小时后才达到加速期，即使几个星期也只在表面形成一薄层无定形的C-S-H，大部分水化反应在28天以后进行，在1年以后仍然有明显的水化。与C_3S一样，$\beta-C_2S$的水化反应可近似用下列方程式表示：

$$2CaO \cdot SiO_2 + mH_2O \rightarrow xCaO \cdot SiO_2 \cdot yH_2O + (2-x)Ca(OH)_2 \tag{1.43}$$

上式简写为

$$C_2S + mH \rightarrow C-S-H + (2-x)CH \tag{1.44}$$

由于C_2S水化缓慢，水化放热也较少，故一般不能用放热速率研究其水化。通过电子显微镜观测到$\beta-C_2S$的水化产物C-S-H与C_3S水化形成的C-S-H相差不大，但生成的$Ca(OH)_2$晶体较大且少。

3. 铝酸三钙的水化

铝酸三钙的水化反应迅速，且放热量大，通常在加水后几分钟内开始快速反应，石膏含量较少时，几小时就基本水化完全。其水化产物的组成与结构受溶液中氧化钙、氧化铝的浓度和反应温度的影响很大。其化学反应式如下：

$$3CaO \cdot Al_2O_3 + 21H_2O \rightarrow 4CaO \cdot Al_2O_3 \cdot 13H_2O + 2CaO \cdot Al_2O_3 \cdot 8H_2O \tag{1.45}$$

上式简写为

$$C_3A + 21H \rightarrow C_4AH_{13} + C_2AH_8 \tag{1.46}$$

C_4AH_{13}和C_2AH_8在常温下处于介稳状态，随时间延长会逐渐转变为更稳定的等轴立方晶体C_3AH_6，该反应将随温度升高而加速进行，由于C_3A本身水化热很高，所以极易进行反应。当温度升高到25～40℃以上时，甚至会直接生成C_3AH_6晶体。在温度高于80℃时，几乎立即生成C_3AH_6。

为防止水泥的急凝甚至瞬凝，在水泥粉磨时须掺有一定量的石膏，以保证正常凝结时间，防止急瞬凝的发生。

当石膏和氧化钙同时存在时，虽然C_3A也会快速水化生成C_4AH_{13}，但接着C_4AH_{13}就会与石膏反应，其反应方程式如下：

$$4CaO \cdot Al_2O_3 \cdot 13H_2O + 3(CaSO_4 \cdot 2H_2O) + 14H_2O \rightarrow$$
$$3CaO \cdot Al_2O_3 \cdot 3CaSO_4 \cdot 32H_2O + Ca(OH)_2 \tag{1.47}$$

上式简写为

$$C_4AH_{13} + 3C\bar{S}H_2 + 14H \rightarrow C_3A \cdot 3C\bar{S} \cdot H_{32} + CH \tag{1.48}$$

上述反应产物三硫型水化硫铝酸钙$C_3A \cdot 3C\bar{S} \cdot H_{32}$称为钙矾石。由于其中铝可被铁置换而成为含铝、铁的三硫酸盐相，故常用AFt表示。钙矾石不溶于碱溶液而在C_3A表面沉淀形成致密的保护层，阻碍了水与C_3A进一步反应，因此降低了水化速度，避免了急凝。

当C_3A尚未完全水化而反应剩余的石膏不足以形成钙矾石时，则C_3A水化所形成的C_4AH_{13}又能与先前形成的钙矾石继续反应生成单硫型水化硫铝酸钙，以AFm表示。反应方程式如下：

$$3CaO \cdot Al_2O_3 \cdot 3CaSO_4 \cdot 32H_2O + 2(4CaO \cdot Al_2O_3 \cdot 13H_2O) \rightarrow 3(3CaO \cdot Al_2O_3 \cdot CaSO_4 \cdot 12H_2O) + 2Ca(OH)_2 + 20H_2O \quad (1.49)$$

上式简写为

$$C_3A \cdot 3C\bar{S} \cdot H_{32} + 2C_4AH_{13} \rightarrow 3(C_3A \cdot C\bar{S} \cdot H_{12}) + 2CH + 20H \quad (1.50)$$

当石膏剩余极少时，在所有的钙矾石都转化成单硫型水化硫铝酸钙后，剩下尚未水化的C_3A将会继续反应生成$C_4A\bar{S} \cdot H_{12}$和C_4AH_{13}的固溶体。

由上可知，C_3A水化产物的组成和结构与实际参加反应的石膏量有重要关系。当C_3A单独与水拌和时，几分钟内就开始快速反应，数小时后即完全水化。在掺有石膏时，反应则能延缓几小时后再加速水化，这是因为石膏降低了铝酸盐的溶解度，而石膏和氢氧化钙同时存在时则会更进一步使其溶解度减小到几乎接近于零。

4. 铁铝酸钙的水化

铁铝酸钙也是硅酸盐水泥熟料中的主要矿物之一，实际上它是硅酸盐水泥熟料中一系列铁相的固溶体，成分接近于C_4AF，故常用C_4AF表示。

C_4AF的水化速率比C_3A要慢，水化热较低，即使单独水化也不会产生急凝。C_4AF的水化反应与C_3A极其相似。Fe_2O_3基本上起着与Al_2O_3相同的作用，也就是水化产物中Fe置换部分Al，形成水化铝酸钙和水化铁酸钙的固溶体，或者水化硫铝酸钙和水化硫铁酸钙的固溶体。

当没有石膏存在时，C_4AF与$Ca(OH)_2$和水在常温下反应生成$C_4(A \cdot F)H_{13}$。$C_4(A \cdot F)H_{13}$在常温下呈六方形状，随着温度升高（>20℃时），会逐渐转化为立方状的$C_3(A \cdot F)H_6$，其转化速率比C_3A水化时晶型转化要慢，有$Ca(OH)_2$存在时也会延缓其转化速率。当反应温度高于50℃时，C_4AF则会直接形成$C_4(A \cdot F)H_{13}$。

当有足够石膏存在时，则会生成被铁置换的钙矾石固溶体。当石膏量不足时，则先生成$C_4(A \cdot F)H_{13}$，然后与被铁置换的钙矾石反应生成单硫型固溶体。

1.5.2　硅酸盐水泥的水化

1. 水化过程

硅酸盐水泥主要由四种熟料矿物组成，所以其水化主要决定于四种熟料矿物的水化。但是，由于硅酸盐水泥矿物组成相当复杂，没有一种熟料矿物是纯净物，每种熟料矿物都是以固溶体形式存在，而且由于原料成分和煅烧条件等许多因素的影响，其中还夹杂有许多可能影响其水化的杂质离子，它们在水化时会产生极其复杂的相互作用。因此，硅酸盐水泥的水化又不单纯是以上四种单矿物水化的综合，而是比之更为复杂的一个过程。当硅酸盐水泥加水拌和时，就立即发生化学反应，水泥中各组分开始迅速溶解进入溶液，经过极短的瞬间，填充在颗粒之间的液相已不再是纯水，而是含有各种离子的溶液。水泥的水化作用在开始后，基本上是在含碱的氢氧化钙和硫酸钙的饱和溶液中进行。在水泥的水化过程中，固相组成与液相之间处于一个随时间不断变化的动态平衡之中。

硅酸盐水泥加水后，C_3A立即发生水化，C_3S和C_4AF也很快水化，而C_2S则较慢。在电子显微镜下观测几分钟后可见，在水泥颗粒表面生成钙矾石针状晶体，由于钙矾石的不断生成，液相中SO_4^{2-}逐渐减少，并在耗尽时产生单硫型水化硫铝铁酸钙。若石膏不足，则会生成

单硫型水化物和 $C_4(A\cdot F)H_{13}$ 的溶体，甚至单独的 $C_3(A\cdot F)H_6$，而后者将逐渐转变成稳定的等轴晶体 $C_4(A\cdot F)H_{13}$。

由于水泥是多矿物、多组分的体系，各种熟料矿物并不是单独水化，它们之间的相互作用对水化过程有一定的影响。

通过对硅酸盐水泥水化放热曲线（见图 1.5）的研究可以看出，硅酸盐水泥的放热速率与 C_3S 的放热速率十分相似，也可分为五个阶段。

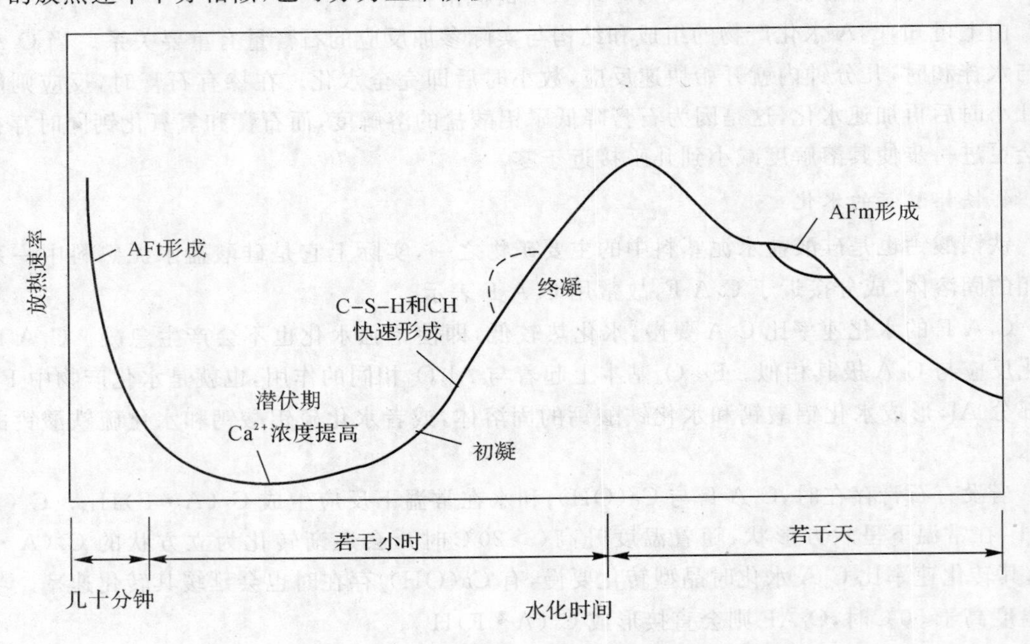

图 1.5　硅酸盐水泥的水化放热曲线

一般认为，如图 1.5 所示中第一个峰，主要是由于 AFt 相的形成，第二个峰相当于 C_3S 的水化。由于水泥中硫酸盐含量一般不足以将全部 C_3A 转化为 AFt 相，因而剩余的 C_3A 及 AFt 相将转化为 AFm，即单硫酸盐相，所以在放热曲线上出现了第三个峰。

在实际施工中，水泥浆体的拌和用水量通常并不多，并在水化的过程中不断减少，故其水化是在浓度不断变化的情况下进行的。而且，由于水化放热又会使水化体系的温度发生变化，因此水泥的水化不可能在较短的时间内就反应完结，而是从表面开始，然后在浓度和温度不断变化的条件下，通过扩散作用，缓慢地向中心深入，即使在充分硬化的浆体中，也并非处于平衡状态。在熟料颗粒的中心，至少是大颗粒的中心，水化作用往往已经暂时停止，当温度、湿度条件适当时，才能使水化作用得以极慢的速度再次继续进行。所以，绝不能将水化过程作为一般的化学反应对待，对其长期处于不平衡的情况以及与周围环境条件的关系，也须充分注意。实际上，应用一般的方程式很难真实地表示水泥的水化过程。

2. 水化速度

水泥的水化速度主要取决于各熟料矿物的水化速度，研究熟料矿物和水泥的水化速度，对于了解和研究水泥的水化过程、水泥的性能及开发水泥品种等有着重要的意义。

熟料矿物或水泥的水化速度，通常以单位时间内的水化程度或水化深度来表示。水化程度是指在一定时间内发生水化作用的量与可以完全水化量的比值，以百分率表示。而水化深度则是指水泥颗粒已经水化的水化层厚度。

水泥和熟料矿物的水化速度主要与其组成和结构有关，同时水泥细度、水灰比、水化温度及外加剂等对水泥的水化速度也有一定的影响。

测定水化速度的方法有直接法和间接法两类。直接法主要有岩相分析、X射线分析、电子探针法及扫描电子显微镜等方法，可以定量地测出已水化和未水化部分的数量。间接法主要有测定结合水量、水化热、$Ca(OH)_2$生成量、水泥石比表面积及水泥石的体积减缩等。其中以测定结合水量法较为简便，将所测定各龄期化学结合水量与完全水化时的结合水量相比，即可计算出不同龄期的水化程度。

各熟料矿物单独水化时所测定的水化深度如表1.6所示（结合水量法测得）。由表1.6可见，直径为50μm的C_3S，C_3A，C_4AF颗粒经过6个月的水化，水化深度都已达到半径的一半以上，而C_2S的水化部分还未到其深度的1/5。同样大小的颗粒经28d水化后，C_3S的水化深度为其半径的3/10，C_3A约为2/5，C_4AF比C_3S的水化深度略大，而C_2S还不到半径的1/25。因此，比较四种单矿物28d以前的水化速度为：$C_3A>C_4AF>C_3S>C_2S$。

表1.6　单矿物的水化深度　（单位：μm，d_m＝50μm）

矿物	3d	7d	28d	3个月	6个月
C_3S	3.1	4.2	7.5	14.3	14.7
C_2S	0.6	0.8	0.9	2.5	2.8
C_3A	9.9	9.6	10.3	12.8	13.7
C_4AF	7.3	7.6	8.0	12.2	13.2

3.影响水泥水化的因素

由上述水泥的水化过程可以知道，影响硅酸盐水泥水化的因素主要有硅酸盐水泥熟料矿物组成、各种矿物的晶体结构、水泥细度、水灰比、水化温度和外加剂等。

（1）水泥矿物组成和晶体结构

硅酸盐水泥是由各种矿物组成的，其水化也当然取决于各矿物种类及其比例。C_3A和C_3S含量高的水泥，其水化要快得多，尤其是C_3A，其质量分数若超过11％，则可能会引起急凝的不正常现象。但即使化学成分或者矿物组成相同的水泥，它们的水化速度也可能有明显的不同。

各种矿物的水化速度之所以不同，与其晶体结构的缺陷有关。晶体形成条件越复杂，配位越不规则，则其内部缺陷越多，在晶格中造成许多空腔，水化速度就会越快。C_3A之所以水化快，就是因为其晶体配位极不规则而在晶格中造成很大的空腔，使水迅速进入晶体内部而剧烈反应造成的。当C_3A中有碱金属氧化物Na_2O等杂质时，Na_2O等就会将其空腔填充，增大结构密实度，使水难以透过，活性降低，而且填充越多越密实，水化速度越慢。

（2）水泥细度和水灰比

在水泥水化过程中，水泥粉磨得越细，比表面积就越大，与水接触的面积也越大，在其他条件相同的情况下，水化反应就会越快。此外，细磨时还会使水泥内晶体产生扭曲、错位等缺陷而加速水化。但是增大细度，迅速水化生成的产物层又会阻碍水化作用的进一步深入，所以增加水泥细度，只能提高早期水化速度，对后期强度和水化作用不明显，而对较粗的颗粒，各阶段的反应都较慢。

水灰比在一定范围内变化时，适当增大水灰比，可以增大水化反应的接触面积，使水化速度加快，如图 1.6 所示。若水化时水灰比过小，水化反应所需水量不足，会延缓反应进行。同时，水灰比小，则没有足够孔隙来容纳水化产物，也会降低水化速度。但水灰比过大，会使水泥结构中孔隙太多，而降低其强度，故水灰比亦不宜太大。

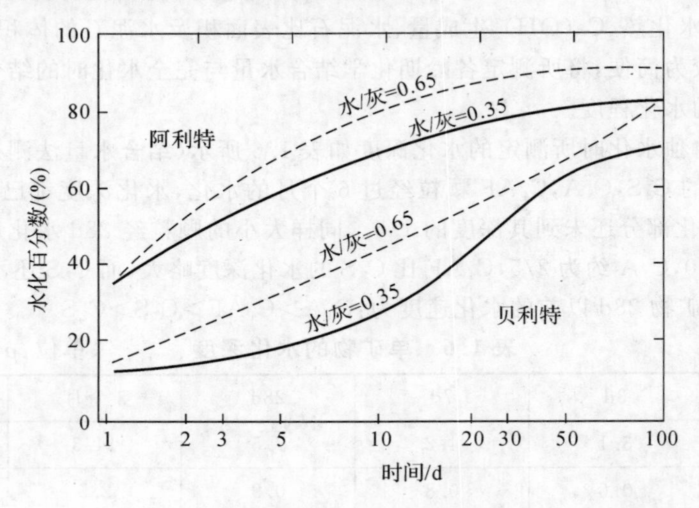

图 1.6　水灰比和水化速度

(3)温度

一般化学反应在温度升高时反应速度会加快，水泥的水化也是如此。当水化温度升高时，可使 C_3S 诱导期缩短，第二放热峰提高，加速期和衰退期也相应提前结束。

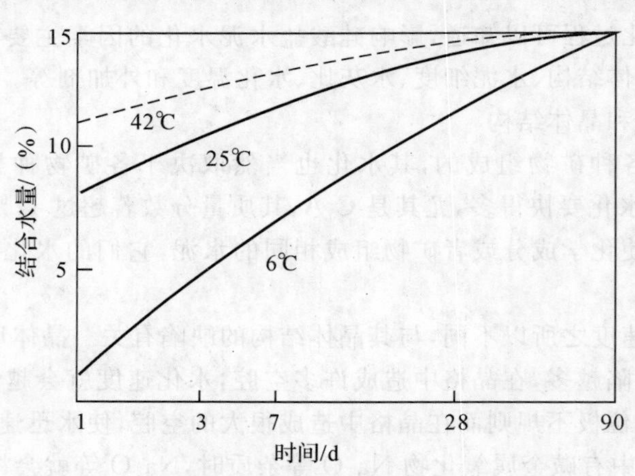

图 1.7　温度对水泥水化速度的影响

图 1.7 是不同温度对水泥水化速度的影响。由图可见，温度越高，结合水量越多，表明水化越快。硅酸盐水泥熟料矿物在低温时，水化机理与常温时并无明显差异。实验证明，硅酸盐水泥在 −5℃时仍能水化，到 −10℃时水化就基本停止，尤其是 $\beta-C_2S$ 受到影响最大，此时已

基本没有活性。

当温度升高并保持在100℃以内时，C_3S和$\beta-C_2S$的水化与常温时基本相同，水化产物与常温下也相同。但当温度升至更高时，则有部分水化产物会分解脱去结晶水，形成相当复杂的无定型相或者其他产物。

(4)外加剂

为了改善水泥浆体及混凝土的某些性能，通常要加入少量的添加物质，称为外加剂。不同的外加剂对水泥的水化速度和水化过程有不同的影响。常用促凝剂、早强剂和缓凝剂三种来调节水泥的水化速度。

4. 水化热

水泥的各种熟料矿物水化过程中所放出的热量，称为水泥的水化热。水泥水化放热的周期很长，但大部分热量是在3d以内释放的，特别是在水泥浆发生凝结、硬化的初期放出。影响水化热的因素有很多，熟料矿物组成、熟料矿物固溶状态、熟料的煅烧与冷却条件、水泥的粉磨细度、水灰比、养护温度、水泥储存时间等均能影响水泥的水化放热，凡能加速水化的各种因素都能相应提高放热速率。

大量实验表明，水泥的矿物组成决定了水泥的水化热大小与放热速率。由表1.7可知，熟料中各单矿物的水化热大小顺序为：$C_3A>C_3S>C_4AF>C_2S$。因此，调整熟料矿物组成，是降低水泥水化热的基本措施。例如，在一定范围内减少C_3A和C_3S的质量分数，增加C_4AF和C_2S的质量分数，可降低水泥的水化热。

表1.7 熟料中各单矿物水化热

名 称	水化热/$(J\cdot g^{-1})$
C_3S	500
$\beta-C_2S$	250
C_3A	1 340
C_4AF	420
$f-CaO$	1 150
$f-MgO$	840

1.5.3 硅酸盐水泥的硬化

1. 硬化水泥浆体结构的形成和发展

水泥加水拌和后，很快发生水化，开始具有流动性和可塑性，随着水化反应的不断进行，浆体逐渐失去流动性和可塑性而凝结硬化，由于水化反应的逐渐深入，硬化的水泥浆体不断发展变化，结构变得更加致密，最终形成具有一定机械强度的稳定的水泥石结构。所以，水泥浆体结构的形成是经过一定时间的凝结和硬化过程之后才形成并稳定的，凝结和硬化是同一过程中的不同阶段，凝结标志着水泥浆体失去流动性而具有一定的塑性强度。硬化则表示水泥浆体固化后所形成的结构具有一定的机械强度。

洛赫尔(F. W. Locher)等人从水化产物形成和发展的角度，以示意图形象地将水泥的凝结硬化过程划分为三个阶段,如图 1.8 所示。

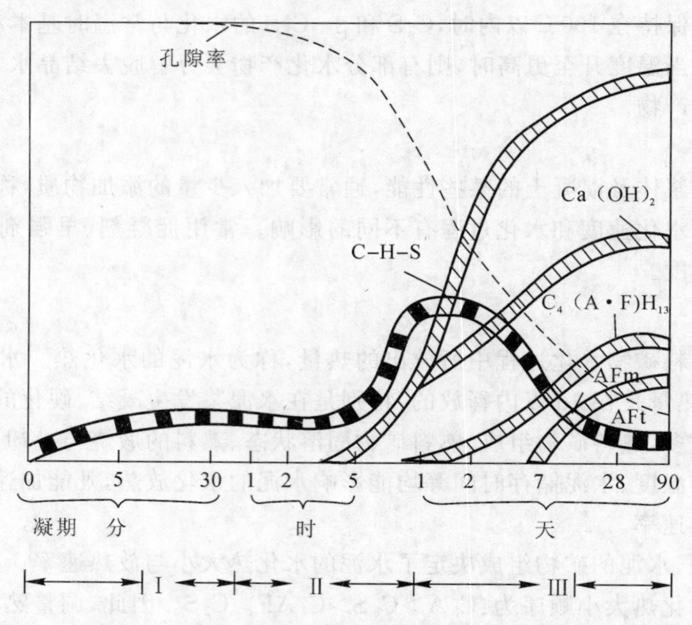

图 1.8 水泥水化产物的形成和浆体结构发展示意图

第一阶段:大约从水泥加水起到初凝为止。C_3S 和水迅速反应生成 $Ca(OH)_2$ 过饱和溶液,并析出 $Ca(OH)_2$ 晶体。同时石膏也很快进入溶液与 C_3A 和 C_4AF 反应,生成细小的钙矾石晶体。在这一阶段,由于生成的产物层阻碍了反应进一步进行,同时,水化产物尺寸细小,数量又少,不足以在颗粒间架桥连接形成网络状结构,水泥浆体仍呈塑性状态。

第二阶段:大约从初凝到加水 24h 为止。水泥水化开始加速,生成较多的 $Ca(OH)_2$ 和钙矾石晶体,同时水泥颗粒上开始长出纤维状的 C-S-H。由于钙矾石晶体的长大和 C-S-H 的大量形成、增长而相互交错连接成网状结构,水泥开始凝结,随网状结构不断加强,强度也相应增长,将剩留在颗粒之间空隙中的游离水逐渐分割成各种尺寸的水滴,填充在相应大小的孔隙之中。

第三阶段:加水 24h 以后,直到水化结束。这一阶段,石膏已基本耗尽,钙矾石开始转化为单硫型水化硫铝酸钙,还可能会形成 $C_4(A\cdot F)H_{13}$。随着水化的进行,各种水化产物的数量不断增加,晶体不断长大,使硬化的水泥浆体结构更加致密,强度逐渐提高。

2. 硬化水泥浆体的结构

硅酸盐水泥的凝结硬化过程是一个长期的、逐渐发展的过程,因此硬化的水泥浆体结构是一种不断变化的结构材料,它随时间、环境条件的变化而发展变化。硬化的水泥浆体是一个非均质的多相体系,是由各种水化产物和残存熟料所构成的固相、孔隙、存在于孔隙中的水及空气所组成。即硬化水泥浆体是固、液、气三相共存的多孔体,它具有较高的抗压强度和一定的抗折强度及孔隙率,外观和其他特征又与天然石材相似,因此通常又称为水泥石。

硬化水泥浆体的结构和性能主要取决于水化产物本身的化学组成、结构及其相对含量,它们决定着相互结合的坚固程度,与浆体结构的强弱密切相关,即使水泥品种相同,适当改变水化产物的形成条件和发展情况,也可使孔结构与孔分布产生一定差异,从而获得不同的浆体结构,相应地使其性能如强度、抗冻性和抗渗性等发生一定变化。

(1)水化产物的相对含量

在充分水化的水泥浆体中,各种水化产物的相对含量为:C-S-H凝胶约70%,$Ca(OH)_2$约20%,钙矾石和单硫型水化硫铝酸钙约7%,未完全水化的残留熟料和其他微量组分约3%。

(2)孔结构

为保证水泥的正常水化,用水量通常要大大超过理论上水化所需水量。在残留水分蒸发或逸出后,会留下相同体积的孔隙,这些孔的尺寸、形态、数量及其分布,是硬化水泥浆体的重要特征。

硬化浆体中的孔分为毛细孔和凝胶孔两大类。由于在水化过程中,水不断被消耗,同时本身蒸发,使原来充水的地方形成空间,这些空间被生长的各种水化产物不规则地填充,最后分割成形状极不规则的毛细孔,其尺寸大小一般在10 μm至100 nm的范围内。另外,在C-S-H凝胶所占据的空间中存在凝胶孔,其尺寸更为细小,用扫描电子显微镜也难以分辨。

对于一般的硬化水泥浆体,总孔隙率常常超过50%。因此,它就成为决定水泥石强度的重要因素。尤其当孔半径大于100 nm时,就成了影响强度下降的主要原因。但一般在水化24h以后,硬化浆体大部分(70%~80%)的孔径已在100 nm以下。

(3)水及其存在形式

硬化水泥浆体中的水有不同的存在形式,按其与固相组分的结合情况,可分为结晶水、吸附水和自由水三种基本类型。

结晶水,又称化学结合水或化合水,根据其结合力的强弱,又分为强结晶水和弱结晶水两种。强结晶水以OH^-离子状态存在于晶格中,结合力强,只有在较高温度下晶格破坏时才能脱去,又称晶体配位水。弱结晶水以中性水分子形式存在于晶格中,由氢键和晶格质点剩余键结合,结合不牢固,在100~200℃以上即可脱去。当晶体为层状结构时,水分子常存在于层状结构之间,又称层间水。其数量随外界温、湿度而变化,从而引起某些物理性质的变化。

吸附水,是在吸附效应或毛细管力的作用下被机械地吸附于固相粒子表面或孔隙中,以中性水分子形式存在,可分为凝胶水和毛细水。凝胶水结合力的强弱可能有较大差别,脱水温度有较大的范围,其数量大致与凝胶体成正比。毛细孔水结合力较弱,脱水温度较低,其数量由毛细孔数量决定。

自由水,又称游离水,主要存在于粗大孔隙中,与一般水性质相同。自由水对浆体结构及性能无益,应尽量减少。

由以上讨论可知,硬化水泥浆体中既有固相的水化产物和未水化的残存熟料,又有水和空气填充在各类孔隙之中。其中作为最主要组分的水化产物,不但化学组成各异,而且形貌也各不相同,有纤维状、棱柱状、针棒状、管状、粒状、板状、片状、鳞片状以及无定型等多种形式。硬化水泥浆体结构相当复杂,虽然经过许多专家学者大量的实验、研究和探讨,目前仍不能完全阐明其结构的真相,但随着以后更新科学检测手段的采用和理论的不断完善发展,我们将对硬化水泥浆体结构有更为深入和全面的认识。

3. 硬化水泥浆体的体积变化

由于水泥浆体生成了各种水化产物以及反应前后温度、湿度等外界条件的改变,使硬化水泥浆体必然发生一系列的体积变化。这些体积变化可分为化学减缩、湿胀干缩和碳化收缩。

(1)化学减缩

水泥在水化硬化过程中,无水的熟料矿物转变为水化产物,固相体积大大增加,而水泥浆体的总体积却在不断缩小,由于这种体积减缩是化学反应所致,故称为化学减缩。

无论就绝对数值还是相对速度而言,水泥熟料中各单矿物的减缩作用的大小顺序均为:$C_3A > C_4AF > C_3S > C_2S$,所以减缩量的大小,常与 C_3A 的含量呈线性关系。

每 100g 硅酸盐水泥水化的减缩量约为 7～9cm^3。如果 1m^3 混凝土用硅酸盐水泥 300kg,则减缩量将达到(21～27)×10^3 cm^3。由此可见,化学减缩作用产生的孔隙数量相当可观。不过,随着水化的进展,化学减缩虽在相应增加,但固相体积也会较快增长,填充了大部分孔隙,所以整个体系的总孔隙率还能不断减少。

总的来说,水泥的减缩作用将使水泥石的致密度下降,孔隙率上升,对水泥石的耐蚀性、抗渗性、抗冻性都是不利的。

(2)湿胀干缩

硬化水泥浆体的体积随其含水量而变。干燥时水泥收缩,潮湿时体积膨胀。干缩和湿胀大部分是可逆的,干燥收缩后,再受潮即能部分恢复,所以干湿循环可导致反复胀缩,当然还遗留有部分不可逆收缩。

干缩与失水有关,但二者没有线性关系,在失水过程中,较大孔隙中自由水失去,所引起的干缩不大,而毛细水和胶凝水失去时则引起较大的干缩。关于干燥引起收缩的确切原因,目前尚有不同看法,一般认为与毛细孔张力、表面张力、拆散压力和层间水的变化等因素有关。

在生产和使用水泥时,应注意水泥不应磨得过细,还应合理选择石膏掺入量,适当控制水灰比,并加强养护,以减小干缩。

(3)碳化收缩

在一定的相对湿度下,空气中的 CO_2 会与硬化水泥浆体中的水化产物如 $Ca(OH)_2$,C-S-H 等作用,生成 $CaCO_3$ 和 H_2O,造成硬化浆体的体积减小,出现不可逆的收缩现象,称为碳化收缩。

在空气中,实际的碳化速度通常很慢,大约在一年后才会在硬化水泥浆体表面产生微裂纹,但强度并没有不利影响,只是影响外观质量。

综上所述,引起硬化水泥浆体体积变化的因素是多方面的。无论是膨胀还是收缩,最重要的是体积变化的均匀性。剧烈而不均匀的体积变化,会引起硬化浆体结构破坏,造成安定性不良。但膨胀如果控制得当,所增加的固相体积恰能使水泥浆体产生均匀的微膨胀,就有利于水泥石结构变得更加致密,从而提高其强度,改善抗冻、抗渗等性能。

1.6 硅酸盐水泥的性能

硅酸盐水泥主要用以配制砂浆、混凝土和生产水泥制品。对它的一些主要性能如凝结时间、强度、体积变化、水化热、耐久性等的研究,对工程施工及工程质量都具有很重要的意义。

1.6.1 凝结

水泥浆体失去流动性而具有一定塑性强度的过程称为凝结。凝结可分为初凝和终凝。初凝表示水泥浆体失去流动性和部分可塑性,开始凝结。终凝则表示水泥浆体已完全失去可塑性，并具有一定的机械强度，能抵抗一定的外来压力。从水泥加水拌和到水泥初凝所经历的时间称为“初凝时间”，到终凝所经历的时间称为“终凝时间”。水泥浆体的凝结时间对于建筑工程的施工具有十分重要的意义。根据我国水泥国家标准的规定，硅酸盐水泥初凝不得早于45min，终凝不得迟于6.5h。

1. *凝结速度*

水泥开始凝结之前，必须先有水化作用，故凡是影响水泥水化速度的因素基本上也同样影响其凝结速度。但水化和凝结又有一定的差异，凝结不仅与水化过程有关，而且与浆体结构形成有关。例如，水灰比越大，水化速度就越快，但加水量过多，颗粒间距会增大，网络结构较难形成，所以凝结速度反而变慢。一般说来，除了水灰比外，影响水泥凝结速度的因素还有如下几种：

①熟料矿物组成。决定凝结速度的主要矿物为C_3A和C_3S。一般说来，C_3A含量高时，硅酸盐水泥加水拌和后，反应迅速，很快生成大量片状水化铝酸钙，并相互连接形成松散的网状结构，出现不可逆的固化现象，称为“快凝”或“闪凝”。产生这种不正常快凝时，浆体迅速放出大量热，温度急剧上升。反之，C_3A含量低(质量分数≤2%)或掺入石膏缓凝剂，则水泥的凝结由C_3S决定。因为熟料中C_3S的质量分数一般高达50%，它本身的凝结正常，因此水泥凝结时间也正常。所以说快凝是由C_3A引起的，而正常凝结是由C_3S控制的。

②熟料矿物和水化产物的结构。化学组成和煅烧温度相同的熟料，若冷却制度不同，凝结时间也不同。如急冷熟料凝结正常，而慢冷熟料常出现快凝现象。这是因为慢冷时，C_3A形成晶体，急冷时C_3A形成玻璃体。同样，若水化产物的结构是凝胶状的，则会形成薄膜，包裹在未水化的水泥周围，阻碍进一步水化，延缓水泥的凝结，如水化硅酸钙凝胶就有此作用。

③温度。温度升高，水化加快，凝结时间缩短；反之，则凝结时间会延长。所以，在炎热季节及高温条件下施工时，须注意初凝时间的变化；在冬季或寒冷条件下施工时，应注意采取适当的保温措施，以保证正常的凝结时间。

另外，细度、外加剂等也能影响水泥的凝结速度。总之，影响因素很多，但水泥的凝结速度主要还是受C_3A的影响，因此在生产上通常是掺入石膏来控制水泥的凝结时间。

2. *石膏的缓凝机理*

熟料粉磨后与水混合时很快凝结并放出热量的现象称为快凝。为了控制水泥的凝结时间，一般在熟料的粉磨过程中加入适量石膏一起粉磨。掺入适量石膏可以控制水泥的水化速度，从而达到调节凝结时间的目的。

对于石膏的缓凝机理，存在着不同的观点。一般认为，石膏在$Ca(OH)_2$饱和溶液中与C_3A作用，生成溶解度极低的钙矾石，覆盖于C_3A颗粒表面并形成一层薄膜，阻滞水分子及离子的扩散，延缓了水泥颗粒特别是C_3A的进一步水化，故防止了快凝现象。随着扩散作用的继续进行，在C_3A表面又生成钙矾石，当固相体积增加所产生的结晶压力达到一定数值时，钙矾石薄膜就会局部胀裂，从而使水化继续进行，接着又生成钙矾石，直至溶液中的SO_4^{2-}离子消耗完为止。因此石膏的缓凝作用是在水泥颗粒表面形成钙矾石保护膜，阻碍水分子移动的结果。

3. *假凝现象*

假凝现象是指水泥的一种不正常的早期固化现象，即在水泥用水拌和的几分钟内，物料就显示凝结。假凝和快凝是不同的，如图 1.9 所示。假凝放热量较小，而且经剧烈搅拌后，浆体又可恢复塑性，并达到正常凝结，对强度并无不利影响，但会给施工带来困难；而快凝或闪凝放出大量的热，浆体已产生了一定强度，重新搅拌也不能恢复塑性。

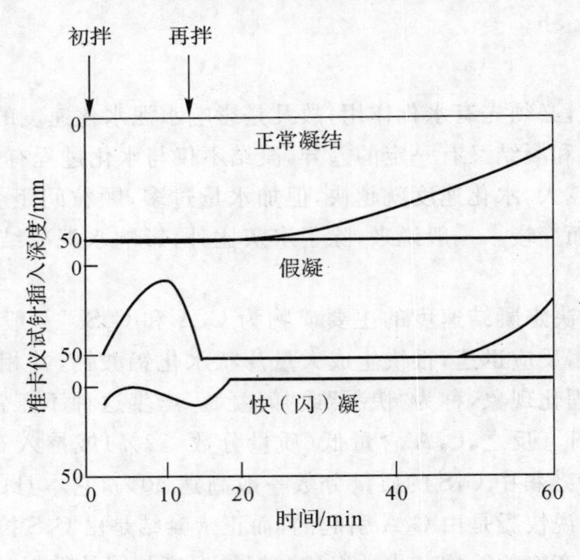

图 1.9　典型的不正常凝结

假凝现象与很多因素有关，除熟料中 C_3A 含量偏高、石膏掺量较多外，一般认为，主要还是由于水泥在粉磨时，磨内温度过高，或磨内通风不良，二水石膏受到高温作用，部分脱水生成半水石膏的缘故。当水泥加水时，半水石膏迅速溶于水，部分又重新水化为二水石膏析出，形成针状结晶网状构造，从而引起水泥浆体固化。但由于不是水泥组分的水化，所以不像快凝那样放出大量的热。这种假凝的水泥浆经剧烈搅拌破坏二水石膏的结构网后，水泥浆又能恢复原来的塑性状态。

对于某些含碱较高的水泥，所含的硫酸钾会与石膏生成的钾石膏结晶并迅速长大，造成假凝，反应式如下：

$$K_2SO_4 + CaSO_4 \cdot 2H_2O = K_2SO_4 \cdot CaSO_4 \cdot H_2O + H_2O \tag{1.51}$$

另外，即使在浆体内并不形成二水石膏等晶体所连成的网状构造，有时也会产生不正常凝结现象。有的研究者认为，这是由于水泥颗粒各相的表面上带有相反的电荷，这些表面间相互作用，形成触变性的假凝。酸性溶液中 Al_2O_3 颗粒表面通常带正电荷，SiO_2 颗粒表面通常带负电荷。

为避免水泥假凝，防止石膏脱水，在水泥粉磨时，常采用降温措施。将水泥适当存放一段时间，或者在制备混凝土时延长搅拌时间等，也可以消除假凝现象。

1.6.2　强度

水泥的强度是表征水泥力学性能，评价水泥质量的重要指标，也是划分强度等级的依据。通常将 28d 以前的强度称为早期强度，28d 及以后的强度称为后期强度。水泥强度必须按《水泥胶砂强度检验方法（ISO 法）》的规定制做试块，养护并测定其抗压和抗折强度值。由于强度是随时间而逐渐增长的，所以必须同时说明养护龄期。

1. 强度产生的原因

有关硬化水泥浆体强度产生的原因有不同的观点。

一种观点认为：硬化水泥浆体强度的产生，是由于水化产物，特别是C－S－H凝胶具有巨大表面能，导致颗粒产生范德华力或化学键力，吸引其他离子形成空间网络结构，从而具有强度。

另一种观点认为：水泥加水拌和后，熟料矿物迅速水化，生成大量的水化产物C－S－H凝胶，并生成$Ca(OH)_2$及钙矾石(AFt)晶体。经过一定时间以后，C－S－H凝胶也以长纤维晶体从熟料颗粒上长出，同时钙矾石晶体逐渐长大，它们在水泥浆体中相互交织连接，形成网状结构，从而产生强度。随着水化的进一步进行，水化产物数量不断增加，晶体尺寸不断长大，从而使硬化浆体结构更为致密，强度逐渐提高。

2. 影响水泥强度的因素

影响水泥强度的因素较多，主要有熟料的矿物组成、水泥的细度、水泥石结构、石膏掺入量、养护温度和湿度、微量成分及外加剂等。

(1)熟料的矿物组成

熟料的矿物组成决定了水泥的水化速度、水化物的性质，因此是影响水泥强度的重要因素。表1.8为水泥熟料中4种单矿物净浆抗压强度数据。

表1.8　4种单矿物净浆抗压强度

抗压强度/MPa　时间 矿物名称	7d	28d	180d	365d
C_3S	31.60	45.70	50.20	57.30
$\beta-C_2S$	2.35	4.12	18.90	31.90
C_3A	11.60	12.20	0	0
C_4AF	29.40	37.70	48.30	58.30

从表1.8中可以看出4种单矿物28d强度排序：$C_3S>C_4AF>C_3A>\beta-C_2S$。$C_3S$的早期强度最大，后期强度也较高；$\beta-C_2S$早期强度较低，但后期强度增长较快；$C_3A$的早期强度增长较快，但其强度值不高，后期强度增长随龄期延长逐渐减少，甚至有倒缩现象；C_4AF与C_3A相比，早期强度较高，后期强度有所增长。有试验表明，C_3A主要对早期强度的影响较大，当水泥中C_3A含量较低时，水泥早期强度随C_3A的增多而提高，但超过某一最佳含量后，则对后期强度产生不利影响。

水泥的强度并非是几种矿物强度的简单加和，还与各种矿物之间的比例、煅烧条件、结构形态等有关，水泥在水化时，矿物与矿物之间还存在着复杂的相互影响和相互促进关系。

(2)水泥细度

水泥的水化硬化速度与水泥细度有密切的关系。水泥颗粒越细，与水反应的表面积就越大，因而水化反应的速度越快，水化更为完全，水泥的强度，特别是早期强度就越高。但水泥过细，则水泥标准稠度需水量增加，水泥石硬化收缩变大，孔隙率增加，所以对水泥后期强度不利。适当增大水泥细度，能改善水泥浆体泌水性、和易性和黏结力等。粗颗粒水泥只能在表面水化，未水化部分只起填充料作用。

泌水性是指水泥析出水分的性能。有的水泥在配制砂浆或混凝土时，会将拌和水保留起来，有的在凝结过程中会析出一部分拌和水。这种析出的水往往会覆盖在试体或构筑物的表面上，或从模板底部渗溢出来。水泥的这种保留水分的性能就称为保水性；水泥析出水分的性能称为泌水性或析水性。保水性与泌水性实际指的是一件事物的两个相反现象。泌水性对制造均质混凝土是有害的，它妨碍了混凝土层与层之间的结合，由于分层现象在内外都发生，将降低混凝土的强度和抗水性。用增加水泥需水性的办法，可以降低泌水性，提高保水性。

和易性是指在一定施工条件下，便于操作，并能获得质量均匀密实的混凝土的性能。因此它含有流动性、可塑性、稳定性和致密性等各方面的含义。影响混凝土和易性的因素很多，主要有用水量、水泥浆量和砂率等。砂率的大小，对混凝土拌合物和易性的影响很大，实际上存在一个最佳砂率，改变砂率可以适当调整和易性。为了调整拌合物的和易性，应该尽量采用较粗的砂、石，改善砂石（特别是石子）的级配，尽可能降低用砂量，采用最佳砂率。再在上述措施的基础上，维持水灰比不变，适当增加水泥和水的用量，达到要求的和易性。

(3)水泥石结构

从水泥石的物理结构看，水泥的水化程度越高，单位体积内水化产物就越多，水泥浆体内毛细孔被水化产物填充的程度就高，水泥浆体的密实程度就高，水泥强度也相应提高。

大量实践表明，采用特定粒径范围的水泥和减水剂，并采用强烈搅拌、碾轧、加压成型等工艺措施，能使水灰比降低，硬化浆体的孔隙率降低到20%以下，可使尺寸超过100μm的大孔不多于总体积的2%，甚至可使15μm以上的总孔隙率控制在0.5%以内，减少微裂缝的数量和尺寸，增大水泥石的致密程度，使强度特别是抗折强度有较大的提高。

(4)石膏掺入量

石膏主要用于调节凝结时间，但也会影响水泥的强度。石膏对强度的影响受细度、C_3A含量和碱含量等因素的控制。加入适量的石膏，有利于提高水泥强度，特别是早期强度，但加入量过多时，则会使水泥产生体积膨胀而使强度降低。

(5)养护温度和湿度

温度和湿度是影响水泥水化速度的重要因素。水泥水化过程中，必须在一定的时间内保持适当的温度和足够的湿度，以使水泥充分水化。

提高养护温度（即水化的温度），可以使早期强度得到较快发展，但后期强度，特别是抗折强度反而会降低，如图1.10所示。

(6)微量成分

在实际生产的熟料中，会有微量成分与熟料矿物形成固溶体。熟料中如含有适量的P_2O_5，Cr_2O_3或者TiO_2，Mn_2O_3等氧化物，并以固溶体的形式存在时，都能促进水泥的水化，提高早期强度。

当水泥加水拌和时，熟料中所含的Na_2SO_4，K_2SO_4以及NC_8A_3等含碱矿物，能迅速以K^+，Na^+，OH^-等离子的形式进入溶液，使溶液pH值升高，Ca^{2+}离子浓度减少，进而使C_3S等熟料矿物的水化速度加快，水泥的早期强度提高，但28d以后的强度有所下降。

(7)外加剂

在现代建筑工程中，几乎绝大部分混凝土及其制品中都采用外加剂。根据需要采用适当的外加剂对水泥石结构的强度也会有一定影响。掺入减水剂，可减少用水量，降低水灰比，提高强度；掺入早强剂，可提高早期强度；掺入引气剂、膨胀剂、速凝剂等则可能会引起后期强度的降低，故在使用时应根据施工现场情况通过试验确定外加剂品种和掺量。

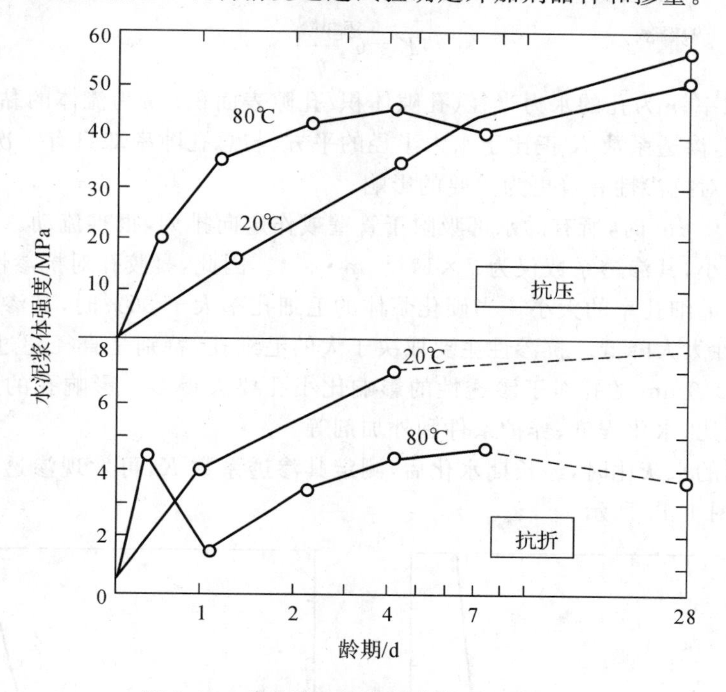

图1.10 养护温度对水泥浆体强度的影响

1.6.3 耐久性

硅酸盐水泥的耐久性是指硬化水泥浆体结构在一定环境条件下长期保持稳定质量和使用功能的性质。硅酸盐水泥的耐久性主要包括抗渗性、抗冻性以及对环境介质的抗蚀性等。

1. 抗渗性

抗渗性是水泥石或混凝土抵抗水、油和溶液等有压介质渗透的能力，抗渗性常用渗透系数 K 来表示。

绝大多数有害的流动水、溶液、气体等介质，都是从水泥浆体或混凝土中的孔隙和裂缝中渗入的，引起混凝土耐久性下降，因此，提高抗渗性是改善耐久性的一个有效途径。有些工程如水工构筑物以及储油罐、压力管、蓄水塔等，对抗渗性有比较严格的要求。

当水进入硬化水泥浆体这类多孔材料时，开始渗入速率取决于水压以及毛细管力的大小。待硬化浆体达到水饱和，使毛细管力不再存在以后，就达到一个稳定流动的状态，其渗水速率可用下列公式表示：

$$\frac{\mathrm{d}q}{\mathrm{d}t}=KA\frac{\Delta h}{L} \tag{1.52}$$

式中，$\frac{\mathrm{d}q}{\mathrm{d}t}$为渗水速率（$\mathrm{mm^3 \cdot s^{-1}}$）；$A$ 为试件的横截面积（$\mathrm{mm^2}$）；Δh 为作用于试件两侧的压力差（$\mathrm{mmH_2O}$）；L 为试件的厚度（mm）；K 为渗透系数（$\mathrm{mm \cdot s^{-1}}$）。

由上式可知，当试件尺寸和两侧的压力差一定时，渗水速率和渗透系数成正比，所以常用

渗透系数 K 表示抗渗性的高低，渗透系数 K 越大，抗渗性越差，而渗透系数 K 又可用下式表示：

$$K=C\frac{\varepsilon r^2}{\eta} \tag{1.53}$$

式中，ε 为总孔隙率；r 为孔的水力半径(孔隙体积/孔隙表面积)；η 为流体的黏度；C 为常数。

由上式可见，渗透系数 K 正比于水力半径的平方，与总孔隙率却只有一次方的正比关系，因此孔径的尺寸对抗渗性有着更为重要的影响。

当管径小于 1 μm 时，所有的水都吸附于管壁或作定向排列，很难流动。至于水泥凝胶则由于胶孔尺寸更小，其渗透系数仅为 7×10^{-16} m·s^{-1}。因此，凝胶孔对抗渗性影响甚微，渗透系数主要取决于毛细孔率的大小。当硬化浆体的毛细孔率大于 30%时，其渗透系数会成倍增加，从而使抗渗性大大降低。抗渗性主要取决于大的毛细孔，特别是直径超过 132.0 nm 的孔的数量，大于 132.0 nm 的孔对于渗透性的影响比小孔要大得多。影响孔的尺寸和孔隙率的因素主要是水灰比、水化程度、养护条件和外加剂等。

当采用不同的水灰比时，经长期水化后，测定其渗透系数 K，可发现渗透系数随水灰比的增加而提高，如图 1.11 所示。

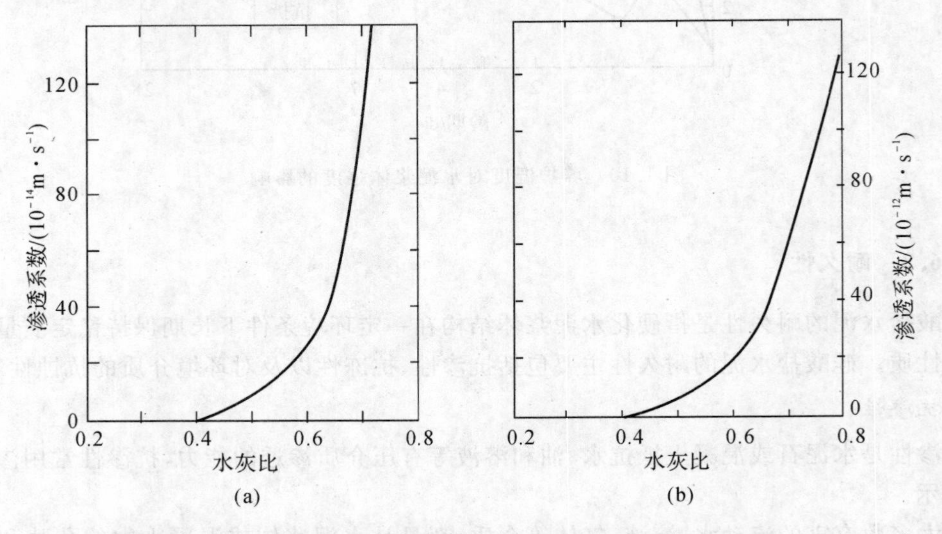

图 1.11 硬化水泥浆体和混凝土的渗透系数与水灰比的关系

(a) 水泥浆体；(b) 混凝土

水灰比为 0.7 的硬化浆体，其渗透系数要超过水灰比为 0.4 的几十倍，主要是因为孔系统的连通情况有所改变。当水灰比较低时，毛细孔常被水泥凝胶所堵隔，不易连通，渗透系数较小；当水灰比较大时，总孔隙率提高，毛细孔径增大，而且基本连通，渗透系数显著提高。因此，毛细孔，特别是连通的毛细孔对抗渗性极为不利。当绝大部分毛细孔均较细小且不连通时，水泥浆体的渗透系数一般可低至 10^{-12} cm·s^{-1} 数量级。所以，适当降低水灰比，减小孔径和连通孔隙率，是提高硬化浆体结构抗渗性的主要途径。一般认为，水灰比在 0.5 以下，硬化水泥浆体的抗渗性较好。

2. 抗冻性

水泥在寒冷的地区使用时，其耐久性主要取决于抵抗冻融循环的能力，即抗冻性。水泥的抗冻性一般是以试块能经受$-15℃$和$20℃$的冻融循环而抗压强度损失率小于25%时的最高冻融循环次数来表示的，如200次或300次冻融循环等，次数越多，说明抗冻性越好。

水在结冰时，体积增加约9%，而且硬化水泥浆体的线膨胀系数是冰的5%～10%。硬化水泥浆体中的水结冰时会使毛细孔壁承受一定的膨胀应力，当应力超过浆体结构的抗拉强度时，就会使水泥石内产生微细裂缝等不可逆变化，在冰融化后，不能完全复原，再次冻结时，又会将原来的裂缝膨胀得更大，如此反复的冻融循环，裂缝越来越大，最后导致严重的破坏。

硬化浆体中水的存在形式有化合水、吸附水(包括凝胶水和毛细水)和自由水三种。其中化合水不会结冰，凝胶水由于凝胶孔极小，只能在极低温度(如$-78℃$)下才能结冰。在自然条件的低温下，只有毛细孔内的水和自由水才会结冰，而毛细水由于溶有$Ca(OH)_2$和碱形成盐溶液，并非纯水，其冰点至少在$-1℃$以下，同时，还受到表面张力作用，使冰点更低。另外，毛细孔径越小，冰点就越低。如10 nm孔径中水到$-5℃$时结冰，而3.5 nm孔径的水要到$-20℃$才结冰。但就一般混凝土而言，在$-30℃$时，毛细孔水能够完全结冰。因此，寒冷地区的冻融循环对混凝土的破坏是相当严重的。

水泥的抗冻性与水泥的矿物组成、强度、水灰比和孔结构等因素有密切关系。一般增加熟料中C_3S含量可以改善其抗冻性，适当提高水泥石中石膏掺入量也可提高其抗冻性。在其他条件相同的情况下，所用水泥的强度越高，其抗冻性就越好。在保证水泥完全水化的情况下，水灰比越小，其抗冻性越好。将水灰比控制在0.4以下时，硬化浆体通常是高度抗冻的；而水灰比大于0.55时，其抗冻性将显著下降。这是因为水灰比较大，硬化浆体内毛细孔数增多，孔的尺寸也增大，导致抗冻性下降。另外，加入引气剂、减水剂和防冻剂等外加剂也是提高抗冻性的重要途径。

3.环境介质的侵蚀

硬化的水泥浆体在正常使用条件下具有较好的耐久性，但在某些有害的环境介质(淡水、酸和酸性水、硫酸盐溶液和碱溶液等)的侵蚀作用下，硬化的水泥石结构会发生一系列物理化学变化，强度下降，甚至溃裂破坏。

环境介质对水泥石的侵蚀作用按侵蚀介质的种类可分为淡水侵蚀、酸和酸性水侵蚀、盐类侵蚀和强碱侵蚀。按侵蚀生成产物的性质可分为溶析型侵蚀和膨胀型侵蚀。

(1)淡水侵蚀

淡水侵蚀又称溶出侵蚀。它是指硬化水泥浆体受淡水浸析时，其组成逐渐被水溶解并在水流动时被带走，最终导致水泥石结构破坏的现象。

硅酸盐水泥的各种水化产物中，$Ca(OH)_2$溶解度最大，所以最先被溶解，若水量不多，且处于静止状态，则溶液会很快饱和，溶出即停止，在此情况下，淡水侵蚀的作用仅限于表面，影响不大。但是，若在流动水中，特别是在有水压作用，且混凝土渗透性又较大时，溶出的$Ca(OH)_2$不断被水流带走，使水泥石的孔隙率增加，密实度与强度下降，一方面使水更易渗入，另一方面由于水泥中的水化产物都必须在一定浓度的CaO液相中才能稳定存在，随着$Ca(OH)_2$的浓度降低，将促使其他水化产物的溶解和分解。

(2)酸和酸性水侵蚀

酸和酸性水侵蚀又称溶析和化学溶解双重侵蚀。这是指硬化水泥浆体与酸性溶液接触时，其化学组分就会直接溶析或与酸发生化学反应形成易溶物质被水带走，从而导致结构破坏的现象。

酸和酸性水对水泥石的侵蚀作用主要是由于酸类离解出来的H^+和酸根R^-，分别与浆体所含$Ca(OH)_2$的OH^-和Ca^{2+}结合生成水和钙盐，所以酸的侵蚀作用的强弱取决于溶液的H^+浓度，即酸性强弱。溶液酸性越强，H^+越多，结合并带走的$Ca(OH)_2$就越多，侵蚀就越严重。当H^+达到足够高的浓度时，还能直接与水化硅酸钙、水化铝酸钙甚至未水化的硅酸钙、铝酸钙等作用而严重破坏水泥结构。

酸中阴离子的种类也与侵蚀性的大小有关。常见的酸多数能与$Ca(OH)_2$生成可溶性盐，如盐酸和硝酸能与$Ca(OH)_2$作用生成可溶性的氯化钙和硝酸钙，随后也被水流带走，造成侵蚀破坏，而磷酸与$Ca(OH)_2$反应则生成几乎不溶于水的磷酸钙，堵塞在毛细孔中，侵蚀的发展就慢。有机酸的侵蚀程度不如无机酸强烈，其侵蚀性也与其生成的钙盐性质有关。如醋酸、蚁酸、乳酸等与$Ca(OH)_2$生成的钙盐易溶解，对水泥石有侵蚀作用。而草酸生成的却是不溶性钙盐，在混凝土表面能形成保护层，实际应用中还可以用来处理混凝土表面，增加对其他弱有机酸的抗蚀性。另外硬脂酸、软脂酸等高分子有机酸，都会与水泥石作用生成可溶性钙盐，而且浓度越大，相对分子量越大，侵蚀性越强。无机酸与有机酸大多存在于化工厂或工业废水中。

在自然界中，对水泥有侵蚀作用的主要是从大气中溶入水中的CO_2产生的碳酸侵蚀。水中有碳酸存在时，首先与水泥石中的$Ca(OH)_2$发生作用，在表面生成难溶于水的$CaCO_3$。所生成的$CaCO_3$会再与碳酸反应生成易溶于水的$Ca(HCO_3)_2$，此反应是可逆的。从而$Ca(OH)_2$不断溶出，而且还会引起水化硅酸钙和水化铝酸钙的分解。当水中CO_2和$Ca(HCO_3)_2$之间的浓度达到平衡时，反应即停止。由于天然水中本身常含有少量$Ca(HCO_3)_2$，因而必须有一定量的碳酸与之平衡，这部分碳酸不会溶解碳酸钙，没有侵蚀作用，称为平衡碳酸。当水中含有的碳酸超过平衡碳酸量时，其多余碳酸就会与$CaCO_3$反应，对水泥产生侵蚀作用，这一部分碳酸称为侵蚀性碳酸。因此碳酸的含量越大，溶液酸性越强，侵蚀也会越严重。

水的暂时硬度越大，所需的平衡碳酸量越多，即使有较多的CO_2存在也不会产生侵蚀。同时，暂时硬度大的水中所含的$Ca(HCO_3)_2$或$Mg(HCO_3)_2$还会与硬化浆体中的$Ca(OH)_2$作用，生成溶解度极小的碳酸钙或碳酸镁，沉积在硬化浆体结构的孔隙内及表面，提高了结构的密实性，阻碍了水化产物的进一步溶出，这样就降低了侵蚀作用。而在暂时硬度不高的水中，即使CO_2含量不多，但只要是大于当时相应的平衡碳酸量，也会产生一定的侵蚀作用。

(3)盐类侵蚀

介质溶液中的硫酸盐与水泥石组分反应形成钙矾石而产生结晶压力，造成膨胀开裂，破坏硬化浆体结构。硫酸盐对水泥石结构的侵蚀主要是由于硫酸钠、硫酸钾等能与硬化浆体中的$Ca(OH)_2$反应生成$CaSO_4 \cdot 2H_2O$，如下式：

$$Ca(OH)_2 + Na_2SO_4 \cdot 10H_2O \rightarrow CaSO_4 \cdot 2H_2O + 2NaOH + 8H_2O \tag{1.54}$$

上述反应使固相体积增大了114%，在水泥石内产生了很大的结晶压力，从而引起水泥石开裂以致破坏。但上述反应形成的$CaSO_4 \cdot 2H_2O$在溶液中的SO_4^{2-}浓度必须足够大(达2 020～2 100 mg/L)时，才能析出晶体。当溶液中SO_4^{2-}浓度小于1 000 mg/L时，由于石膏的溶解度较大，$CaSO_4 \cdot 2H_2O$晶体不能溶出，但生成的$CaSO_4 \cdot 2H_2O$会继续与浆体结构中的水化铝酸钙反应生成钙矾石。由于钙矾石的溶解度很小，当SO_4^{2-}浓度较低时就能析出晶体，使固相体积膨胀94%，同样会使水泥石结构胀裂破坏。所以，在硫酸盐浓度较低的情况(250～1 500 mg/L)下产生的是硫铝酸盐侵蚀，当其浓度达到一定值时，就会转变为石膏侵蚀或硫铝酸钙与石膏混合侵蚀。除硫酸钡以外，绝大部分硫酸盐对硬化水泥浆体都有明显的侵蚀作用。

在一般的河水和湖水中，硫酸盐浓度不高，通常小于60 mg/L，但在海水中SO_4^{2-}的浓度常达2 500～2 700 mg/ L，有的地下水流经含有石膏、芒硝（硫酸钠）或其他富含硫酸盐成分的岩石夹层时，将部分硫酸盐溶入水中，也会提高水中SO_4^{2-}浓度而引起侵蚀。

在海水、地下水或某些沼泽水中常含有大量的硫酸镁盐，它会与水泥石中的氢氧化钙发生反应，反应式如下：

$$MgSO_4+Ca(OH)_2+2H_2O \rightarrow CaSO_4 \cdot 2H_2O+Mg(OH)_2 \tag{1.55}$$

由于生成的氢氧化镁松软而无胶凝能力，生成的$CaSO_4 \cdot 2H_2O$又将引起硫酸盐侵蚀。而且氢氧化镁饱和溶液的pH值只为10.5，水化硅酸钙不得不放出CaO，以建立使其稳定存在所需的pH值。但硫酸镁又与其溶出的氢氧化钙作用，如此连续进行，实质上就是硫酸镁使水化硅酸钙分解，因而硫酸镁较其他硫酸盐具有更大的侵蚀性。如下式：

$$3CaO \cdot 2SiO_2 \cdot (aq)+3MgSO_4+nH_2O \rightarrow$$
$$3(CaSO_4 \cdot 2H_2O)+3Mg(OH)_2+2SiO_2(aq) \tag{1.56}$$

基于氢氧化镁的性质和$CaCl_2$的可溶性，使水泥石孔隙率增加，氯化镁对氢氧化钙也有很强的侵蚀性，反应式如下：

$$MgCl_2+Ca(OH)_2 \rightarrow CaCl_2+Mg(OH)_2 \tag{1.57}$$

硫酸铵由于能生成极易挥发的氨，发生不可逆反应，而且反应相当迅速，故侵蚀也相当严重，反应式如下：

$$(NH_4)_2SO_4+Ca(OH)_2 \rightarrow CaSO_4 \cdot 2H_2O+2NH_3\uparrow \tag{1.58}$$

(4)强碱侵蚀

一般情况下，水泥混凝土能够抵抗碱类的侵蚀。但如长期处于较高质量分数（>10%）的含碱溶液中，也会发生缓慢的破坏。温度升高时，侵蚀作用加剧，其主要有化学侵蚀和物理析晶两方面的作用。

化学侵蚀是碱溶液与水泥石的组分间起化学反应，生成胶结力不强、易为碱液溶析的产物，代替了水泥石原有的结构组成：

$$2CaO \cdot SiO_2 \cdot nH_2O+2NaOH \rightarrow 2Ca(OH)_2+Na_2SiO_3+(n-1)H_2O \tag{1.59}$$

$$CaO \cdot Al_2O_3 \cdot 6H_2O+2NaOH \rightarrow Ca(OH)_2+Na_2O \cdot Al_2O_3+6H_2O \tag{1.60}$$

结晶侵蚀是由于孔隙中的碱液，因蒸发析晶产生结晶压力引起水泥石膨胀破坏。例如，孔隙中的NaOH在空气中的二氧化碳作用下形成$Na_2CO_3 \cdot 10H_2O$，使体积增加而膨胀。

4.耐久性的改善途径

影响水泥混凝土耐久性的因素是多方面的，所处的环境和使用条件不同，对其耐久性的要求也不相同，但是影响耐久性的因素却有许多相同之处，密实程度是影响耐久性的主要因素，其次是原材料的性质、施工质量等。改善耐久性的途径主要有以下几个方面：

(1)提高密实度，改善孔结构

正确设计混凝土的配合比，控制水灰比，保证足够的水泥用量，选择合理的集料级配，提高施工质量，采取适当的养护措施，保持水化的适宜温度和湿度，保证水泥水化硬化的正常进行，掺加合适的减水剂、加气剂等外加剂，可提高混凝土的密实度，改善孔结构。

施工中加强搅拌，可防止各组分产生离析分层现象，提高混凝土的均匀性和流动性；另外，强化振捣，增大混凝土的密实度，尽可能排出其内部气泡，减少显孔、大孔，尤其是连通孔，提高其强度，从而提高其抗渗能力，可最终达到改善其耐久性的目的。

采用减水剂可以在保证和易性不变的情况下，大大减少拌和用水量，降低水灰比，从而减少混凝土内部空隙，提高其强度。如采用加气剂则可引入大量 50～125μm 的微小气泡，隔绝浆体结构内毛细管通道，阻碍水分迁移，减少泌水现象；同时由于其变形能力大，因而可明显提高结构的抗渗、抗冻等能力。

(2)选择适当熟料矿物组成的水泥

水泥中的各熟料矿物对侵蚀的抵抗能力是不相同的，所以在使用水泥时，应根据环境的不同而选择不同熟料矿物组成的水泥，从而改善水泥的抗蚀能力。

如降低熟料中 C_3A 的含量，相应增加 C_4AF 的含量，可以提高水泥的抗硫酸盐侵蚀的能力。研究表明，在硫酸盐作用下，铁铝酸钙所形成的水化硫铁酸钙或其与硫铝酸钙的固溶体，系隐晶质呈凝胶状析出，而且分布比较均匀，因此其膨胀性能远比钙矾石小。

由于 C_3S 在水化时析出较多的 $Ca(OH)_2$，而 $Ca(OH)_2$ 又是造成溶出侵蚀的主要原因，故适当减少 C_3S 的含量，相应增加 C_2S 的含量，也能提高水泥的抗蚀性，尤其是抗淡水侵蚀的能力。

水泥中掺入石膏量的不同，对其耐久性也有一定影响。具有合理颗粒级配和最佳石膏掺量的细磨水泥具有较强的抗海水侵蚀的能力。这主要是在水化早期，C_3A 快速溶解并与石膏生成大量钙矾石，此时水泥浆体尚具有足够的塑性，可将钙矾石产生的膨胀应力分散，不但不会产生膨胀破坏，反而使水泥石更加致密。若石膏掺量不足，生成大量单硫型水化铝酸钙，则会与外来侵蚀介质硫酸盐反应生成二次钙矾石，产生膨胀导致硬化浆体开裂。

(3)掺加适量混合材料

水泥中掺加的混合材料的种类及其数量多少，也会影响耐久性。一般说来，硅酸盐水泥中掺加火山灰质混合材料和粒化高炉矿渣，可以提高其抗蚀能力。这是因为熟料水化时析出的 $Ca(OH)_2$ 能与混合材料中所含的活性氧化硅相结合，生成低碱度的水化产物。

在混合材料掺量一定时，所形成的水化硅酸钙中 C/S 接近于 1，使其平衡所需的石灰极限浓度仅为 0.05～0.09g/L，比普通水泥为稳定水化硅酸钙所需的石灰浓度低很多，因此，在淡水中的溶析速度要显著减慢；同时，还能使水化铝酸盐的浓度降低，而且在氧化钙浓度降低的液相中形成的低碱性水化硫铝酸钙溶解度较大，结晶较慢，不致因膨胀而产生较大的应力。另外，掺加混合材料后，熟料所占比例减少，C_3A 和 C_3S 的含量相应降低，也会改善抗蚀性；而且由于生成较多的凝胶，硬化水泥浆体的密实性得到提高，抗渗性和抗蚀性得到了改善。

(4)进行表面处理

表面处理可分为表面化学处理和涂覆或贴面处理两种。对混凝土表面进行化学处理，可提高其表面的密实程度，表面化学处理的方法主要有表面碳化处理、压渗法、硅酸钠或氟硅酸盐的水溶液处理等。在侵蚀强烈的情况下，可在混凝土表面涂上防渗抗蚀层，如沥青、树脂、有机硅、石蜡等；或采用贴面材料进行处理，如瓷砖、金属、塑料及复合贴面材料等，将混凝土与侵蚀介质隔绝，以防止侵蚀介质与混凝土直接接触而造成侵蚀破坏。

1.7 其他通用水泥

除硅酸盐水泥外，通用水泥还有普通硅酸盐水泥、矿渣硅酸盐水泥、火山灰质硅酸盐水泥、粉煤灰硅酸盐水泥、复合硅酸盐水泥及石灰石硅酸盐水泥。它们同属于硅酸盐水泥系列，都是以硅酸盐水泥熟料为主要组分，以石膏作缓凝剂，不同品种水泥之间的差别主要在于所掺加混合材料的种类和数量不同。

1.7.1 混合材料

1. 混合材料的种类

混合材料是指在粉磨水泥时与熟料、石膏一起加入磨内用以提高水泥产量、改善水泥性能、调节水泥标号的矿物质材料。其来源主要是各种工业废渣及天然矿物质材料，根据来源可分为天然混合材料和人工混合材料(主要是工业废渣)，但通常根据混合材料的性质及其在水泥水化过程中所起的作用，分为活性混合材料和非活性混合材料两大类。

①活性混合材料。指具有火山灰性或潜在的水硬性，以及兼有火山灰性和水硬性的矿物质材料，主要包括粒化高炉矿渣、火山灰质混合材料和粉煤灰等。

这里所说的火山灰性，是指一种材料磨成细粉，单独不具有水硬性，但在常温下与石灰和水拌和后能形成具有水硬性化合物的性能；而潜在水硬性是指材料单独存在时基本无水硬性，但在石灰、熟料和石膏等某些激发剂的激发作用下，可呈现水硬性。

②非活性混合材料。非活性混合材料是指在水泥中主要起填充作用而又不损害水泥性能的矿物质材料，即活性指标不符合要求的材料，或者是无潜在水硬性、火山灰性的一类材料，它主要包括砂岩、石灰石、块状的高炉矿渣等。

2. 粒化高炉矿渣

粒化高炉矿渣是高炉冶炼生铁时所得以硅酸钙和铝硅酸钙为主要成分的熔融物经淬冷粒化后的产品，它属于冶金行业高炉冶炼生铁时的工业废渣，是目前国内水泥工业中用量最大、质量最好的活性混合材料。但缓慢冷却后的产品则呈现块状或细粉状等，不具有活性，属非活性混合材料。

在高炉中冶炼锰铁时生成的废渣称为锰铁矿渣，除 MnO 含量较高外，其他成分及性能与一般的冶炼生铁时的粒化高炉矿渣相似，故通常将锰铁矿渣包括在粒化高炉矿渣之内。

高炉矿渣的化学成分主要有 CaO，SiO_2 和 Al_2O_3，还有少量的 MgO，Fe_2O_3，CaS，MnS 和 FeS 等。其中 $CaO+SiO_2+Al_2O_3$ 的总量一般大于 90%，某些特殊情况下由于矿石成分的不同所形成的高炉矿渣的化学成分还可能含有 TiO_2，P_2O_5 和氟化物等。高炉矿渣的化学成分可以在较大的范围内波动，一般各物质的质量分数的范围是：CaO 为 35%～46%；SiO_2 为 26%～42%；Al_2O_3 为 6%～20%；MgO 为 4%～13%；FeO 为 0.2%～1%；MnO 为 0.1%～1%；TiO_2 为小于 2%；S 为 0.5%～2%。

一般而言，Al_2O_3 质量分数＞12%，CaO 质量分数＞40%的矿渣活性较好。但 CaO 含量过高时，矿渣形成的熔体黏度降低，析晶能力增加，矿渣活性易下降。矿渣中的 MgO 呈稳定的化合物或玻璃态化合物存在，它不以方镁石形式出现。因此 MgO 含量即使较高也不会引起水泥安定性不良。

3. 火山灰质混合材料

凡天然的或人工的以氧化硅、氧化铝为主要成分的矿物质材料，本身磨细加水拌和并不硬化，但与气硬性石灰混合后再加水拌和，则不但能在空气中硬化而且能在水中继续硬化者，称为火山灰质混合材料。也可以将具有火山灰性的天然的或人工的矿物质材料简称为火山灰质混合材料,其分类见表1.9。

表1.9 火山灰质混合材料分类

天然的火山灰质混合材料	人工的火山灰质混合材料
火山灰、凝灰岩、沸石岩、浮石、硅藻土、硅藻石、蛋白石	烧页岩、烧黏土、煤矸石、煤渣、硅质渣、硅灰

火山灰:火山喷发的细粒碎屑,沉积在地面或水中形成的疏松态物质。

凝灰岩:由火山灰沉积而成的致密岩石。

沸石岩:凝灰岩经环境介质作用形成的一种以碱或碱土金属的含水铝硅酸盐矿物为主的岩石。

浮石:火山爆发时从火山口喷出的具有高挥发性的熔岩,大量气体使熔岩膨胀,并在冷却凝固过程中排出大量气体使之成为一种轻质多孔、可浮在水上的多孔玻璃态物质。

硅藻土:由极微的硅藻外壳聚集沉积而成,外观呈松软多孔粉状,大多为浅灰或黄色,在沉积过程中,可能夹杂部分黏土。

硅藻石:硅藻土经长期的自然堆积,并受到挤压,结构变得致密,即为硅藻石。

蛋白石:天然的含水无定型二氧化硅致密块状凝胶体。

烧页岩:页岩或油母页岩经煅烧或自燃后的产物。

烧黏土:黏土经煅烧后的产物,除了专门烧制的黏土外,还有砖瓦工业生产中的废品有时也能应用。

煤矸石:煤层中煤页岩经自燃或人工燃烧后的产物。

煤渣:用链式炉燃烧煤碳后产生的废渣,呈大小不等的块状,一般SiO_2,Al_2O_3含量高的煤渣其活性高。

硅质渣:用矾土提取硫酸铝的残渣,其主要成分是氧化硅。

硅灰:一种优质的火山灰质混合材料,是炼硅或硅铁合金过程中得到的副产品。主要成分SiO_2的质量分数在90%以上,均以无定型的球状玻璃体存在,其粒径大部分为1 μm以下,平均为0.1 μm。但目前国内硅灰的收集量小,而且在耐火材料等生产中也在竞相应用,价格猛增,甚至高于水泥价格,因而它的应用受到了限制。

火山灰质混合材料的化学成分以SiO_2,Al_2O_3为主,其质量分数占70%左右,而CaO含量较低,其矿物组成随其成因变化较大。

4.粉煤灰质混合材料

粉煤灰是从煤粉炉烟道气体中收集的粉尘。在火力发电厂,煤粉在锅炉内经1 100~1 500℃的高温燃烧后,一般有70%~80%呈粉状灰随烟气排出,经收尘器收集,即为粉煤灰;20%~30%呈烧结状落入炉底,称为炉底灰或炉渣。

粉煤灰的化学成分随煤种、燃烧条件和收尘方式等条件的不同而在较大范围内波动,但以SiO_2和Al_2O_3为主,并含有少量Fe_2O_3和CaO。粉煤灰具有火山灰性,其活性大小取决于可熔性的SiO_2,Al_2O_3和玻璃体含量,以及它们的细度。此外,烧失量的高低(烧失量主要显示含碳量的高低,亦即燃烧的完全程度)也影响其质量。

粉煤灰的粒径一般在0.5～200 μm之间，其主要颗粒在1～1.5 μm范围内，0.08 mm方孔筛筛余35%～40%，质量密度为2.0～2.3 g/cm³，体积密度为0.6～1.0 kg/L。国内大多数粉煤灰收集后用水冲灰即湿排，因此含水量较大。干排粉煤灰含水量较低，可直接用做水泥混合材料。

1.7.2　普通硅酸盐水泥

凡由硅酸盐水泥熟料、大于5%而小于或等于20%的混合材料、适量石膏磨细制成的水硬性胶凝材料，称为普通硅酸盐水泥，简称普通水泥，代号为P·O。

当掺入活性混合材料时，活性混合材料掺加量为大于5%且小于或等于20%，其中允许用不超过水泥质量5%且符合标准的窑灰或不超过水泥质量8%且符合标准的非活性混合材料代替。硅酸盐水泥熟料、混合材料、石膏的相关知识已在前面的章节中述及。而水泥粉磨时允许加入助磨剂，其加入量不得超过水泥质量的1%。

有关普通硅酸盐水泥与硅酸盐水泥的区别列于表1.10中。

表1.10　普通硅酸盐水泥与硅酸盐水泥的区别

水泥名称		普通硅酸盐水泥	硅酸盐水泥	
代号		P·O	P·Ⅰ	P·Ⅱ
组分质量分数(%)	熟料及石膏	≥80且≤94	100	≥95且<100
	矿渣或石灰石	>5且≤20		≤5
	火山灰、粉煤灰、窑灰	(含非活性混合材料)		

1.7.3　矿渣硅酸盐水泥

凡由硅酸盐水泥熟料和粒化高炉矿渣、适量石膏磨细制成的水硬性胶凝材料称为矿渣硅酸盐水泥，简称矿渣水泥，代号为P·S。

矿渣水泥中粒化高炉矿渣掺加量(按质量分数计)为大于20%且小于或等于70%。允许用石灰石、窑灰、粉煤灰和火山灰质混合材料中的一种材料代替矿渣，代替数量不得超过水泥质量的8%，替代后水泥中粒化高炉矿渣不得少于20%。熟料中MgO的含量不得超过5.0%，如果水泥压蒸安定性试验合格，则熟料中MgO的质量分数允许放宽到6.0%。当熟料中MgO的质量分数为5.0%～6.0%时，如矿渣水泥中混合材料总掺量大于40%，所制成的水泥可不做压蒸试验。矿渣水泥中SO_3的质量分数不得超过4.0%。碱含量按$w_{Na_2O}+0.658w_{K_2O}$计算值来表示。

值得注意的是，上述指标中MgO是规定熟料中的含量，这一点与硅酸盐水泥、普通硅酸盐水泥均不相同。这是因为硅酸盐水泥、普通硅酸盐水泥中未掺或掺有很少的混合材料，为便于考核验收，可以把水泥中的MgO看做是熟料中的MgO。但矿渣水泥中掺有大量的矿渣等混合材料，而矿渣中往往含有较熟料中高得多的MgO，但这些MgO并不影响安定性。为充分利用工业废渣而又确保水泥质量，故限定熟料中的MgO含量。

1.7.4 火山灰质硅酸盐水泥

火山灰质硅酸盐水泥简称火山灰水泥，代号为P·P。它是由硅酸盐水泥熟料和火山灰质混合材料、适量石膏磨细制成的水硬性胶凝材料。

火山灰水泥中的火山灰质混合材料掺加量(按质量分数计)为大于20%且小于或等于40%，火山灰水泥的组分含量中的SO_3不得超过3.5%。

火山灰水泥的性能与硅酸盐水泥和普通水泥相比有较大差别。火山灰质混合材料与粒化高炉矿渣不同，因而使得火山灰水泥的性能与矿渣水泥也不相同。尽管不同品种的火山灰质混合材料会对所制火山灰水泥产生一定的影响，但火山灰水泥仍具有一些共性的特点。

①水化热小，耐腐蚀性好。随着混合材料的增加，C_3A和C_3S相对减少，水泥的水化热不断减少，$Ca(OH)_2$含量降低，抗腐蚀能力明显增强。当混合材料掺加量为40%时，水化热仅为硅酸盐水泥的78%，其6个月的抗蚀系数是硅酸盐水泥的2.3倍。

②需水量大，干缩性大，抗冻性差。由于火山灰质混合材料为多孔性物质，内表面积大，故标准稠度用水量随着混合材料掺量增加而增大；由于需水性大，而其保水性又好，造成水泥硬化体中存在较多的游离水分，在干燥环境中使得火山灰水泥干缩性较大。此外，其抗冻性也较差。

③早期强度低，但后期强度较高，甚至可以赶上或超过硅酸盐水泥。这是因为火山灰水泥由于熟料相对含量较少，水泥中C_3A,C_3S矿物也相对减少，因此，火山灰水泥早期强度较低，尤其在低温条件下更为明显。后期由于混合材料中活性组分SiO_2,Al_2O_3与$Ca(OH)_2$作用，生成比硅酸盐水泥更多的硅酸钙、水化铝酸钙产物，因而火山灰水泥后期强度表现为增进率较大，尤其在蒸汽养护或湿热处理后，其后期强度往往可以赶上甚至超过硅酸盐水泥。

为了提高火山灰水泥的早期强度，改善火山灰水泥的质量，可以考虑适当提高熟料中的C_3A,C_3S含量，选择活性高的火山灰质混合材料并控制其合理的掺加量，在进行水泥粉磨时尽可能磨得细些，在水泥的使用过程中还可以采用减水剂、早强剂等措施。

④火山灰水泥的密度比硅酸盐水泥略小，一般为2.7～2.9 g/cm^3。根据火山灰水泥的性能特点，可大致将火山灰水泥的适用范围与用途概述如下：适用于地下、水中工程或经常受较高水压作用的工程，尤其是需要抗渗性、抗淡水、抗硫酸盐侵蚀的工程；适宜于进行蒸汽养护生产混凝土预制件；适用于大体积的混凝土工程；可同普通水泥一样用于一般地面建筑工程。但应该注意，火山灰水泥不适用于早期强度要求较高的工程，也不适合冻融交替的工程及长期干燥和高温的地方。

1.7.5 粉煤灰硅酸盐水泥

粉煤灰硅酸盐水泥简称粉煤灰水泥。它是由硅酸盐水泥熟料和粉煤灰、适量石膏磨细制成的水硬性胶凝材料，代号为P·F。水泥中粉煤灰掺加量大于20%且小于等于40%。粉煤灰水泥的性质与火山灰水泥大体相同，但也有一些共同优点：

①需水量少，和易性好。粉煤灰与其他火山灰质混合材料相比，结构致密，内比表面积小，有很多球形颗粒，所以这种水泥需水少，和易性好，类似于硅酸盐水泥和普通水泥，这也是它的

明显特点。

②干缩小，抗裂性好。粉煤灰水泥的干缩性比火山灰水泥小得多，甚至比相应的硅酸盐水泥的干缩性还低。因此，用粉煤灰水泥制成的砂浆或混凝土的体积稳定性强，不容易产生裂缝，抗裂性较好，混凝土的抗拉强度较高。

③水化热低。由于粉煤灰的掺入，使熟料相对含量减少，再加上粉煤灰水泥的水化速度缓慢，因此水化热较低，且随着粉煤灰掺量的增加，其水化热明显降低。

④耐腐蚀性好。由于粉煤灰水泥水化产物中的$Ca(OH)_2$很少且其他水化产物碱度也较低，在$Ca(OH)_2$碱度低的情况下，水泥石仍然能稳定存在，因此其抗硫酸盐类、水的侵蚀能力较强。

⑤早期强度低，后期强度增进率大。粉煤灰水泥的早期强度低，随着粉煤灰的掺量增加，早期强度大幅度下降，早期强度的增时率甚至比火山灰水泥还要小。

掺30%粉煤灰的粉煤灰水泥结合水及$Ca(OH)_2$含量的测定结果如图1.12所示。由图可以看出，后期粉煤灰水泥的结合水量有显著增加，而$Ca(OH)_2$含量在后期逐渐下降，说明粉煤灰的活性组分在后期能很快与$Ca(OH)_2$反应，使水化物增多，结构致密，从而使粉煤灰水泥的后期强度有较大的增长，甚至超过相应硅酸盐水泥的强度。

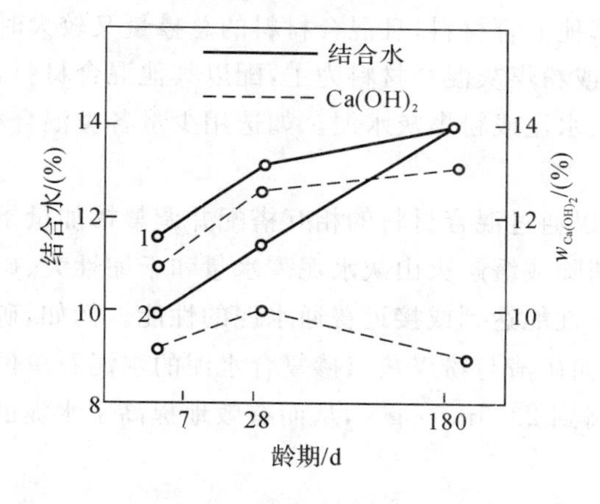

图1.12 水泥结合水、$Ca(OH)_2$的质量分数的变化规律

1—硅酸盐水泥；2—粉煤灰水泥

1.7.6 石灰石硅酸盐水泥

石灰石硅酸盐水泥是由硅酸盐水泥熟料和石灰石、适量石膏磨细制成的水硬性胶凝材料，其中石灰石掺加量按质量分数计为10%～25%，石灰石硅酸盐水泥代号为P·L。

石灰石硅酸盐水泥中掺入的石灰石质量应符合$w_{CaO}\geqslant 75.0\%$，$w_{Al_2O_3}\leqslant 2.0\%$的要求。其他组分材料如硅酸盐水泥熟料、石膏、助磨剂等与前面述及的各种通用水泥的组分材料要求相同。与普通硅酸盐水泥一样，熟料中氧化镁的质量分数不得超过5.0%。如果水泥经压蒸安定性试验合格，则熟料中氧化镁含量允许放宽到6.0%，水泥中三氧化硫的质量分数不得超过3.5%，水泥比表面积不得小于350 $m^2 \cdot kg^{-1}$。

石灰石硅酸盐水泥和普通硅酸盐水泥除具有基本相同的物理性能和强度外，同时具有自身的一些特点，主要表现为和易性好，离析水量少，需水量少，抗渗性、抗冻性、抗硫酸盐性能好等优点。但石灰石硅酸盐水泥的胶砂和混凝土干缩率均略大于普通水泥，随着石灰石掺量增加，后期强度较低。石灰石硅酸盐水泥可与同标号普通水泥一样使用，即适用于各种建筑工程中。

1.7.7 复合硅酸盐水泥

凡由硅酸盐水泥熟料（质量分数大于或等于50%且小于或等于79%）、两种或两种以上规定的混合材料、适量石膏磨细制成的水硬性胶凝材料，称为复合硅酸盐水泥，简称复合水泥，代号为P·C。水泥中的混合材料总掺加量按质量分数计为大于20%且小于等于50%。水泥中允许用不超过8%的窑灰代替部分混合材料，掺矿渣时混合材料掺加量不得与矿渣硅酸盐水泥重复。

复合水泥与其他水泥一样，都是以硅酸盐水泥熟料为主要组分的水泥，这就是说，复合水泥与前面提到的几种水泥基本性能一致。但由于复合水泥复掺混合材料，其性能与应用也具有自身的一些特点。

①复合水泥的性能与所用复掺混合材料的品种和数量有关。如选用矿渣、化铁炉渣、磷渣或精炼铬铁渣为主，配以其他混合材料，且混合材料的总掺量又较大时，其特性接近矿渣水泥。如选用火山灰质混合材料或粉煤灰混合材料为主，配以其他混合材料，且混合材料的总掺加量较大时，其特性接近火山灰水泥或粉煤灰水泥。如选用少量各类混合材料搭配，则其特性接近普通水泥。

②复合水泥的性能可以通过混合材料的相互搭配并调整掺加量予以改善。如果选择的混合材料及掺量适宜，可以消除或缓解火山灰水泥需水量和干缩性大、矿渣水泥和粉煤灰水泥早期强度低等弱点，使其各项性能达到或接近普通水泥的性能。例如，矿渣与火山灰双掺复合水泥，其和易性显得格外好；而矿渣与粉煤灰双掺复合水泥的水泥石单位质量的内表面积由矿渣水泥的16.16 $m^2 \cdot g^{-1}$提高到23.5$m^2 \cdot g^{-1}$，从而有效地提高了水泥的抗压强度。

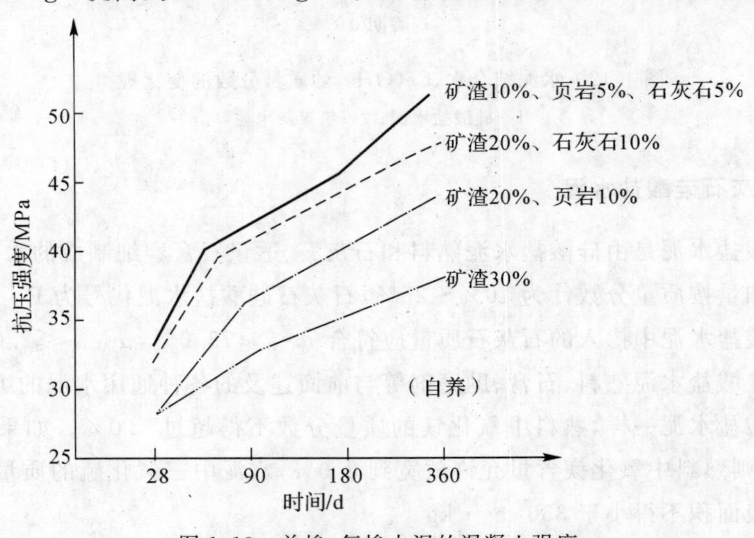

图1.13 单掺、复掺水泥的混凝土强度

③复合水泥建筑性能良好。如图1.13所示的是单掺矿渣和复掺矿渣、页岩、石灰石的水

泥，在相同条件下配制出的混凝土自然养护时的强度结果，它与标准养护时的水泥胶砂和混凝土的变化规律基本一致，双掺的效果比单掺的好，而三掺的效果比双掺的要好。但也有例外，例如矿渣、磷渣双掺时不如单掺矿渣效果好；粉煤灰、煤渣双掺时也不如单掺粉煤灰时效果好，这都是因为所掺混合材料没有优势互补的原因。

1.8 特种水泥

相对于一般土木建筑工程所用的通用水泥而言，特种水泥是指具有某些独特性能，适合特定的用途，或能发挥特殊作用并赋予建筑物特别功能的水泥品种，包括特性水泥和专用水泥。如具有膨胀特性的膨胀水泥、专门用于油气井固井用的油井水泥等。

1.8.1 特种水泥的分类

特种水泥种类繁多，分类复杂，目前有三种常见的分类方法：一是按特种水泥所具有的特性分类；二是按特种水泥的用途分类；三是按特种水泥中主要水硬性物质的名称分类。

(1)按特种水泥所具有的特性分类

①快硬高强水泥：具有凝结硬化快，早期强度高的特点，又分为快硬和特快硬两类。

②膨胀和自应力水泥：硬化后体积有一定膨胀，主要用于防水砂浆、修补工程等。

③低水化热水泥：水化放热较小，主要用于水工工程等大体积混凝土工程。

④耐高温水泥：能耐受较高温度，可用于窑炉衬料等。

⑤耐腐蚀水泥：能耐受腐蚀性介质的腐蚀，如抗硫酸盐水泥、耐酸水泥等。

(2)按特种水泥的用途分类

①水工水泥：主要应用于水工大坝或其他大体积混凝土工程、海港工程及其他经常与侵蚀介质接触的地下或水下工程，主要包括抗硫酸盐水泥、中热和低热水泥。

②油井水泥：主要用于油气井固井，按其适用的温度和压力分为9个级别、3个类型。

③道路水泥：具有耐磨性好、干缩性小等特点，主要用于道路工程。

④装饰水泥：主要用于建筑装饰，包括白色水泥和彩色水泥。

⑤砌筑水泥：主要用于砌筑砂浆、内墙抹面和基础垫层等，一般不用于配制混凝土。

⑥防辐射水泥：用于核辐射的防护和高放废液的固化处理。

(3)按特种水泥中主要水硬性物质的名称分类

特种水泥按其中所含主要水硬性物质可分为六大类，即硅酸盐水泥(除通用水泥外)、铝酸盐水泥、硫铝酸盐水泥、铁铝酸盐水泥、氟铝酸盐水泥和以其他活性材料为主要组成的水泥。

上述分类方法中，按特种水泥所具有的特性进行分类的方法对某些特殊工程用途的水泥并不适用，如道路水泥、油井水泥等，性能上有较多特色，难以用单一的特性来命名；按特种水泥用途进行分类的方法对某些特性水泥，如快硬高强水泥等很难用单独的用途分类。这两种方法都不能包括所有的特种水泥。

按特种水泥中所含主要水硬性物质进行分类能包括迄今为止所有的特种水泥，但不能表现出特种水泥区别于通用水泥的特点。因此，我国一般将上述分类方法结合起来，把特种水泥按其特性或用途主要分为快硬高强水泥、膨胀和自应力水泥、油井水泥、装饰水泥、耐高温水泥和其他水泥等。

1.8.2 快硬高强水泥

通用水泥混凝土的主要缺点是强度偏低，强度发展缓慢。自水泥发明以来，快硬高强水泥一直是水泥研究的主要方向之一。快硬高强水泥的特点是凝结硬化快，强度高，养护龄期短，施工周期短。随着现代化建筑工程的发展，快硬高强水泥越来越广泛地用于军事抢修工程、公路路面紧急修补、地下工程、快速施工工程、隧道工程等领域。我国快硬高强水泥最先开发成功的是快硬硅酸盐水泥，此后研制成功了高铝水泥、快硬硫铝酸盐水泥和快硬铁铝酸盐水泥系列。

1. 快硬硅酸盐水泥

凡以硅酸盐水泥熟料和适量的石膏磨细制成的，以3d抗压强度表示标号的水硬性胶凝材料，称为快硬硅酸盐水泥，简称快硬水泥。

快硬硅酸盐水泥早期强度高，1d抗压强度为28d的30％～35％，后期强度仍持续增长。由于水泥粒度细、水化活性高，C_3S和C_3A含量高，因而水化热较高。快硬水泥早期干缩率也较大，但水泥石比较致密，故不透水性和抗冻性往往优于普通水泥。快硬硅酸盐水泥低温性能较好，在10℃时各龄期强度明显高于普通水泥。

快硬硅酸盐水泥主要用于抢修工程、军事工程以及预应力钢筋混凝土构件等，适用于配制干硬性混凝土，水灰比应控制在0.40以下。

2. 快硬硫铝酸盐水泥

快硬硫铝酸盐水泥是以$3CaO \cdot 3Al_2O_3 \cdot CaSO_4$和$C_2S$为主要矿物组成的特种水泥。凡以适当成分的生料，经煅烧所得以无水硫铝酸钙和硅酸二钙为主要矿物成分的熟料，加入适量石膏和0～10％的石灰石，磨细制成的早期强度高的水硬性胶凝材料，称为快硬硫铝酸盐水泥，代号为R·SAC。

快硬硫铝酸盐水泥早期强度高，长期强度稳定，并有所增长，密度较硅酸盐水泥低得多，初凝为30～50 min，终凝为40～90 min，水化热为190～210 $kJ \cdot kg^{-1}$。低温性能较好，在－25～－15℃下仍可水化硬化，气温在－5℃以上时，不必采取任何特殊措施，就可以正常施工。

快硬硫铝酸盐水泥由于不含有C_3A，水泥石致密度高，所以抗硫酸盐性能良好；在空气中收缩小，抗冻性和抗渗性良好；水泥石液相的碱度低，可用于生产耐久性好的玻璃纤维增加水泥制品。然而碱度低也可能在钢筋混凝土成型早期对钢筋有轻微锈蚀，但以后不再继续发展，不影响使用。

快硬硫铝酸盐水泥热稳定性较差，温度在100℃以上时，水化产物相继开始脱水，强度逐渐下降，温度在150℃以上时，强度急剧下降。

快硬硫铝酸盐水泥可用于紧急抢修工程，如接缝，堵漏，锚喷，抢修飞机跑道、公路等，适合于冬季施工工程、地下工程、配制膨胀水泥和自应力水泥以及玻璃纤维砂浆等，但不宜在100℃以上环境下使用。

3. 快硬氟铝酸盐水泥

以矾土、石灰石、萤石(或再加石膏)经配料煅烧得到以氟铝酸钙($C_{11}A_7 \cdot CaF_2$)为主要矿物的熟料，再与石膏一起磨细而成的水泥为快硬氟铝酸盐水泥。国内的双快(快凝、快硬)和国外的超速硬水泥属于此类。快硬氟铝酸盐水泥凝结硬化快，强度增长以小时计，有小时水泥之称。

快硬氟铝酸盐水泥的主要矿物组成为氟铝酸钙、阿利特、贝利特和铁铝酸钙固溶体。$C_{11}A_7 \cdot CaF_2$实质上是$C_{12}A_7$中一个CaO的O^{2-}被两个F^-所置换的产物。快硬氟铝酸盐水泥的原料为矾土、石灰石和萤石。要求石灰石中CaO含量大于50%，矾土中Al_2O_3含量大于60%；对萤石中CaF_2含量要求不高，可用工业废料代替，但原料的成分要稳定。

快硬氟铝酸盐水泥水化速度很快，氟铝酸钙几乎在几秒钟内就水化生成水化铝酸钙。几分钟内，水化铝酸钙和硅酸钙水化产生的$Ca(OH)_2$以及$CaSO_4$生成低硫型水化硫铝酸钙和钙矾石。水泥石结构以钙矾石为骨架，其间填充C－S－H凝胶和铝胶，故能很迅速地达到很高的致密度而具有快硬早强特性。

快硬氟铝酸盐水泥凝结很快，一般温度下，不掺缓凝剂时，初凝为1～2 min，终凝为2～5 min。

快硬氟铝酸盐水泥可用于机场跑道、道路的紧急抢修工程，可作锚喷用的喷射水泥，还可用做铸造业的型砂水泥。

1.8.3 油井水泥

油井水泥是石油、天然气勘探和开采时，油、气井固井工程的专用水泥，又称堵塞水泥。地下岩层结构十分复杂，地层下环境的温度和压力随着井深的增加而提高，一般油井深度每增加100 m，温度约提高3℃，压力增加1.0～2.0 MPa。如当井深达7 000 m以上时，井底温度可达200℃，压力可达125 MPa。因此油井水泥的实际使用条件非常复杂，油井水泥必须具备较好的流动性，较高的沉降稳定性和合适的密度，有利于作业中的泵送；凝结时间适宜，待固井过程结束后很快凝结，并且终凝和初凝之间的间隔时间较短；浆体强度发挥较快，固井施工结束后浆体迅速硬化，短期内达到足够的强度，并保持长期稳定；硬化浆体密实性好，有良好的抗渗性，对各类侵蚀介质具有良好的抗蚀能力。

我国将普通油井水泥分为9个级别、3个类型，分别为A，B，C，D，E，F，G，H，J级油井水泥。

A，B，C，D，E，F级油井水泥是以水硬性硅酸钙为主要成分的水泥熟料，加入适量的石膏和助磨剂，磨细制成的产品。在粉磨混合D，E，F级水泥的过程中，允许掺加适量的促凝剂。G，H级油井水泥是以水硬性硅酸钙为主要成分的水泥熟料，加入适量的石膏磨细制成的产品。在混磨与混合过程中，不允许掺加任何其他外加剂。J级油井水泥是以水硬性硅酸钙为主要成分的水泥熟料，加入适量的硅质材料和石膏，磨细制成的产品。

A级油井水泥具有可泵性好，凝结硬化快及早期强度高的特点，对于高压井效果特别好，有利于防止油、气上窜，提高固井质量。它适用于自地面至1 800 m井深的固井作业。

B级油井水泥与A级水泥相比，适用油井深度相同，但B级油井水泥具有抗硫酸盐性能。

C级油井水泥早期强度高，适用于要求具有较高早期强度，自地面至1 830m井深的固井作业。

D级油井水泥适用于中温、中压条件下的1 830～3 050 m井深的注水泥。

E级油井水泥适用于高温、高压条件下的3 050～4 270 m井深的注水泥。

F级油井水泥适用于高温、高压条件下的3 050～4 880 m井深的注水泥。

G，H级油井水泥为常用的基本油井水泥，生产时除允许掺加适量石膏外，不得掺加其他任何外加剂，使用时能与多种外加剂配合，能适用于较大的井深和温度变化范围。G，H级水泥单独使用时适用于自地面至 2 440m 井深的注水泥。

J 级油井水泥具有耐高温特性，适用于超高温、高压条件下的 3 600～4 880 m 井深的固井作业。它与促凝剂或缓凝剂一起使用，能适用于较大的井深和温度变化范围。

油井水泥的生产方法有两种：一种是调整配料，生产特定矿物组成的熟料，以满足某级油井水泥的化学和物理性能指标要求；另一种是采用基本油井水泥加入相应的外加剂达到相应等级水泥的技术要求。第一种方法生产控制较为严格，现在通常采用第二种方法。

1.8.4 装饰水泥

装饰水泥主要用于建筑装饰工程，包括白水泥和彩色水泥。

1. 白水泥

由氧化铁含量少的硅酸盐水泥熟料、适量石膏及符合标准规定的混合材料，磨细制成的水硬性胶凝材料称为白色硅酸盐水泥（简称“白水泥”），代号为 P·W。以适当成分的生料烧至部分熔融，所得以硅酸钙为主要成分、氧化铁含量少的熟料称为白色硅酸盐水泥熟料。熟料中氧化镁的含量不宜超过 4.5%，如果水泥经压蒸安定性试验合格，则熟料中氧化镁的含量允许放宽到 6.0%。

白度和强度是白色硅酸盐水泥两个最重要的质量指标。白色硅酸盐水泥 C_3A 含量较高，属于早强快凝型水泥。

白色硅酸盐水泥是技术最成熟、生产规模最大的装饰水泥品种。它是一种适应性广泛的建筑装饰材料，可用于建筑装饰工程或水泥制品，也是生产彩色水泥的重要基本材料。

除白色硅酸盐水泥外，还有一些其他品种的白色水泥，如高炉矿渣白水泥、白色硫酸盐水泥、钢渣白水泥、磷矿渣白水泥等。

2. 彩色水泥

凡由硅酸盐水泥熟料及适量石膏（或白色硅酸盐水泥）、混合材料及着色剂磨细或混合制成的带有色彩的水硬性胶凝材料称为彩色硅酸盐水泥。彩色硅酸盐水泥的基本色有红色、黄色、蓝色、绿色、棕色和黑色等。

彩色水泥的生产方法可分为两类：一类是以白色水泥或普通水泥为基体，通过掺加颜料的方式粉磨或混合制成；另一类是直接烧制法，在水泥生料中掺入适量着色物质，煅烧成彩色熟料，磨细制成彩色水泥。

白色和彩色水泥不仅可直接配制成各种颜色的灰浆和混凝土用于建筑装饰工程，还可深加工制成水磨石、彩色地砖、人造大理石、工艺雕塑等各种类型的装饰材料或制品，同时具有价格低廉、适应性强、耐久性好、便于机械化施工等优点。

1.8.5 膨胀和自应力水泥

膨胀和自应力水泥是由硅酸盐水泥熟料、高铝水泥熟料、硫铝酸盐水泥熟料等，加入适量石膏和其他材料，按适当比例磨细制成的具有膨胀性能的水硬性胶凝材料。

普通硅酸盐水泥在空气中硬化通常都表现为收缩，收缩程度随水泥的品种、熟料的矿物组成、水泥的细度、石膏的加入量、水灰比等而定。混凝土内部因收缩会产生微裂纹，使混凝土一系列性能变差，如强度、抗渗性和抗冻性下降，使外部侵蚀性介质透入，造成钢筋锈蚀，混凝土的耐久性下降。通过研究和实践，人们逐渐认识到外界因素除使水泥混凝土收缩外，也存在一些使其体积发生膨胀的物理化学变化。如混凝土受海水侵蚀时，水泥中的游离氧化钙和方镁石过高时都会使水泥混凝土膨胀、开裂以致破坏，对这些现象的深入研究，孕育了膨胀水泥的发明。

当用膨胀水泥配制钢筋混凝土时，钢筋由于混凝土膨胀，受到一定的拉应力而伸长，混凝土的膨胀则因受到钢筋的限制而受到相应的压应力。此后即使经过干缩，仍不能使膨胀的尺寸全部抵消，尚有一定的剩余膨胀，这种预先具有的压应力可以减轻外界因素所产生的拉应力，从而有效地改善了混凝土抗拉强度低的缺陷。因为这种预先具有的压应力是依靠水泥本身的水化而产生的，所以称为“自应力”，并以“自应力值”(MPa)来表示混凝土中所产生压力的大小。

膨胀水泥在水化过程中，有相当一部分的能量用于膨胀，转变成“膨胀能”。一般膨胀能越高，可能达到的膨胀值越大。膨胀的发展规律，通常是早期较快，后期变慢，达到“稳定期”后膨胀基本停止。在没有受到任何限制的条件下产生的膨胀称为“自由膨胀”，不产生应力。当受到单向、双向或三向限制时，则为“限制膨胀”，这时才产生应力，而且限制越大，自应力值越高。

膨胀水泥可用于补偿收缩和产生自应力，前者膨胀能较低，限制膨胀时所产生的压应力能大致抵消干缩所引起的拉应力，主要用于减小或防止混凝土的干缩裂缝；后者具有较高的膨胀能，足以使干缩后的混凝上仍有较大的自应力，用以配制各种自应力钢筋混凝土。

1.膨胀水泥的基本原理

使水泥产生膨胀的反应主要有 CaO 和 MgO 水化生成氢氧化物的体积膨胀和水泥石中形成高硫型水化硫铝酸钙(钙矾石)产生的体积膨胀等。但 CaO 和 MgO 水化产生的膨胀不易控制，其煅烧温度、颗粒大小等工艺因素对膨胀性能有很大影响，目前广泛利用的是在水泥中形成钙矾石产生体积膨胀。

关于钙矾石的形成过程和产生膨胀的机理有多种不同的理论，尽管不同理论的解释不同，但膨胀相是钙矾石得到了普遍认同，并为大量实验所证实。

钙矾石并非一开始就提供膨胀。在水泥水化硬化初期，它主要起凝结作用，只有当水泥浆体具有一定强度之后，再形成钙矾石相才会引起膨胀和产生自应力。一般来说，要求硬化水泥浆体中钙矾石的形成在一定时间内停止，以使膨胀达到稳定。若稳定以后继续形成钙矾石，则硬化水泥浆体容易开裂，强度下降。

在硬化水泥浆体逐渐凝固并具有一定强度的情况下，最初一部分钙矾石相产生的固相体积膨胀首先填充水泥石内部空隙，使浆体强度随膨胀有所增大，达到某一限度时，强度停止增长，此后若钙矾石相还继续形成，强度随膨胀增加而下降，抗拉强度比抗压强度更为敏感。如向硅酸盐水泥或高铝水泥中加二水石膏时，在逐步增加 SO_3 过程中，硬化水泥浆体的强度有一最高点。对于膨胀水泥，通过 SO_3 量的控制，可使强度与膨胀同时增长，强度不出现倒缩现象；对于自应力水泥，往往会出现强度发展的停顿或下降阶段，至膨胀逐步稳定时，强度再继续回升。

2.膨胀水泥的分类

(1)按用途分类

①配制补偿混凝土收缩用的膨胀水泥。这类水泥包括 K 型、S 型和 M 型膨胀水泥，明矾

石膨胀水泥，无收缩快硬硅酸盐水泥（原称浇筑水泥），不透水膨胀水泥，石膏矾土膨胀水泥，膨胀硫铝酸盐水泥，膨胀铁铝酸盐水泥，石膏矿渣膨胀水泥及低热微膨胀水泥等。

②配制自应力混凝土用的自应力水泥。这类水泥包括自应力硅酸盐水泥、自应力铝酸盐水泥、自应力硫铝酸盐水泥、自应力铁铝酸盐水泥、明矾石自应力水泥等。

(2)按引起膨胀的化学反应分类

①以形成钙矾石相为膨胀组分的膨胀水泥。它是利用水泥在一定水化阶段形成一定量的钙矾石相而使混凝土产生体积膨胀。如K型、S型、M型膨胀水泥，膨胀与自应力硅酸盐水泥，U型膨胀剂和明矾石膨胀剂以及其他多种膨胀水泥。

②利用氧化钙水化的膨胀水泥。它主要是指利用在特定温度下煅烧的CaO水化形成$Ca(OH)_2$而使混凝土产生体积膨胀的一系列水泥。如我国的无收缩快硬硅酸盐水泥、日本的石灰系膨胀剂等。

③利用氧化镁水化的膨胀水泥。它是利用在特定温度下煅烧的菱镁矿或白云石为膨胀组分，由MgO水化形成$Mg(OH)_2$而使混凝土产生体积膨胀。如用于油井和水工工程中的氧化镁膨胀剂。

④复合膨胀剂。它由煅烧的钙质膨胀熟料，与一定量明矾石和石膏共同粉磨而成。依靠CaO水化产生早期膨胀，明矾石在石灰和石膏激发下形成钙矾石而产生后期膨胀。如我国的复合膨胀剂。

⑤金属膨胀剂。金属粉氧化时也会产生体积膨胀，个别情况下可用铁粉、铝粉等作为膨胀剂，但膨胀能较小。

(3)按水泥熟料矿物组成或水泥主要组分分类

①以硅酸盐水泥为基础的膨胀水泥，包括K型、S型、M型膨胀水泥，无收缩快硬硅酸盐水泥等。

②以高铝水泥为基础的膨胀水泥，包括不透水膨胀水泥、石膏矾土膨胀水泥、自应力铝酸盐水泥等。

③以硫铝酸盐水泥熟料为基础的膨胀水泥，包括膨胀与自应力硫铝酸盐水泥等。

④以铁铝酸盐水泥熟料为基础的膨胀水泥，包括膨胀与自应力铁铝酸盐水泥。

⑤以高炉矿渣为基础的膨胀水泥，包括石膏矿渣膨胀水泥和低热微膨胀水泥。

1.8.6 耐高温水泥

耐高温水泥与耐火集料按一定比例可配制耐火混凝土，具有可浇注成各种复杂的形状、整体性好、施工方便且不用煅烧等优点，广泛用于石油、冶金、化工、电力及建材工业的各种窑炉和热工设备中。

1. 高铝水泥

凡以铝酸钙为主，氧化铝质量分数约50%的熟料磨制成的水硬性胶凝材料称为高铝水泥。高铝水泥也称为矾土水泥。

高铝水泥水化很快，加水6～12 h，即可释放出大部分水化热，24 h的水化热接近于硅酸盐水泥7d的水化热。在低温下，高铝水泥可依靠本身水化放热，使混凝土内部维持较高的温度，从而能较好地发挥强度。

高铝水泥具有很好的耐热性，在高温作用下仍能保持一定的强度。这是由于高铝水泥水化产物中无$Ca(OH)_2$存在，在受热情况下无$Ca(OH)_2$分解和再水化产生的膨胀破坏。同时在高温作用下，高铝水泥配制的混凝土中还会产生固相烧结反应，逐步代替原来的水化结合，故使强度不至于过分降低。所以高铝水泥可作为耐热水泥混凝土的胶结料。

高铝水泥可应用于工期紧急的工程，如国防、道路和特殊抢修工程等，也可用于冬季施工的工程。它适用于油气井工程、受冻融和交替干湿及处于硫酸盐环境下的构筑物，也适用于配制耐热混凝土和砂浆。

2. 高铝水泥-65

高铝水泥-65是以铝酸钙为主要成分，氧化铝质量分数在65%左右的耐高温高铝水泥。目前国内的高铝水泥-65有两种类型：一种是高铝水泥-65，分为525和625两个标号；另一种是高强高铝水泥-65，分为725，825和925三个标号。

高铝水泥-65和高强高铝水泥-65凝结时间较慢，与高铝水泥相比，早期强度较低，1d，3d抗压强度分别为同标号高铝水泥的25%和40%左右，但后期强度较高，耐火度高。

高铝水泥-65和高强高铝水泥-65主要用于配制使用温度较高的耐火浇注料。

1.8.7 机场跑道水泥

碱是混凝土中的有害成分，水泥是混凝土中碱的主要来源之一，因此目前许多机场跑道已开始采用满足施工质量的低碱水泥。国际上通常将碱的质量分数小于或等于0.6%的水泥叫做低碱水泥。军用机场建设机场跑道及停机坪全部采用施工要求的低碱水泥，其主要质量指标要求：碱的质量分数≤0.6%，初凝和终凝时间差2h左右，水泥熟料C_3A的质量分数≤6.5%，水泥28d抗压强度≥48MPa。

水泥中的碱的质量分数取决于水泥生产所用的原料、燃料和生产工艺，采用湿法旋窑生产工艺，相对于新型干法窑来说，碱在窑内的循环富集较少，这是生产机场跑道用低碱水泥的有利条件。

水泥生产所用主要原料是石灰石，石灰石在生料中占80%以上，因此，选择碱含量低的石灰石是生产所需低碱水泥熟料的关键。

为满足机场对低碱水泥提出的熟料中$w_{C_3A} \leqslant 6.5\%$和水泥28d抗压强度≥48 MPa的要求，在设计配料方案时应首先考虑降低熟料中的Al_2O_3含量，但是单纯地降低熟料中的Al_2O_3含量以提高熟料的n值，势必影响窑上的煅烧，为此，在保持熟料n值不变的情况下，采取降低熟料中的Al_2O_3含量和提高Fe_2O_3含量的方案；其次，为进一步提高熟料的强度，应适当提高熟料中的C_3S含量，采取高KH值的配料方案。在生产低碱水泥时，选取的低碱石灰石，CaO含量高，MgO含量较低，生料易烧性好，熟料中有效矿物含量有所提高。因此，采取高KH值、高Fe_2O_3、中n值的配料方案。具体的配料方案如下：KH为0.92～0.96，n为1.95～2.10，p为1.0～1.1。

机场跑道用低碱水泥质量稳定，施工性能良好，不会出现裂纹现象。同时通过低碱水泥对不同减水剂的适应性试验结果表明，低碱水泥对减水剂适应范围广，适应性好。

1.8.8 核电站工程用水泥

根据核电站对建设用水泥品质的要求，要严格控制熟料中$f-CaO$，C_3A，C_3S的含量，水化热要低，干缩率要低，后期强度要高等，因此在设计配料方案时，三率值方案确定为：$KH=$

0.91±0.01,n=1.95±0.1,p=1.0±0.1。

根据核电站建设用水泥的特点,在原燃料的选择、生料制备、熟料锻烧、水泥粉磨等环节采取以下措施:

①选择合适的原料和燃料。要求原煤灰分的质量分数≤26%,挥发物的质量分数≥24%,发热量≥2 170kJ·kg^{-1},采用泥质粉砂岩作硅质校正原料,其 SiO_2 的质量分数平均可达75%~85%,Al_2O_3的质量分数<8%,各种有害成分极微。

②严格控制生料细度,加强入窑生料的均化。要求出磨生料 0.2mm 方孔筛筛余<1%,并加强对出磨生料的质量控制,确保满库生料合格率达到 90%以上,同时加强搅拌池吹风,以确保入窑生料成分稳定。

③加强对回转窑的管理,严把熟料煅烧关。为此,应采用设备状况良好,工艺条件优越,特别是能独立于其他窑系统(从生料搅拌池到熟料储存,它不受其他窑系统的干扰)的专用生产线。

④采用专用水泥磨系统,并根据核电站建设用水泥的质量指标调整系统操作参数,以确保水泥质量。

⑤建立严格的质保体系,为核电站建设用水泥的生产和供应提供保证。

1.8.9 其他特种水泥

1.砌筑水泥

砌筑或抹面砂浆标号要求较低,如用通用水泥配制,为满足砌筑砂浆的和易性,往往还需多配水泥,造成砌筑砂浆严重超标号和水泥的极大浪费。生产低强度等级的专用砌筑水泥,对于节约水泥、减少资源及能源消耗,充分利用工业废渣和降低造价,具有重要意义。

凡由一种或一种以上的水泥混合材料,加入适量硅酸盐水泥熟料和石膏,经磨细制成的工作性较好的水硬性胶凝材料,称为砌筑水泥,代号为 M。砌筑水泥是用于配制砌筑砂浆或抹面砂浆的一种低强度等级的水泥。根据组分材料的不同,有矿渣砌筑水泥、粉煤灰砌筑水泥、火山灰砌筑水泥等种类。

用矿渣、粉煤灰等制备的砌筑水泥,具有和易性良好,泌水性较小,使用操作方便,成本低等优点。

砌筑水泥适用于工业、民用建筑的砌筑砂浆、内墙抹面砂浆及基础垫层等,一般不用于配制混凝土。

2.耐酸水泥

耐酸水泥是一种能抵抗酸类侵蚀作用的水泥,广泛应用于化学工业的构件中。如塔、储酸槽、结晶器、沉降槽、中和器等。耐酸的材料很多,早在 20 世纪初就出现了气硬性水玻璃耐酸水泥和硫磺水泥。近年来出现了许多品种的有机胶泥,如环氧胶泥、聚醋酸乙烯胶泥等,都已应用于防腐蚀工程中。

(1)水玻璃耐酸水泥

由耐酸填料和硬化剂按适当比例配合,共同磨细或分别磨细后混合均匀的粉状物料,与适量的水玻璃溶液拌匀后,能在空气中硬化,并具有抵抗大多数无机酸和有机酸腐蚀的材料,称为水玻璃耐酸水泥。

水玻璃耐酸水泥以水玻璃为胶结料，配制耐酸水泥时，宜采用模数为2.6～3.0，密度为1.38～1.45 $g \cdot cm^{-3}$的水玻璃。

水玻璃耐酸水泥具有优良的耐酸性能，如对浓H_2SO_4，HNO_3有足够的化学稳定性，能抵抗大部分无机酸、有机酸及酸性气体的腐蚀，但抵抗稀酸及水侵蚀的能力差。

水玻璃耐酸水泥具有足够的机械强度和抵抗酸类侵蚀的能力，可制成耐酸胶泥、耐酸砂浆、耐酸混凝土和耐酸构件。其应用于化工、冶金、造纸等行业的一般耐酸工程中。

(2)硫磺耐酸水泥

硫磺耐酸水泥是以硫磺、耐酸填料和增韧剂按一定比例熔融混合，浇注成型的抗蚀胶凝材料。

硫磺耐酸水泥能耐受任何浓度的硫酸、盐酸、磷酸，浓度低于40%的硝酸，低于50%的醋酸。硫磺耐酸水泥作为浇注型的耐酸胶结料，用于化工厂连接耐酸槽的衬砖、防腐地面、地板接缝，固定设备基础预埋件，修补混凝土水管及水池等构件。

硫磺耐酸水泥的热稳定性差，使用温度一般不超过90℃。由于含硫磺较多，材料较脆、易燃，不能用于强烈振动和接触火种的场合，不能用于受强氧化性酸(如浓度高于40%的硝酸)、强碱等侵蚀作用的工程。

(3)聚合物耐酸水泥

聚合物耐酸水泥以合成树脂为胶结料，加入固化剂、填料、增韧剂或稀释剂，经常温或适当升温养护而制成。

国内建筑防腐工程中主要使用环氧类、酚醛类及不饱和聚醋酸类聚合水泥。聚合水泥的耐蚀性主要取决于所用聚合物的耐蚀性。

聚合物耐酸水泥的耐蚀性能良好，但价格偏高，主要用做结合层、嵌缝及填补材料、黏结材料、密封材料及设备基础覆面等。

3. 氯氧镁水泥

氯氧镁水泥是一种气硬性胶凝材料，以煅烧菱镁矿所得的活性MgO或低温煅烧的白云石(主要成分为MgO和CaO)和氯化镁溶液调制而成。可加入各种有机或无机集料，如锯末、石棉、玻璃纤维、膨胀黏土、沥青乳液等，制成各种氯氧镁水泥。

在氯氧镁水泥的生产过程中，氧化镁是重要的组成材料。生产氧化镁的原料十分广泛，大部分含镁矿物都可以用于制备活性氧化镁。制得的氧化镁应具有活性，符合以下活性指标：活性菱苦土MgO的质量分数大于60%；苛性白云石MgO的质量分数大于18%；过烧MgO的质量分数和f-CaO的质量分数不宜超过3%。

氯氧镁水泥具有一些优于硅酸盐水泥的性能：不须湿养护，防火性能好，热导率小，凝结硬化快，强度高，耐磨性好，成型方便。它可以与各类型的无机和有机材料相胶结产生很高的早期强度，其制品具有弹性好、防虫蛀、质量轻、耐油脂及油漆的腐蚀等性能，还具有相当好的耐碱、耐普通盐和硫酸盐的侵蚀性能。

由于氯氧镁水泥本身的一些缺点，如耐水性差、锈蚀钢筋、挠曲较严重等，限制了它的使用。

4. 生态水泥

生态水泥是指利用各种固体废弃物及其燃烧物为主要原料，经过一定的生产工艺制成的无公害水泥。国际上也称之为绿色水泥、健康水泥或环保水泥。

生态水泥有狭义和广义之分。从狭义上讲，生态水泥是指利用城市垃圾焚烧灰渣和下水道污泥等作为原料之一，经烧成和粉磨而制成的水硬性胶凝材料。日本最早投入工业化生产的生态水泥就是利用城市垃圾焚烧灰渣和下水道污泥等作为原料的。从广义上讲，生态水泥不是单独的水泥品种，而是对水泥"健康、环保、安全"属性的评价，包括对原料采集、生产过程、施工过程、使用过程和废弃物处置五大环节的分项评价和综合评价。生态水泥的基本功能除作为建筑材料的实用性外，还在于维护人体健康、保护环境。

生态水泥是一个动态发展和不断完善的概念，对其研究也在不断深入。随着水泥工业清洁生产的大力推广，社会对循环经济的高度重视，广义生态水泥的概念越来越被人们所认同。

思　考　题

1. 简述硅酸盐水泥熟料中四种主要矿物的特性。

2. 已知熟料化学成分如表 1.11 所示。

表 1.11　熟料化学成分

w_{SiO_2}	$w_{Al_2O_3}$	$w_{Fe_2O_3}$	w_{CaO}	w_{MgO}
21.98%	6.15%	4.31%	65.80%	1.02%

计算其矿物组成（$IM>0.64$）。

3. 配料计算的原则和依据是什么？

4. 简述尝试误差配料计算的步骤。

5. 影响碳酸盐分解的因素主要有哪些，如何加速碳酸盐的分解？

6. 影响固相反应速度的因素有哪些？

7. 什么是熟料形成热？影响熟料热耗的因素有哪些？

8. 硅酸三钙的水化过程是如何进行的？有何特点？

9. 影响硅酸盐水泥水化过程的因素有哪些？

10. 在硬化水泥浆体中，水是以哪几种形式存在的？

11. 为什么要控制水泥的凝结时间？影响水泥的凝结时间的因素有哪些？

12. 如何提高水泥的抗渗性及抗冻性？

13. 水泥中掺加混合材料的主要目的是什么？

14. 火山灰质硅酸盐水泥的特性有哪些？

15. 复合水泥的性能与其他通用水泥相比有哪些特殊性？

16. 简述膨胀和自应力水泥产生膨胀的基本原理。

17. 如何提高白水泥的白度？

18. 什么是生态水泥？其意义何在？

第2章 玻 璃

玻璃是非晶态固体中最重要的一族。玻璃作为非晶态材料，在科学研究或实际应用中，与单晶体或多晶体(如陶瓷)相比都有它的独特之处。玻璃的品种在不断地增加，已由过去的传统氧化物玻璃(如硅酸盐玻璃、硼酸盐玻璃等)发展到非传统氧化物玻璃(如贵金属氧化物玻璃)和非氧化物玻璃(硫化物玻璃、卤化物玻璃等)。玻璃的应用领域也在不断拓展，由传统的日用及装饰玻璃发展到通信用玻璃纤维、微晶玻璃以及某些特殊用途的特种玻璃。

2.1 概 述

2.1.1 玻璃的定义

狭义的玻璃定义为:熔融物在冷却过程中不发生结晶的无机物质。根据这个定义，用熔融法以外的其他方法，如真空蒸发、放射线照射、溶胶加热等方法制作的非晶态物质不能称为玻璃。还有组成上不同于无机物质的非晶态金属和非晶态高分子材料也不能称为玻璃。然而，若根据制成的材料状态及性质等方法对玻璃进行科学的分类，就不能采用上面狭义的定义。广义的玻璃定义为:若某种材料显示出典型的经典玻璃所具有的各种特征性质，那么，不管其组成及制造工艺如何，我们都可以称之为玻璃。所谓经典玻璃的特征性质是指存在热膨胀系数和比热的突变温度，即存在玻璃转变温度 T_g，也就是说，具有 T_g 的非晶态材料都是玻璃。从这个观点出发，除传统氧化物玻璃外，还可将非晶态硫系化合物、非晶态金属合金、大部分非晶态高分子都称为玻璃。当然，在没有证明是玻璃时，一般称其为非晶态物质。

2.1.2 玻璃的性质

一般无机玻璃的外部特征是具有较高的硬度，较大的脆性，对可见光具有一定的透明度，并在开裂时具有贝壳及蜡状断裂面。较严格地说，玻璃具有以下物理性质，且具有以下5个性质的物质，可以笼统称其为玻璃。

1. 各向同性

无内应力存在的均质玻璃在各个方向的物理性质，如折射率、导电性、硬度、热膨胀系数、导热系数以及机械性能等都是相同的，这与非等轴晶系的晶体具有各向异性的特性不同，却与液体相似，是其内部质点的随机分布而呈现统计均质结构的宏观表现。

但玻璃存在内应力时，结构均匀性就遭受破坏，显示出各向异性，例如出现明显的光程差。

2. 介稳性

在一定的热力学条件下，系统虽未处于最低能量状态，却处于一种可以长时间存在的状态，称为处于介稳状态。当熔体冷却成玻璃体时，其状态不是处于最低能量状态。它能较长时间在低温下保留高温时的结构而不变化，因而为介稳状态或具有介稳的性质，含有过剩内能。如图 2.1 所示为熔体冷却过程中物质内能与体积的变化关系。在结晶的情况下，内能与体积随温度变化如折线 *abcd* 所示，而冷却形成玻璃时的情况如折线 *abefh* 所示。由图中可见，玻璃态是一种高能量状态，它必然有向低能量状态转化的趋势，也即有析晶的可能。然而事实上，很多玻璃在常温下经过数百年之久仍未结晶，这是由于在常温下，玻璃黏度非常大，使得玻璃态自发转变为晶态很困难，速率极小，因而从动力学观点看，它是稳定的。

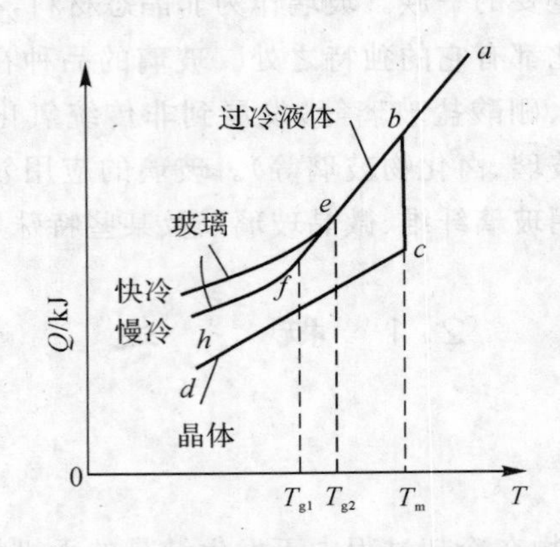

图 2.1　物质体积与内能随温度变化示意图

3. 无固定熔点

由熔融态向玻璃态的转化是可逆与渐变的，在一定温度范围内完成，无固定熔点。

熔融冷却时，若是结晶过程，则由于出现新相，在熔点 T_m 处内能、体积及其他一些性能都发生突变（内能、体积突然下降与黏度的剧烈上升）。如图 2.1 中由 *b* 至 *c* 的变化，整个曲线在 T_m 处出现不连续。若是向玻璃转变，当熔体冷却到 T_m 时，体积、内能不发生异常变化，而是沿着 *be* 变为过冷液体，当达到 *f* 点时（对应温度 T_g），熔体开始固化，这时的温度称为玻璃化转变温度或称为脆性温度，对应黏度为 10^{12} Pa·s，继续冷却，曲线出现弯曲，*fh* 一段的斜率比以前小了一些，但整个曲线是连续变化的。通常把黏度为 10^8 Pa·s 对应的温度 T_f 称为玻璃软化温度，玻璃加热到此温度即软化，高于此温度玻璃就呈现液态的一般性质。$T_g \sim T_f$ 的温度范围称为玻璃化转变范围，或称反常间距，它是玻璃转变特有的过渡范围。显然，玻璃体转变过程是在较宽范围内完成的，随着温度下降，熔体的黏度越来越大，最后形成固态的玻璃，期间没有新相出现。相反，由玻璃加热变为熔体的过程也是渐变的，因此具有可逆性。玻璃体没有固定的熔点，只有一个从软化温度到转变温度的范围，在这个范围内玻璃由塑性变形转为弹性变形。值得提出的是，不同玻璃成分用同一冷却速率，T_g 一般会有差别，各种玻璃的转变温度随成分而变化。如石英玻璃在 1 150℃左右，而钠硅酸盐玻璃在 500～550℃左右，同一种玻璃，以不同冷却速率冷却得到的 T_g 也会不同，如图 2.1 中 T_{g1} 和 T_{g2} 就属于此种情况。但不管玻璃化转变温度 T_g 如何变化，对应的黏度值却是不变的，均为 10^{12} Pa·s。

黏性流动是一个热激活过程。流动性的稳定关系受阿累尼乌斯(Arrhenius)方程支配：

$$\varphi=\frac{1}{\eta}=\eta_0\exp\left(-\frac{Q}{RT}\right) \tag{2.1}$$

式中，η_0是材料常数；Q是黏性变形激活能。这一关系式也可以写为

$$\varphi=\eta_0\exp\left(+\frac{Q}{RT}\right) \tag{2.2}$$

在 T_g以上，式(2.1)和式(2.2)与数据符合很好。

玻璃化转变温度 T_g是区分玻璃与其他非晶态固体(如硅胶、树脂等)的重要特性。

4. 由熔融态向玻璃态转化时物理、化学性质随温度变化的连续性

图 2.2 表示玻璃性质随温度变化的关系。可见，玻璃体由熔融状态冷却转变为机械固态，或者加热的相反转变过程，其物理化学性质的变化是连续的。玻璃性质随温度的变化可分为三类：第一类性质如电导、比体积、黏度等按曲线Ⅰ变化；第二类性质如热容、膨胀系数、密度、折射率等按曲线Ⅱ变化；第三类性质如热导率和一些机械性质(弹性系数等)按曲线Ⅲ变化，它们在 $T_g\sim T_f$转变范围内有极大值的变化。

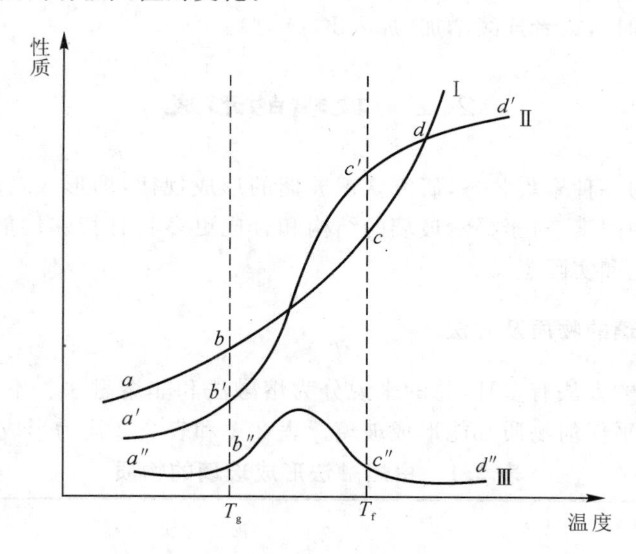

图 2.2 玻璃性质随温度的变化

在如图 2.2 所示的玻璃性质随温度逐渐变化的曲线上有两个特征温度，即 T_g与 T_f。T_g是玻璃化转变温度，它是玻璃出现脆性的最高温度，相应的黏度为 10^{12} Pa・s，由于在该温度时，可以消除玻璃制品因不均匀冷却而产生的内应力，因而也称为退火上限温度(退火点)。T_f是玻璃软化温度，为玻璃开始出现液体状态典型性质的温度，相应的黏度为 10^8 Pa・s，在该温度下玻璃可以拉制成丝。

从图 2.2 可见，T_g以下的低温段(ab，$a'b'$，$a''b''$)和 T_f以上的高温段(cd，$c'd'$，$c''d''$)其变化几乎成直线关系，这是因为前者的玻璃为固化状态，而后者则为熔体状态，它们的结构随温度是逐渐变化的。而在中温部分(bc，$b'c'$，$b''c''$) $T_g\sim T_f$转变温度范围内是固态玻璃向玻璃熔体转变的区域，由于结构随温度急速的变化，因而性质变化虽有连续性，但变化剧烈，并不呈直线

关系。由此可见，$T_g \sim T_f$ 对于控制玻璃的物理性质有重要意义。

5. 物理、化学性质随成分变化的连续性

除形成连续固溶体外，二元以上晶体化合物有固定的原子或分子比，因此它们的性质变化是非连续的。但玻璃则不同，玻璃的化学成分在一定范围内，可以连续和逐渐地变化。与此相应，性质也随之连续和逐渐地变化。由此而带来玻璃性质的加和性，即玻璃的一些性能随质量分数呈加和性变化，质量分数越大，对这些性质影响的贡献越大，这些性质是玻璃中所含有各氧化物特定部分性质之和。利用玻璃性质的加和性可由已知玻璃成分粗略计算该玻璃的性质。

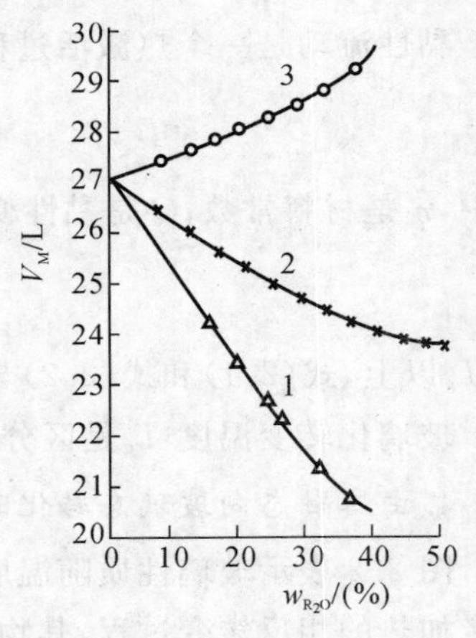

图 2.3　R_2O-SiO_2 系统玻璃分子体积与质量分数的关系

1—Li_2O；2—Na_2O；3—K_2O

图 2.3 为 R_2O-SiO_2 系统玻璃分子体积的变化曲线。由图可见，分子体积随 R_2O 质量分数的增加或者连续下降（加入 Li_2O 或 Na_2O 时），或者连续增加（加入 K_2O 时）。

2.2　玻璃的形成

玻璃态是物质的一种聚集状态，研究认识玻璃的形成规律，即形成玻璃的物质及方法、玻璃形成的条件和影响因素，对于揭示玻璃的结构和合成更多具有特殊性能的新型非晶态固体材料具有重要的理论和实际意义。

2.2.1　形成玻璃的物质及方法

目前，形成玻璃的方法有多种，总的来说分为熔融法和非熔融法。不管是何种方法，只要冷却速率足够快，几乎任何物质都能形成玻璃。表 2.1 和表 2.2 均为形成玻璃的物质。

表 2.1　由熔融法形成玻璃的物质

种　类	物　质
元　素	O，S，Se，P
氧化物	P_2O_5，B_2O_3，As_2O_3，SiO_2，GeO_2，Sb_2O_3，In_2O_3，Te_2O_3，SnO_2，PbO，SeO
硫化物	B，Ga，In，Tl，Ge，Sn，N，P，As，Sb，Bi，O，Se 的硫化物，如 As_2S_3，Sb_2S_3，CS_2 等
硒化物	Tl，Si，Sn，Pb，P，As，Sb，Bi，O，S，Te 的硒化物
碲化物	Tl，Sn，Pb，Sb，Bi，O，Se，As，Ge 的碲化物
卤化物	BeF_2，AlF_3，$ZnCl_2$，Ag(Cl，Br，I)，Pb(Cl_2，Br_2，I_2)和多组分混合物
硝酸盐	$R^1NO_3-R^2(NO_3)_2$，其中 R^1 为碱金属离子，R^2 为碱土金属离子

续表

种　类	物　质
碳酸盐	K_2CO_3 - $MgCO_3$
硫酸盐	Ti_2SO_4，$KHSO_4$等
硅、硼、磷酸盐	各种硅酸盐、硼酸盐、磷酸盐
有机化合物	非聚合物：甲苯、乙醚、甲醇、乙醇、甘油、葡萄糖等
	聚合物：聚乙烯等，种类很多
水溶液	酸、碱、氧化物、硝酸盐、磷酸盐、硅酸盐等
金属	Au_4Si，Pd_4Si，Te_x - $Cu_{2.5}$ - Au_5及其他用急冷方法获得

表 2.2　由非熔融法形成玻璃的物质

原始物质	形成原因	获得方法	实　例
固　体（结晶）	剪切应力	冲击波	石英、长石等晶体，通过爆炸的冲击波而非晶化
		磨碎	晶体通过磨碎，粒子表面层逐渐非晶化
	放射线照射	高速中子线 α粒子线	石英晶体经高速中子线或α粒子线照射后转变为非晶体石英
液　体	形成络合物	金属醇盐水解	Si，B，P，Al，Na，K等醇盐酒精溶液加水分解得到胶体，加热形成单组分或多组分氧化物玻璃
气　体	升　华	真空蒸发沉积	在低温基板上用蒸发沉积形成非晶质薄膜，如Bi，Si，Ge，B，MgO，Al_2O_3，TiO_2，SiC等化合物
		阳极飞溅和氧化反应	在低压氧化气氛中，把金属或合金做成阴极，飞溅在基板上形成非晶态氧化物薄膜，有SiO_2，PbO - TeO_2，Pb - SiO_2系薄膜等
	气相反应	气相反应	$SiCl_4$水解或SiH_4氧化形成SiO_2玻璃，在真空中加热$B(OC_2H_3)_3$到700～900℃形成B_2O_3玻璃
		辉光放电	利用辉光放电形成原子态氧和低压中金属有机化合物分解，在基板上形成非晶态氧化物薄膜，如$Si(OC_2H_5)_4 \rightarrow SiO_2$及其他
	电　解	阳极法	利用电介质溶液的电解反应，在阴极上析出非晶质氧化物，如Ta_2O_3，Al_2O_3，ZrO_2，Nb_2O_3等

熔融法是形成玻璃的传统方法，即玻璃原料经过加热、熔融和在常规条件下进行冷却而形成玻璃态物质，在玻璃工业生产中大量采用这种方法。此法的不足之处是冷却速率较慢，工业

生产中一般冷却速度为 40～60℃・h^{-1}，实验室样品急冷也仅为 1～10℃・s^{-1}，这样的冷却速率不能使金属、合金或一些离子化合物形成玻璃。如今除传统熔融法以外出现了许多非熔融法，且熔融法在冷却速率上也有很大的突破，例如溅射冷却或冷冻技术，冷却速率可达 10^6～10^7℃・s^{-1}以上，这使得用传统熔融法不能得到的玻璃态的物质，也可以转变成玻璃。表 2.2 示出各种不同聚集状态的物质向玻璃态转变的方法。

2.2.2 玻璃形成的热力学条件

熔体是物质在液相线温度以上存在的一种高能量状态，随着温度降低，熔体释放能量大小不同，一般分为三种冷却过程：

①结晶化。熔体中的质点进行有序排列，释放出结晶潜热，即有序度不断增加，直到释放全部多余能量而使整个熔体晶化为止，系统在凝固过程中始终处于热力学平衡的能量最低状态。

②玻璃化。质点的重新排列不能达到有序化程度，固态结构仍具有熔体远程无序的结构特点，系统在凝固过程中，始终处于热力学介稳状态，即过冷熔体在转变温度 T_g 硬化为固态玻璃的过程。

③分相。熔体在冷却过程中，不再保持结构的统计均匀性，质点的迁移使系统发生组分偏聚，从而形成互不混溶并且组分不同的两个玻璃相，分相使系统的能量有所降低，但仍处于热力学介稳状态。

玻璃化和分相过程均没有释放出全部多余的能量，因此与晶化相比，这两个状态都处于能量的介稳状态。大部分玻璃熔体在过冷时，这三种过程总是程度不等地发生。从热力学观点分析，玻璃态物质总有降低内能向晶态转变的趋势，在一定条件下，通过析晶或分相放出能量使其处于低能量稳定状态。如果玻璃与晶体内能差别大，则在不稳定过冷下，晶化倾向大，形成玻璃的倾向小。表 2.3 列出了几种硅酸盐晶体和相应组成玻璃体内能的比较。由表可见，玻璃体和晶体两种状态的内能差值不大，故析晶动力较小，因此玻璃这种能量的亚稳态在实际上能够长时间存在。由表 2.3 中的数据可见，这些热力学参数对玻璃的形成没有十分直接的关系，以此来判断玻璃形成能力是困难的。所以形成玻璃的条件除了热力学条件外，还有其他更直接的条件。

表 2.3 几种硅酸盐晶体与玻璃体的生成热

组 成	状 态	$-\Delta H/(kJ \cdot mol^{-1})$
Pb_2SiO_4	晶态	1 309
	玻璃态	1 294
SiO_2	β-石英	860
	β-鳞石英	854
	β-方石英	858
	玻璃态	848
Na_2SiO_3	晶态	1 528
	玻璃态	1 507

2.2.3 玻璃形成的动力学条件

从动力学的角度讲，析晶过程必须克服一定的势垒，包括形成晶核所需建立新界面的界面能以及晶核长大成晶体所需的质点扩散的活化能等。如果这些势垒较大，尤其当熔体冷却速率很快时，黏度增加甚大，质点来不及进行有规则排列，晶核形成和晶体长大均难以实现，从而有利于玻璃的形成。

近代研究证实，如果冷却速率足够快时，即使金属也有可能保持其高温的无定形状态；反之，如果低于熔点温度内保温足够长的时间，则任何网络形成体都能结晶。因此，从动力学的观点看，形成玻璃的关键是熔体的冷却速率。在玻璃形成动力学讨论中，探讨熔体冷却以避免产生可以探测到的晶体所需的临界冷却速率（最小冷却速率）对研究玻璃形成规律和制定玻璃形成工艺是非常重要的。

熔体的冷却析晶行为，包括晶核生成与晶体长大两个过程。熔体冷却是形成玻璃还是析晶，由两个过程的速率决定，即晶核生成速率（I）和晶体生长速率（U）。晶核生成速率是指单位时间内单位体积熔体中所生成的晶核数目（个・cm^{-3}・s^{-1}），晶体生长速率是指单位时间内晶体的线增长速率（cm・s^{-1}）。I 与 U 均与过冷度（$\Delta T = T_m - T$，T_m 为熔点）有关。如图 2.4 为 I 与 U 随过冷度变化的曲线，称为物质的析晶特征曲线。由图可见，I 曲线与 U 曲线上都存在极大值。

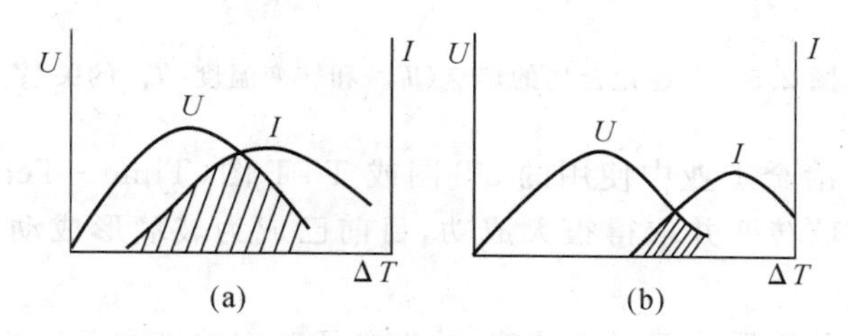

图 2.4 成核速率和生长速率与过冷度的关系

玻璃的形成是由于过冷熔体中晶核生成的最大速率对应的温度低于晶体生长最大速率对应的温度所致。因为熔体冷却时，当温度降到晶体生长最大速率时，晶核生成速率最小，只有少量的晶核长大；当熔体继续冷却到晶核生成最大速率时，晶体生长速率则较小，晶核不可能充分长大，最终不能结晶而形成玻璃。因此，晶核生成速率与晶体生长速率的极大值所处的温度相差越小（见图 2.4(a)），熔体越易析晶而不易形成玻璃。反之，熔体就不易析晶而形成玻璃（见图 2.4(b)）。通常将两曲线重叠的区域（见图 2.4 中阴影区域）称为析晶区域或玻璃不易形成区域。如果熔体在玻璃化转变温度（T_g）附近黏度很大，这时晶核产生和晶体生长阻力均很大，熔体易形成过冷液体而不易析晶。因此熔体是析晶还是形成玻璃与过冷度、黏度、成核速率、晶体生长速率均有关。

熔体从熔点温度冷却至玻璃转变温度 T_g 时，熔体系统凝固，非晶态结构才趋于稳定。以 T_g/T_m 参数表征，T_g/T_m 参数越大，系统越容易形成玻璃。图 2.5 表示出了部分无机物的 T_g 与 T_m 的关系。图中 $T_g/T_m = 2/3$ 时，形成玻璃态需要的冷却速率相当于 10^{-2}℃・s^{-1}。图中易于形成玻璃的物质位于曲线的上方，而较难形成玻璃的物质位于曲线的下方。当 $T_g/T_m = 0.5$ 时，形成玻璃的冷却速率约为 $10^3 \sim 10^5$℃・s^{-1}。

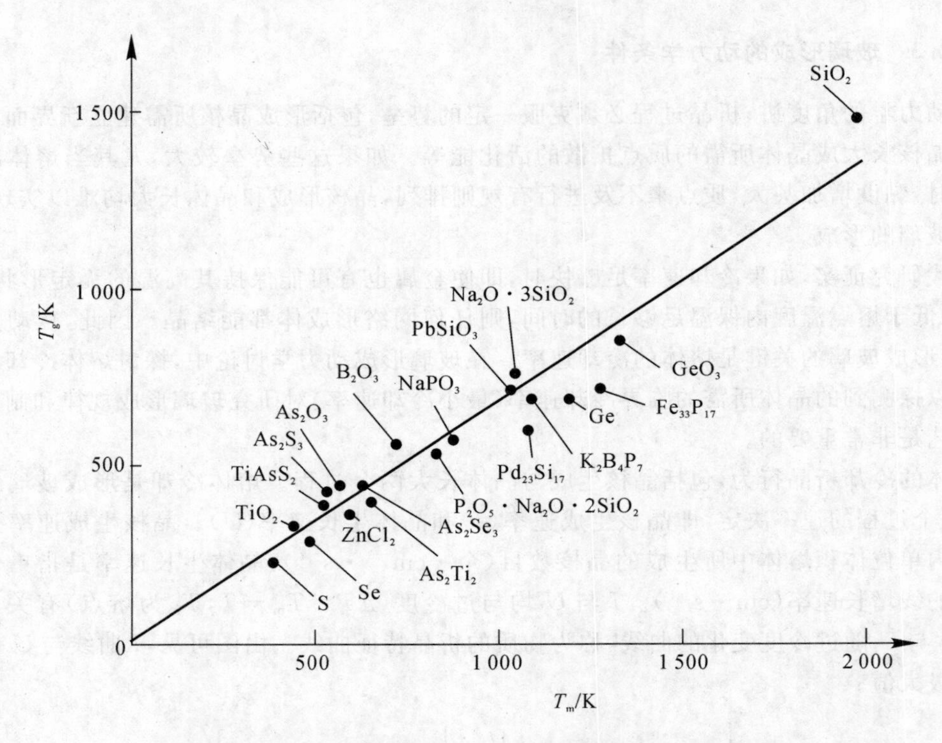

图 2.5　一些化合物的熔点（T_m）和转变温度（T_g）的关系

尤曼在 1969 年将冶金工业中使用的 3T 图或 TTT 图（Time－Temperature－Transformation）方法应用于玻璃转变并取得很大成功，目前已成为玻璃形成动力学理论的重要方法之一。

尤曼认为，判断一种物质能否形成玻璃，首先必须确定玻璃中可以检测到的晶体的最小体积，然后再考虑熔体究竟需要多快的冷却速率才能防止这一结晶量的产生，从而获得检测上合格的玻璃。实验证明，当晶体混乱地分布于熔体中时，晶体的体积分数（晶体体积/玻璃总体积，V^{β}/V）为 10^{-6}时，刚好为仪器可探测出来的浓度。根据相变动力学理论，通过下式估算出防止一定的体积分数的晶体析出所必需的冷却速率：

$$\frac{V^{\beta}}{V}\approx\frac{\pi}{3}IU^{3}t^{4} \tag{2.3}$$

式中，V^{β}为析出晶体体积；V 为玻璃熔体体积；I 为成核速率；U 为晶体生长速率；t 为时间。

如果只考虑均匀成核，为避免得到 10^{-6}体积分数的晶体，可从式（2.3）通过绘制 3T 曲线来估算必须采用的冷却速率。当绘制这种曲线时，首先选择一个特定的结晶分数，在一系列温度下计算成核速率及体积生长速率。把计算得到的 I,U 代入式（2.3），求出对应的时间 t。用过冷度（$\Delta T=T_m-T$）为纵坐标、冷却时间 t 为横坐标作出 3T 图。图 2.6 给出了这类图的实例。由于结晶驱动力（过冷度）随温度降低而增加，原子迁移率随温度降低而降低，因而造成 3T 曲线弯曲出现头部突出点。在图中，3T 曲线凸面部分为该熔点的物质在一定过冷度下形成晶体的区域，而 3T 曲线凸面部分外围是一定过冷度下形成玻璃体的区域。3T 曲线头部的顶点对应析出晶体体积分数为 10^{-6}时的最短时间。

为避免形成给定的体积分数，所需要的冷却速率计算式为

$$\left(\frac{\mathrm{d}T}{\mathrm{d}t}\right)_{\mathrm{c}} \approx \frac{\Delta T_{\mathrm{n}}}{\tau_{\mathrm{n}}} \tag{2.4}$$

式中，ΔT_n 为过冷度（$\Delta T_n = T_m - T_n$）；T_n和 τ_n分别为 3T 曲线头部顶点对应的温度和时间。

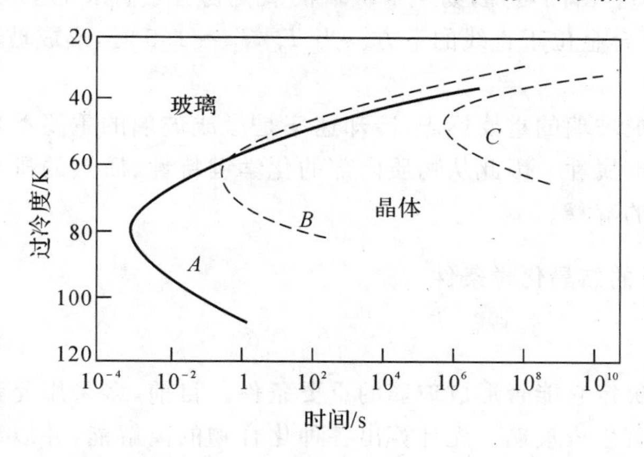

图 2.6 结晶体积分数为 10^{-6}时具有不同熔点的物质的 3T 曲线

A—T_m为 365.6K；B—T_m为 316.6K；C—T_m为 276.6K

对于不同的系统，在同样的晶体体积分数下其曲线位置不同，由式（2.4）计算出的临界速率也不同。因此可以用晶体体积分数为 10^{-6}时计算得到临界冷却速率来比较不同物质形成玻璃的能力，若临界冷却速率大，则形成玻璃困难，析晶容易。

由式（2.3）可以看出，3T 曲线上任何温度下的时间仅仅随（V^{β}/V）的 1/4 次方变化。因此形成玻璃的临界冷却速率对析晶晶体的体积分数是不太敏感的。这样有了某熔体的 3T 图，对该熔体求冷却速率才有普遍意义。

形成玻璃的临界冷却速率是随熔体组成而变化的，表 2.4 列举了几种化合物的冷却速率和熔融温度时的黏度。

表 2.4 几种化合物生成玻璃的性能

性能	化合物									
	SiO_2	GeO_2	B_2O_3	Al_2O_3	As_2O_3	BeF_2	$ZnCl_2$	LiCl	Ni	Se
T_m/℃	1 710	1 115	450	2 050	280	540	320	613	1380	225
η_m^T/(Pa·s)	10^7	10^5	10^5	0.6	10^5	10^6	30	0.02	0.01	10^3
T_g/T_m	0.74	0.67	0.72	约 0.5	0.75	0.67	0.58	0.3	0.3	0.65
$\frac{(\mathrm{d}T/\mathrm{d}t)_c}{(℃\cdot s^{-1})}$	10^{-5}	10^{-2}	10^{-6}	10^3	10^{-5}	10^{-6}	10^{-1}	10^8	10^7	10^{-3}

由表 2.4 可以看出，凡是熔体在熔点时具有较高的黏度，并且黏度随温度降低而剧烈地增高，这就使析晶位垒增高，这类熔体易形成玻璃。而一些在熔点附近黏度很小的熔体，如 LiCl、金属 Ni 等易析晶而不易形成玻璃。$ZnCl_2$只有在快速冷却条件下才生成玻璃。

从表 2.4 还可以看出，玻璃转变温度 T_g与 T_m熔点之间的相关性（T_g/T_m）也是判别能否形成玻璃的标志。转变温度 T_g是和动力学有关的参数，它是由冷却速率和结构调整速率的相对大小确定的，对于同一种物质，其转变温度愈高，表明冷却速率愈快，愈有利于生成玻璃，对于不同物质，则应综合考虑 T_g/T_m 值。图 2.5 给出了一些化合物的熔点与转变点的关系，图中直线为 $T_g/T_m=2/3$。由图可知，易生成玻璃的氧化物位于直线的上方，而较难生成玻璃的非氧化物，特别是金属合金位于直线的下方。当 $T_g/T_m=1.5$ 时，形成玻璃的临界冷却速率约为 10 $K \cdot s^{-1}$。

黏度和熔点是生成玻璃的重要标志，冷却速率是形成玻璃的重要条件。但这些毕竟是反映物质内部结构的外部属性。因此从物质内部的化学键特性、质点的排列状况等去探求才能得到玻璃形成的本质的解释。

2.2.4 玻璃形成的结晶化学条件

1. 键强

氧化物的键强是决定它能否形成玻璃的重要条件。目前，多采用元素与氧结合的单键能大小来判断氧化物能否生成玻璃。先计算出各种化合物的离解能，并以该种化合物的配位数除之，得出的商数即为单键能。各种氧化物的单键能数值列于表 2.5 中。

根据单键能的大小，可将不同氧化物分为以下三类：

①网络形成体（其中正离子为网络形成离子），其单键强度 > 335 $kJ \cdot mol^{-1}$。这类氧化物能单独形成玻璃。

②网络变性体（正离子称为网络变性离子），其单键强度 < 250 $kJ \cdot mol^{-1}$。这类氧化物不能形成玻璃，但能改变网络结构，从而使玻璃性质改变。

③网络中间体（正离子称为中间离子），其作用位于玻璃形成体和网络变形体两者之间。

键强因素揭示了化学键性质的一个重要方面。从表 2.5 可知，氧化物熔体中配位多面体能否以负离子团存在而不分解成相应的个别离子，主要与正离子和氧形成键的键强密切相关。键强愈强的氧化物，熔融后负离子团也愈牢固，因此键的破坏和重新组合也愈困难，成核位垒也愈高，故不易析晶而易形成玻璃。

表 2.5 一些氧化物的单键强度与形成玻璃的关系

元素	原子价	MO_x 的离解能 / kJ	配位数	M—O 单键能 / $kJ \cdot mol^{-1}$	单键能/T_m / $kJ \cdot (mol \cdot K)^{-1}$	在结构中的作用
B	3	1 490	3	497	1.10	网络形成体
			4	373		
Si	4	1 775	4	444	0.44	
Ge	4	1 805	4	452	0.65	
Zr	4	2 030	6	339		
P	5	1 850	4	465～369	0.87	
V	5	1 880	4	469～377	0.79	
As	5	1 461	4	364～293		
Sb	5	1 420	4	360～356		

续表

元素	原子价	MO_x的离解能 kJ	配位数	M—O单键能 $kJ \cdot mol^{-1}$	单键能/T_m $kJ \cdot (mol \cdot K)^{-1}$	在结构中的作用
Be	2	1 047	4	262		
Zn	2	603	2	302		
Pb	2	607	2	304		
Cd	2	498	2	249		网络中间体
Al	3	1 505	6	251		
Ti	4	1 818	6	303		
Zr	4	2 030	8	254		
Li	1	603	8	151		
Na	1	502	4	84		
K	1	482	6	54		
Rb	1	482	9	48		
Cs	1	477	10	40		
Mg	2	930	12	155	0.11	
Ca	2	1 076	6	135	0.10	
Ba	2	1 089	8	136	0.13	网络变性体
Zn	2	603	4	151	0.28	
Pb	2	607	4	152		
Sn	2	1 164	6	194		
Sc	3	1 516	6	253		
La	3	1 696	7	242		
Y	3	1 670	8	209		
Ga	3	1 122	6	187		

实际上，玻璃形成能力不仅与单键能有关，还与破坏原有键使之析晶所需的热能有关，用单键能除以熔点的比值来作为衡量玻璃形成能力的参数。表2.5列出了部分氧化物的这一数值。由表可见，单键能愈高，熔点愈低的氧化物愈易形成玻璃。凡氧化物的单键能/熔点大于$0.42kJ \cdot (mol \cdot K)^{-1}$者称为网络形成体；单键能/熔点小于$0.125kJ \cdot (mol \cdot K)^{-1}$者称为网络变性体；数值介于两者之间者称为网络中间体。此判据使网络形成体与网络变性体之间的差别更为悬殊地反映出来。用此判据解释B_2O_3易形成稳定的玻璃而难以析晶的原因，是由于B_2O_3的单键能/熔点比值在所有氧化物中最大的缘故。此判据有助于理解在一元或多元系统中当组成落在低共熔点或共熔界线附近时，易形成玻璃的原因。

2.键型

化学键的特性是决定物质结构的主要因素，因而它对玻璃形成也有重要的影响。一般地说，具有极性共价键和半金属共价键的离子才能生成玻璃。

离子键化合物(如NaCl，CaF_2等)在熔融状态以正、负离子形式单独存在，流动性很大，在凝固点靠库仑力迅速组成晶格。离子键作用范围大，且无方向性，并且一般离子键化合物具有较高的配位数(6,8)，离子相遇组成晶格的概率也较高，所以，一般离子键化合物析晶活化能小，在凝固点黏度很低，很难形成玻璃。

金属键物质如单质金属或合金，在熔融时失去联系较弱的电子后，以正离子状态存在，金属键无方向性和无饱和性并在金属晶格内出现晶体最高配位数 12，原子相遇组成晶格的概率最大，也难以形成玻璃。

纯粹共价键化合物大部分为分子结构，分子内部原子以共价键相联系，而作用于分子间的是范德华力，由于分子键无方向性，一般在冷却过程中质点易进入点阵而构成分子晶格。因此以上三种键型都不易形成玻璃。

当离子键和金属键向共价键过渡时，通过强烈的极化作用，化学键具有方向性和饱和性趋势，在能量上有利于形成一种低配位数(3,4)或一种非等轴式构造。离子键向共价键过渡的混合键称为极性共价键，它主要在于有 s－p 电子成杂化轨道，并构成 σ 键和 π 键。这种混合键既具有离子键易改变键角、易形成无对称变形的趋势，又有共价键的方向性和饱和性、不易改变键长和键角的倾向，前者有利于造成玻璃的远程无序，后者则造成玻璃的近程有序，因此极性共价键的物质比较易形成玻璃态。同样，金属键向共价键过渡的混合键称为金属共价键，在金属中加入半径小电荷高的半金属离子(Si^{4+}，P^{5+}，B^{3+} 等)或加入场强大的过渡元素，它们能对金属原子产生强烈的极化作用，从而形成 spd 或 spdf 杂化轨道，形成金属和加入元素组成的原子团，这种原子团类似于[SiO_4]四面体。也可形成金属玻璃的近程有序，但金属键的无方向性和无饱和性则使这些原子团之间可以自由连接，形成无对称变形的趋势，从而产生金属玻璃的远程无序。

综上所述，形成玻璃必须具有以下条件：极性共价键或金属共价键型；阴、阳离子的电负性差 ΔX 在 1.5～2.5 之间；其中阳离子具有较强的极化本领，单链强度(M—O)>335kJ·mol^{-1}；成键时出现 sp 电子形成杂化轨道，这样的键型在能量上有利于形成一种低配位数负离子团构造，如$[SiO_4]^{4-}$，$[BO_3]^{3-}$或结构键[Se－Se－Se]，[S－As－S]，它们互成层状、链状和架状，在熔融时黏度很大，冷却时分子团聚集形成无规则的网络，因而形成玻璃倾向很大。

玻璃形成能力是与组成、结构、热力学和动力学条件均有关的一个复杂因素，近年来，人们正试图从结构化学、量子化学和聚合物理论等去探讨玻璃的形成规律，因而玻璃形成理论将进一步深入和完善。

2.3　玻璃的结构

玻璃结构具有远程无序的特点以及影响玻璃结构的因素众多，与晶体结构相比，玻璃结构理论发展缓慢，目前人们还不能直接观察到玻璃的微观结构，关于玻璃结构的信息是通过特定条件下某种性质的测量而间接获得的。往往用一种研究方法，根据一种性质只能从一个方面得到玻璃结构的局部认识，而且很难把这些局部认识相互联系起来。一般对晶体结构研究十分有效的研究方法在玻璃结构研究中则效果不够理想。由于玻璃结构的复杂性，人们虽然运用众多的研究方法试图揭示出玻璃的结构本质，从而获得完整的、不失真的结构信息，但至今尚未提出一个统一和完善的玻璃结构理论。

玻璃结构理论最早由门捷列夫提出，他认为玻璃是无定形物质，没有固定化学组成，与合金类似。塔曼则把玻璃看成过冷液体，索克曼等提出玻璃基本结构单元是具有一定化学组成的分子聚合体。蒂尔顿在 1975 年提出玻子理论：玻子是由 20 个[SiO_4]四面体组成的一个单元。这种在晶体中不可能形成的五角对称是 SiO_2 形成玻璃的原因，他根据这一论点成功地计算出石英玻璃的密度。

此外，提出玻璃结构假说的还有依肯的核前群理论、阿本的离子配位假说等，但目前主要的玻璃结构学说是晶子学说和无规则网络假说。

2.3.1　晶子学说

苏联学者列别捷夫于 1921 年提出了晶子假说。他对硅酸盐玻璃研究时发现，无论从高温还是从低温，当温度达到 573℃时，性质必然发生反常变化。而 573℃正是石英从 α 相到 β 相晶型转变的温度。他认为玻璃是高分散晶体(晶子)的集合体。

瓦连可夫和波拉依-柯希茨研究了成分递变的钠硅双组分玻璃的 X 射线散射强度曲线。他们发现，第一峰是石英玻璃衍射的主峰，与晶体石英的特征峰相符；第二峰是 $Na_2O \cdot SiO_2$ 玻璃衍射的主峰，与偏硅酸钠晶体的特征峰一致。在钠硅玻璃中上述两个峰均同时出现。随着钠硅玻璃中 SiO_2 含量增加，第一峰愈明显，而第二峰愈模糊。他们认为，钠硅玻璃中同时存在方石英晶子和偏硅酸钠晶子，这是 X 射线强度曲线上有两个极大值的原因。他们又研究了升温到 400～800℃再淬火、退火和保温几小时的玻璃。结果表明：玻璃的 X 射线衍射图不仅与成分有关，而且与玻璃制备条件有关。提高温度，延长加热时间，主峰坡度增加，衍射图也愈清晰(见图 2.7)。他们认为这是晶子长大所致。由实验数据推论，普通石英玻璃中的方石英晶子平均尺寸为 1.0 nm。

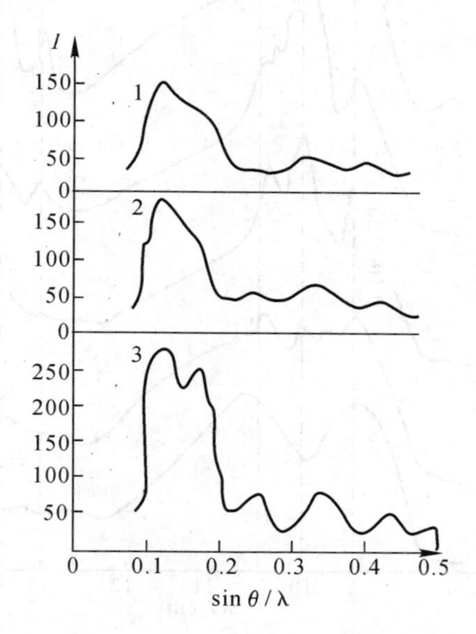

图 2.7　$27Na_2O \cdot 73SiO_2$ 玻璃的 X 射线散射强度曲线

1—未加热；2—在 618℃保温 1 h；

3—在 800℃保温 10 min 和 670℃保温 20 h

结晶物质和相应玻璃态物质虽然强度曲线极大值的位置大体相似，但不一致的地方也是明显的。很多学者认为这是玻璃中晶子点阵图有变形所致，并估计玻璃中方石英晶子的固定点阵比方石英晶体的固定点阵大6.6%。

马托西等研究了结晶氧化硅和玻璃态氧化硅在3~26μm的波长范围内的红外反射光谱。结果表明：玻璃态石英和晶态石英的反射光谱在12.4μm处具有同样的最大值。这种现象可以解释为反射物质的结构相同。

甫洛林斯卡娅的研究工作表明，在许多情况下，观察到玻璃形成之后和析晶时以初晶析出的红外反射和吸收光谱极大值是一致的。这就是说，玻璃中有局部不均匀区，该区原子排列和相应晶体的原子排列大体一致。图2.8比较了$Na_2O \cdot SiO_2$系统在原始玻璃态和析晶态的红外反射光谱。目前普遍认为，结构的不均匀性和有序性是所有硅酸盐玻璃的共性。

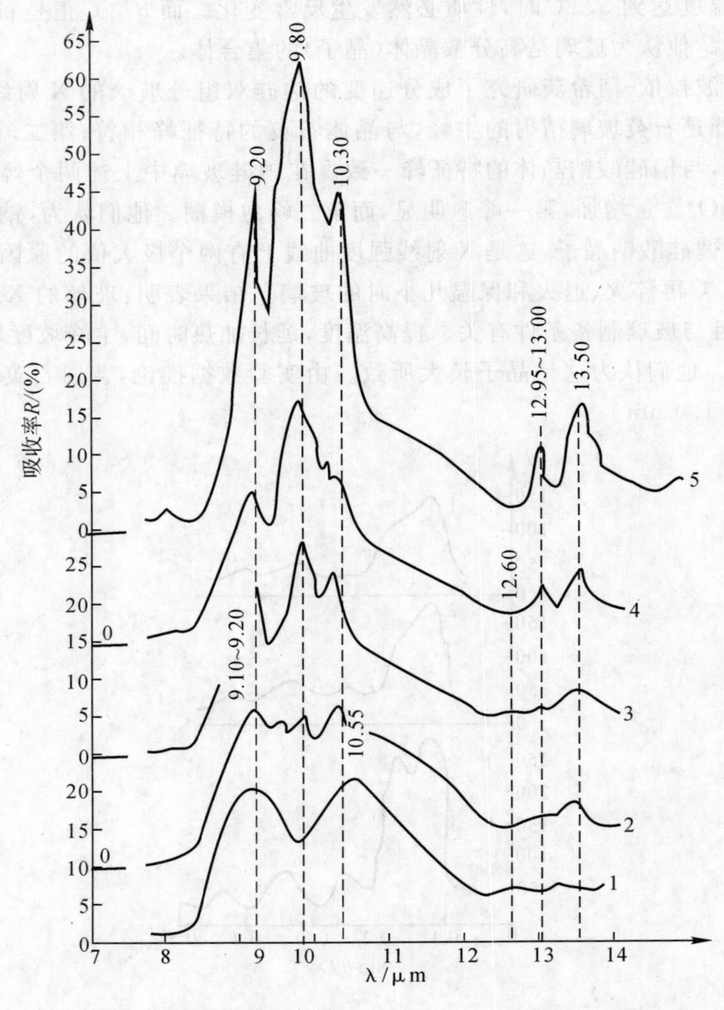

图2.8　$33.3Na_2O \cdot 66.7SiO_2$玻璃的反射光谱

1—原始玻璃；2—玻璃表层部分，在620℃保温1h；

3—玻璃表面有间断薄雾析晶，保温3h；

4—连续薄雾析晶，保温3h；5—析晶玻璃，保温6h

根据很多实验的研究得出晶子学说的共同点为：玻璃结构是一种不连续的原子集合体，即无数晶子分散在无定形介质中；“晶子”的化学性质取决于玻璃的化学组成，可以是独立原子团或一定组成的化合物和固溶体等微观多相体，与该玻璃物系的相平衡有关；晶子不同于一般微晶，而是带有晶格极度变形的微小有序区域，在“晶子”中心质点排列较有规律，越远离中心则变形程度越大；从“晶子”部分到无定形部分的过渡是逐步完成的，两者之间无明显界线。

晶子学说揭示了玻璃的一个结构特征，即微不均匀性及近程有序性，这是它的成功之处。但是至今晶子学说有一系列重要的原则问题未得到解决。晶子理论的首创者列别捷夫承认，由于有序区尺寸太小，晶格变形严重，采用X射线、电子射线和中子射线衍射法，未能取得令人信服的结果。除晶子尺寸外，还有晶子含量、晶子的化学组成等都还未得到合理的确定。

2.3.2 无规则网络学说

无规则网络学说是德国学者查哈里阿森在1932年提出的，以后逐渐发展成为玻璃结构理论的一种学派。

查哈里阿森认为，凡是成为玻璃态的物质与相应的晶体结构一样，也是由一个三度空间网络所构成的。这种网络是离子多面体(四面体或三角体)构筑起来的。晶体结构网是由多面体无数次有规律重复而构成的，而玻璃中结构多面体重复没有规律性。

在无机氧化物所组成的玻璃中，网络是由氧离子多面体构筑起来的。多面体中心总是被多电荷离子——网络形成离子(Si^{4+}，P^{5+}，B^{3+})——所占有。氧离子有两种类型，凡属两个多面体的称为桥氧离子，凡属一个多面体的称为非桥氧离子。网络中过剩的负电荷则由处于网络间隙中的网络变性离子来补偿。这些离子一般都是低正电荷、半径大的金属离子(如Na^{+}，K^{+}，Ca^{2+}等)。无机氧化物玻璃结构的二度空间示意图如图2.9所示。显然，多面体的结合程度甚至整个网络结合程度都取决于桥氧离子的百分数，而网络变性离子均匀而无序地分布在四面体骨架空隙中。

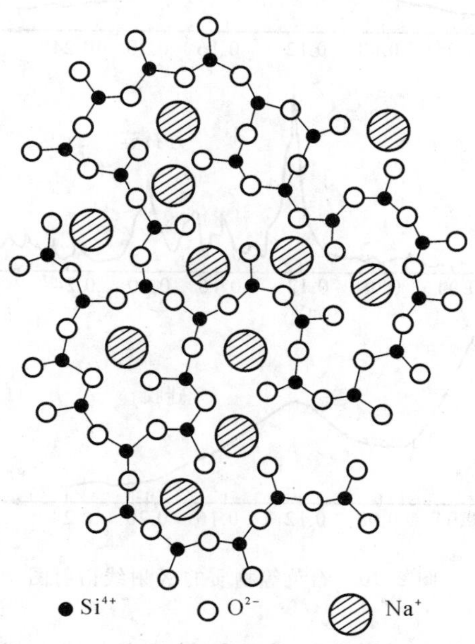

图2.9 钠钙硅酸盐玻璃结构示意图

查哈里阿森认为玻璃和其相应的晶体具有相似的内能，并提出形成氧化物玻璃的四条规则：

①每个氧离子最多与两个网络形成离子相联。

②多面体中阳离子的配位数必须是小的，即为4或更小。

③氧多面体相互共角而不共棱或共面。

④形成连续的空间结构网要求每个多面体至少有三个顶角是与相邻多面体公共的，以形成连续的无规则空间结构网络。

瓦伦对玻璃的X射线衍射光谱的一系列卓越的研究，使查哈里阿森的理论获得有力的实验证明。瓦伦的石英玻璃、方石英和硅胶的X射线图如图2.10所示。玻璃的衍射线与方石英的特征谱线重合，这使一些学者把石英玻璃联想为含有极小的方石英晶体，同时将漫射归结于晶体的微小尺寸。然而瓦伦认为这只能说明石英玻璃与方石英中原子间距离大体上是一致的。他按强度-角度曲线半高处的宽度计算出石英玻璃内如有晶体，其大小也只有0.77 nm。这与石英单位晶胞尺寸0.7 nm相似。晶体必须是由晶胞在空间有规则地重复，因此"晶体"此名称在石英玻璃中失去意义。由图2.10还可以看到，硅胶有显著的小角度散射，而玻璃中没有。这是由于硅胶是由尺寸为1～10 nm不连续粒子组成的。粒子间有间距和空隙，强烈的散射是由于物质具有不均匀性的缘故。但石英玻璃小角度没有散射，这说明玻璃是一种密实体，其中没有不连续的粒子或粒子间没有很大空隙。这种结果与晶子学说的微不均匀性又有矛盾。

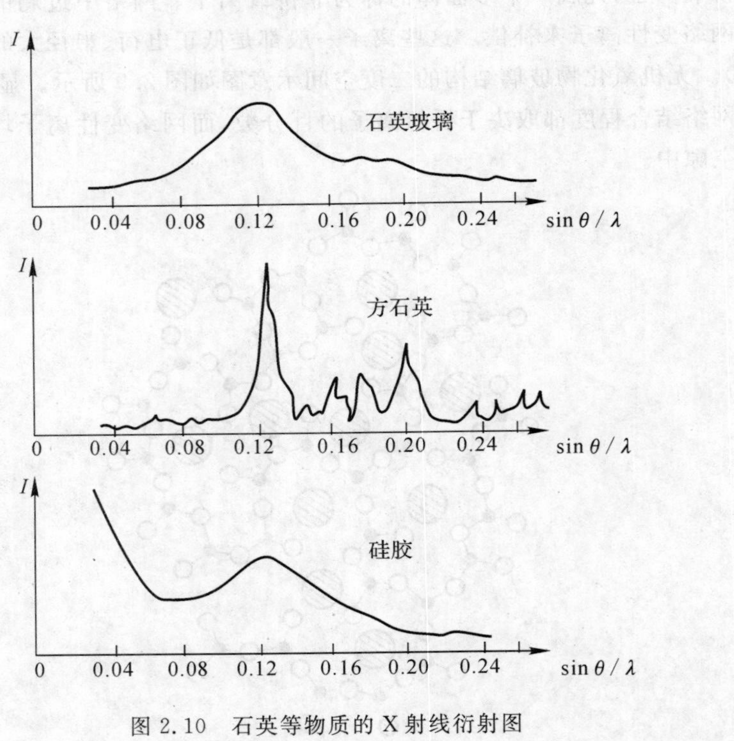

图2.10　石英等物质的X射线衍射图

瓦伦又用傅里叶分析法将实验获得的玻璃衍射强度曲线在傅里叶积分公式基础上换算成围绕某一原子的径向分布曲线，再利用该物质的晶体结构数据，即可以得到近距离内原子排列的大致图形。在原子径向分布曲线上第一个极大值是该原子与邻近原子间的距离，而极大值曲线下的面积是该原子的配位数。图2.11表示SiO_2玻璃原子分布曲线。第一个极大值表示出Si-O距离为0.162 nm，这与结晶硅酸盐中发现的SiO_2平均间距(0.160 nm)非常符合。按第一个极大值曲线下的面积计算得出配位数为4.3，接近硅原子配位数4。因此，X射线分析的结果直接指出，在石英玻璃中的每一个硅原子，平均约为四个氧原子以大致0.162 nm的距离所围绕，利用傅里叶法，瓦伦研究Na_2O-SiO_2，K_2O-SiO_2，$Na_2O-B_2O_3$，$K_2O-B_2O_3$等系统的玻璃结构。随着原子径向距离的增加，分布曲线中极大值逐渐模糊。从瓦伦数据得出，玻璃结构有序部分距离在1.0～1.2 nm附近，即接近晶胞大小。

综上所述，瓦伦的实验证明：玻璃物质的主要部分不可能以方石英晶体的形式存在。而每个原子的周围原子配位，对玻璃相和方石英来说都是一样的。

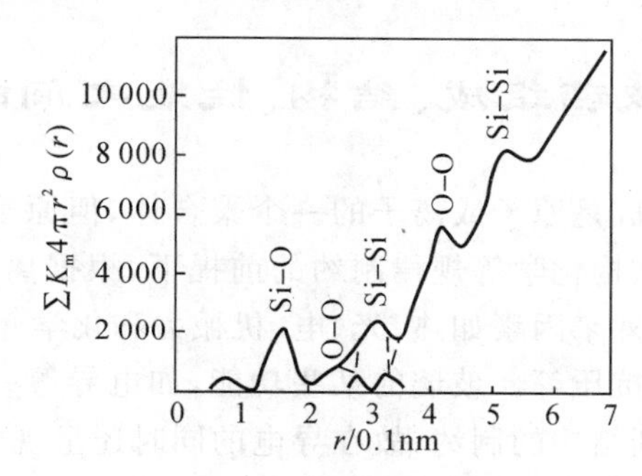

图2.11 石英玻璃的径向分布函数

2.3.3 玻璃结构中阳离子的分类

根据无规则网络学说的观点，一般可按元素与氧结合的单键能(即化合物分解能与配位数之商)大小和能否生成玻璃，将氧化物分为网络生成体氧化物、网络外体氧化物和中间体氧化物三大类。

1. 网络生成体氧化物

这类氧化物能单独生成玻璃，如SiO_2，B_2O_3，P_2O_5，GeO_2，As_2O_3等，在玻璃中能形成各自特有的网络体系。如F—O键(F代表网络生成离子)是共价和离子的混合键。F—O单键能较大，一般大于335 kJ。配位多面体[FO_4]或[FO_3]一般以顶点相连。

2. 网络外体氧化物

这类氧化物不能单独生成玻璃，不参加网络，一般处于网络之外。M—O键(M代表网络外离子)主要是离子键，电场强度较小，单键能小于252 kJ。常见的网络外体离子有Li^+，Na^+，K^+，Mg^{2+}，Ca^{2+}，Sr^{2+}，Ba^{2+}等；此外还有Th^{4+}，In^{3+}，Zr^{4+}等离子，其电场强度高，单键能较大，配位数≥6。网络外体氧化物M—O键的离子性强，其中O^{2-}易摆脱阳离子的束缚，是游离氧的提供者，起断网作用，但其阳离子(特别是高电荷阳离子)又是断键的积聚者。这一特性对玻璃的析晶有一定的作用。当阳离子的电场强度较小时，断网的作用是主要方面；而当电场强度较大时，积聚作用是主要方面。

3. 中间体氧化物

这类氧化物一般不能单独形成玻璃，其作用介于网络生成体和网络外体氧化物之间。I—O

(I代表中间体离子)键具有一定的共价性,但主要为离子性,单键能为250～336 kJ。阳离子的配位数一般为6,但在夺取游离氧后配位数可以变为4,能参加网络,起网络生成体的作用(又称补网作用)。

常见的中间体氧化物有 BeO,MgO,ZnO,Al_2O_3,GaO_3,TiO_2等。中间体氧化物同时存在夺取和给出游离氧的倾向。一般电场强度大,夺取能力大;电场强度小,则给出能力大。在含有两种以上中间体氧化物的复杂系统中,当游离氧不足时,中间体离子大致按下列次序进入网络:

$$[BeO_4]\rightarrow[AlO_4]\rightarrow[GaO_4]\rightarrow[BO_4]\rightarrow[TiO_4]\rightarrow[ZnO_4]$$

决定这一次序的主要因素是阳离子的电场强度,次序在后,未能夺得游离氧的阳离子将处于网络之外,起积聚作用。

2.4 玻璃组成、结构、性能之间的关系

尽管玻璃可以近似地看成是原子或离子的一个聚合体,但原子或离子并不是任意毫无规律地集合在一起的,而是在结构化学等规律制约的前提下,根据离子电价和大小等特性,彼此以一定方式组织起来的。当外来因素如热、光、电、机械力和化学介质等作用于玻璃时,玻璃就会做出一定的反应,如抗张、抗压等。玻璃的某些功能,如电导等一般是通过碱金属离子的活动进行的,但是其活动又受到结构的制约,故在导电的同时还呈现电阻。因此,总的规律是:玻璃成分通过结构决定性质。

不同玻璃的成分、结构、性能之间的变化规律都有其各自的特殊性,加之玻璃成分及物化性质种类繁多,情况十分复杂。但通过对各种不同性质特定变化规律的归纳和分析,在玻璃性质、成分、结构间仍存在着某些一般规律性。根据不同性质之间的共同特性,可以把常见的玻璃性质分成两大类。第一类性质和玻璃成分间不是简单的加和关系,而可以从离子迁移过程中克服势垒性质来看一般是逐渐变化的。属于这类性质的包括电导、电阻、黏度、介电损失、离子扩散速度以及化学温度性等。第二类性质和玻璃成分间的关系比较简单,一般可以根据玻璃成分和某些特定的加和法则进行推算。当玻璃从熔融状态经过转变区域冷却时,它们往往产生突变。属于这类性质的有折射率、分子体积、色散、密度、弹性模数、扭变模数、硬度、热膨胀系数以及介电常数等。

从上面的分析可知,第一类就是具有迁移的性质。这些性质一般通过离子(主要是碱金属离子)的活动或迁移体现出来。因此离子在结构中活动(或迁移)程度的大小,往往是衡量这些性质的标志。例如玻璃的电导和化学侵蚀主要取决于网络外阳离子(如 Na^+)的迁移活动性。离子的迁移性越大,电导和化学侵蚀越大,反之越小。当然阳离子的迁移活动受到玻璃结构特性的影响。

第二类性质是指其对外来因素不是通过某一种离子的活动来做出反应,而是通过玻璃网络(骨架)或网络与网络外阳离子作用。例如玻璃的硬度首先来源于网络(骨架)对外来机械力的反抗能力,网络外阳离子场强愈大,硬度愈大,反之愈小。常温下玻璃的这类性质可大致假设为构成玻璃的各离子性质的总和。例如玻璃密度决定于离子半径大小预期堆积的紧密程度;折射率决定于密度及离子极化率;膨胀系数决定于阴、阳离子间的吸引力等。这类性质的变化规律可以从各元素或离子在周期表上的位置来判断。

在简单硅酸盐玻璃系统(R_2O-SiO_2)中,当一种碱金属氧化物被另一种所代替时,第二类性质差不多呈直线变化。而第一类性质的变化完全不同,其在成分-性质图中呈现极大或极小值,这种现象一般称为中和效应,其在第一类性质中反应非常明显。例如,同时含有两种碱金属氧化物玻璃的电阻率可以比只含有一种碱金属氧化物玻璃的电阻率大几千倍,而玻璃的介电损失率和化学稳定性则因氧化物的减少而得到改善。

玻璃分相的结构类型对第一种性质也有重要作用。玻璃的光吸收性能尚未包括在上述性质中。光吸收主要是电子在离子内部不同轨道间的跃迁(在可见光引起吸收)、在不同离子间的电荷迁移(引起紫外吸收),以及原子或原子组团的振动(引起红外吸收)的结构。吸收波长的位置受配位体中阳离子的电子层结构、价态的大小及其周围配位体等因素的影响。

2.5 普通氧化物玻璃

2.5.1 硅酸盐玻璃与硼酸盐玻璃

通过桥氧形成网络结构的玻璃称为氧化物玻璃。这类玻璃在实际运用和理论研究上均很重要,本节简述无机材料中应用最广泛的硅酸盐玻璃和硼酸盐玻璃。

1. 硅酸盐玻璃

硅酸盐玻璃由于资源广泛、价格低廉、对常见试剂和气体介质化学稳定性好、硬度高和生产方法简单等优点而成为实用价值最大的一类玻璃。

熔融石英玻璃与晶体石英在两个硅氧四面体之间键角的差别如图2.12所示,石英玻璃Si—O—Si键角分布在120°～180°的范围内,中心在144°。与石英晶体相比,石英玻璃Si—O—Si键角范围比晶体中宽。而Si—O和O—O距离在玻璃中的均匀性几乎与相应的晶体中一样。由于Si—O—Si键角变动范围大,使石英玻璃中[SiO_4]四面体排列成无规则网络结构,而不像方石英晶体中四面体那样具有良好的对称性。

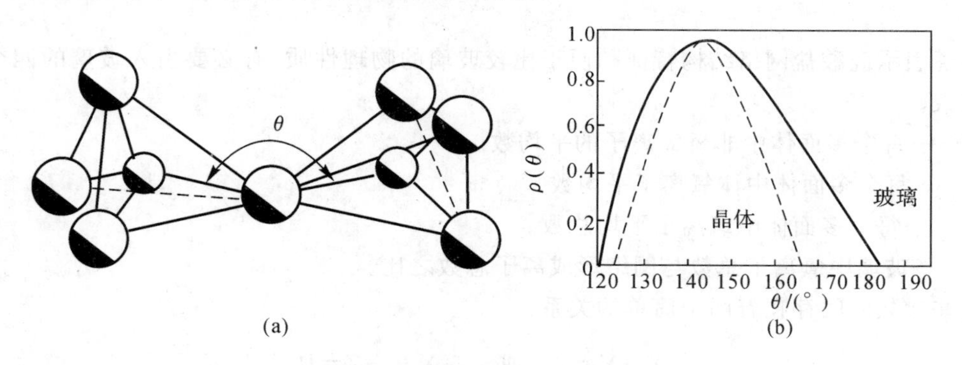

图2.12 石英玻璃的径向原子分布曲线

(a)硅氧四面体中Si—O—Si键角(θ),大球为O,小球为Si;

(b)石英玻璃和方石英晶体中Si—O—Si键角分布曲线

二氧化硅是硅酸盐玻璃中的主体氧化物,它在玻璃中的结构状态对硅酸盐玻璃的性质起决定性的影响。当R_2O或RO等氧化物加入到石英玻璃中,形成二元、三元甚至多元硅酸盐玻璃时，由于增加了 O/Si 比例、使原来 O/Si 比为 2 的三维架状结构破坏，随之玻璃性质也发生变化。尤其从连续三个方向发展的硅氧骨架结构向两个方向层状结构变化以及由层状结构向只有一个方向发展的硅氧链结构变化时，性质变化更大。硅酸盐玻璃中[SiO_4]四面体的网络结构与加入 R^+ 或 R^{2+} 金属阳离子本性与数量有关。在 O—Si(—O)(—O)—O—R^+ 结构单元中的 Si—O 化学键随着 R^+ 离子极化力增强而减弱。尤其是使用半径小的离子时，Si—O 键发生松弛。图 2.13 表明随着连接在四面体上 R^+ 原子数的增加而使 Si—O—Si 键变弱，同时 Si—O_{nb}（O_{nb} 为非桥氧，O_b 为桥氧）键变得更为松弛（相应距离增加）。随着 RO 或 R_2O 加入量增加，连续网状 SiO_2 骨架可以从松弛一个顶角发展至两个甚至四个。Si—O—Si 键合状况的变化，明显影响到玻璃黏度和其他性质的变化。在 $Na_2O \cdot SiO_2$ 系统中，当 O/Si 比由 2 增加到 2.5 时，玻璃黏度降低 8 个数量级。

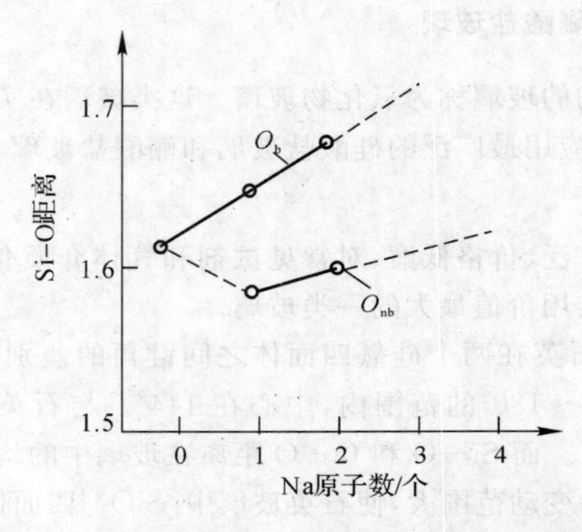

图 2.13 Si—O 距离随连接于四面体的钠原子数的变化

为了表示硅酸盐网络结构特征和便于比较玻璃的物理性质，有必要引入玻璃的四个基本结构参数。

X——每个多面体中非桥氧离子的平均数。

Y——每个多面体中体氧离子平均数。

Z——每个多面体中氧离子平均总数。

R——玻璃中氧离子总数与网络形成离子总数之比。

这些参数之间存在着两个简单的关系：

$$X+Y=Z \quad 或 \quad \frac{1}{2}X+\frac{1}{2}Z=R$$

或

$$X=2R-Z \quad 或 \quad Y=2Z-2R$$

每个多面体中的氧离子总数 Z 一般是已知的（对硅酸盐和磷酸盐玻璃 $Z=4$，硼酸盐玻璃 $Z=3$）。R 即为通常所说的氧硅比，用它来描述硅酸盐玻璃的网络连接特点是很方便的，R 通常可以从组成计算出来，因此确定 X 和 Y 就很简单。举例如下：

①石英玻璃：$Z=4$；$R=\frac{Si}{O}=2$；求得 $X=0$，$Y=4$。

②$10\%Na_2O\cdot18\%CaO\cdot72\%SiO_2$ 玻璃（摩尔分数）：$Z=4$；则

$$R=\frac{10+18+72\times2}{72}=2.39;\quad X=2R-4=0.78$$

$$Y=4-X=3.22$$

但是，并不是所有玻璃都能简单地计算结构参数，因为有些玻璃中的离子并不属于典型的网络形成离子或网络变性离子。如 Al^{3+}，Pb^{2+} 等属于所谓中间离子，这时就不能准确地确定 R 值。在硅酸盐玻璃中，若组成中 $(R_2O+RO)/Al_2O_3>1$，则 Al^{3+} 被认为是占据 $[AlO_4]$ 四面体的中心位置，Al^{3+} 作为网络形成离子计算。若 $(R_2O+RO)/Al_2O_3<1$，则把 Al^{3+} 作为网络变性离子计算，但这样计算出来的 Y 值比真正 Y 值要小。典型玻璃的网络参数列于表2.6中。

表 2.6　典型玻璃的网络参数 X，Y 和 R 值

组　成	R	X	Y
SiO_2	2	0	4
$Na_2O\cdot2SiO_2$	2.5	1	3
$Na_2O\cdot1/3Al_2O_3\cdot2SiO_2$	2.25	0.5	3.5
$Na_2O\cdot Al_2O_3\cdot2SiO_2$	2	0	4
$Na_2O\cdot SiO_2$	3	2	2
P_2O_5	2.5	1	3

Y 又称为结构参数，玻璃的很多性质取决于 Y 值。Y 值小于 2 的硅酸盐玻璃就不能构成三维网络。Y 值愈小，网络空间上的聚集也愈小，结构也变得较松，并随之出现较大的间隙。结果使网络变性离子的运动，不论在本身位置振动或从一位置通过网络的网隙跃迁到另一个位置都比较容易。因此随 Y 值递减，出现热膨胀系数增大、电导增加和黏度减小等变化。

从表 2.7 可以看出 Y 对玻璃一些性质的影响，表中每一对玻璃的两种化学组成完全不同，但它们都具有几乎相同的 Y 值，因而具有几乎相同的物理性质。

表 2.7　Y 对玻璃性质的影响

组　成	Y	熔融温度/℃	膨胀系数/10^{-7}
$Na_2O\cdot2SiO_2$	3	1 523	146
P_2O_5	3	1 573	140
$Na_2O\cdot SiO_2$	2	1 323	220
$Na_2O\cdot P_2O_5$	2	1 373	220

在多种釉和搪瓷中氧与网络形成体之比一般在 2.25～2.75，普通钠钙硅玻璃中氧与网络形成体之比约为 2.4。

硅酸盐玻璃与硅酸盐晶体随 O/Si 比由 2 增加到 4，从结构上均由三维网络骨架而变为孤岛状四面体。无论是结晶态还是玻璃态，四面体中的 Si^{4+} 都可以被半径相近的离子置换而不破坏骨架。除 Si^{4+} 和 O^{2-} 以外的其他离子相互位置也有一定的配位原则。

成分复杂的硅酸盐玻璃在结构上与相应的硅酸盐晶体是有显著的区别。首先,在晶体中,硅氧骨架按一定的对称规律排列,在玻璃中则是无序的。其次,在晶体中,骨架外的 M^{+} 或 M^{2+} 金属阳离子占据了点阵的固定位置;在玻璃中,它们统计均匀地分布在骨架的空腔内,并起着平衡氧负电荷的作用。第三,在晶体中,只有当骨架外阳离子半径相近时,才能发生同晶置换;在玻璃中则不论半径如何,只要遵守静电价规则,骨架外阳离子均能发生互相置换。第四,在晶体中(除固溶体外),氧化物之间有固定的化学计量;在玻璃中氧化物可以非化学计量的任意比例混合。

2. 硼酸盐玻璃

硼酸盐玻璃具有某些优异的特性而使它成为一种不可取代的玻璃材料,这已愈来愈引起人们的重视。例如硼酐是唯一能用以制造有效吸收慢中子的氧化物玻璃,硼酸盐玻璃对 X 射线透过率高,电绝缘性能比硅酸盐玻璃优越,等等。

B_2O_3 是硼酸盐玻璃中的主要玻璃形成剂。B—O 之间形成 sp^2 三角杂化轨道,它们之间形成三个 σ 键还有 π 键成分。X 射线谱证实在 B_2O_3 玻璃中,存在以三角形相互连接的硼氧组基团。图 2.14 是将 B_2O_3 玻璃的径向分布曲线对硼氧组环中的距离作图。横坐标上竖线的长度正比于散射强度,字母表示相应模型中原子间距离。在 800℃时,这些峰趋于消失或发生变化,说明这种环在高温下是不稳定的。按无规则网络学说,纯氧化硼玻璃的结构可以看成是由硼氧三角体无序地相连接而组成的向两度空间发展的网络,虽然硼氧键能略大于硅氧键能(见表 2.5),但因为 B_2O_3 玻璃的层状(或链状)结构的特性,即其同一层内 B—O 键很强,而层与层之间却由分子引力相连,这是一种弱键,所以 B_2O_3 玻璃的一些性能比 SiO_2 玻璃要差。例如 B_2O_3 玻璃软化温度低(约 450℃),化学稳定性差(易在空气中潮解),热膨胀系数高,因而纯 B_2O_3 玻璃实用价值小,它只有与 R_2O,RO 等氧化物组合才能制成稳定的有实用价值的硼酸盐玻璃。

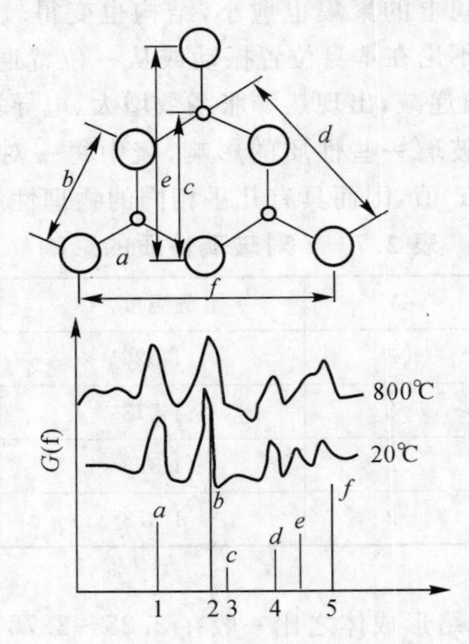

图 2.14 X 射线谱数据证明存在硼氧环

瓦伦研究了 $Na_2O \cdot B_2O_3$ 玻璃的径向分态曲线,发现当 Na_2O 的摩尔分数由 10.3%增加至30.8%时，B—O间距由0.137 nm增至0.148 nm，B原子配位数随Na_2O摩尔分数增加而由3配位数转变为4配位，这个观点又得到红外光谱和核磁共振数据的证实。实验证明当数量不多的碱金属氧化物同B_2O_3一起熔融时，碱金属所提供的氧不像熔融SiO_2作为非桥氧出现在结构中，而是使硼氧三角体转变为由桥氧组成的桥氧四面体，致使B_2O_3玻璃从原来两度空间的层状结构部分转变为三度空间的架状结构，从而加强了网络结构，并使玻璃的各种物理性能变好。这与相同条件下的硅酸盐玻璃相比，其性能随碱金属或碱土金属加入量的变化规律相反，所以称之为硼反常性。图2.15为含B_2O_3的二元玻璃中桥氧数目Y、热膨胀系数随Na_2O摩尔分数的变化曲线。由图可见，随Na_2O摩尔分数的增加，Na_2O引入的"游离"氧使一部分硼变成[BO_4]，Y逐渐增大，热膨胀系数α逐渐下降。当Na_2O的摩尔分数达到15%～16%时，Y又开始减少，热膨胀系数α重新上升，这说明Na_2O摩尔分数为15%～16%时结构发生变化。这是由于硼氧四面体[BO_4]带有负电，四面体不能直接相连，必须通过不带电的三角体[BO_3]连接，方能使结构稳定。当全部B的1/5成为四面体配位，4/5为B保留与三角体配位时就达到饱和，这时膨胀系数α最小，$Y=\frac{1}{5}\times 4+\frac{4}{5}\times 3=3.2$为最大。再加$Na_2O$时，不能增加[$BO_4$]数，反而将破坏桥氧，打开网络，形成非桥氧，从而使结构网络连接减弱，导致性能变坏，因此热膨胀系数重新增加。其他性质的转折变化也与它类似。实验数据证明，由于硼氧四面体之间本身带有负电荷不能直接相连，而通常是由硼氧三角体或另一种同时存在的电中性多面体(如硼硅酸盐玻璃中的[BO_4])来相隔，因此，四配位硼原子的数目不能超过由玻璃组成所决定的某一限度。

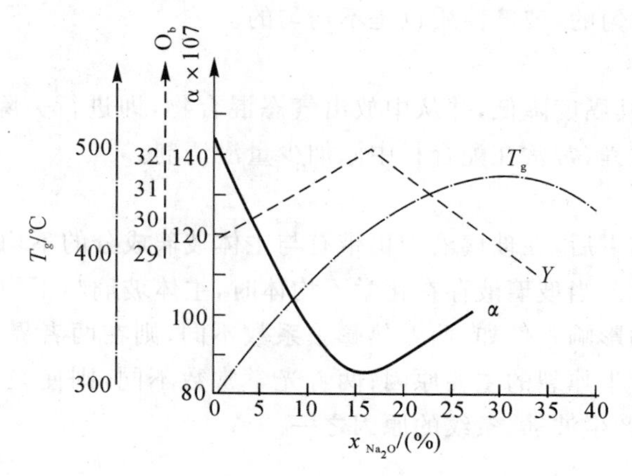

图2.15 $Na_2O \cdot B_2O_3$二元玻璃中桥氧原子数量Y，热膨胀系数α和软化温度T_g随碱金属氧化物含量的变化

硼反常现象也可以出现在硼硅酸盐玻璃中连续增加氧化硼加入量时，往往在性质变化曲线上出现极大值和极小值。这是由于硼加入量超过一定限度时，硼氧四面体与硼氧三面体相对含量变化而导致结构和性质发生逆转现象。

在熔制硼酸盐玻璃时常发生分相现象，这往往是由于硼氧三角体的相对数量很大，并进一步富集成一定区域而造成的。一般是分成互不相溶的富硅氧相和富碱硼酸盐相。B_2O_3含量愈高，分相倾向愈大。通过一定的热处理可使分相更加剧烈，甚至可使玻璃发生乳浊。

氧化硼玻璃的转变温度约300℃，比SiO_2玻璃(1 200℃)低很多，利用这一特点，硼酸盐玻璃广泛用做焊接玻璃、易熔玻璃和涂层物质的防潮和抗氧化。硼对中子射线的灵敏度高，硼酸盐玻璃作为原子反应堆的窗口对材料起到屏蔽中子射线的作用。

2.5.2 玻璃熔制及成型

1.玻璃的熔制

玻璃熔制包括一系列的物理、化学及物理化学现象和反应，其综合结果是使各种原料的混合物形成透明的玻璃液。

从加热配合料到熔成玻璃液，可根据熔制过程中的不同变化分为五个阶段：硅酸盐（或硼酸盐或其他盐类，以下简称为硅酸盐）形成阶段、玻璃形成阶段、玻璃液澄清阶段、玻璃液均化阶段和玻璃液冷却阶段。

(1)硅酸盐的形成

硅酸盐生成反应一般是在固态下进行的，配合料各组分在加热过程中，经过一系列物理的、化学的和物理化学的变化，大部分气态产物逸出，配合料变成了由硅酸盐和剩余 SiO_2 组成的烧结物。对普通钠钙硅玻璃而言，这一阶段在 800～900℃结束。

(2)玻璃的形成

烧结物继续加热时，硅酸盐形成阶段生成的各类盐及反应剩余的 SiO_2 开始熔融，它们之间相互溶解和扩散，到这一阶段结束时烧结物变成了透明体，不存在尚未反应的配合料颗粒，在 1 200～1 250℃范围内完成玻璃形成过程。但玻璃中还有大量气泡和条纹，因而玻璃体本身在化学组成上是不均匀的，玻璃性质也是不均匀的。

(3)玻璃液的澄清

玻璃液继续加热，其黏度降低，并从中放出气态混合物，即进行去除可见气泡的过程。为了加速玻璃液的澄清过程，常常在配合料中添加少量澄清剂。

(4)玻璃液的均化

在玻璃形成阶段结束后，在玻璃液中仍带有与主体玻璃成分的不均体，消除这种不均体的过程称为玻璃液的均化。当玻璃液存在化学不均体时，主体玻璃与不均体的性质也将不同，这对玻璃制品产生不利的影响。例如，两者热膨胀系数不同，则在两者界面上将产生结构应力，这往往就是玻璃制品产生炸裂的主要原因；两者光学常数不同，则使光学玻璃产生畸变；两者黏度不同，是窗用玻璃产生波筋、条纹的原因之一。

(5)玻璃液的冷却

为了达到成型所需黏度就必须降温，这就是玻璃液冷却阶段。在降温冷却阶段，热均匀度和是否产生二次气泡会影响玻璃的产量和质量。

2.玻璃的成型

玻璃的成型是指从熔融的玻璃液转变为具有固定几何形状的制品的过程。主要的成型方法有吹制法（空心玻璃制品）、压制法（某些容器玻璃）、压延法（压花玻璃）、浇铸法（光学玻璃）、焊接法（仪器玻璃）、浮法（平板玻璃）、拉制法（平板玻璃）等。玻璃必须在一定的温度范围内才能成型。

玻璃的成型过程是极其复杂的多种性质不同作用的综合的结果，成型时，玻璃必须在一定的温度范围内并有一定黏度，黏度随温度下降而增大的特性是玻璃制品成型和定型的基础。

同样，玻璃的表面张力在玻璃成型过程中也起着非常重要的作用，其在高温时作用速度快，而在低温或高黏度时作用速度缓慢。玻璃在高温下是黏滞性液体，而在室温下是弹性固体，随着玻璃液体的进一步冷却，玻璃进入弹性材料的范围。因此，在成型的低温阶段，弹性与缺陷的产生有直接的关系。玻璃的热性质(如比热容、导热率、热膨胀、表面辐射强度、透热性等)是成型过程中影响热传递的重要因素，对玻璃的冷却和硬化速度以及成型的温度制度影响极大。

2.5.3 玻璃的退火与淬火

1. 玻璃的退火

在生产过程中，玻璃制品经受激烈的、不均匀的温度变化，会产生热应力，这种热应力能降低玻璃制品的强度和热稳定性。热成型的玻璃制品若不经过退火而令其自然冷却，则在冷却、存放、使用、加工过程中会产生炸裂。退火就是消除或减少玻璃制品中的热应力至允许值的热处理过程。薄壁制品(如灯泡等)和玻璃纤维在成型后由于热应力很小，除适当地控制冷却速度外，一般都不再进行退火。

玻璃中的应力一般可分为三类：热应力、结构应力及机械应力。

玻璃中由于存在温度差而产生的应力称为热应力，按其存在的特点，分为暂时应力和永久应力。在温度低于应变点时，处于弹性变形温度范围内(即脆性状态)的玻璃在经受不均匀的温度变化时所产生的热应力，随温度梯度的存在而存在，随温度梯度的消失而消失，这种应力称为暂时应力。当玻璃内外温度相等时所残留的热应力称为永久应力。

为了消除玻璃中的永久应力，必须将玻璃加热到低于玻璃转变温度 T_g 附近的某一温度进行保温均热，以消除玻璃各部分的温度梯度，使应力松弛。这个选定的温度，称为退火温度。玻璃的最高退火温度是指在此温度下经 3 min 能消除应力 95%，也叫退火上限温度；最低退火温度是指在此温度下经过 3 min 只能消除 5%，也叫退火下限温度。最高退火温度至最低退火温度之间称为退火温度范围。

一般根据退火原理，退火工艺可分为四个阶段：加热阶段、均热阶段、慢冷阶段和快冷阶段，如图 2.16 所示。

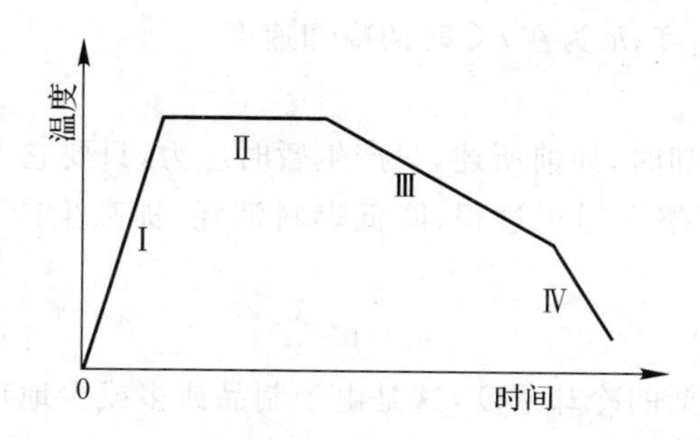

图 2.16 玻璃退火曲线示意图

Ⅰ—加热阶段；Ⅱ—均热阶段；Ⅲ—慢冷阶段；Ⅳ—快冷阶段

(1)加热阶段

不同品种的玻璃有不同的退火工艺。有的玻璃在成型后直接进入退火炉进行退火，称为一次退火；有的制品在成型冷却后再经加热退火，称为二次退火。所以加热阶段对有些制品并不是必要的。在加热过程中，玻璃表面产生压应力，所以加热速度可相对高些，例如 20℃的平板玻璃可直接进入 700℃的退火炉，其加热速率可高达 300℃ · min^{-1}。考虑到制品大小、形状、炉内温度分布的不均性等因素，在生产中一般采用的加热速率为 $20/a^2$ ～ $30/a^2$（℃ · min^{-1}），光学玻璃一般小于 $5/a^2$，式中 a 为制品厚度的一半，其单位为 cm。

(2)均热阶段

把制品加热到退火温度进行保温、均热以消除应力。在本阶段首先要确定退火温度，其次是保温时间。一般把退火上限温度低 20～30℃作为退火温度。保温时间可按 $70a^2$～$120a^2$ 计算，或者按应力容许值进行计算：

$$r=520\ \frac{a^2}{\Delta n} \tag{2.5}$$

式中，Δn 为玻璃退火后容许存在的内应力（nm · cm^{-1}）。

(3)慢冷阶段

为了使玻璃制品在冷却后不产生永久应力，或减小到制品所要求的应力范围内，在均热后必须进行慢冷，以防止过大的温差。冷却速度计算式为

$$h_0=\frac{6\lambda(1-\mu)\sigma}{E\alpha(a^2-3x^2)} \tag{2.6}$$

式中，α 为膨胀系数；E 为弹性模量；λ 为导热系数；μ 为泊松比；h_0 为冷却速度；a 为制品厚度的一半；x 为应力测试点离壁厚中线的距离。

对一般工业玻璃，有

$$\frac{\alpha E}{6\lambda(1-\mu)}\approx 0.45 \tag{2.7}$$

$$\sigma=0.45\,h_0(a^2-3x^2)(\mathrm{MPa})=13\,h_0(a^2-3x^2)\ (\mathrm{nm\cdot cm^{-1}})$$

此阶段冷却速度的极限值为 $10/a^2$（℃ · min^{-1}），每隔 10℃冷却速度增加 0.2℃ · min^{-1}，则

$$h_t=h_0\left(1+\frac{\Delta t}{300}\right)(℃\cdot \mathrm{min^{-1}}) \tag{2.8}$$

式中，h_0 为开始时的冷却速度；h_t 为在 t℃时的冷却速度。

(4)快冷阶段

玻璃在应变点以下冷却时，如前所述，只产生暂时应力，只要它不超过玻璃的极限强度，就可以加快冷却速度以缩短整个退火过程、降低燃料消耗、提高生产率。此阶段的最大冷却速度为

$$h_c=65/a^2 \tag{2.9}$$

生产上一般都采用较低的冷却速度，这是由于制品或多或少地存在某些缺陷，以免在缺陷与主体玻璃的界面上产生张应力。对一般玻璃采用此值的 15%～20%，甚至采用下式计算：

$$h_c<2/a^2 \tag{2.10}$$

2.玻璃的淬火

玻璃的实际强度比理论强度低很多，根据断裂机理，可以通过在玻璃表面造成压应力层的办法——淬火（又称为物理钢化）——使玻璃得到增强，这是机械因素起主要作用的结果。

玻璃的淬火，就是将玻璃制品加热到转变温度 T_g 以上 50～60℃，然后在冷却介质（淬火

介质)中急速均匀冷却,在这一过程中玻璃的内层和表面将产生很大的温度梯度,由此引起的应力由于玻璃的黏滞流动而被松弛,所以造成了有温度梯度而无应力的状态。冷却到最后,温度梯度逐渐消除,松弛的应力即转化为永久应力,这样造成了玻璃表面均匀分布的压应力层。

这种内应力的大小与制品的厚度、冷却速度及玻璃的膨胀系数有关,因此认为薄玻璃和具有低膨胀系数的玻璃较难淬火。淬火薄玻璃制品时,结构因素起主导作用。淬火厚玻璃制品时则是机械因素起主要作用。

用空气作淬火介质称为风冷淬火,用液体如油脂、硅油、石蜡、树脂、焦油等作淬火介质时称为液冷淬火。此外,还用盐类如硝酸盐、铬酸盐、硫酸盐等作为淬火介质。

玻璃淬火后所产生的应力大小与淬火温度、冷却速率、玻璃的化学组成以及厚度等有直接关系。液冷淬火工艺流程为制品—检查—加热—液冷—洗涤—检验包装。除了冷却、洗涤工序外,其余与风冷淬火相同。

2.6 光学玻璃

光学玻璃是指用于制造光学仪器或机械系统的透镜、棱镜、反射镜、窗口等的玻璃材料。光学玻璃具有高度的透明性、化学及物理学(结构和性能)上的高度均匀性,具有特定的和精确的光学常数。光学玻璃按其光学特性可分为以下几种:

①无色光学玻璃。对光学常数有特定要求,具有可见区高透过、无选择吸收着色等特点,按阿贝数大小分为冕类和火石类玻璃,各类又按折射率高低分为若干种,并按折射率大小依次排列,多用做望远镜、显微镜、照相机等的透镜、棱镜、反射镜等。

②防辐照光学玻璃。对高能辐照有较大的吸收能力,有高铅玻璃和 $CaO-B_2O_2$ 系统玻璃,前者可防止 γ 射线和 X 射线辐照,后者可吸收慢中子和热中子,主要用于核工业、医学领域等作为屏蔽和窥视窗口材料。

③耐辐照光学玻璃。在一定的 γ 射线、X 射线辐照下,可见区透过率变化较少,品种和牌号与无色光学玻璃相同,用于制造高能辐照下的光学仪器和窥视窗口。

④有色光学玻璃,又称滤光玻璃。对紫外、可见、红外区特定波长有选择吸收和透过性能,按光谱特性分为选择性吸收型、截止型和中性灰 3 类;按着色机理分为离子着色、金属胶体着色和硫硒化物着色 3 类,主要用于制造滤光器。

⑤紫外和红外光学玻璃。在紫外或红外波段具有特定的光学常数和高透过率,用做紫外、红外光学仪器或用做窗口材料。

⑥光学石英玻璃。以二氧化硅为主要成分,具有耐高温、膨胀系数低、机械强度高、化学性能好等特点,用于制造对各种波段透过有特殊要求的棱镜、透镜、窗口和反射镜等。此外,还有用于大规模集成电路制造的光掩膜板、液晶显示器面板、影像光盘盘基薄板玻璃;光沿着磁力线方向通过玻璃时偏振面发生旋转的磁光玻璃;光按一定方向通过传输超声波的玻璃时,发生光的衍射、反射、汇聚或光频移的声光玻璃等。

光学玻璃按化学组成可分为硅酸盐、硼酸盐、磷酸盐、氟化物和硫系化合物系列,品种繁多,主要按它们在折射率(n_d)-阿贝值(ν_d)图中的位置来分类。传统上将 $n_d>1.60$,$\nu_d>50$ 和

n_d<1.60,ν_d>55 的各类玻璃称为冕(K)玻璃,其余各类玻璃定为火石(F)玻璃。一般冕玻璃作凸透镜,火石玻璃作凹透镜。通常冕玻璃是含碱硼硅酸盐体系及碱铝硼硅酸盐体系,轻冕玻璃属于碱铝硼硅酸盐体系,按化学组成可分为三类:低膨胀系数玻璃、低折射率玻璃及含氟化物玻璃。重冕玻璃及钡火石玻璃属于无碱硼硅酸盐体系,绝大部分的火石玻璃属于铅钾硅酸盐体系。随着光学玻璃的应用领域不断拓宽,其品种在不断扩大,其组成中几乎包括周期表中的所有元素。

2.7 微晶玻璃

2.7.1 微晶玻璃概述

具有特定组成的玻璃在一定温度下热处理后,形成微晶体和玻璃均匀分布的复合材料,这种材料称为微晶玻璃。在微晶玻璃出现之前,若玻璃中出现结晶现象就会导致玻璃透明度的降低,这种现象称为失透或退玻璃化,在传统的玻璃工业中是要尽力防止这种现象发生的。而微晶玻璃恰好利用这一现象生产出具有比各种玻璃及传统陶瓷的机械性能更优越的产品。这种产品是在玻璃成型基础上获得的,玻璃的熔融成型比起通常的陶瓷成型的方法有很多有利条件,因而工艺上比陶瓷更简单。微晶玻璃的特点是结构紧密,基本上无气孔,在玻璃相的基体上存在着很多非常细小的弥散结晶。它是通过控制玻璃的结晶而生产出来的多晶陶瓷。由于比普通陶瓷晶粒小得多,为了区别普通玻璃和陶瓷,所以称为微晶玻璃。

微晶玻璃的制造工艺除了与一般玻璃工艺一样要经过原料的配置、玻璃熔融、成型等工序外,还要进行两个阶段的热处理。首先在有利于成核温度下使之产生大量的晶核,然后再缓缓加热,在有利于结晶长大的温度下保温,使晶核得以长大,最后冷却,这样得到的产品除了结晶相外还有剩余的玻璃相。工艺过程要注意防止微裂纹、畸变及过分的晶粒长大。微晶玻璃由结晶相和玻璃相组成。结晶相是多晶结构,晶体细小,比一般结晶材料的晶体小很多,一般小于0.1nm。晶体在微晶玻璃中空间取向分布,在晶体之间分布着残存的玻璃相,玻璃相把数量巨大、粒度细微的晶体结合起来。结晶相的数量一般为50%～90%,玻璃相的数量从5%提高至50%。但无论怎样延长晶化时间也不能消除玻璃相。晶化后的残余玻璃相很稳定,在一般条件下不会析晶。微晶玻璃中结晶相、玻璃相分布的状态,随其比例而变化。当玻璃相所占比例大时,玻璃相分布在晶体网架之间,呈连续网络状;当玻璃相的数量很少时,它就以薄膜的状态分布在晶体之间。微晶玻璃是晶体同玻璃体的复合材料,其性能由二者的性质及数量比例决定。微晶玻璃的性质主要由析出晶体的种类、晶粒的大小、晶相的多少以及残存玻璃相的种类及数量决定。而这些因素又取决于玻璃的组成及热处理制度。另外,成核剂的使用是否适当对玻璃的微晶化起关键作用。

最早的微晶玻璃是从光敏玻璃发展起来的,这种玻璃的配料中含有0.001%～1%的金、铜或银弥散在玻璃基体中,然后用紫外线或X射线照射后再进行热处理,以这些金属胶体为晶核剂析晶。后来发现,不必用紫外线辐射就可有一系列玻璃的组成及晶核剂能形成微晶玻璃,表2.8列举了几种微晶玻璃及晶核剂的成分。

表 2.8 某些微晶玻璃及其晶核剂的成分

晶核剂	基体玻璃举例	主晶相	特征
Au,Ag,Cu	$Li_2O-Al_2O_3-SiO_2$ (Na_2O,K_2O)	$Li_2O\cdot SiO_2$	需要进行紫外线照射
		$Li_2O\cdot 2SiO_2$	
铂类 (Pt,Ru,Rh,Pd,Os,Ir)	Li_2O-SiO_2 $Li_2O-MgO-Al_2O_3-SiO_2$	$Li_2O\cdot 2SiO_2$ β-锂辉石 $LiAl(Si_2O_6)$	
TiO_2	$Li_2O-Al_2O_3-SiO_2$	$Li_2O\cdot 2SiO_2$	低膨胀 高绝缘,低损耗 釉增强作用
	$MgO-Al_2O_3-SiO_2$	β-石英,β-锂辉石	
	$Na_2O-Al_2O_3-SiO_2$	堇青石,霞石	
Cr_2O_3	$Li_2O-Al_2O_3-SiO_2$		
Al_2O_3	$PbO-TiO_2-SiO_2$	$PbTiO_3$	强介电性

由于新的晶相粒子很小,而且它与剩余玻璃相之间折射率不同,因而引起晶界散射,玻璃就不再透明了。

电性能也有很大变化,一般来说是提高了绝缘性能而且降低了介质损耗。机械性能的变化尤为突出,断裂强度可以比同种玻璃增加1倍以上,可从 $7\times10^3 N\cdot cm^{-2}$ 增大到 $1.4\times10^4 N\cdot cm^{-2}$ 或更高,这种抗热振性及莫氏硬度也得到很大的改善。

由于微晶玻璃在广泛范围内可以调节性能的特点及大量生产的有利条件,在从餐具到电子元件等各领域得到越来越广泛的应用。

2.7.2 微晶玻璃的种类

1. 光敏微晶玻璃

$Li_2O-Al_2O_3-SiO_2$ 系统感光玻璃经过光照及热处理后,变为微晶玻璃,称为光敏微晶玻璃。这种微晶玻璃的晶相为偏硅酸锂、β-锂辉石和高稳定 SiO_2,或者为 β-锂辉石和 SiO_2 固溶体。

2. 透明微晶玻璃

微晶玻璃能否透明,由玻璃的晶相及玻璃相的特点所决定。如果能满足以下条件,就能得到透明微晶玻璃:

①晶相的晶体极为细微,其大小比可见光的波长小得多;

②晶相的折射率近似等于玻璃相的折射率,光通过时不产生光的散射。

它主要包括三类:超低膨胀透明微晶玻璃、耐高温无色透明微晶玻璃、无碱透明微晶玻璃。

3. 可切削微晶玻璃

这种微晶玻璃的主晶相是氟云母。基础玻璃为 $SiO_2-B_2O_3-Al_2O_3-MgO-K_2O(Na_2O)-F$ 系统。核化温度在750~900℃,先生成 MgF_2 的晶核晶化温度在900~1 200℃。

4. 封接用微晶玻璃

这种微晶玻璃采用可微晶化玻璃粉作为电子工业的封接材料,其优点是在高于一般封接玻璃允许温度范围,仍然保持有较高的强度和气密性。

5. 矿渣微晶玻璃

矿渣微晶玻璃属于 $Na_2O-CaO-MgO-Al_2O_3-SiO_2$ 系统,这种微晶玻璃透热性差,成型工作面比普通玻璃的冷却快得多。另外,其黏度随温度变化产生剧烈变化,所以矿渣微晶玻璃必须快速成型。

矿渣微晶玻璃抗压强度高于天然石材,可同铸铁、铝、钢相比。其抗弯强度同铸铁相近,耐磨性比铸铁、陶瓷都高。由于其高耐磨性的特性,被广泛用做结构材料、耐磨材料,还可以用做饰面材料。

6. 复合材料级微晶玻璃

$Li_2O-Al_2O_3-SiO_2$ 和 $BaO-Al_2O_3-2SiO_2$ 两种微晶玻璃具有高温抗蠕变、高温高强度等优良性能,20 世纪 80 年代被 NASA 认为是航空发动机中 1 000～1 250℃热端部件的首选材料。将两种微晶玻璃浆料浸渍碳纤维,然后干燥、堆垛、高温热压,利用其高温玻璃态黏性流动实现致密化,然后再析晶形成微晶玻璃复合材料。

2.8 特种玻璃

2.8.1 特种玻璃概述

特种玻璃又叫新型玻璃,是指除日用玻璃以外,采用精制、高纯度或新型原料、新工艺,在特殊条件下或严格控制形成过程制成的一些具有特殊功能或特殊用途的玻璃。它们是在普通玻璃所具有透光性、耐久性、气密性、耐热性、电绝缘性、组成多样性、易成型性和可加工性等优异性能的基础上,通过使玻璃具有特殊的功能,或将上述某项特性发挥至极点,或将上述某项特性置换为另一种特性,或牺牲上述某些性能而赋予某项有用的特殊性能之后获得的。

特种玻璃以其所具有的功能特性可以分为光学功能玻璃、电磁功能玻璃、热学功能玻璃、力学功能玻璃、化学功能玻璃及生物功能玻璃等。特种玻璃是高技术领域中不可缺少的材料,特别是开发光电子技术的基础材料。通信光纤已经作为实现通信技术革命的主角,在现行的信息高速公路中起着其他材料无法起到的作用。

2.8.2 特种玻璃的分类

1. 光学功能玻璃

玻璃窗、玻璃杯使用的传统玻璃以透明为特征。在特种玻璃中,光学性能优异的光学功能玻璃的种类最多,用途最广。就其功能而言,光学功能玻璃主要包括光传输功能、激光发射功能、光记忆功能、光控制功能、非线性光学功能、感光及光调节功能、偏振光起偏功能等。

以光传输为特征的功能玻璃包括光学纤维、光波导、透射镜玻璃、透红外玻璃等。光纤是现代通信技术的核心,使通信技术获得了革命性的进步。光波导玻璃是在玻璃板上形成光的通路,是光集成电路的重要组成部分,主要用于图像传输等。透红外玻璃主要用做红外激光、红外光学的窗口材料以及用于红外光信息与激光的传输等。

激光玻璃主要有掺稀土或过渡金属离子的氧化物、氟化物、氟磷酸盐玻璃等,是生产激光的重要材料，也是未来激光核聚变中首选的激光材料。

光记忆玻璃是构成光盘记忆膜的非晶态物质，主要有Te—O系和硫系玻璃等。另外，某些含有低价稀土离子的玻璃可能是温室记忆的首选材料。具有光控制功能的玻璃主要有磁光材料、声光玻璃和热光玻璃，可以在光偏聚、光调制、光开关以及光隔离等方面得到应用。

非线性光学玻璃主要包括均匀玻璃（包括经过强外场极化的玻璃）、半导体或金属掺杂玻璃以及高分子分散玻璃，它们是未来全光信息技术中的重要材料。

具有感光功能的玻璃可以将图像和文字永久性地记录下来。除此之外，在紫外光或短波长可见光的光照作用下，可以发生可逆性颜色变化的光致变色玻璃，有可能作为显示材料、光记忆材料而得到应用。

具有光调节功能的玻璃主要包括变色玻璃、电致变色玻璃、热致变色玻璃、液晶夹层玻璃、选择透过玻璃、选择吸收玻璃、防反射玻璃以及视野选择玻璃等，主要用于智能建筑材料。

具有偏振光起偏功能的玻璃是一种将具有一定长径比的针状金属或半导体颗粒均匀、定向分散于玻璃中而获得的光学各向异性功能玻璃，比一些偏光晶体具有更优异的起偏性能，在相干光通信、光电压和光电流传感器中将有广泛的应用。

2. 电磁功能玻璃

电磁功能玻璃与光学功能玻璃一样，在高技术领域中有重要的地位，是通信、能源以及生命科学等领域中不可缺少的电子材料和光电子材料。

电磁功能材料主要包括导电功能、光电转换功能、声波延迟功能、电子发射功能、电磁波防护功能、磁性等。另外，就电学功能而言，晶态材料一般优于非晶态材料，器件中具有电磁功能的一些元件也大多是晶态。但是，晶态元件的尺寸很小，需要基板给予支撑。这些基板本身虽不具备特殊的电磁功能，但对晶体材料能否发挥正常的电磁功能起着重要的作用，故通常把这类材料也归属于电磁功能材料。

3. 其他类型特种玻璃

①热学功能玻璃。热学功能本身称不上高性能，但它对于元件充分发挥其光学、电子学等功能起十分重要的作用。热学功能主要包括耐热性、低膨胀性、导热性以及加热软化性等。

②力学与机械功能玻璃。传统玻璃以硬而脆、机械加工困难为特征，其弹性模量比塑料和一些普通金属大。有些特征玻璃具有更高的杨氏模量，有些具有更高的强度和韧性，有些可以像加工木材一样进行机械加工，这些玻璃就是力学功能玻璃。

③生物及化学功能玻璃。生物及化学功能玻璃主要包括具有熔融固化、耐腐蚀、选择腐蚀、水溶性、杀菌、光化学反应、化学分离精制、生物活化、生物相容性以及疾病治疗等功能的特种玻璃。

2.8.3 特种玻璃的制备和加工

为获得玻璃或无定型固体，须将液体或气体的无序状态在环境温度下保存下来，或破坏晶体的有序结构。通过适当的化学反应也能获得无序结构，其中有些化学反应需要外场辅助。

①熔体急冷技术。将一种或几种晶体物质融化所得的熔体急冷是获得玻璃的常规方法，当降温速率足够快而能避开结晶时，熔体的无序状态在固体中得以保持。在空气中急冷属普通冷却，在液体（水、水银、液氮）中急冷属于强烈急冷。

②气相急冷技术。将一种或几种组分在气相中沉积到基底上也能得到非晶态固体，气相物质通过加热适当的化合物得到。无化学反应介入时成为非反应沉积，有化学反应介入时成为反应沉积。这种方法一般用来制取电子学和光学用薄膜。

③固态方法。它包括：辐照损伤；爆炸产生的冲击波，可使晶格无定形化；缓慢机械作业；相互扩散作用。

④电化学方法。在许多液体电解质的电解池中，作为阳极的金属或半导体表面上可生长出无定形氧化物层。在足够高的过电压下，当电流通过电解池时，Al，Zr，Nb 特别是 Ta 就会发生氧化作用，形成厚度不到 1 nm 的玻璃层。

⑤溶液方法。溶液方法指低温下适当化合物经过了液相化学聚合反应。用此法制得凝胶，然后除去凝胶中的液相并通过烧结除去生成的固体残余物，最后制得玻璃。

2.9 玻璃纤维

玻璃纤维是一种工程材料，具有耐腐蚀、耐高温、吸湿小、伸长小等优良性能，在电气、力学、化学等方面也有优良的特性。通过物理、化学方法对玻璃纤维进行改性，改进其原有的不足，将有助于推动玻璃纤维的合理使用并不断扩大其应用领域。本节主要介绍玻璃纤维的物理、化学性能及几种常用的玻璃纤维。

2.9.1 典型玻璃纤维的种类

1. 无碱玻璃（E 玻璃）纤维

无碱是指碱金属氧化物含量小于 1% 的铝硼硅酸盐，国际上通常叫做 E 玻璃。其最初为电器应用而配置，但今天 E 玻璃的应用范围已远远超出了电气用途，成为一种通用配方，国际上玻璃纤维有 90% 以上用的是 E 玻璃成分。

各国生产的 E 玻璃大体相仿，仅在较小范围内稍有不同。变动范围大致为：55%～57% SiO_2，12%～15% CaO，10%～17% Al_2O_3，0～8% MgO。

E 玻璃有良好的拉丝工艺性能，黏度为 0.1Pa·s 时的温度为 1 214℃，比析晶上限温度（1 135℃）高约 80℃，所以拉丝时的温度波动不会引起析晶。

2. 中碱玻璃（C 玻璃）纤维

用平板玻璃成分生产的玻璃纤维由于碱金属氧化物含量太高，当其纺织品在潮湿空气中存放的时间稍长，就很快丧失强度而毫无使用价值。

目前使用的 C 玻璃 5# 的成分（质量分数）为：67.3% SiO_2，9.5% CaO，7.0% Al_2O_3，4.2% MgO，<0.5% Fe_2O_3，12.0% Na_2O。

C 玻璃纤维有较高的强度，单丝强度为 2.646 GPa。其在相对湿度 100% 气氛下存放 128d，单丝强度降低 21%，略比 E 玻璃大，E 玻璃单丝在此条件下只降低 16%。C 玻璃 5# 纤维不适合作为电气绝缘材料，它在其他强度要求不高的应用领域获得了广泛使用。

3. 高碱玻璃（A 玻璃）纤维

用平板玻璃拉制的纤维为 A 玻璃纤维，其 Na_2O+K_2O 含量高达 14.5% 或更高。这种玻璃组成也落在 $Na_2O-CaO-SiO_2$ 三元系统中的 PQ 相界线附近。用 K_2O 代替部分 Na_2O 是为了改善玻璃的化学稳定性。引入少量的 Al_2O_3 替代 SiO_2 和以 MgO 替代 CaO 是为了改善玻璃的析晶性能。

A 玻璃纤维不耐水侵蚀，也不耐大气中的水分侵蚀，受到侵蚀后制品很快变脆，丧失强度而不能实际应用。

A 玻璃纤维虽然不耐水，但却耐酸的侵蚀，可用于制作耐酸制品，如蓄电池隔板、电镀槽、酸储罐、硫酸厂酸雾或酸性气体的过滤材料。

4. 高硅氧玻璃(R 玻璃)纤维

成分合适的玻璃纤维纱布等制品，经过酸沥滤，将玻璃中溶于酸的组分沥滤出来，使 SiO_2 富集达 96%以上，再经过烧结定型，即得到耐温性能接近石英纤维的高硅氧玻璃纤维。我国生产高硅氧玻璃纤维的原始玻璃组分以 $SiO_2-B_2O_3-Na_2O$ 三元系统为主。同时降低生产成本，满足高性能与特种用途的需要，也采用 SiO_2-Na_2O 二元系统玻璃为原始组分，进行高硅氧玻璃纤维试制。

高硅氧玻璃纤维耐高温性能好，软化点接近 1 700℃，可以长期在 900℃环境下使用。其瞬间可耐数千摄氏度气流冲刷，因而可作为航天器防热烧蚀材料、耐高温绝热防火材料、耐高温绝缘材料以及用于高温气体收尘、液体过滤、金属熔化、过滤净化等。高硅氧玻璃纤维还具有优良的化学稳定性、良好的介电性能，可作为耐高温、绝缘、结构一体化多功能材料。

5. 耐碱玻璃(AR 玻璃)纤维

耐碱玻璃纤维也称 AR 纤维。我国 R13 耐碱玻璃纤维的成分为：59%～63% SiO_2，1.5%～3.7% K_2O，<5% CaO，13%～16% ZrO_2，8%～13% Na_2O，4%～8% TiO_2。我国目前生产 AR 玻璃纤维的方法是全电熔池窑拉丝。R13 玻璃拉丝时漏板温度为 1 230℃。

6. 石英纤维

石英纤维由高纯 SiO_2 或天然石英晶体熔融拉丝而成，纯度为 99.95% SiO_2，密度为 $2.2g \cdot cm^{-3}$，拉伸强度为 7GPa，模量为 70GPa，具有耐热、耐蚀和柔顺性。它在高温下尺寸稳定，化学稳定，电绝缘性好，是光纤通信的主要元件；也是导弹整流罩用熔石英陶瓷的增强相，以及火箭用烧蚀材料酚醛的增强相。

2.9.2 玻璃纤维的基本性能

1. 外观特性

通常，玻璃纤维的外表呈光滑的圆柱状，其截面呈完整的圆形。这是由于纤维成型过程中，熔融玻璃被牵引和冷却成固态纤维前，在表面张力作用下收缩成表面积最小的圆形所致。由于玻璃纤维表面光滑，所以纤维之间的抱合力非常小，气体和液体通过的阻力小，因此制作过滤材料比较理想。

近 20 年来，国外正在研究非圆形截面的玻璃纤维，并在实验室已试制出具有椭圆形、蚕茧形、哑铃形、三角形、T 形、Y 形、十字形等截面形状的玻璃纤维。这些异形截面玻璃纤维的比表面积都大于圆形，因此大大增加了纤维与树脂的接触面，增强了与树脂的抱合力，从而赋予复合材料更为优异的拉伸强度和弹性模量。与圆形截面相比，玻璃纤维复合材料拉伸强度可比原来提高 18%，弹性模量可提高 24%，弯曲强度可提高 24%，抗拉伸强度可提高 55%。

美国 OCF 公司研制成功双组分玻璃纤维，使纤维成为自由弯曲形。其原理是将两种膨胀系数不同的玻璃按一定比例组成纤维，在冷却为固态时，因玻璃液收缩不一致使纤维弯曲。这种弯曲形纤维相互之间易勾结在一起，增大了纤维之间的抱合力，从而提高了纤维制品的整体强度，而且纤维的可压缩性大大增加，柔软性明显改善，且无须黏结剂就能制成各种制品，在一定程度上改变了多年来人们对玻璃纤维的传统概念。

2. 密度

玻璃纤维密度一般在 2.50～2.70 g·cm^{-3}，具体取值主要取决于玻璃成分。某些特殊玻璃纤维如石英玻璃纤维、高硅氧玻璃纤维和低介电玻璃纤维等，它们的密度更低，仅为 2.0～2.2 g·cm^{-3}，而含有大量重金属氧化物的高模量玻璃纤维密度可达 2.70～2.90 g·cm^{-3}。

玻璃纤维密度比同成分的块状玻璃低，这是由于玻璃纤维保留了高温玻璃液的结构状态，而块状玻璃在冷却退火过程中，分子排列趋向密实，所以与纤维相比具有较高的密度值。

3. 拉伸强度

玻璃纤维的强度不仅比块状玻璃高几十倍，而且也远远超过其他天然纤维、合成纤维以及各种合金材料，所以是理想的增强材料。表 2.9 列出了各种材料的拉伸强度。

表 2.9　各种材料的拉伸强度

材料	3～9 μm 玻璃纤维	尼龙	人造丝	铬钼钢	轻质镁合金	碳纤维
拉伸强度/MPa	1 470～4 800	490～680	340～440	1 370	330	3 900

影响玻璃纤维强度的因素很多。玻璃组成不同，制成的纤维强度也不同。表 2.10 是几种不同成分的玻璃纤维新生态单丝拉伸强度。

表 2.10　不同玻璃成分的新生态单丝拉伸强度

纤维类别	石英	S-2 高强	E 玻璃	E 玻璃 1#	C 玻璃 5#	S 玻璃 4#
新生态单丝拉伸强度/MPa	5 800～13 818	4 580～4 850	3700	3 058	2 617	4 600

玻璃纤维的强度很容易损失。刚拉制的新生态纤维强度很高，但暴露在空气中一段时间或缠绕在绕丝筒上后，强度很快下降。研究结果表明，缠绕在绕丝筒上的纤维强度比新生态时的强度低 15%～25%。可见要想保持纤维的高强度，在纤维成型和制品加工中应尽量减轻对纤维的磨损。在纤维表面涂覆一层保护膜也是非常有用的方法之一。

在大气中，玻璃表面总要吸附水分，这是由于玻璃表面层的离子形状与整体中的不同。在有水分影响的条件下，玻璃纤维的强度会随着负荷连续时间的增长而降低，这种现象叫做静态疲劳。玻璃纤维在使用中通常都因受静态疲劳而损坏，在冲击情况下才会有所不同。提高玻璃的硬化速度，减少纤维成型时的张力，都有利于提高玻璃纤维的强度，因为它们均有利于减少纤维表面的微裂纹。

4. 弹性模量

玻璃纤维弹性模量与玻璃组成、结构密切相关。用声波法测的我国 E 玻璃纤维的弹性模量为 71.5 GPa，S 玻璃纤维 2# 为 83.3 GPa，S 玻璃纤维 4# 为 86.4 GPa，M 玻璃为 93.1 GPa。

同种玻璃纤维的弹性模量与纤维直径（6～100 μm）无关，这表明它们具有近似的分子结构。玻璃纤维的弹性伸长率很低，E玻璃纤维仅3%左右，而S玻璃纤维也只有5.4%左右。这说明玻璃纤维只存在弹性变形，是完全弹性体，拉伸时不存在屈服点，这也是玻璃纤维和有机纤维的不同之处。

5. 电性能

E玻璃纤维的主要用途之一就是在电气工业中作为各种电绝缘材料、雷达罩透波材料等，这是因为它具有良好的电绝缘性能和介电性能，最初玻璃纤维就是为电绝缘用途而研制的。我国的无碱玻璃也是E玻璃系列，常温下它的体积电阻率和表面电阻率均大于10^{15} Ω·cm，频率为10^6 Hz时的节点损耗角$\tan\delta$为1.1×10^{-3}，介电常数ε为6.6。

碱金属氧化物是影响玻璃电绝缘性能的主要因素，为了提高玻璃的电绝缘性能，必须减少玻璃中碱金属氧化物的含量。在无碱铝硼硅酸盐玻璃中，将R_2O含量从1.6%降低到0.5%时，玻璃的体积电阻增加了10倍。为了确保玻璃纤维作为电气绝缘材料时的电绝缘性能，绝大多数国家规定E玻璃中的R_2O含量要小于1%，一般都在0.8%以下。

玻璃的表面状态以及空气的湿度也会影响电性能，尤其是影响玻璃的表面电阻。随着空气湿度的增大，玻璃纤维的表面电阻会大大降低。这是由于纤维表面吸附的水与玻璃作用，在表面形成一层溶液膜，膜中Na^+离子和其他离子具有较高的迁移能力，因而降低了表面电阻。

玻璃纤维作为电绝缘材料比其他绝缘材料有很大的优越性。采用玻璃纤维绝缘材料可延长电动机的使用寿命4～5倍，在许多情况下，可使电机尺寸缩小25%～40%。

6. 化学稳定性

玻璃纤维的化学稳定性是指其抵抗水、酸、碱等介质侵蚀的能力。玻璃纤维与同品种的玻璃相比，有很大的表面积，因此受介质侵蚀更为剧烈，但就其侵蚀机理而言，却和玻璃相同。

由于E玻璃纤维不耐酸，故限制了它的应用领域，为此专门研制了耐酸E玻璃纤维(ECR)。它既保持了E玻璃纤维的高强度等性能，又显著提高了耐酸性。硅酸盐玻璃纤维在碱溶液侵蚀下会被腐蚀，使纤维强度丧失。为此AR玻璃纤维的研究取得不小的进展，这类AR玻璃中含有ZrO_2，它使玻璃具有良好的耐碱性。

玻璃纤维在自然条件下，经过阳光、风、雨、水气或其他气体的长期作用，会发生老化现象，其强度也会逐渐丧失，或者产生其他的物理、化学变化，而树脂能有效地保护玻璃纤维。

7. 耐热性

玻璃纤维与其他有机纤维相比，有很高的耐热性，这是因为玻璃纤维的软化温度高达550～750℃，而尼龙只有232～250℃，醋酸纤维为204～230℃，聚苯乙烯则更低，仅88～110℃。玻璃纤维高温时的强度是两种相反作用的总效果。即当温度升高时，离子的热运动增强，分子键减弱，强度会降低。但随着温度的升高，离子位移能力增强，尤其是表面，因离子位移，使微裂纹顶端熔合而钝化，应力集中显著减小，从而使强度提高。

玻璃纤维高温时的强度不会降低，但是热处理时强度却会下降。热处理后纤维强度的降低是非可逆过程，再加热已不能增加纤维强度。热处理纤维强度降低也与加热时间有关，延长加热时间，纤维强度会显著降低。

8. 耐疲劳性

在静负荷下研究玻璃纤维的耐疲劳性具有很大的实际意义，因为在生产和使用过程中玻璃纤维都处于张力状态。提高纤维耐疲劳性的途径如下：

①通过改进玻璃成分和改变纤维成型工艺参数，减少纤维表面微裂纹的数量和尺寸；
②纤维表面涂覆憎水性物质，防止吸附水进入微裂纹中。

思 考 题

1. 简述玻璃的定义与性质。如何理解玻璃是一种介稳态物质？
2. 简述形成玻璃的热力学条件、动力学条件和结晶化学条件。
3. 比较玻璃结构理论中的晶子学说与无规则网络学说。
4. 简述玻璃结构中阳离子的分类。
5. 简述玻璃组成、结构、性能之间的关系。
6. 什么是硼反常性？分析在硼酸盐玻璃中出现硼反常的原因。
7. 简要说明玻璃熔制的工艺过程。
8. 简述玻璃退火工艺的四个阶段。
9. 什么是玻璃的淬火？淬火后产生的应力受哪些因素影响？
10. 简述玻璃纤维的种类和性能。
11. 简述微晶玻璃的结构与性能。
12. 对比各种璃璃纤维中的碱含量。

第3章 陶 瓷

3.1 概 述

陶瓷材料主要由离子键、共价键，或者它们的混合键组成，大多具有熔点高、绝缘性好、硬度大、耐腐蚀、脆性、耐热冲击性等特点。由于先进陶瓷的物理性质与传统陶瓷有很大区别，因此很难用物理性能来对陶瓷下定义。陶瓷材料包含氧化物、氮化物、硼化物、碳化物、硅化物等，以及它们之间的复合化合物。

近几十年来，在人类社会对能源、计算机、信息、激光、生物、空间等现代技术的迫切需求下，随着微电子、光电子、计算机等高新技术的发展，以及高纯超微粉、纳米陶瓷、厚膜、薄膜等制备工艺的完善，陶瓷在新材料探索、现有材料潜在功能开发，以及材料、器件一体化和应用等方面取得了突出的进展，成为材料领域最活跃的、与高新技术联系最密切的材料之一。世界各先进大国都投入了巨大的研究开发资金，先进陶瓷发展日新月异，应用极其广泛，在兵器、航空、航天等国防尖端科技领域都有重要应用。

3.2 陶瓷的结构

陶瓷的物理化学性质主要是由其化学组成、原子排列方式、化学键、缺陷及显微结构状况等所决定的，其中，材料的晶体结构对材料性质有决定性的影响。

3.2.1 陶瓷的结合键

陶瓷的键性主要为离子键、共价键和少量分子键，实际上许多陶瓷材料的结合键处于各种键之间，存在许多中间类型。化学键性质不同，材料的基本性能会发生很大差异(见表3.1)。

表3.1 不同结合键对应的基本性质

结合键种类	熔点	硬度	导电性	键的性质
离子键	高	较大	低温不导电，部分高温导电	无饱和性，无方向性
共价键	高	大	部分不导电，部分导电	有饱和性，有方向性
分子键	低	小	部分导电，部分不导电	有饱和性，有方向性

3.2.2 陶瓷的晶体结构

1.基本结构

陶瓷晶体中的原子在空间排列的紧密程度，在没有其他因素影响下，是服从球体最紧密堆积原理的。现考虑半径为 r 的同种球在平面上一层层堆积，按最密的堆积方式(见图3.1)，第一层构成正六边形，球心 A 为原子中心，即晶格阵点。再堆积第二层时，则位置有 B 和 C 两种选择，如第二层选 B 位置，则第三层还有 C 和 A 两种选择，第三层如选择 C 位置，则层堆积原子位置顺序为 ABCABC……三层为一个周期，此为面心立方结构。如果第三层选择 A 位置，则层堆积原子位置顺序为 ABABAB……二层为一个周期，此为密排六方结构。

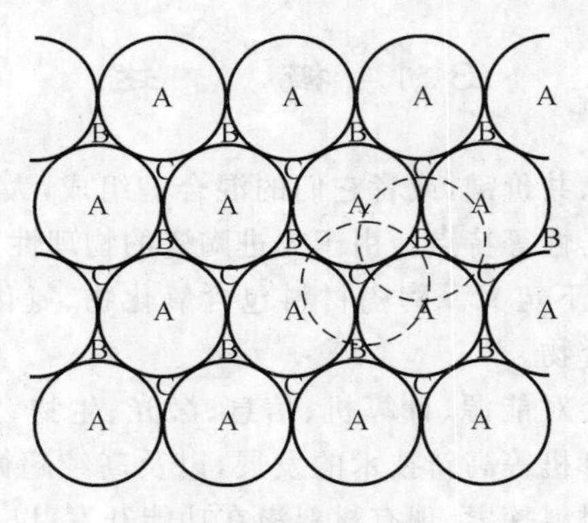

图 3.1 堆积方式

(1)面心立方结构(FCC)

各层如按 ABCABC……顺序排列(见图 3.2)，在立方点阵晶胞中原子的坐标只能是(0 0 0)，(1/2 0 1/2)，(0 1/2 1/2)及(1/2 1/2 0)，即如图 3.3 所示的 FCC 结构。在 FCC 单位晶胞中，原子位于八个顶角及六个面心上，晶格常数 $a=b=c$，且三轴相互垂直。图 3.3 中画阴影的面为(1 1 1)面。与图中的各层上六角形点阵相对应，即从晶体的[1 1 1]方向上看下去，原子面的堆积顺序为 ABCABC……这种结构是球填充结构模型中的最密排列结构。

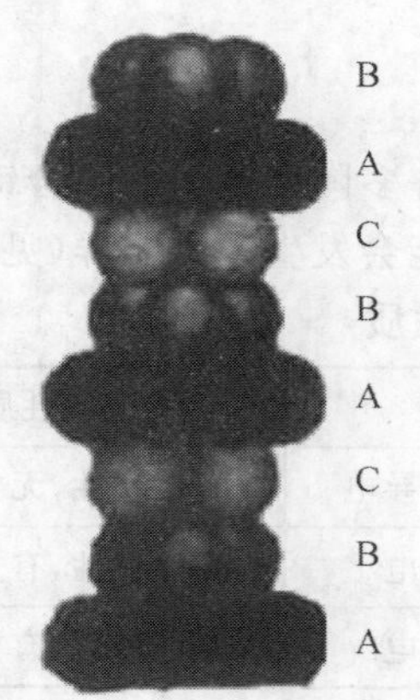

图 3.2 ABC 堆积顺序

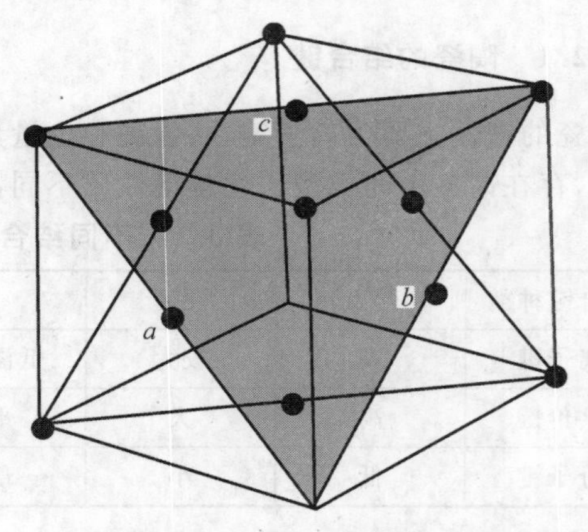

图 3.3 面心立方结构

(2)密排六方结构(HCP)

如图 3.4 所示,各层原子的堆积顺序为 ABAB……结构,即成为 HCP 结构。如图 3.5 所示,这种密排六方结构 $c/a=1.633$。从 HCP 结构的 c 轴方向看下去,各层原子面的堆积顺序为 ABAB……结构,每个单位晶胞中含有两个原子,其坐标为(0 0 0)和(2/3 1/3 1/2)。

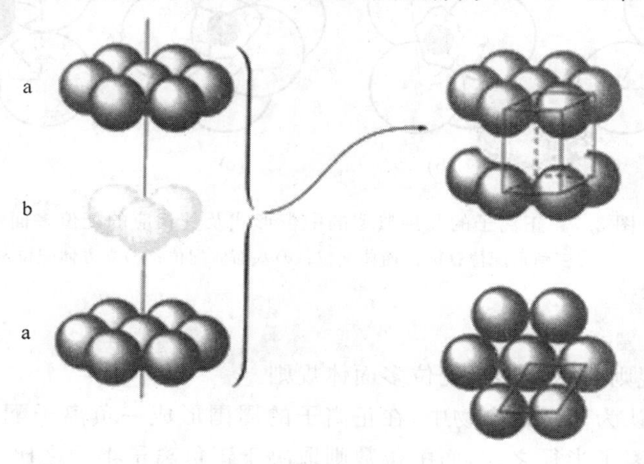

图 3.4 ABAB 堆积顺序

(3)体心立方结构(BCC)

在立方点阵单位晶胞中,如果原子的坐标为(0 0 0),(1/2 1/2 1/2),则构成 BCC 结构。如图 3.6 所示,这种 BCC 点阵单位晶胞中原子位于八个顶角上和晶胞中心处。按空间球填充模型看,BCC 不是密排结构,而 FCC 和 HCP 为密排结构。

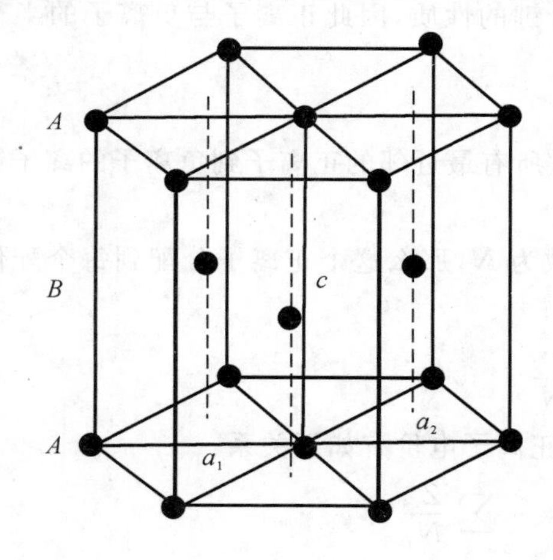

图 3.5 密排六方结构

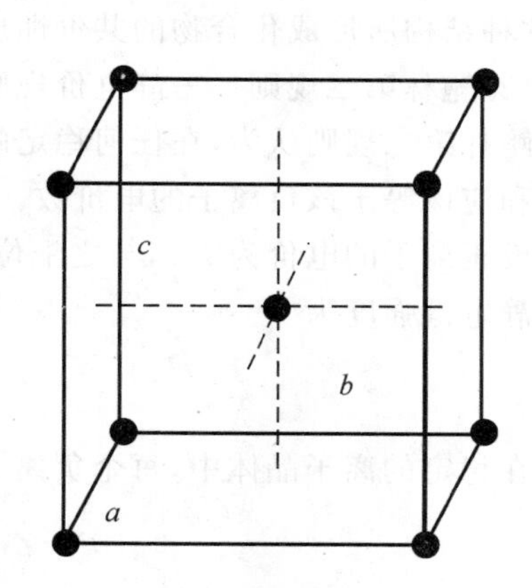

图 3.6 体心立方结构

2. 配位数与配位多面体

配位数指的是与中心离子直接成键的配位原子数目。在晶体结构的研究中,常用分析配位多面体之间的连接方式来描述该晶体的结构特点。配位多面体是指晶体中最邻近的配位原子所组成的多面体。在离子晶体中,正离子半径一般较小,负离子半径较大,正离子则有规则地处于负离子多面体。图 3.7 给出了正离子最常见的几种配位方式及相应的配位多面体,图中正负离子正好接触，是较为理想的情况。

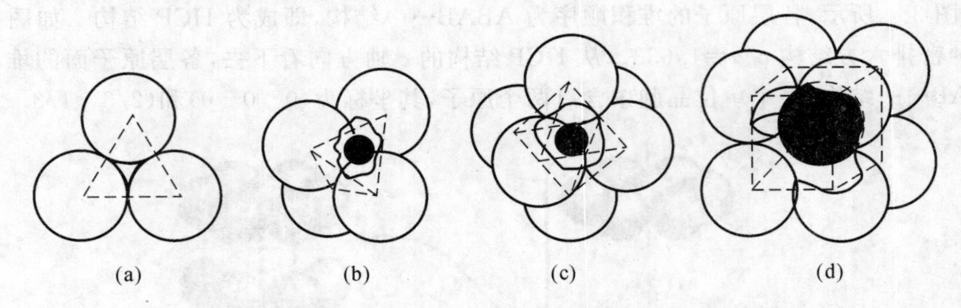

图 3.7　正离子的几种典型的配位形式及其相应的配位多面体

(a)三角形配位；(b)四面体配位；(c)八面体配位；(d)立方体配位

3. 鲍林规则

(1)鲍林第一规则——负离子配位多面体规则

鲍林第一规则认为离子化合物中，在正离子的周围形成一负离子配位多面体。正负离子之间的距离取决于离子半径之和，而配位数则取决于正负离子半径之比。

在负离子周围也存在正离子的配位，由于负离子的半径比正离子大得多，因此对于一个实际材料的结构，临界半径比总是由正离子周围负离子的配位情况决定的。就一对给定的离子来说，正负离子的半径比给出了正离子配位数的上限，要形成比这个配位数大的任何结构类型在几何上都是不允许的。由于晶体的静电能随着异种离子相互接近数目的增加而降低，因此在组成晶体时，离子倾向于具有允许的最大配位数，即最稳定的结构总是具有最大容许的配位数。由于负离子的四面体构形已经部分具有共价键的性质，因此正离子与负离子的半径比越小，这种结构所形成化合物的共价性成分就越多。

(2)鲍林第二规则——静电价规则

鲍林第二规则认为，在任何稳定的结构中，从所有最近邻的正离子到负离子的离子键强度的总和应该等于该负离子的电价数。

设正离子的电价为 Z^+，与之配位的负离子数为 N，那么这个正离子分配到每个配位负离子的静电键强度为

$$s=\frac{Z^+}{N} \tag{3.1}$$

在稳定的离子晶体中，每个负离子的电价与正离子电价有如下关系：

$$Z^-=-\sum s_i=-\sum \frac{Z_i^+}{N_i} \tag{3.2}$$

式中，Z_i^+ 为正离子的电价；N_i 为正离子的配位数，在总体上晶体材料保持电中性。每个负离子的电荷完全被其第一近邻正离子的电荷所中和，这样形成的晶体结构的势能小，晶格能大，是比较稳定的结构。

(3)鲍林第三规则——多面体连接规则

鲍林第三规则认为在一个配位的结构中，配位多面体共用的棱，特别是共用面的存在会降低这个结构的稳定性，尤其是电价高、配位数低的离子，这个效应更显著。由于两个多面体中央的正离子间的距离会随着它们之间的公共顶点数增多而迅速减少，导致正离子斥力增大，因

此，在稳定的结构中，配位多面体倾向于共角，而不是共棱，更不会共面。

(4)鲍林第四规则——高价低配位远离法则

鲍林第四规则认为，如果在同一离子晶体中含有不止一种正离子时，高价低配位的正离子多面体具有相互远离的趋势，倾向于共角连接。这是因为一对正离子之间的互斥力是随电荷数的平方而增加的，在配位多面体中，正离子间的距离随配位数的降低而减少。

(5)鲍林第五规则——节约规则

鲍林第五规则认为，在一个晶体结构中，不同类组成物的数目倾向于最少。由此，结构中所有相同的离子和周围离子的配位情况大多是相同的。

4.陶瓷的典型晶体结构

(1)AB型结构

AB型结构中负离子(B)与正离子(A)的比为 $n:n$。主要包括：闪锌矿型结构(ZnS)，4∶4配位，负离子构成FCC结构，正离子位于1/2四面体间隙中；钎锌矿型结构(ZnS)，4∶4配位，负离子构成HCP结构，正离子位于1/2四面体间隙中；岩盐型结构(NaCl)，6∶6配位，负离子构成FCC结构，正离子位于八面体间隙中；氯化铯型结构(CsCl)，8∶8配位，负离子构成简单立方结构，正离子位于立方体间隙中；砷化镍型结构(NiAs)，6∶6配位，负离子构成HCP结构，正离子位于八面体间隙中。

(2)AB_2型结构

AB_2型结构的配位数为 $2n:n$。主要包括：硅石型结构(SiO_2)，4∶2配位，1个Si和4个O构成[SiO_4]四面体，四面体之间共顶角连接而形成的结构；金红石型结构(TiO_2)，6∶3配位，负离子构成畸变的密排立方结构，正离子位于1/2八面体间隙中；萤石型结构(CaF_2)，8∶4配位，正离子构成FCC结构，负离子位于四面体间隙中。

(3)A_2B型结构

A_2B型结构的配位数为 $n:2n$。主要包括：赤铜矿型结构(Cu_2O)，2∶4配位，负离子构成BCC结构，正离子位于八面体间隙中；反萤石型结构(Na_2O)，4∶8配位，这种结构中正负离子的位置与萤石型结构正好相反，负离子构成FCC结构，正离子位于四面体间隙中。

(4)其他类型结构

主要有：A_2B_3刚玉型结构($\alpha-Al_2O_3$)，6∶4配位，氧离子构成HCP结构，铝离子位于2/3八面体间隙中；ABO_3钛铁矿型结构($FeTiO_3$)，6∶6∶4配位，氧离子构成HCP结构，铁离子和钛离子位于2/3八面体间隙中。A和B有两种排列方式，一是A层和B层交互排列，二是在同一层内A和B共存。这种结构可以看做是将刚玉型结构中的Al的位置被Fe和Ti置换所形成的。ABO_3钙钛矿型结构($CaTiO_3$)，12∶6∶6配位，钙离子和O离子构成FCC结构，钛离子位于1/4八面体间隙中。在这种结构中，Ca离子位于角顶、O离子位于面心、Ti离子位于体心。A_2BO_4橄榄石型结构(Mg_2SiO_4)，6∶4∶4配位，氧离子构成HCP结构，镁离子位于1/2八面体间隙中，硅离子位于1/8四面体间隙中；AB_2O_4正尖晶石型结构($MgAl_2O_4$)，4∶6∶4配位，氧离子构成FCC结构，镁离子位于1/8四面体间隙中，铝离子位于1/2八面体间隙中；$B(AB)O_4$反尖晶石型结构($FeMgFeO_4$)，4∶6∶4配位，氧离子构成FCC结构，铁离子位于1/8四面体间隙中，AB离子位于1/2八面体间隙中，可见，反尖晶石型结构是把正尖晶石型结构中的A和部分B颠倒而形成的。

陶瓷材料的典型晶体结构见图3.8及表3.2。

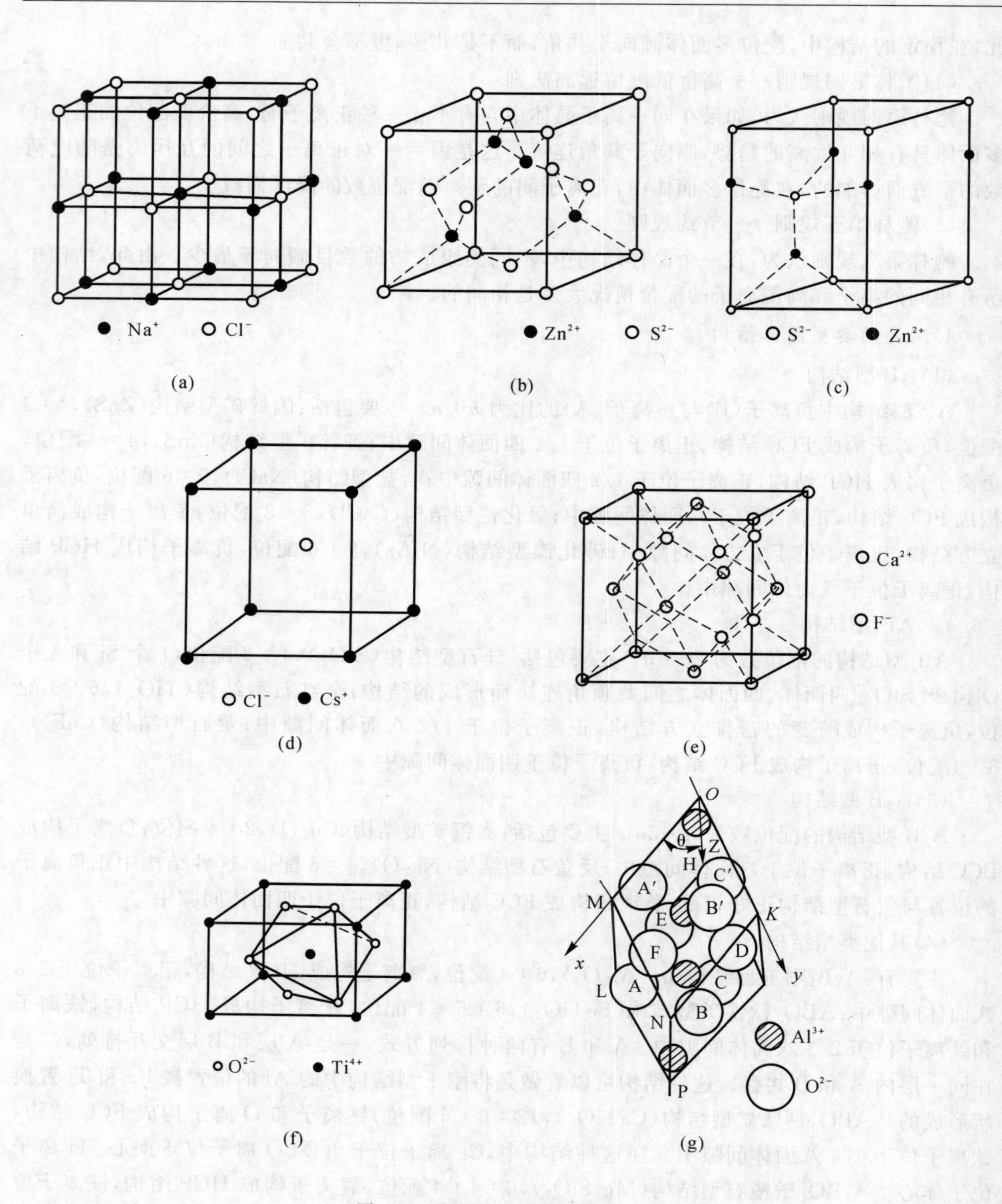

图 3.8　陶瓷材料典型晶体结构

(a)岩盐的晶体结构(NaCl)；(b)闪锌矿的晶体结构(ZnS)；

(c)纤锌矿结构(ZnS)；(d)氯化铯结构；

(e)萤石结构；(f)金红石结构；(g)刚玉结构

表 3.2 陶瓷材料典型晶体结构

结构代号	结构名称	配位数	负离子堆积方式	正离子位置	举例
AB	氯化铯	8∶8	简单立方	全部立方体空隙	CsCl,CsBr,CdI 等
	岩盐型	6∶6	立方密堆	全部八面体空隙	NaCl,MgO,NiO,TiC,TiN 等
	砷化镍	6∶6	六方密堆	全部八面体空隙	NiAs,FeS,FeSe,CoSe 等
	闪锌矿	4∶4	立方密堆	1/2 四面体空隙	ZnS,BeO,金刚石,β-SiC 等
	钎锌矿	4∶4	六方密堆	1/2 四面体空隙	ZnS,ZnO,α-SiC 等
AB_2	萤石型	8∶4	简单立方	1/2 立方体空隙	CaF_2,C-ZrO_2,UO_2,ThO_2 等
	金红石	6∶3	畸变立方	1/2 八面体空隙	TiO_2,VO_2,SnO_2,MnO_2 等
	硅石型	4∶2	四面体	四面体空隙	SiO_2,CeO_2 等
A_2B	反萤石	4∶8	立方密堆	全部四面体空隙	Li_2O,Na_2O,K_2O,Rb_2O 等
	赤铜矿	2∶4	体心立方	八面体空隙	Cu_2O,Ag_2O 等
A_2B_3	刚玉型	6∶4	六方密堆	2/3 八面体空隙	α-Al_2O_3,Cr_2O_3,α-Fe_2O_3 等
ABO_3	钙钛矿	2∶6∶6	六方密堆	1/4 八面体空隙	$CaTiO_3$,$BaTiO_3$,$PbZrO_3$,$PbTiO_3$
	钛铁矿	6∶6∶4	六方密堆	2/3 八面体空隙	$FeTiO_3$,$MgTiO_3$,$MnTiO_3$,$CoTiO_3$
A_2BO_4	橄榄石	6∶4∶4	六方密堆	1/2 八面体空隙 A 1/8 四面体空隙 B	Mg_2SiO_4,Fe_2SiO_4 等
AB_2O_4	尖晶石	4∶6∶4	立方密堆	1/8 四面体空隙 A 1/2 八面体空隙 B	$MgAl_2O_4$,$CoAl_2O_4$,$ZnFe_2O_4$ 等
$B(AB)O_4$	尖晶石（倒反）	4∶6∶4	立方密堆	1/8 四面体空隙 B 1/2 八面体空隙 AB	$MgTiMgO_4$,$FeMgFeO_4$ 等

5. 硅酸盐晶体结构

地壳的大部分是由硅石和各种硅酸盐组成的，氧和硅是地壳中最丰富的两种元素。

硅酸盐种类繁多，化学组成复杂，结构形式多种多样。它们在结构上的共同特点为(SiO_4)四面体组合方式。结构中，每个硅周围有 4 个氧，而每个氧周围有 2 个硅，键强度为 $2\times4/4=2$。由于每个氧只能与 2 个硅配位，这样的低配位使得氧不能形成实际上的密堆结构。同时，硅氧四面体在空间可能有不同的连接方式，使得硅酸盐结构的形式很多。总体上来说，硅酸盐结构有以下特点：

①其基本的结构单元是$(SiO_4)^{4-}$，化学键为离子键和共价键的混合，二者分别约占一半的比例。

②每个氧最多被两个硅氧四面体所共有。

③硅氧四面体中的 Si—O—Si 键的键角平均为 145°，存在一个角分布范围为 120°～180°。

④硅氧四面体可以互相孤立存在于结构中，也可以通过公用顶点连接成链状、平面或三维

网状。

不同硅酸盐材料中硅氧四面体之间的连接方式可能不同,引起结构上的很大差异。此外,由于硅酸盐一般不是密堆结构,结构中又容许有不同种类的杂质,使得硅酸盐的分子式一般较大,结构问题也变得特别复杂。在研究这类材料时,应该重点抓住它们结构上的区别,如硅氧四面体的连接方式、杂质在网络中的位置以及键长键角的改变等。按照硅氧四面体在空间的不同组合,硅酸盐晶体大体上可以分成五种结构,如表 3.3 所示。

表 3.3　硅酸盐晶体结构

结构名称	连接方式	Si∶O	结构形状	结构式	实例
岛状	0	1∶4	四面体	$[SiO_4]^{4-}$	镁橄榄石 $Mg_2[SiO_4]$
环状	1	1∶3.5	双四面体	$[Si_2O_7]^{6-}$	硅钙石 $Ca_3[Si_2O_7]$
	2	1∶3	三节环	$[Si_3O_9]^{6-}$	蓝锥矿 $BaTi[Si_3O_9]$
			四节环	$[Si_4O_{12}]^{8-}$	$Ba_4(Ti,Nb,Fe)_8O_{16}[Si_4O_{12}]Cl$
			六节环	$[Si_6O_{18}]^{12-}$	绿柱石 $Be_3Al_2[Si_6O_{18}]$
链状	2	1∶3	单链	$[Si_2O_6]^{4-}$	顽火辉石 $Mg[SiO_3]$
	2.5	1∶2.75	双链	$[Si_4O_{11}]^{6-}$	透闪石 $Ca_2Mg_5[Si_4O_{11}]_2(OH)_2$
层状	3	1∶2.5	平面层	$[Si_4O_{10}]^{4-}$	高岭石 $Al_4[Si_4O_{10}](OH)_8$
架状	4	1∶2	骨架	$[SiO_2]$	SiO_2
				$[Si_{4-x}O_8]^{x-}$	正长石 $K[AlSi_3O_8]$

3.3　陶瓷的相结构

陶瓷材料中出现的相及其组成,对于材料的各种性能影响至关重要。在制备陶瓷材料时,组成、温度、气氛等与取得所需要的相结构是对应的,而相图则是控制这些因素的基础。相图就是研究一个多组分(或单组分)多相体系的平衡状态随温度、压力、组分浓度等的变化而改变的规律。

3.3.1　一元相图

在单组分系统中,能够出现的相是蒸气、液体和各种同质多相的固体,引起相出现和消失的独立变量是温度和压力,其中最引人注目的是由石墨合成金刚石所使用的相图。

如图 3.9 所示为碳的高温高压相平衡图。沿石墨液相曲线(A 和 B 之间),可看到在固定温度下,对液相加压,可使液相凝固成石墨,并具有比液相更高的密度;B 和 C 之间的曲线斜率由正变负,说明压力增高会引起石墨转变成一种更致密的液体;金刚石与液体间的曲线(C 和 D 之间)的斜率也是负值,表示压力增高会使致密的金刚石转变成一种更加致密的液体。由这个状态图可知,金刚石在通常的压力、温度条件下是不稳定的,但像其他高压多型晶体一样,可以介稳地长期持续存在。图中还有一个固相Ⅲ,这是假设在金刚石稳定需要的压力之上还存在这么一个固相,按照其他系统的规律性推导出来的。

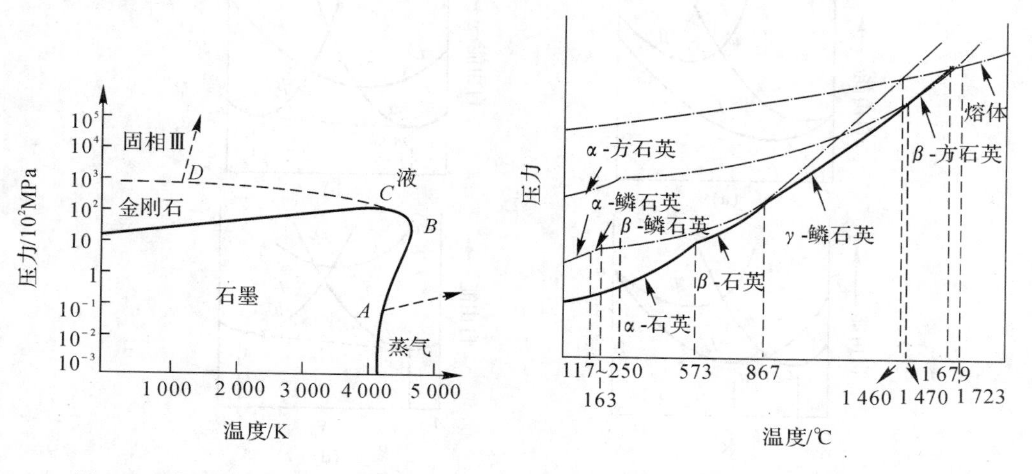

图 3.9　碳的高温高压相平衡图

图 3.10　SiO_2系统相平衡图

对陶瓷更有意义的是二氧化硅的相图(见图 3.10),在任何温度下,稳定相的蒸气压曲线用实线表示,这些曲线都处于最低位置;介稳相的蒸气压曲线用虚线表示。在平衡时,有 5 个凝聚稳定相出现,即 α-石英、β-石英、γ-鳞石英、β-方石英和液态二氧化硅。环境压力为 1 个大气压。根据图中所示的各条蒸气压曲线可以看出,常温常压下稳定的是 α-石英。将 α-石英加热,在 573℃变为 β-石英,在 867～1 470℃稳定的是 γ-鳞石英,进一步加热,在 1 470～1 723℃时 β-方石英是最稳定的,最后在 1 723℃熔融。虽然可通过急冷得到石英玻璃,但将石英玻璃在一定温度下长时间保温会转变为其他的固相,例如在 1 100℃长期保温,石英玻璃首先转变成 β-方石英,其次是 β-石英,直至最稳定的 γ-鳞石英,反向转变是不可能的,因为它们之间具有不可逆转变性质。实际上,石英玻璃在 1 100℃发生反玻璃化时,析出的是 β-方石英,β-方石英虽然不是最低能量状态,但结构上与石英玻璃最相似,如果继续冷却,β-方石英转变成 α-方石英而不是转变成稳定相的 β-石英。之所以未转变成能量最低状态,是由这些相变的动力学因素所决定的。

陶瓷中的 Al_2O_3的重要地位仅次于 SiO_2,低于熔点 2 050℃,只有 $\alpha-Al_2O_3$一种热力学稳定晶型,因此没必要作出相图。Al_2O_3还有一些不稳定的晶型,它们都是从氢氧化铝和铝的有机醇盐、无机盐脱水而成的,由于锻烧温度和原料不同,得到的晶体也不一样。将$Al(OH)_3$脱水,约在 450℃形成 $\gamma-Al_2O_3$,它是除刚玉外最常见的晶型,具有尖晶石的结构,由于化合价的差异,某些四面体间隙没有被填充,因而密度比较小,加热到较高的温度后,$\gamma-Al_2O_3$ 转化为刚玉。氧化铝还有一些其他的晶型,但这些晶型只在较小的温度范围内形成,并且都是不稳定晶型。

3.3.2　二元相图

二元系统中,增加了组成这样一个变量。要表示单相的压力、温度和组成的稳定区域,须采用三维相图。然而对于许多凝聚相系统来说,压力的影响并不大,而且经常涉及的是在常压或接近于常压时的系统,因此用温度和组成作为变量,绘制恒压下的二元相图(见图3.11)。

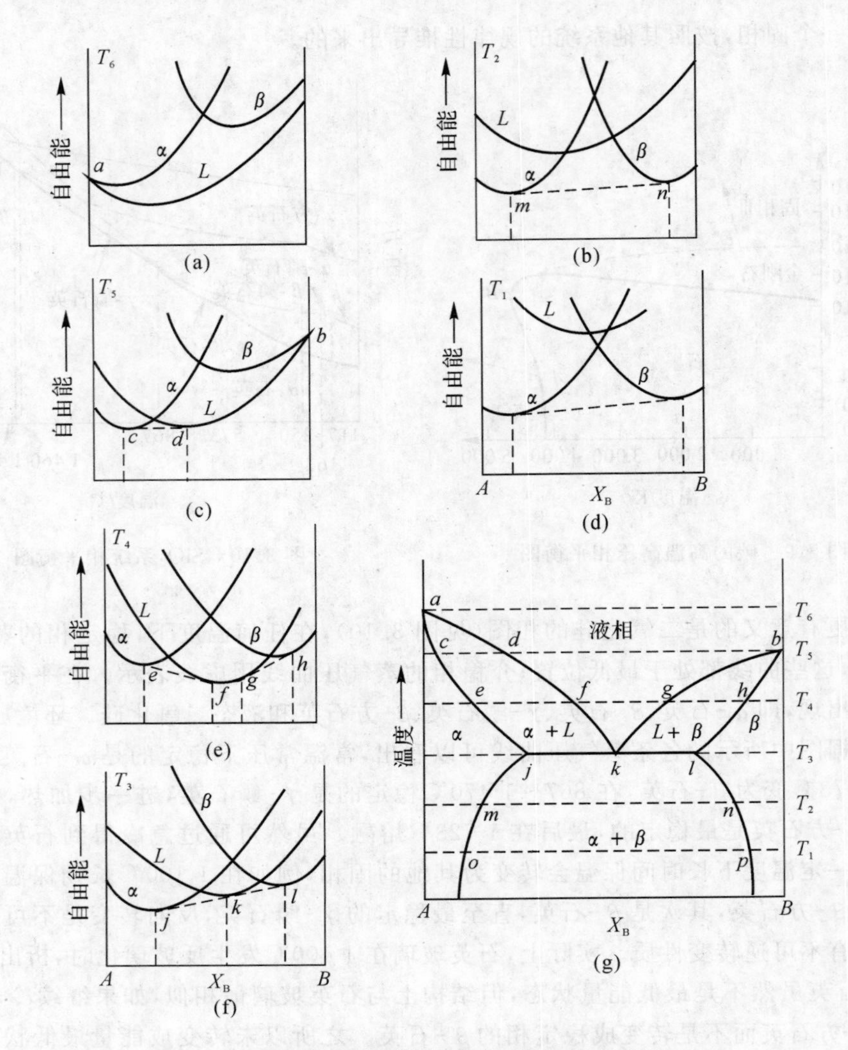

图 3.11　低共熔系统自由能、温度-组成曲线

1. 二元相图的基本类型

相平衡图是实验观察结果的图解表示。陶瓷材料的相图可分成以下几种基本类型。

(1)低共熔相图

当将第二种组分加到一种纯组分中常造成凝固点的降低。一个完整的二元系统含有从两个端点组元下降的液相线,如图 3.11 所示。低共熔温度是液相线相交处的温度,也是出现液相的最低温度。低共熔组成就是在这个温度时液体的组成,这时液体与两个固相共存。在低共熔温度,存在三个相,自由度为 1。因为压力已固定,除非有一个相消失,不然温度不可能发生变化。

$BeO-Al_2O_3$二元系统(见图 3.12),可以分成三个比较简单的二元系统($BeO-BeAl_2O_4$,$BeAl_2O_4-BeAl_6O_{10}$ 和 $BeAl_6O_{10}-Al_2O_3$),其中每一纯材料的凝固点都由于第二组分的加入而降低。在 $BeO-BeAl_2O_4$ 亚系统包含有一个化合物 $Be_3Al_2O_6$。在单相区中只有一个相,它的组成是整个系统的组成(见图 3.12 中 A 点)。在两相区中的相也已在相图中标明(图中 B

点），每个相的组成由等温线和相界线的交点来表示。每个相数量的确定方法是：组成乘以每个相的数量，其总和必须等于整个系统的组成。例如，在图 3.12 中 C 点，整个系统含 29% Al_2O_3，并且含有 BeO（不含 Al_2O_3）和 $3BeO \cdot Al_2O_3$（含 58% Al_2O_3）两个相。利用杠杆原理，从一个相界到系统组成点的距离除以该相界到第二相界的距离就是存在的第二相的百分数，即：

$$3w_{BeO} \cdot w_{Al_2O_3} = (OC/OD) \times 100\% \tag{3.3}$$

$$w_{BeO}/3w_{BeO} \cdot w_{Al_2O_3} = (DC/OC) \tag{3.4}$$

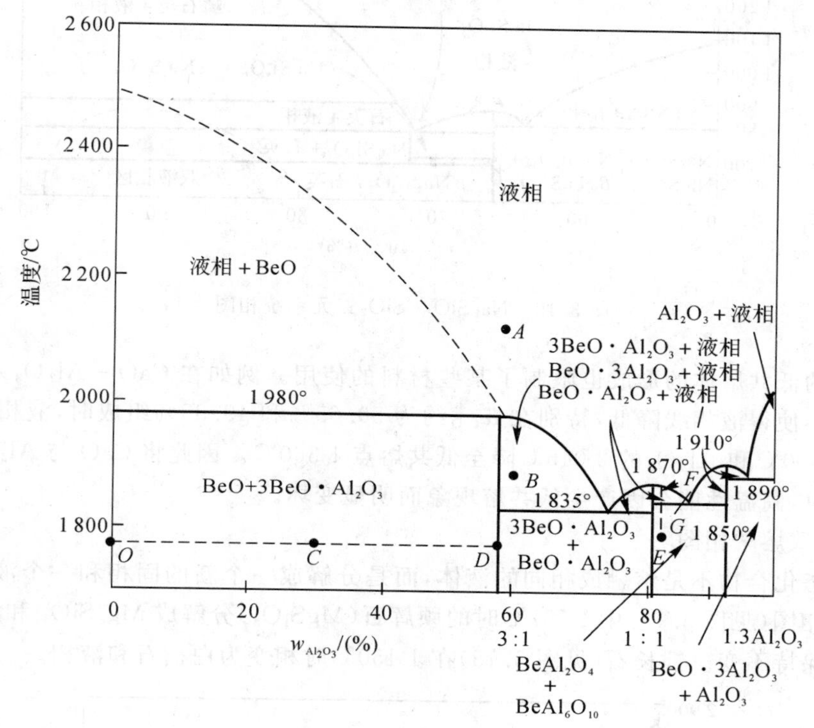

图 3.12 BeO - Al_2O_3二元系统

可以用同样的方法确定相图中任一点相的数量。

对像 E 点这样的组成进行加热，E 点是 $BeAl_2O_4$ 和 $BeAl_6O_{10}$ 的混合物，在 1 850℃以下，系统中只有这两个相。在 1 850℃低共熔温度发生反应：$BeAl_2O_4 + BeAl_6O_{10}$ = 液相（85% Al_2O_3），反应在恒定温度下进行，形成低共熔液体，直到全部 $BeAl_6O_{10}$ 消耗完为止。再进一步加热，更多的 $BeAl_2O_4$ 溶解到液相中，液相组成沿 GF 变化直到大约 1 875℃，全部 $BeAl_2O_4$ 消失并且完全变成液相。系统冷却时所发生的现象刚好相反。

一方面，低共熔温度系统的主要特点是液相形成温度的降低。例如在 BeO - Al_2O_3 二元系统中，纯端点分别为 2 500℃与 2 045℃熔融，但低共熔点只有 1 835℃，这种现象有利有弊。作为高温材料在最高温度使用时不希望出现液相，但少量 BeO 的添加在 1 890℃就形成了相当数量的流动液体，使其不能高于此温度使用。但另一方面，形成液相有利于在较低温度实现材料的致密化，这在工艺上是有利的。

在 Na_2O - SiO_2 系统中的玻璃组成能够在低温下熔融（见图 3.13），液相线由纯 SiO_2 的 1 710℃降至约 75% SiO_2 - 25% Na_2O 处的低共熔点 790℃左右。

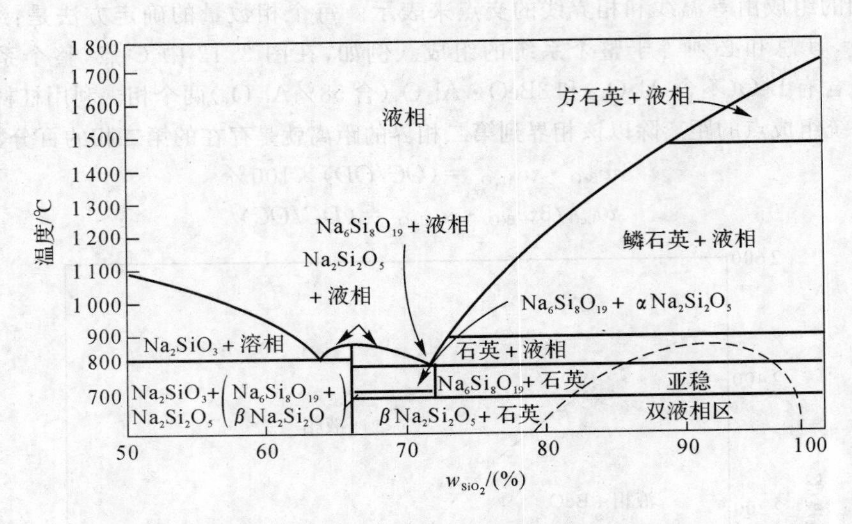

图 3.13 $Na_2SiO_3-SiO_2$二元系统相图

低熔点的低共熔体的形成也限制了某些材料的使用。例如在 $CaO-Al_2O_3$系统中，由于形成低共熔体使得液相线降低，特别在 w_{CaO} 约为 50.65％和 49.35％组成时，液相温度分别从 CaO 的约 2 600℃和 Al_2O_3 的 2 045℃降至低共熔点 1 360℃。因此将 CaO 与 Al_2O_3 在高温互相接触使用时，高温性能会因产生低共熔现象而明显变坏。

(2)不一致熔融相图

有时固态化合物不是熔融成相同的液体，而是分解成一个新的固相和一个液相。$MgO-SiO_2$二元系相图(见图 3.14)中 1 557℃时的顽辉石($MgSiO_3$)分解成 Mg_2SiO_4 和液相，直到反应完成温度保持不变。钾长石(见图 3.15)在 1 150℃时相变为白榴石和液相。

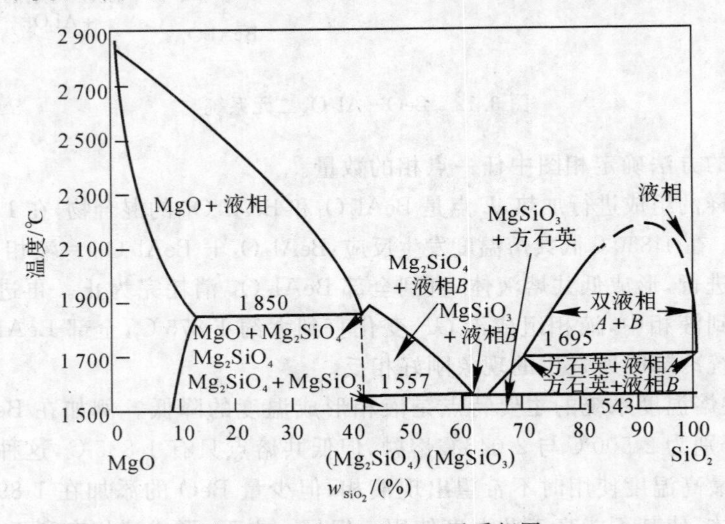

图 3.14 $MgO-SiO_2$二元系相图

(3)相分离

当液体或固体冷却时，产生分相现象。这种分相现象对玻璃亚结构的形成特别重要。对于晶态的相分离还研究得不多，但是对于长期在中温状态的晶态氧化物，相分解可能是重要的。如图 3.16 所示是 NiO－CoO 系统的相图，其中存在分相区。

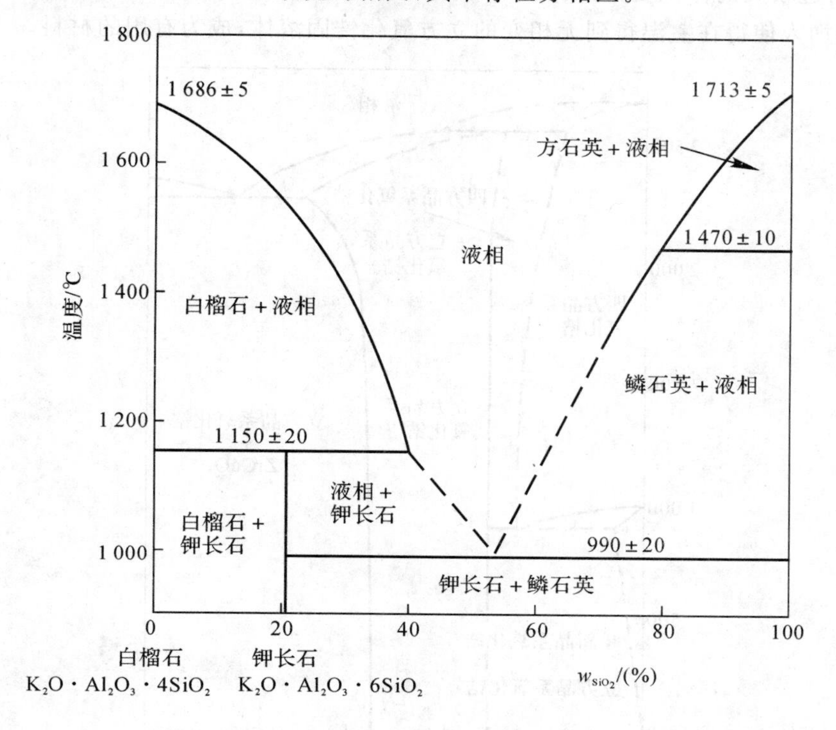

图 3.15　$K_2O\cdot Al_2O_3\cdot 4SiO_2$（白榴石）－$SiO_2$ 系统

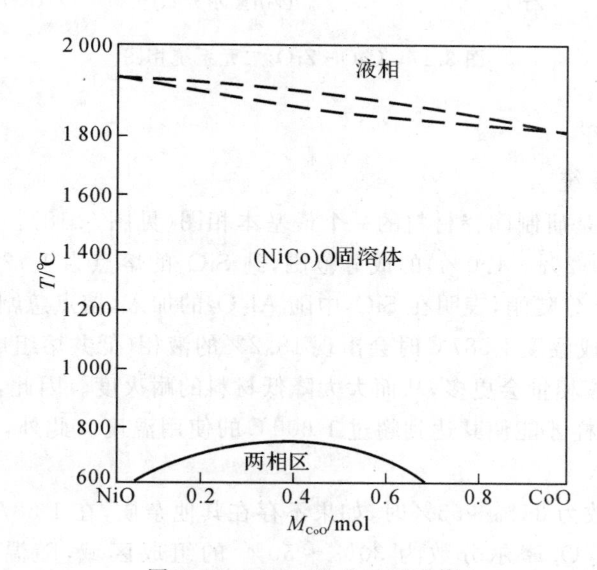

图 3.16　NiO－CoO 二元系统

（4）固溶体

对大部分系统来说，或多或少都存在有限固溶体。图 3.17 为 CaO－ZrO_2 二元系统，系统中有三个不同的固溶体区域:四方晶系、立方晶系与单斜晶系。纯 ZrO_2 在1 000℃时出现单斜四方相变,引起较大的体积变化,使纯 ZrO_2 在低温产生大量的裂纹,不能作为陶瓷材料直接使用。CaO的加入使得在室温得到无相变的立方氧化锆固溶体,成为有用的材料。

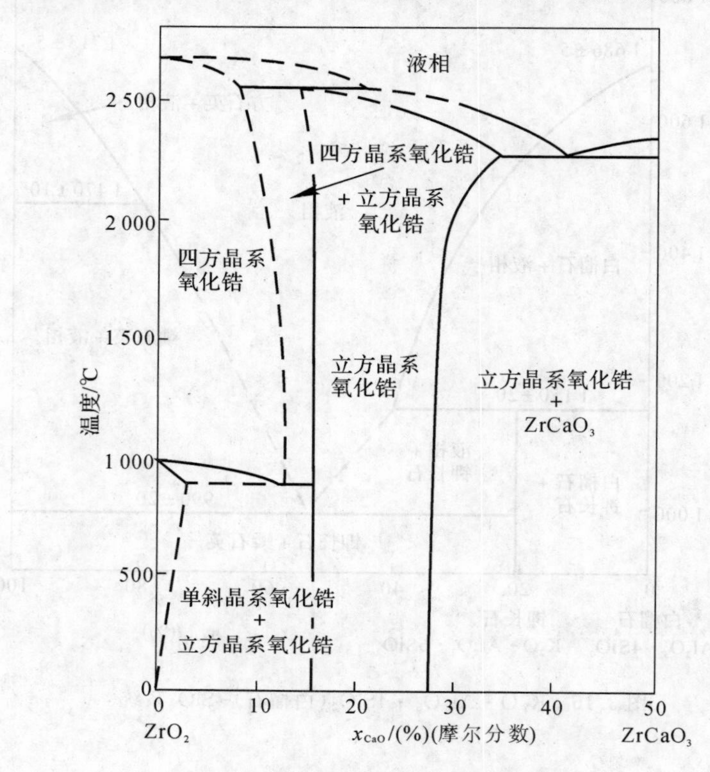

图 3.17 $CaO-ZrO_2$ 二元系统相图

2. 常用的二元相图

(1) $Al_2O_3-SiO_2$ 系统

$Al_2O_3-SiO_2$ 系统是研制陶瓷材料的一个最基本相图(见图3.18)。系统组成的一端可看做硅砖制品($x_{Al_2O_3}$ 为0.2%~1.0%)的成分范围,纯 SiO_2 的熔点为1 726℃,但在低共熔组成近 SiO_2 一端,液相线十分陡峭,表明在 SiO_2 中随 Al_2O_3 的加入,熔点急剧降低。如果含 Al_2O_3 为1.0%,在低共熔组成温度1 587℃时会出现18.2%的液相(低共熔组成含 Al_2O_3 为5.5%),温度超过1 600℃时,液相量会更多,从而大大降低材料的耐火度。因此,制备硅砖时必须严格控制 Al_2O_3 的含量,这样才能使其达到超过1 600℃的使用温度。此外,硅砖在使用时应避免与 Al_2O_3 类物质接触。

当 Al_2O_3 摩尔分数为35%~55%时,如果不存在其他杂质,在1 587℃以下的平衡相是莫来石与二氧化硅。Al_2O_3 摩尔分数为30%~50%的组成区域,随温度的升高,液相线在1 700℃由陡峭转变成平坦。所以黏土砖在1 700℃以下使用时,虽然已经出现液相,但温度的变化对液相的增加影响不大。当温度超过1 700℃时,由于液相线变平坦,温度稍有增加,液相量就有很大增大,使得材料软化而不能安全使用。同时,在温度超过1 600℃时,随 Al_2O_3 量的增加液相相应减少,因此在高温下应该使用高 Al_2O_3 含量(60%~90%)的材料。Al_2O_3 含量超过72%时的主晶相是莫来石或莫来石与氧化铝的混合物，高温性能会明显改善，在1 828℃以下不会出现液相。

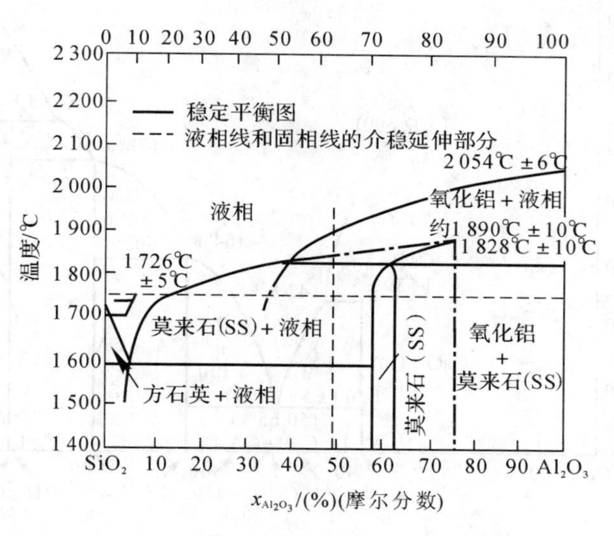

图 3.18 $Al_2O_3-SiO_2$系统相图

(2)$Al_2O_3-Cr_2O_3$系统

Al_2O_3和Cr_2O_3的离子半径差为14.5%，价数相同，均属刚玉型晶体结构，它们之间的化学亲和性小，不生成化合物，具备形成连续固溶体的条件。如图3.19所示为$Al_2O_3-Cr_2O_3$系统相图。

刚玉单晶的硬度高，在纯刚玉中加入3%～5%的Cr_2O_3，所得固溶体呈红色，就是红宝石。红宝石是一种重要的激光材料。随Cr_2O_3加入量的增多，固溶体晶格常数发生变化，熔点提高，密度、颜色等也发生改变。

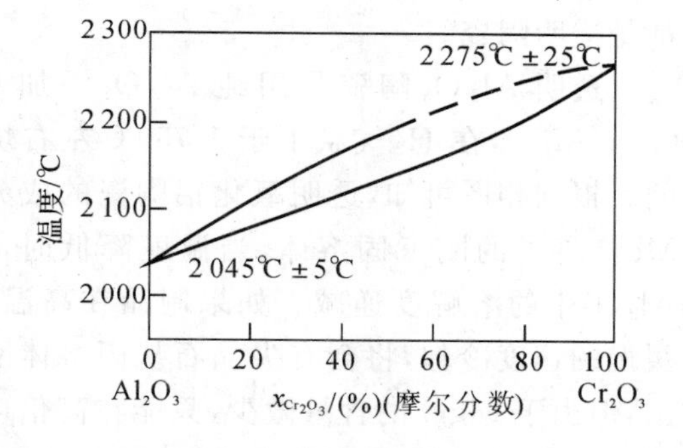

图 3.19 $Al_2O_3-Cr_2O_3$二元系统相图

(3)$CaO-Al_2O_3$系统

$CaO-Al_2O_3$系统中存在五个化合物：C_3A，$C_{12}A_7$，CA，CA_2和CA_6，除$C_{12}A_7$以外，均为不一致熔融化合物(见图3.20)。$C_{12}A_7$虽然具有一致熔融性质，但存在于具有一般湿度的空气下，熔点为1 392℃。如果在完全干燥的气氛中，C_3A和CA在1 360℃形成低共熔物，低共熔物的组成(质量分数)为50.65% Al_2O_3和49.35% CaO。$C_{12}A_7$没有稳定初相区，整个系统没有温度最高点。

化合物C_3A和CA具有与水反应强烈、迅速凝固、强度高的特点，CA比C_3A这些特点更明显，因此C_3A是硅酸盐水泥熟料中的重要矿物组成，而CA是矾土水泥熟料中的主要成分。CA_2也是与水作用具有高强度的水硬性材料，而且在近1 800℃才开始熔融分解，出现液相，具有高耐火性能，是耐火水泥熟料中不可缺少的主要成分。

(4)$MgO-Al_2O_3$系统

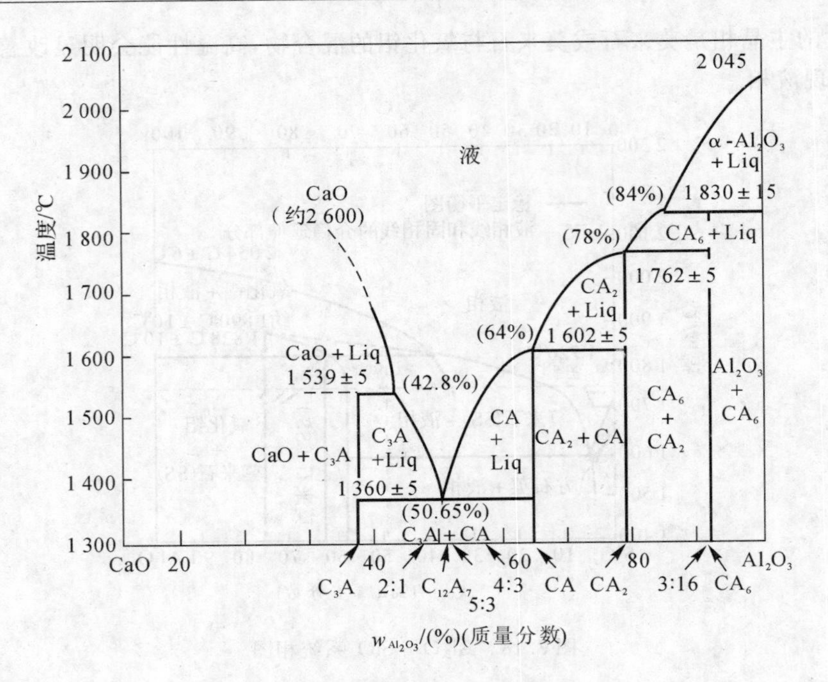

图 3.20　CaO－Al_2O_3系统相图

MgO 和 Al_2O_3生成尖晶石化合物。尖晶石又和组分 MgO，Al_2O_3形成固溶体，构成了相图(见图 3.21)。系统可划分成 MgO－MgO·Al_2O_3及 MgO·Al_2O_3－Al_2O_3两个分系统。两个低共熔温度均为 2 000℃左右，其中方镁石和刚玉、尖晶石都是高级耐火材料，同时后两者又都是透明陶瓷。

透明 Al_2O_3 陶瓷是用纯 Al_2O_3 添加 0.3%～0.5%MgO，在 H_2气氛下于 1 750℃左右烧结而成的。根据相图可知，透明氧化铝陶瓷的成分是含有 Mg^{2+} 离子的刚玉固溶体，当温度降低时，MgO 在 Al_2O_3中的溶解度递减。如果制品在高温烧结，以缓慢的速度冷却，将会有尖晶石从固溶体刚玉中析出，但由于 MgO 的含量微少，只能在高倍电子显微镜下观察到，制品不会失透，同时正由于 MgO 杂质的存在阻碍了晶界的移动，使气孔容易消失而制得透明氧化铝陶瓷。

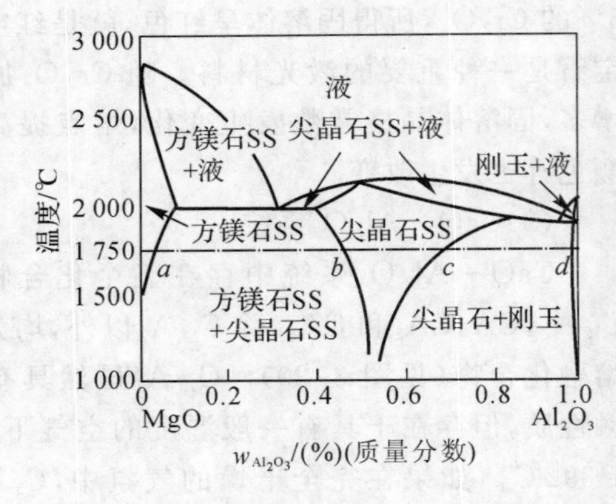

图 3.21　MgO－Al_2O_3系统相图

3. 三元相图

三元系统与二元系统并没有多大区别，它具有四个独立变量(压力、温度和两个组分浓度)。

如图 3.22 所示是 K_2O－Al_2O_3－SiO_2三元相图，用平衡时存在的各相间的连线来说明亚固相的温度，这些连线形成浓度三角形。可以看出，该系统有 6 个二元化合物与 2 个三元化合物。作出三元相图的恒温相图常常是非常有用的。如图 3.23 所示为 K_2O－Al_2O_3－SiO_2三元相图的 1 200℃等温面，从图上可以比较容易地确定在所选择的温度下，不同组成所产生的液相成分和液相量。

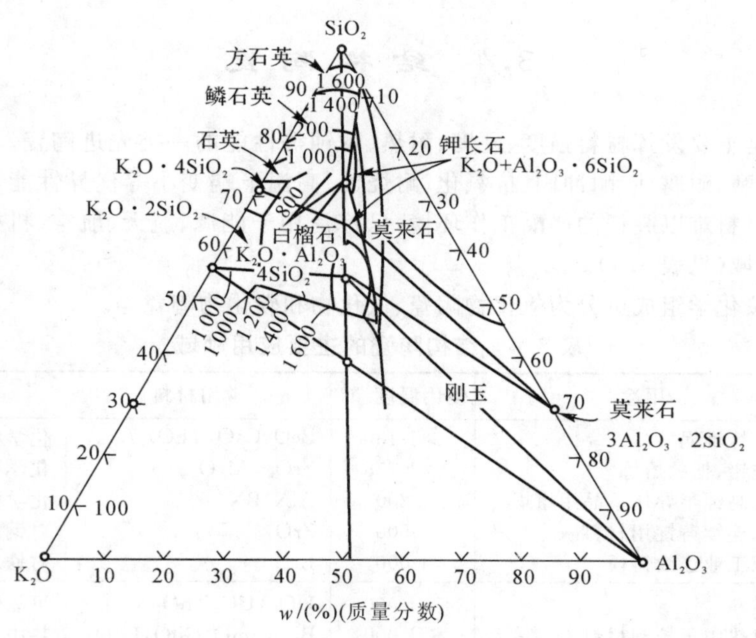

图 3.22 $K_2O-Al_2O_3-SiO_2$ 三元相图

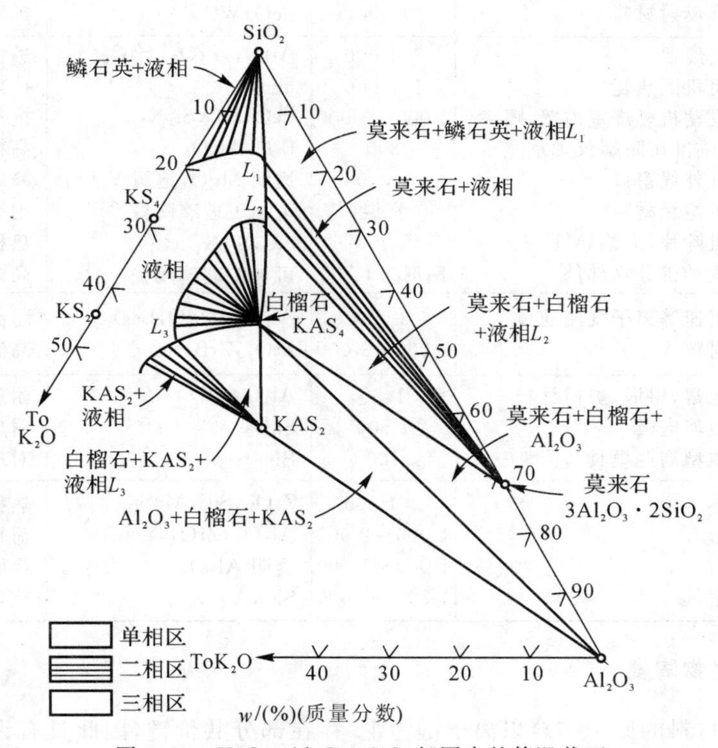

图 3.23 $K_2O-Al_2O_3-SiO_2$ 相图中的等温截面

3.4 结构陶瓷

结构陶瓷是主要发挥材料强度、硬度、耐热、耐蚀等性能的一类先进陶瓷。由于结构陶瓷具有耐高温、耐磨、耐腐蚀、耐冲刷、抗氧化、耐烧蚀、高温下蠕变小等优异性能，可以承受金属材料和高分子材料难以胜任的严酷工作环境，已广泛用于能源、航天、航空、机械、汽车、冶金、化工、电子等领域(见表 3.4)。

结构陶瓷按化学组成可分为氧化物陶瓷、氮化物和碳化物陶瓷等。

表 3.4 结构陶瓷的主要应用领域

领域	用途	使用温度/℃	常用材料	使用要求
特殊冶金	铀熔炼堆埚	>1 130	BeO，CaO，ThO_2	化学稳定性高
	高纯铅、钯的熔炼	>1 775	ZrO_2，Al_2O_3	化学稳定性高
	制备高纯半导体单晶用坩埚	1 200	AlN，BN	化学稳定性高
	钢水连续铸锭用材料	1 500	ZrO_2	对钢水稳定
	机械工业连续铸模	1 000	B_4C	对铁水稳定，高导热
原子能反应堆	核燃料	>1 000	UO_2，UC，ThO_2	可靠性，抗辐照
	吸收热中子控制材料	⩾1 000	B_4C，SmO，GdO，HfO	热中子吸收截面大
	减速剂	1 000	BeO，Be_2C	中子吸收截面小
	反应堆反射材料	1 000	BeO，WC	抗辐照
航空航天	雷达天线罩	⩾1 000	Al_2O_3，ZrO_2，HfO_2	透雷达微波
	航天飞机隔热瓦	>2 000	Si_3N_4	抗热冲击，耐高温
	火箭发动机燃烧室内壁，喷嘴	2 000～3 000	BeO，SiC，Si_3N_4	抗热冲击，耐腐蚀
	制导，瞄准用陀螺仪轴承	800	B_4C，Al_2O_3	高精度，耐磨
	探测红外线窗口	1 000	透明 MgO，透明 Y_2O_3	高红外透过率
	微电机绝缘材料	室温	可加工玻璃陶瓷	绝缘，热稳定性高
	燃气机叶片，火焰导管	1 400	SiC，Si_3N_4	热稳定，高强度
	脉冲发动机分隔部件	瞬时>1 500	可加工玻璃陶瓷	高强度，破碎均匀
磁流体发电	高温高速等离子气流通道	3 000	Al_2O_3，MgO，BeO	耐高温腐蚀
	电极材料	2 000～3 000	ZrO_2，ZrB_2	高温导电性好
玻璃工业	玻璃池窑，坩埚，炉衬材料	1450	Al_2O_3	耐玻璃液浸蚀
	电熔玻璃电极	1 500	SnO_2	耐玻璃液浸蚀，导电
	玻璃成型高温模具	100	BN	对玻璃液稳定，导热
工业窑炉	发热体	>1 500	ZrO_2，SiC，$MoSi_3$	热稳定
	炉膛	1 000～2 000	Al_2O_3，ZrO_2	荷重软化温度高
	观察窗	1 000～1 500	透明 Al_2O_3	透明
	各种窑具	1 300～1 600	SiC，Al_2O_3	抗热震，高导热

3.4.1 氧化物陶瓷

氧化物陶瓷材料的原子结合以离子键为主，存在部分共价键，因此具有许多优良的性能。大部分氧化物具有很高的熔点，良好的电绝缘性能，特别是具有优异的化学稳定性和抗氧化性，在工程领域已得到了较广泛的应用。表 3.5 和表 3.6 为常用氧化物陶瓷及其主要性能。

表 3.5 常用氧化物陶瓷材料的主要物理和力学性能

材料	密度/g·cm^{-3}	硬度				强度/MPa				弹性模量/GPa
		莫氏	努氏/GPa	维氏/GPa	洛氏(HRA)	抗弯		抗压	蠕变	
						室温	1000℃	室温		
氧化铝(Al_2O_3)	3.98	9	21～25	23～27	95	300～400		280～50	150	350～400
氧化铍(BeO)	3.02	9～12	12			150～200			150	300
氧化铈(CeO_2)	7.13	6								
氧化铬(Cr_2O_3)	5.21	12								
氧化镁(MgO)	3.58	6	6～9			160～280		500～600	100	200～300
方石英(SiO_2)	2.32	6.5								
石英(SiO_2)	2.65	7	8～9.5	10				2 000		100
石英玻璃(SiO_2)	2.20	7		5～7		50～100		700～1 900	100	—70
氧化钛(TiO_2)	4.24	7～9	(单晶)10			70～170		280～840	120	100～200
稳定氧化锆(立方)(ZrO_2)	6.27	8～9				180～800		1 000～3 000	140	150～200
单斜氧化锆(ZrO_2)	5.56	8～9				180～800		1 000～3 000		250
高弹氧化锆(ZrO_2)	5.7～6.1			13～15	91	1 000～1 500	98			200
莫来石($3Al_2O_3 \cdot 2SiO_2$)	3.16	8	7～14			110～190		400～600	85	50～150
尖晶石($MgO \cdot Al_2O_3$)	3.58	7		15.4		1 500～1 700	100～1 200	1 700		260
堇青石($MgO \cdot Al_2O_3 \cdot 2SiO_2$)	2.0～2.5	7				120		350～680	35	150

表 3.6　常用氧化物陶瓷材料的主要热性能

材料	熔点/℃	质量热容 kcal·kg^{-1}·K^{-1}	热导率/(W·m^{-1}·K^{-1})				线膨胀系数/(10^{-6}℃$^{-1}$)		
			室温	100℃	400℃	1 000℃	室温	400℃	1 000℃
氧化铝(Al_2O_3)	2 050	0.25	单晶 9.5	(致密度 100%)29	3	1.5	6～9	7	9
氧化铍(BeO)	2 550	0.24		230	22	5	6～9	8	9
氧化铈(CeO)	>2 660～2 800	0.10		(致密度 86%～92%)13			12		
氧化铬(Cr_2O_3)	1 990～2 260	0.17					5.5～9		
氧化镁(MgO)	2 800	0.20～0.29	单晶 711.8	(致密度 100%)59～83	4	1.7	11～15	13	15
方石英(SiO_2)	1 720	0.2		1.3～13			5		
石英(SiO_2)	1 610	0.2	(平行 c 轴)71.2				17～30		
石英玻璃(SiO_2)		0.2		0.8～1.7	0.4		0.5～1.4		
氧化钛(TiO_2)	1 840	0.17～0.21		3.3～6.3	0.7～0.9	0.8	7～9		
稳定氧化锆(立方)(ZrO_2)	2 715	0.12～0.17		2.1	0.5	0.5	7～10		
单斜氧化锆(ZrO_2)				2.1					
高弹氧化锆(ZrO_2)				1.7			8～9		
莫来石($3Al_3O_3 \cdot 2SiO_2$)	1 830	0.2		3～6	46.1	41.8	4.5～5.5		
尖晶石($MgO \cdot Al_2O_3$)	2 135	0.2		17			8～9		
堇青石($MgO \cdot 2Al_2O_3 \cdot 5SiO_2$)	1 460		20.9～83.3					1.4～2.1	

1.氧化铝陶瓷

1931年德国 Siemens Halske 公司最初将氧化铝陶瓷应用于火花塞材料,并获得了"Sinter Korund"专利。当时,因其具有比其他材料更优异的性能而跃居新型材料之首,引起了人们的注意。随着制造技术的进步,人们逐步认识了氧化铝陶瓷材料的耐热、耐蚀、耐磨和电绝缘等各种优良性能。

(1)晶体结构

Al_2O_3有许多同质异晶体,目前已知的有10多种,主要有三种晶型,即$\alpha-Al_2O_3$,$\beta-Al_2O_3$和$\gamma-Al_2O_3$。其结构不同性质也不同,在高温下全部转化为$\alpha-Al_2O_3$。

$\alpha-Al_2O_3$,即刚玉,具有六方最密堆积的氧原子层,氧原子间的八面体配位的2/3空隙是由金属原子所填充,即$\alpha-Al_2O_3$为铝离子与氧离子形成离子结合键,铝原子受六个氧原子包围而成八面体的六配位型(见图3.24)。$\alpha-Al_2O_3$结构紧密,活性低,高温稳定,电学性能好,具有优良的机械性能。

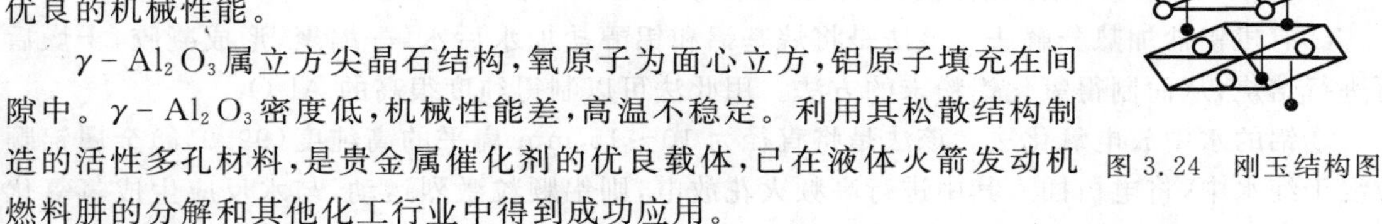

图3.24 刚玉结构图

$\gamma-Al_2O_3$属立方尖晶石结构,氧原子为面心立方,铝原子填充在间隙中。$\gamma-Al_2O_3$密度低,机械性能差,高温不稳定。利用其松散结构制造的活性多孔材料,是贵金属催化剂的优良载体,已在液体火箭发动机燃料肼的分解和其他化工行业中得到成功应用。

$\beta-Al_2O_3$,其化学组成可以近似地用$RO\cdot 6Al_2O_3$和$R_2O\cdot 11Al_2O_3$来表示,其中RO指CaO,BaO等碱土金属氧化物,R_2O指Na_2O,K_2O等碱金属氧化物。严格地说,$\beta-Al_2O_3$不属于氧化铝,它只是一类Al_2O_3含量很高的多铝酸盐化合物,具有明显离子导电性和松弛极化现象,介质损耗大,电绝缘性能差。它的这些性质决定了不能用于结构陶瓷中,但它可作为快离子导体材料用于钠硫电池中。

(2)氧化铝粉体的合成方法

氧化铝原料在天然矿物中大部分是以铝硅盐的形式存在,仅有少量的$\alpha-Al_2O_3$,如天然刚玉、红宝石、蓝宝石等矿物。铝土矿是制备工业氧化铝的主要原料,采用焙烧法生产Al_2O_3粉末。铝土矿是含水氧化铝矿物的总称,它的主要组成为硬水铝石($\alpha-Al_2O_3\cdot H_2O$)和软水铝石($\alpha-Al_2O_3\cdot 3H_2O$),但含有$Fe_2O_3$,$SiO_2$,$TiO_2$等杂质。首先将粉碎的铝土矿与浓度为13%~20%的苛性钠在200~250℃下进行水热处理,将氧化铝的水化物溶解为铝酸钠,不溶的各种杂质经过滤被除去;然后在滤液中加籽晶进行冷却、搅拌,从过饱和的铝酸钠中分解析出氢氧化铝的白色晶体,将其置于回转炉、流动水焙烧炉或隧道窑中,在1 000℃以上煅烧,即可得到氧化铝粉,再经机械粉碎、筛分,以及必要的酸处理以降低氧化钠含量,获得所需要的氧化铝粉末原料。

高纯度氧化铝粉末主要通过铝的有机盐和无机盐加热分解获得。

①铵明矾热分解法。这是最常用的高纯氧化铝制造方法。硫酸铝铵的分解过程为

$$Al_2(NH_4)_2(SO_4)_4\cdot 24H_2O \xrightarrow{100\sim200℃} Al_2(SO_4)_3\cdot(NH_4)_2SO_4\cdot H_2O+23H_2O \tag{3.5}$$

$$Al_2(SO_4)_3\cdot(NH_4)_2SO_4\cdot H_2O \xrightarrow{500\sim600℃} Al_2(SO_4)_3+2NH_3\uparrow+2SO_3+2H_2O\uparrow \tag{3.6}$$

$$Al_2(SO_4)_3 \xrightarrow{800\sim900℃} Al_2O_3 + 3SO_3\uparrow \tag{3.7}$$

用该法制取的氧化铝粉末纯度可达99.9%以上，烧结的制品具有半透明性，故常用于制造高压钠灯灯管。

用硫酸铝铵热分解制备高纯氧化铝粉体的不足之处是分解过程中产生大量SO_3有害气体，造成环境污染，而且硫酸铝铵加热时发生的自溶解现象会影响粉体的性能和生产效率。为此，近年来采用碳酸铝铵[$NH_4AlO(OH)HCO_3$]热分解制备Al_2O_3，其分解过程如下：

$$2NH_4AlO(OH)HCO_3 \xrightarrow{1\,100℃} Al_2O_3 + 2CO_2 + 3H_2O\uparrow + 2NH_3\uparrow \tag{3.8}$$

碳酸铝铵是将硫酸铝铵的溶液在室温下以一定的速度(<12L/h)滴入剧烈搅拌的碳酸氢铵溶液后生成的，其反应过程为

$$4NH_4HCO_3 + NH_4Al(SO_4)_2\cdot 24H_2O \rightarrow$$
$$NH_4AlO(OH)HCO_3 + 3CO_2 + 2(NH_4)_2SO_4 + 25H_2O \tag{3.9}$$

碳酸铝铵在加热过程中的相变过程如下：

$$碳酸铝铵 \rightarrow 无定形\ Al_2O_3 \rightarrow \theta-Al_2O_3 \rightarrow \alpha-Al_2O_3 \tag{3.10}$$

②有机铝盐加热分解法。该法是将烷基铝和铝醇盐加水后水解-缩聚，形成凝胶，干燥后再进行焙烧，从而制得氧化铝粉末的方法。用此法可以制得纯度很高的Al_2O_3。

③铝的水中放电氧化法。该法是将直径为10~15 mm扁平的高纯度(99.9%)金属铝颗粒浸于纯水中，将电极插入其中进行高频火花放电，则铝颗粒激烈运动，与水反应生成氢氧化铝胶体，将此胶体干燥、煅烧可制得高纯Al_2O_3粉末。

(3)氧化铝陶瓷的性能与用途

氧化铝陶瓷通常以配料或基体中Al_2O_3的质量分数来分类。Al_2O_3质量分数为90%以上的称为刚玉瓷，质量分数在99%，95%和90%左右的分别称为99瓷，95瓷和90瓷。Al_2O_3质量分数在85%以上的称为高铝瓷，质量分数在75%~85%之间的称为75瓷。氧化铝陶瓷随Al_2O_3的质量分数增加，陶瓷的机械强度、介电常数、导热系数也提高。氧化铝陶瓷的本征脆性可通过与ZrO_2，TiC，SiC等复合，通过弥散强化、相变增韧而得到改善。表3.7为常用Al_2O_3陶瓷及其性能。

表3.7 常用的Al_2O_3陶瓷性能($A_3S_2\cdot 3Al_2O_3\cdot 2SiO_2$)

性能 \ 名称	莫来石瓷	刚玉-莫来石瓷	刚玉瓷			
		75瓷	90瓷	95瓷	99瓷	99.5瓷
主晶相	A_3S_2，$\alpha-Al_2O_3$	$\alpha-Al_2O_3$，A_3S_2	$\alpha-Al_2O_3$			
密度/($g\cdot cm^{-3}$)	3.0	3.2~3.4	>3.40	3.50	3.90	3.90
弯曲强度/MPa	160~200	250~300	300	280~350	350	370~450
膨胀系数/($10^{-6}℃^{-1}$)	3.2~3.8	5.0~5.5	—	5.5~7.5	6.7	—
导热系数/($W\cdot m^{-1}\cdot K^{-1}$)(20℃)	—	—	16.8	25.2	25.2	29.2
烧结温度/℃	1 350±20	1 360±20	—	1 650±20	—	1 700±10

氧化铝陶瓷具有良好的透光性，耐高温化学腐蚀，能承受热冲击且绝缘性好，是第三代光

源高压钠灯的灯管材料。氧化铝陶瓷的机械强度较高，绝缘电阻大，具有耐磨、耐腐蚀及耐高温等性能，因此，可用做电子陶瓷，如真空器件、装置瓷、厚膜、薄膜电路基板、可控硅和固体电路外壳、火花塞绝缘瓷等。利用其强度高和硬度大等性能可用做磨料、磨具、刀具和造纸工业用刮刀，纺织瓷件，耐磨的球阀、轴承、喷嘴及各种内衬，防弹装甲等。利用其良好的化学稳定性及良好的生物相容性，可以用做化工和生物陶瓷，如人工关节、铂金坩埚代用品、催化载体及航空、磁流体发电材料等。

2.氧化锆陶瓷

氧化锆的传统应用主要是作为耐火材料、涂层和釉料等的原料，但是随着对氧化锆陶瓷热力学和电学性能的深入了解，使它有可能作为高性能结构陶瓷和固体电介质材料而获得广泛应用。特别是随着对氧化锆相变过程的深入了解，在20世纪70年代出现了氧化锆陶瓷增韧材料，使氧化锆陶瓷材料的力学性能获得了大幅度提高，尤其是室温韧性高居陶瓷材料榜首，其作为热机、耐磨机械部件应用受到广泛关注。

(1)晶体结构

氧化锆有3种同素异形体结构：立方相(c)、四方相(t)及单斜相(m)，如图3.25所示。它们的基本物理性能列于表3.8中。3种同素异构体的转变关系为

$$m-ZrO_2 \xrightarrow{1\,000℃} t-ZrO_2 \xrightarrow{2\,370℃} c-ZrO_2 \tag{3.11}$$

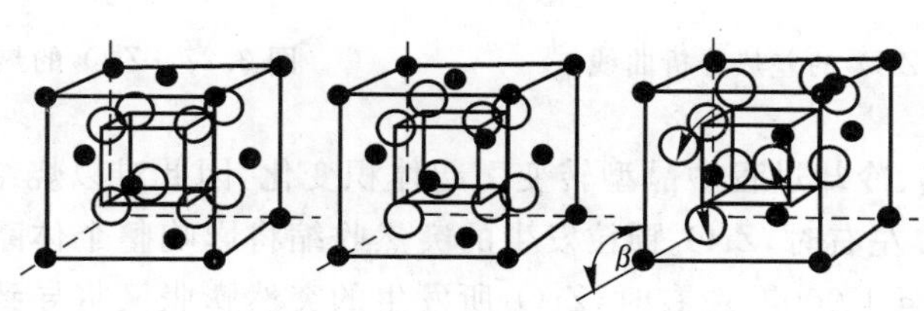

图3.25　ZrO_2的3种晶体结构

表3.8　氧化锆的基本物理性能

物理性能	立方相	四方相	单斜相
熔点/℃	2 500～2 600	2677	
密度/(g·cm^{-3})	5.68～5.91	6.10	5.56
硬度 HV500g/GPa	7～17	12～13	6.6～7.3
线膨胀系数(0～1 000℃)/(10^{-6}K^{-1})	7.5～13	8～10平行a轴 105～13平行c轴	6.8～8.4平行a轴 1.1～3.0平行b轴 12～14平行c轴
折射率	2.15～2.18		

纯ZrO_2冷却时发生的t→m相变为无扩散型相变，具有典型的马氏体相变特征，与此同时相变会产生5%～9%的体积膨胀；相反，在加热时，由m→t相变，体积收缩。这种膨胀和收缩不是在同一温度发生，前者约在1 000℃左右，后者在1 200℃左右，如图3.26和图3.27所示。

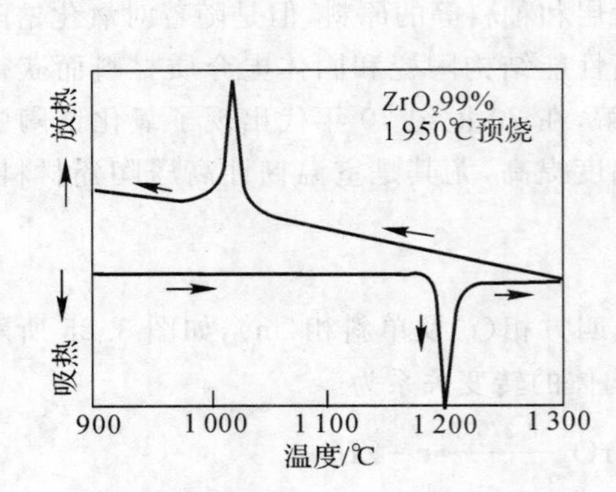

图 3.26　ZrO_2的差热分析曲线

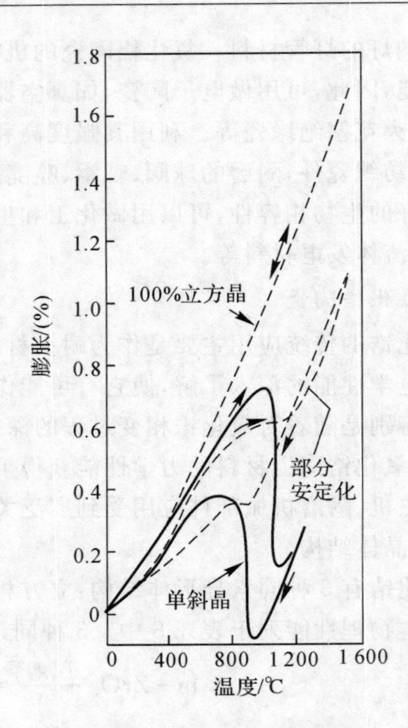

图 3.27　ZrO_2的热膨胀曲线

由于纯 ZrO_2加热、冷却过程中晶型转变引起体积变化，因此难以烧结得到块状致密陶瓷。在烧结升温至 1 100℃左右时，ZrO_2颗粒发生的突然收缩将影响整个体系的颗粒重排过程；当高温烧结致密后降温至 1 000℃左右时，ZrO_2所发生的突然膨胀又将导致制品的严重开裂，以致无法得到可供使用的块状纯 ZrO_2陶瓷材料。

为了消除体积变化的破坏，通常在纯 ZrO_2中加入适量立方晶型氧化物，这类氧化物的金属离子半径与 Zr^{4+}相差要小于 40%，如二价氧化物（CaO，MgO，SrO）和稀土氧化物（Y_2O_3，CeO_2）等，在高温烧结时它们将与 ZrO_2形成固溶体，生成稳定的立方相结构。所得到的这种 ZrO_2陶瓷称为稳定化的 ZrO_2陶瓷，用 FSZ（fully stabilized zirconia）表示。如图 3.28 所示是 ZrO_2-Y_2O_3二元相图，可以看到在 Y_2O_3加入量达到 8%（摩尔分数）时就可得到立方 ZrO_2固溶体。图 3.29 中稳定化 ZrO_2陶瓷的热膨胀曲线表明无体积的突然变化。

由相图（见图 3.28(b)）可以看出，ZrO_2中加入适量的 Y_2O_3可以将部分四方 ZrO_2亚稳定至室温，称为部分稳定 ZrO_2，用 PSZ（partly stabilized zirconia）表示，对于 t-ZrO_2全部亚稳定到室温的单相多晶 ZrO_2陶瓷则用 TZP（tetragonal zirconia polycrystals）表示，TZP 除和稳定剂的含量有关外，还与烧结工艺及热处理制度有关。

如图 3.29 所示为 ZrO_2-3%Y_2O_3（摩尔分数）多相组织的热膨胀曲线。由热膨胀曲线可以看出：在升温过程中，发生 m→t 相变，并在 A_s点与 A_f点之间的温度范围内完成了相变，降温过程中发生 t→m 逆相变，逆相变是在 M_s（t→m 相变开始点）与 M_f（t→m 相变终了点）之间的一个温度区间完成的。这种热膨胀行为与钢中的奥氏体（A）⟷马氏体（M）相变相似。

随 Y_2O_3等稳定剂含量的增加，ZrO_2陶瓷的 M_s点降低，即高 Y_2O_3含量使残余 t 相增多，甚至有 c 相被稳定到室温。一般能发生 t→m 相变的 t 相含 Y_2O_3为 0～4%（摩尔分数）。

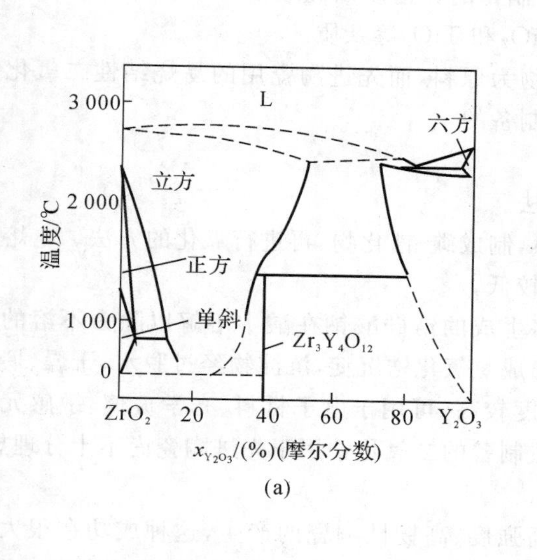

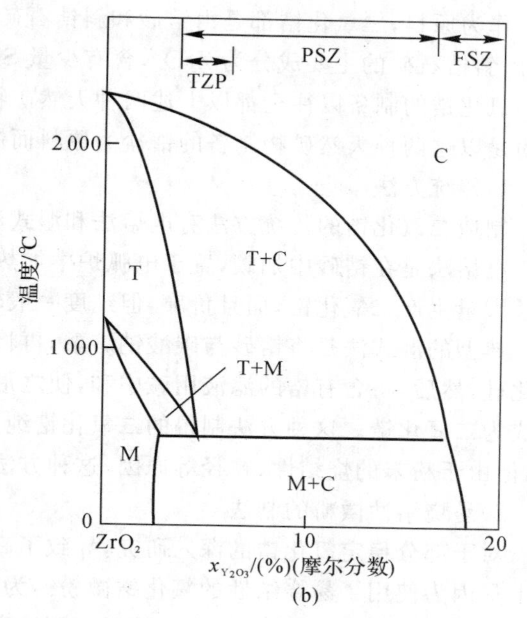

图 3.28　ZrO_2－Y_2O_3 系相图

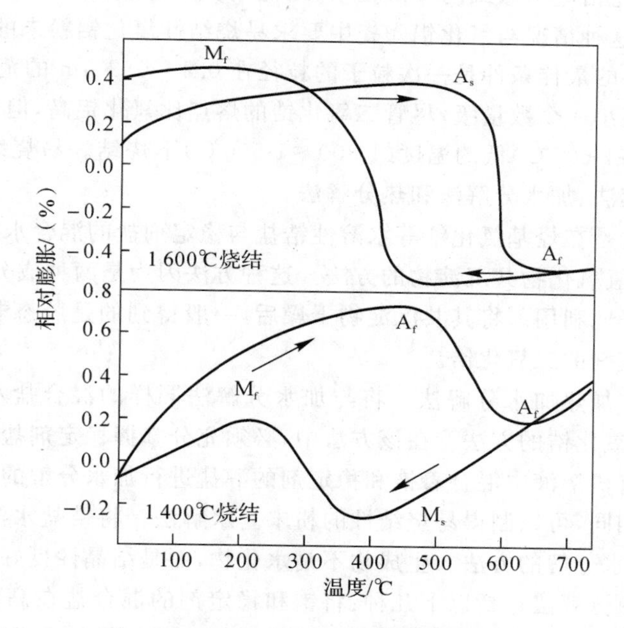

图 3.29　ZrO_2－Y_2O_3 陶瓷的热膨胀曲线

由于稳定剂含量、烧结和热处理工艺的不同，室温下可分别获得 t＋m，c＋t 双相或 c＋t＋m 三相组织或 TZP 单相组织。将前 3 种含有亚稳 t 相的复相组织统称为 PSZ。对于稳定剂含量相对较低的 FSZ，在烧结后快速冷却会形成非平衡组织，在 c＋t 双相区等温时效也会在基体上析出 t 相而成为 PSZ 组织。

(2)氧化锆陶瓷的合成

作为原料，二氧化锆都是由锆砂和斜锆石矿制得的。锆砂以硅酸锆（$ZrO_2 \cdot SiO_2$）为主要成分；斜锆石矿的主要成分为 ZrO_2，含有少量 SiO_2 和 TiO_2 等杂质。

氧化锆的制备以往全都以上述两种天然矿物为原料，而先进陶瓷用的易烧结性二氧化锆微粉是以这两种天然矿物制备的锆盐为原料而制备的。

1)传统方法

制造二氧化锆的传统方法有电熔法和湿式法。

电熔法是在锆砂中加碳，置于电弧炉中加热，制成碳-锆化物，再进行氧化的方法。电熔法能够大量生产二氧化锆，而且价廉，但纯度一般较低。

典型的湿式法是将锆砂与碳酸钠熔融，再将生成的锆硅酸钠在酸中溶解以除去不溶的二氧化硅，然后，将含有锆的滤液用碱中和，使之形成氢氧化锆沉淀，沉淀物经过脱水、干燥、煅烧而成为二氧化锆。这种方法制得的二氧化锆纯度较高，可用于电子材料、光学玻璃、敏感元件等，但由于粉末的烧结性、粒径等原因，这种方法制备的二氧化锆用于先进陶瓷尚不十分理想。

2)易烧结性微粉的制法

对于部分稳定氧化锆的深入研究，导致了高强度、高韧性陶瓷的产生，这种成功在很大程度上是因为使用了易烧结性的氧化锆微粉。为了使二氧化锆制品具有高的强度和韧性，必须在部分稳定化的同时，使其致密度接近于理论密度，材料尽可能由微细结晶构成。为了获得这种制品，使用的二氧化锆应由微细的一次粒子（结晶）构成，即使是二次粒子（凝聚粒子），其粒子也必须尽可能小，这种情况与氧化铝陶瓷中要求易烧结性氧化铝粉末的条件是相同的。

氧化铝陶瓷原料的最佳条件是一次粒子的粒径在 0.1～0.2 μm 的范围内，而二氧化锆粉末的粒径要比氧化铝小一个数量级，尽管二氧化锆的熔点比氧化铝高，但可以在比氧化铝烧结温度（最低为 1 500～1 600℃）低的温度（1 300～1 500℃）下烧结。易烧结性氧化锆微粉的主要制备方法有共沉淀法、加水分解法和热分解法。

①共沉淀法。这是在烃基氯化锆等水溶性锆盐与稳定剂盐的混合水溶液中加入氨等碱类物质，以获得两者的氢氧化物共沉淀物的方法。这种方法因为是两种成分的均匀混合，所以在其他陶瓷中也可很好地利用。将其共沉淀物干燥后，一般得到的是胶态非晶质，经 800℃左右煅烧可变为固熔稳定剂的二氧化锆。

②加水分解法。加热加水分解法。将与加水分解法同样的混合盐水溶液加热并加水分解，从而制得水合二氧化锆的方法。在该方法中，必须充分掌握稳定剂盐的加水分解条件。醇盐加水分解法。将有机溶液中混合着锆和稳定剂的醇盐进行加水分解的方法。这种方法与氧化铝粉末制备方法相同，可以制得易烧结性的粉末。水解法。将锆盐水溶液在 120～200℃的水热条件下，迅速加水分解的方法。生成物不是水化物，而是结晶性良好的二氧化锆微粉。

③热分解法。热分解法包括以下几种：将锆和稳定剂的混合盐在高温气氛中进行喷雾热解的方法；不用将醇盐加水分解，而直接进行热分解的方法；将冻结干燥物进行热分解的方法等。

(3)高强度、高韧性的氧化锆的性质及用途

氧化锆陶瓷的密度大，硬度（莫氏硬度为 6.5）、抗弯强度和断裂韧性较高（它是所有陶瓷中最高的），具有半导性、抗腐蚀性及敏感特性等。

在绝热内燃机中，相变增韧氧化锆陶瓷可用做汽缸内衬、活塞顶、气门导管、进气和排气阀座、轴承、凸轮和活塞环等零件；氧化锆陶瓷可用做耐磨、耐腐蚀零件，如采矿工业的轴承，化学

工业用泥浆泵密封件、叶片和泵体，还可用做模具(拉丝模、拉管模等)、刀具、隔热件、火箭和喷气发动机的耐磨、耐腐蚀零件及原子反应堆工程用高温结构材料。氧化锆陶瓷还可作为导电陶瓷以及生物陶瓷。氧化锆可以作为隔热涂层。

(4)稳定剂对氧化锆性能的影响

1)ZrO_2-CaO 系统

图 3.30 所示为 ZrO_2-CaO 相图的部分区间，它是依据 Stubican 和 Ray 提出的，后经 Hellman 和 Stubican 改进的结果。该研究报道了不同温度和不同的共析分解组分。当采用活性粉末并延长热处理时间时，ZrO_2-CaO 系统的共析温度为 1 140℃±40℃，CaO 的摩尔分数为 17.0%±0.5%。通过快速冷却可使立方结构保留下来，这是获得立方结构 CaO 稳定 ZrO_2的基础。

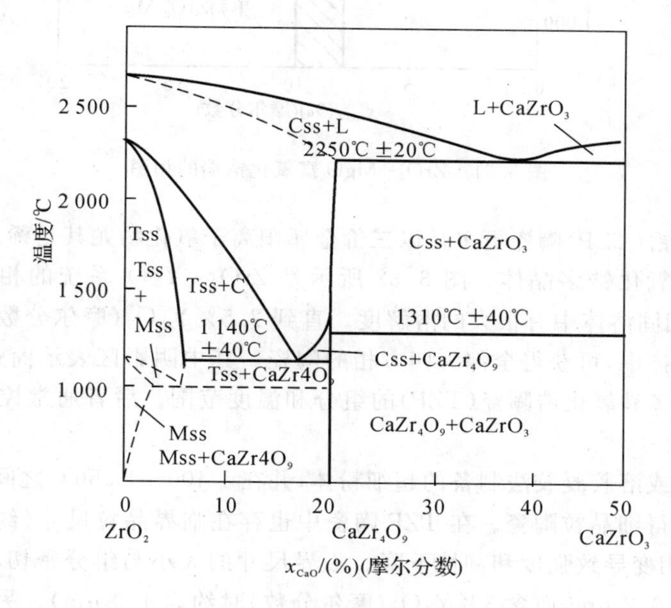

图 3.30 ZrO_2-CaO 相图的部分区间

2)ZrO_2-MgO 系统

图 3.31 所示为 ZrO_2 - MgO 相图，可见 ZrO_2-MgO 系统的共析温度和组分分别是 1 400℃和(14.0%±0.5%)MgO(摩尔分数)，典型的部分稳定氧化锆是 MgO 摩尔分数约 8%的氧化锆。Garvic 等提出利用马氏体相变来改善氧化锆陶瓷的强度和韧性，他们认为，在立方基体中，当被约束的亚稳四方相颗粒与裂缝相遇时，会出现四方相到单斜相的相变。伴随着马氏体相变引起的体积变化和剪切应力能阻止裂缝的进一步扩展，从而增加了陶瓷抵抗裂缝扩展的能力，即增加了陶瓷的韧性。

在立方固溶体快速冷却过程中，应尽量使四方相以均匀成核形态保持下来。当这种析出物的颗粒尺寸超过一临界值时，会自发或者在外力作用下转变成单斜相。通过工艺和组分以及显微结构的调整可以获得 MgO 部分稳定的氧化锆，其断裂韧性可超过 $15MPa \cdot m^{1/2}$，比一般全稳定立方氧化锆要高出 5 倍多。

3)ZrO_2-Y_2O_3系统

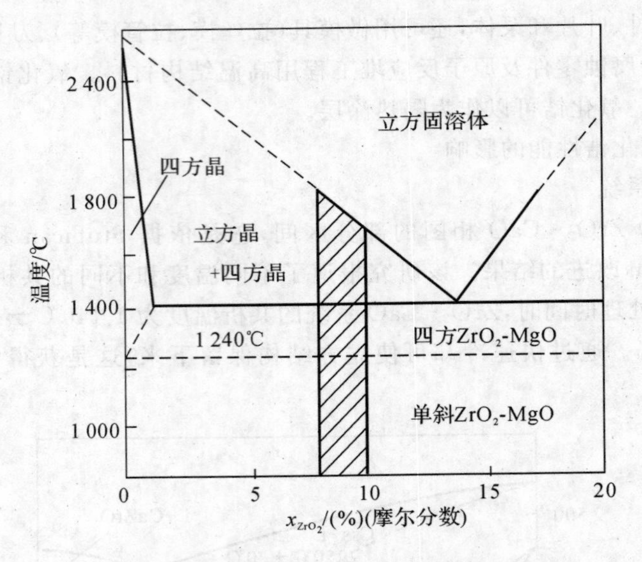

图 3.31　ZrO_2-MgO 富氧化锆端的相图

四方多晶氧化锆(TZP)陶瓷更多是以三价金属阳离子氧化物尤其是稀土类氧化物作为部分稳定剂的四方相氧化锆多晶体。图 3.32 所示是 $ZrO_2-Y_2O_3$系统的相图。由相图可见，Y_2O_3在极限四方相固溶体中有很大的溶解度。直到 2.5%Y_2O_3(摩尔分数)溶解到与低共析温度线相交的固溶体中，可获得全部为四方相的陶瓷。其中阴影区表示商业生产的部分稳定ZrO_2(PSZ)和四方多晶氧化锆陶瓷(TZP)的组分和温度范围。后者通常控制 Y_2O_3 的摩尔分数为 2%～3%。

采用共沉淀法或溶胶凝胶法制备的超细粉体，并在 1 400～1 550℃之间烧结，通过控制晶粒生长的速率以获得细晶粒陶瓷。在 TZP 陶瓷中也存在临界晶粒尺寸(约 0.3 μm)，超过此尺度，会发生自发相变导致强度和韧性下降。临界尺寸的大小与组分密切相关(含 2% Y_2O_3(摩尔分数)时约为 0.2 μm，而含 3%Y_2O_3(摩尔分数)时约为 1.0 μm)。另外，烧成工艺也影响 TZP 陶瓷的性能。如图 3.33 所示，该图表示了 Y－TZP 陶瓷的断裂韧性与 Y_2O_3含量及烧结温度的关系。

4)ZrO_2-CeO_2系统

该系统也有一范围很宽的四方相区，其溶解极限为 18%(摩尔分数)CeO_2，其共析温度为 1050℃±50℃(见图 3.34)。与 $ZrO_2-Y_2O_3$系统相似，ZrO_2-CeO_2系统也要求采用超细粉末，烧成温度通常为 1 550℃，以便形成细晶结构。图 3.35 即为 Y－TZP 和 Ce－TZP 陶瓷的室温断裂韧性与晶粒尺寸的关系。

3. 氧化镁陶瓷

氧化镁陶瓷熔点为 2 800℃，理论密度为 3.58 g·cm^{-3}，在高温下比体积电阻高(35 V·mm^{-1})，介质损耗低(10^{-4}～2×10^{-4})，介电系数(20℃，1 MHz)为 9.1，具有良好的电绝缘性，属于弱碱性物质。

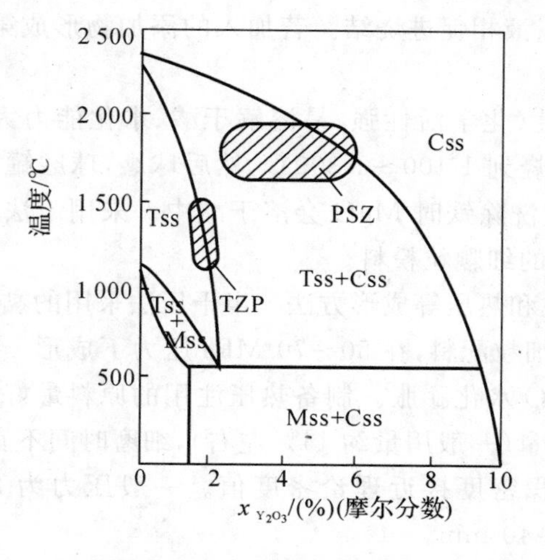

图 3.32　$ZrO_2-Y_2O_3$系统的相图

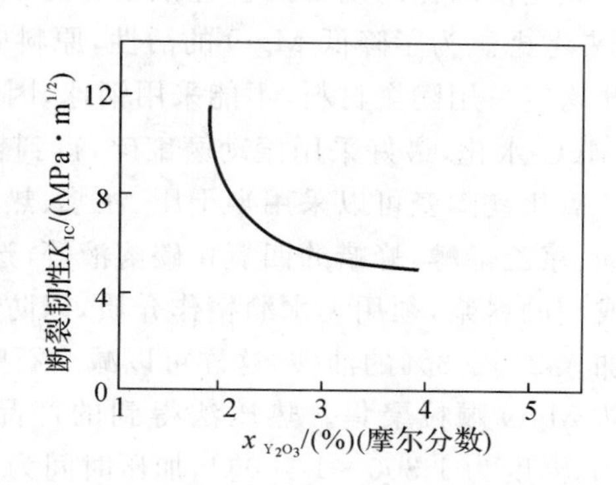

图 3.33　Y－TZP陶瓷的断裂韧性

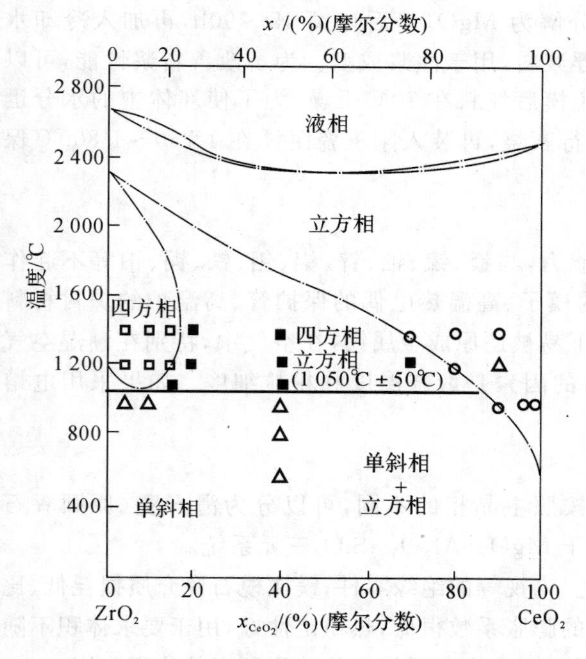

图 3.34　ZrO_2-CeO_2系统相图

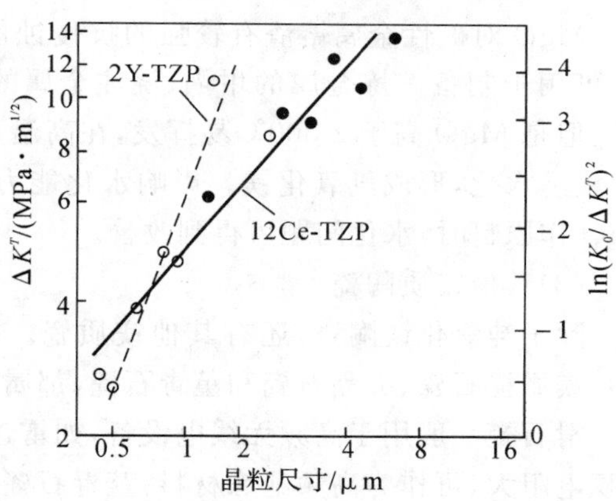

图 3.35　Y－TZP和Ce－TZP陶瓷的室温断裂韧性与晶粒尺寸的关系

(1)氧化镁陶瓷的制备

工业用MgO原料主要从含镁的矿物菱镁矿($MgCO_3$)、白云水镁石[$Mg(OH)_2$]、硫镁钒($MgSO_4 \cdot H_2O$)或海水中提取。将含镁的矿物加热,溶于酸与水中,再沉淀,可得到氧化镁和镁的水化物、碳酸盐或其他盐类,最后用煅烧、电熔、化学沉淀等方法制取MgO。

氧化镁晶格中离子堆积紧密,离子排列对称性高,晶格缺陷少,难以烧结。为了改善烧结性能须加入添加剂,ZrO_2,MnO,Cr_2O_3,Fe_2O_3等都可以与MgO形成置换型或间隙型固溶体,

CaF_2,B_2O_3,TiO_2等可以与 MgO 形成低共熔点液相促进烧结。若加入的添加物形成第二相,则会妨碍烧结。

氧化镁陶瓷的制备工艺应该根据原料特性(化学活性强、易溶解于酸、水化能力大、易还原)来考虑。为了降低 MgO 的活性,原料应预烧到 1 100～1 300℃,然后球磨,球磨罐内衬及磨球均应采用陶瓷材料,不能采用钢球,因为酸洗除铁时 MgO 会溶于酸中。采用干法球磨以防 MgO 水化,最好采用振动磨细碎,得到较多的细颗粒粉料。

氧化镁陶瓷可以采用半干压、注浆、热压注和热压等成形方法。半干压法采用的黏结剂为甘油、聚乙烯醇、蜂蜡的四氯化碳溶液等,选用细粒配料,在 50～70 MPa 压力下成形。制备注浆成型的料浆,须用无水酒精作介质,以防 MgO 水化膨胀。制备热压注用的原料最好在细磨时加入 2%～3%的油酸,这样可以减少石蜡用量(一般用量约 14%左右),细磨时间不宜过长,以防 MgO 颗粒聚集。热压法得到的产品体积密度接近理论密度值。一般压力为 20～30 MPa,温度为 1 300～1 400℃,加压时间为 20～40 min。

氧化镁陶瓷大多采用注浆法生产,具体方法如下:将 MgO 原料用足够量的蒸馏水混合形成糊状,充分水化形成氢氧化镁,存放一段时间后,在 100℃以下烘干,在 1 450～1 600℃密封条件下进行煅烧,保温 8h,使氢氧化镁重新分解为 MgO,然后球磨 45～90h,再加入冷却水(50%～60%)继续磨约 70～90 min,形成悬浮浆料,用于注浆成型。为了改善料浆性能,可以通过调节 pH 值的方法,使 pH 值为 7～8。脱模后坯料在 70℃干燥,为了使坯体中的水分迅速排除,应将湿空气迅速排除。在 1 250℃进行素烧,再装入刚玉瓷匣钵在 1 750～1 800℃保温 2h 烧成。

(2)氧化镁陶瓷的性质与用途

MgO 对碱性金属熔渣有较强的抗侵蚀能力,与镁、镍、铀、锌、铝、钼、铁、铜、铂等不起作用,可用于制备熔炼金属的坩埚、浇注金属的模子、高温热电偶的保护管、高温炉的炉衬材料等。但是 MgO 高于 2 300℃易挥发,在高温下易被还原成金属镁,在空气中,特别在潮湿空气中,极易水化,形成氢氧化镁。影响水化能力的因素是煅烧温度和粉粒细度。如果采用电熔 MgO 作原料时,水化问题可得到改善。

(3)其他镁质陶瓷

除了纯氧化镁陶瓷,还有其他镁质瓷。按照主晶相的不同,可以分为滑石瓷(原顽辉石瓷)、镁橄榄石瓷、尖晶石瓷和堇青石瓷,都属于 $MgO-Al_2O_3-SiO_2$三元系统。

滑石瓷一般用于高频无线电设备,如雷达、电视等的绝缘零件;镁橄榄石瓷介质损耗低、比体积电阻大,可作为高频绝缘材料;堇青石瓷的膨胀系数很低,热稳定性好,用于要求体积不随温度变化的绝缘材料或电热材料,目前大量用于制造汽车尾气净化装置所用的蜂窝陶瓷。

4.氧化硅陶瓷

(1)晶体结构

SiO_2是构成地壳的主要成分,所有岩石几乎都是硅化物,即含有 SiO_2。石英在自然界中,以 β-石英(低温型)的稳定形态存在,只有很少部分以鳞石英或方石英的介稳状态存在,游离 SiO_2包含硅石、玉髓、水晶等。

石英在常压下有三种存在形态:石英(870℃以下)、鳞石英(1 470℃以下)、方石英(1 713℃以下)。根据不同的条件与温度,从常温开始逐渐加热直至熔融,这三种状态之间经过一系列的晶型转化趋于稳定,在转化过程中可以产生 8 种变体(包括稳定的和介稳的变体)。

其中低温变体有β-石英、β-鳞石英、γ-鳞石英、β-方石英，高温变体有α-石英、α-鳞石英、α-方石英和熔融石英。

石英晶型转化的结果会引起一系列物理性质变化，如体积、密度、强度等的变化，这对陶瓷的生产有很大的影响。石英晶型转化过程中的体积变化如表3.9所示。

表3.9　石英晶型转化过程中的体积变化

转化	温度/℃	体积变化率/(%)
β-石英→α-石英	573	0.82
β-石英→α-鳞石英	870	16.0
α-鳞石英→α-方石英	1 470	4.7
α-方石英→熔融石英	1 713	0.1
α-鳞石英→β-鳞石英	163	0.2
β-鳞石英→γ-鳞石英	117	0.2
α-方石英→β-方石英	180～270	2.8

(2)氧化硅陶瓷的制备

氧化硅陶瓷有很多种，如水晶、二氧化硅玻璃、光学玻璃纤维等，结构功能不同，制备方法差异很大。

1)SiO_2玻璃(石英玻璃)

二氧化硅玻璃在自然界也有存在，如陨石坑中。过去以硅砂和水晶作原料，在2 000℃左右的高温下熔制成玻璃，称为熔融石英玻璃。现在采用新的合成方法，可以制得新型二氧化硅玻璃。方法有以下两种：

①化学气相沉积法(CVD)。该法是将$SiCl_4$在低压高温下氧化而得，可以制得纯度非常高、含水和过渡金属氧化物极少的二氧化硅玻璃。其反应式表示如下：

$$SiCl_4 + O_2 = SiO_2 + 2Cl_2 \tag{3.12}$$

②硅酸乙酯溶液水解法。硅酸乙酯[$Si(C_2H_5)_4$]溶液水解，凝胶化，加热脱水后，可以获得与高温熔融SiO_2一样的玻璃。这种方法制得的玻璃纯度高，可以在较低温度下(1 100℃左右)合成，但或多或少有少许水分残留。

2)水晶

天然水晶是在特定环境下形成的。现在人们通过大量实验，找到了人工合成水晶的方法，即利用高温、高压水热法(温度为360～370℃，压力为80～150MPa)，用二氧化硅、硅酸凝胶等来制造人造水晶。

(3)氧化硅陶瓷的性能与用途

SiO_2玻璃具有非常优良的化学稳定性，极低的热膨胀系数，优良的抗热震性，良好的透明性，紫外线及红外线的透过率高，电绝缘性好，使用温度较高，是导弹微波制导用天线罩、天线窗的常用透波材料。

由于石英玻璃(熔融石英陶瓷)具有上述优良的性质，因此它的应用领域十分广泛。如在化工、轻工中作耐酸、耐蚀容器，化学反应器的内衬，玻璃熔池砖以及垫板、隔热材料等；在金属冶炼中，作熔铝及钢液的输送管道、泵的内衬、盛金属熔体的容器、浇铸口、高温热风管内衬等。熔融石英还可用来制作窑具匣钵材料，具有良好的抗热冲击性和高温性能。

水晶的化学纯度高，化学稳定性好，除氢氟酸外，几乎不溶于其他酸中，并具有压电性及优良的光学性质。水晶除用于装饰材料和光学材料外，利用其压电性及其他优良特性，可以制造用于振荡电路的振荡元件，还广泛用于计算机、电视机、钟表等。

5. 莫来石陶瓷

(1)晶体结构

在自然界，天然的莫来石($3Al_2O_3 \cdot 2SiO_2$)仅存在于英格兰的莫尔岛。莫来石是一种固溶体，Al_2O_3 含量在 71.8%～77.3%(质量分数)范围内波动，热膨胀系数为 $4\times10^{-6}\sim6\times10^{-6}℃^{-1}$。根据 Al_2O_3- SiO_2系相图，在 1 280℃以下的温度，莫来石在非常宽的成分范围内析出。

(2)莫来石陶瓷的制备

1)莫来石陶瓷的配方

莫来石陶瓷一般不以化学计量的 Al_2O_3 ∶ SiO_2 ＝3 ∶ 2 分子比配方，因为 SiO_2 过量，SiO_2 结晶转变会影响莫来石陶瓷的高温性能，故一般需 Al_2O_3 过量，同时加入一些添加剂，降低烧成温度。我国目前生产的莫来石陶瓷及刚玉-莫来石陶瓷的化学组成如表 3.10 所示。

表 3.10　我国莫来石陶瓷及刚玉-莫来石陶瓷的化学组成

名称	莫来石陶瓷	刚玉-莫来石陶瓷(75 瓷)	刚玉-莫来石陶瓷(85 瓷)
SiO_2	25.54	14.25	11.01
Al_2O_3	53.44	73.83	72.43
TiO_2	0.3	0.25	0.2
Fe_2O_3	0.2	0.38	0.35
CaO	1.92	1.85	1.89
MgO	—	0.65	1.39
R_2O	1.03	0.53	0.47
BaO	5.98	3.13	2.62
B_2O_3	—	—	2.38
SrO	1.36	—	—
CaF_2	—	—	1.98

2)莫来石的生成

一次莫来石的生成：由高岭石矿物加热分解而成，分解式如下：

$$3(Al_2O_3 \cdot 2SiO_2)(\text{偏高岭石}) \xrightarrow{1\,200℃} 3Al_2O_3 \cdot 2SiO_2 + 4SiO_2 \tag{3.13}$$

$$3(Al_2O_3 \cdot SiO_2)(\text{硅线石}) \xrightarrow{1\,300\sim1\,500℃} 3Al_2O_3 \cdot 2SiO_2 + SiO_2 \tag{3.14}$$

理论上，莫来石的生成量对纯的高岭石来说为 60%，对纯的硅线石来说为 86%。但是实际上，由于原料中含有杂质，在煅烧过程中会生成玻璃相，这些玻璃相中含有 2%～6% Al_2O_3 及 SiO_2，因此生成的莫来石量只有理论量的 80%～90%。不同原料因其中 Al_2O_3 与 SiO_2 比例不同，生成莫来石的含量也不同，如表 3.11 所示。

表 3.11 不同原料生成莫来石的含量

原料名称	Al_2O_3含量/(%)	杂质含量/(%)	莫来石生成量/(%)
耐火黏土	40	5～6	45～50
高岭土	45	2.5～3	55
硅线石	60	3～5	70～75

二次莫来石的生成。原料加热分解时，除生成一次莫来石外，还生成游离石英 SiO_2。游离石英的存在，大大影响到莫来石陶瓷的性能。在制成莫来石陶瓷时，必须增加 Al_2O_3 的成分，使之与游离石英反应生成莫来石，此时所生成的莫来石称为二次莫来石，反应式如下：

$$3\,Al_2O_3 + 2SiO_2 = 3\,Al_2O_3 \cdot 2SiO_2 \tag{3.15}$$

(3)莫来石陶瓷的性能与用途

由于莫来石呈针状结晶，而且晶粒之间相互交叉减少滑移，因此机械强度较高，高温荷重下变形小，热膨胀系数小，抗热冲击性好。近年来，国际上把氧化铝纤维增强莫来石陶瓷基复合材料作为航空发动机热端部件候选材料，并引起广泛关注。但莫来石陶瓷的耐热性比氧化铝陶瓷差，其主要性能如表 3.12 所示。

表 3.12 莫来石陶瓷的主要性能

晶系	介电系数 ε	介质损耗 $\tan\delta$ (20℃，1MHz)	电阻率 ρ(20℃)/Ω·cm	莫氏硬度	密度/g·cm^{-3}	折射率		熔点/℃
						N_g	N_p	
斜方	7	$\leqslant 5\times10^{-4}$	$\sim10^{18}$	6～7	3.23	1.654	1.642	1810

莫来石陶瓷可以用来制造热电偶保护管、电绝缘管、高温炉衬，还可用于制造多晶莫来石纤维、高频装置瓷的零件，如高频高压绝缘子、线圈骨架、电容器外壳、高压开关、套管及其他大型装置器件。此外，由于它具有表面的微细结构，也可用做碳膜电阻的基体等。

3.4.2 氮化物陶瓷

非氧化物陶瓷是包括金属的碳化物、氮化物、硅化物和硼化物等陶瓷的总称。非氧化物陶瓷在以下三方面不同于氧化物陶瓷：①非氧化物在自然界很少存在，需要人工来合成原料，然后再按陶瓷工艺做成陶瓷制品；②由于非氧化物标准生成自由焓 $\Delta G_{生}$，一般都大于相应氧化物标准生成自由焓 $\Delta G_{生}$，所以在原料的合成和陶瓷烧结时，须在保护性气体(如 N_2，Ar 等)中进行；③氧化物原子间的化学键主要是离子键，而非氧化物一般是键性很强的共价键。因此，非氧化物陶瓷一般比氧化物难熔和难烧结。

氮化物陶瓷是一类抗金属腐蚀和化学腐蚀性能优异的耐高温工程陶瓷材料，应用较为广泛的有氮化硅(Si_3N_4)、氮化铝(AlN)和氮化硼(BN)。

大多数氮化物的熔点都比较高，特别是周期表中Ⅲ$_B$，Ⅳ$_B$，Ⅴ$_B$，Ⅵ$_B$过渡元素都能形成高熔点氮化物，如表 3.13 所示。BN，Si_3N_4，AlN 等在高温下不出现熔融状态，而是直接升华分解。

多数氮化物在蒸气压达到 10^{-6} Pa 时对应的温度都在 2 000℃以下,表明氮化物易蒸发,从而限制了其在真空条件下的使用。氮化物陶瓷一般都有非常高的硬度,立方结构 BN 硬度仅次于金刚石。与氧化物相比,氮化物抗氧化能力较差,从而限制了其在空气中的使用。氮化物的导电性能变化很大,一部分过渡金属氮化物属于间隙相,其晶体结构与原来金属元素的结构是相同的,氮则填隙于金属原子间隙之中,它们都具有金属的导电特性,B,Si,Al 元素的氮化物则由于生成共价键晶体结构而成为绝缘体。

表 3.13 典型氮化物材料的性能

材料	熔点/℃	密度 $g\cdot cm^{-3}$	电阻率 $\Omega\cdot cm$	热导率 $W\cdot m^{-1}\cdot K^{-1}$	膨胀系数 10^6 ℃$^{-1}$	莫氏硬度
Si_3N_4	1 900(升华分解)	3.44	10^{13}	1.67～2.09	2.8～3.2	≥9
AlN	2 450	3.26	2×10^{11}	20.0～30.1	4.03～6.09	7～8
BN	3 000(升华分解)	2.27	10^{13}	15.0～28.8	0.59～10.51	2
TiN	2 950	5.43	21.7×10^{-6}	29.3	9.3	8～9
ScN	2 650	4.21				
UN	2 650	13.52				
ThN	2 630	11.5				
Th_3N_4	2 360					
NbN	2 050(分解)	7.3	200×10^{-6}	3.76		8
VN	2 030	6.04	85.9×10^{-6}	11.3		9
CrN	1 500	6.1		8.76		
ZrN	2 980	7.32	13.6×10^{-6}	13.8	6～7	8～9
TaN	3 100	14.1	135×10^{-8}			8
Be_3N_2	2 200				2.5	
HfN	3 310	14.0		21.6		8～9

一般来说,氮化物陶瓷原料和制品的制造成本都比氧化物陶瓷高。同时,一些共价键强的氮化物难以烧结,往往需要加入烧结助剂,甚至需要采用热压工艺。此外,氮化物的后加工也是非常困难的。

1. 氮化硅陶瓷

氮化硅陶瓷具有高强度、高硬度、耐磨蚀、抗氧化和良好的抗热冲击及机械冲击性能,曾被材料科学界认为是结构陶瓷领域中综合性能优良、最有希望替代镍基合金在高科技、高温领域中获得广泛应用的一种新型材料。但其脆-延转变温度低,难以与连续纤维复合,近年来逐渐被碳化硅取代。

(1)晶体结构

氮化硅属六方晶系,有 α 和 β 两种晶型,其中 α 是不稳定的低温型,β 是稳定的高温型。将 $\alpha-Si_3N_4$ 加热至 1 500℃可转变为 $\beta-Si_3N_4$,这种转变是不可逆的。

在氮化硅中,Si原子和周围的4个N原子形成共价键,形成[SiN_4]四面体结构单元,如图3.36(a)所示,所有四面体共享顶角构成三维空间网,形成氮化硅。正是由于[SiN_4]四面体结构单元的存在,氮化硅具有较高的硬度。在$\beta-Si_3N_4$的一个晶胞内有6个Si原子,8个N原子。其中3个Si原子和4个N原子在一个平面上,另外3个Si原子和4个N原子在高一层平面上。第3层与第1层相对应,如此相应地在C轴方向重复排列,按ABAB……层叠排列,$\beta-Si_3N_4$的晶胞参数为$a=0.759\sim0.761$ nm,$c=0.271\sim0.292$ nm。$\alpha-Si_3N_4$中第3层、第4层的Si原子在平面位置上都分别与第1、第2层的Si原子错了一个位置,形成4层重复排列,即ABCDABCD……方式排列。相对$\beta-Si_3N_4$而言$\alpha-Si_3N_4$晶胞参数变化不大,但C轴扩大了约一倍($a=0.775\sim0.777$ nm,$c=0.516\sim0.569$ nm),因此体系的稳定性比较差,当高温时原子位置发生调整时会转变成稳定的$\beta-Si_3N_4$。

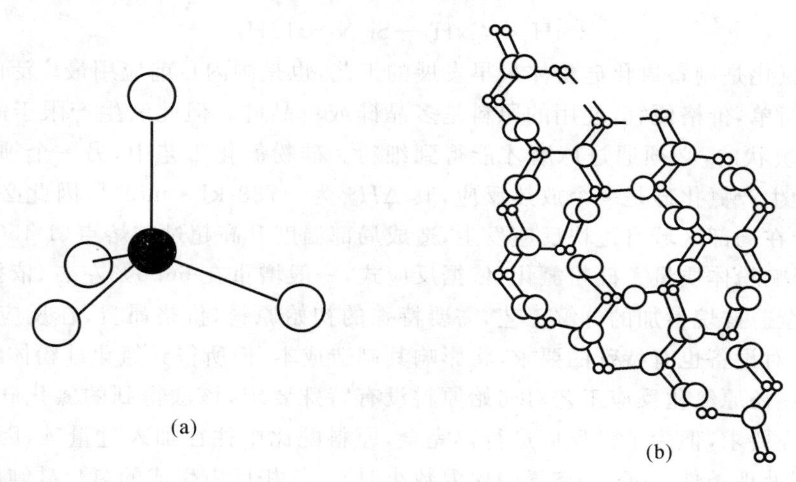

图3.36　Si_3N_4的晶体结构

(a)Si_3N_4四面体结构;(b)Si_3N_4四面体的排列

氮化硅陶瓷在常温和高温下都是电绝缘材料,其电阻率(室温)为$10^{15}\sim10^{16}\ \Omega\cdot m$,随温度变化不大,介电常数在4.8～9.5,介电损耗(1 MHz)为0.001～0.1,常压下分解温度为1 900℃左右,线膨胀系数为$(2.8\sim3.2)\times10^{-6}$℃$^{-1}$(室温至1 000℃)之间,在几种结构陶瓷材料中属抗热震较好的材料。氮化硅莫氏硬度≥9,仅次于碳化硅,显微硬度在1 400～1 800 MPa范围内,具有较好的耐磨性和自润滑性。氮化硅材料的强度随制备工艺不同,在100～1 000 MPa范围内变化。与其他陶瓷相比,具有较高断裂韧性(3～9 $MPa\cdot m^{1/2}$范围内),所以抗机械冲击性能比氧化铝、碳化硅要好。氮化硅能抗所有酸腐蚀(除氢氟酸外),也能抗弱碱腐蚀,但对大多数强碱和熔盐不稳定。

(2)氮化硅粉体制备

氮化硅粉体都是人工合成的。大量研究表明,高质量粉体是得到高性能陶瓷的重要保证。作为制备高性能氮化硅材料所需的粉体必须具备:窄的颗粒尺寸分布,其平均颗粒尺寸为0.5～0.8 μm,低的金属杂质含量(Fe,Ti等)和氧含量(质量分数＜2%),并要有高α相含量(质量分数＞90%),价格低廉适中。从20世纪90年代开始,有学者提出,采用高β相氮化硅粉末作为原始粉体,使最终材料显微结构更具有均一性、重复性,可防止采用高$\alpha-Si_3N_4$粉时产生异常晶粒长大现象的发生，材料的韦布尔模数可得到较大提高。

合成粉体工艺一般有如下几种，其中硅粉直接氮化的化学式如下：

$$3Si+2N_2 \rightarrow Si_3N_4 \tag{3.16}$$

硅烷与氨反应，化学式如下：

$$SiCl_4+6NH_3 \rightarrow Si(NH)_2+4NH_4Cl \tag{3.17}$$

$$3Si(NH)_2 \rightarrow Si_3N_4+N_2+3H_2 \tag{3.18}$$

碳热还原氮化，化学式如下：

$$3SiO_2+2N_2+6C \rightarrow Si_3N_4+6CO \tag{3.19}$$

气相反应，化学式如下：

$$3SiCl_4+4NH_3 \rightarrow Si_3N_4+12HCl \tag{3.20}$$

$$3SiH_4+4NH_3 \rightarrow Si_3N_4+12H_2 \tag{3.21}$$

硅粉直接氮化是制备氮化硅粉体最早发展的工艺，也是国内目前应用最广泛的一种方法。该法相对比较简单，价格便宜，使用的原料是多晶硅或单晶硅。但此法生产限于间歇式，得到的氮化硅粉是块状的，必须通过球磨才能得到细粉。硅粉氮化工艺中，另一个须注意的问题是，因硅粉氮化生产氮化硅是一个放热反应，其 $\Delta H^{\ominus}$ 为 $-733\ kJ \cdot mol^{-1}$，因此必须小心控制氮化速率，不能在局部区域有过快反应发生，造成局部温度升高超过硅熔点(1 450℃)，而产生“流硅”现象，影响粉体质量。硅粉氮化，依据反应式，一般增重在66.6%左右，依据此值，可判断反应是否完全。硅烷参加的分解工艺，需要特殊的初始原料，价格昂贵，在反应过程中产生的大量氯化氢，对设备也有特殊的要求，将影响其制造成本，但所得到氮化硅粉体纯度高，粒度细且均匀。碳热还原氮化反应工艺对初始原料没有特殊要求，该法得到的氮化硅粉体能满足制备高性能陶瓷要求，但为了使反应进行得完全，原料配比中往往加入过量碳，因此必须进行脱碳处理(脱碳处理条件：600℃，空气中保温数小时)。气相反应生成的氮化硅纯度高，粒径分布规律，烧结活性高，产品价格高。

(3)氮化硅陶瓷的制备

氮化硅离子扩散系数很低，因此很难烧结，即使采用热压工艺也必须在原料中加入烧结助剂，常根据采用的烧结工艺对氮化硅陶瓷进行分类，如表3.14所示。

表 3.14 Si_3N_4陶瓷制品的烧结方法

烧结方法名称	主要原料	烧结助剂	制品特征
反应烧结	Si	—	收缩小，气孔率10%～20%，尺寸精确，强度低
二次反应烧结	Si	Y_2O_3，MgO	收缩率小，较致密，尺寸精确，强度有所提高
常压烧结	Si_3N_4	Y_2O_3，Al_2O_3	较致密，低温强度高，高温强度下降
气氛加压烧结	Si_3N_4(Si)	MgO，Y_2O_3，Al_2O_3	添加剂加入量减少，致密度和强度提高
普通热压	Si_3N_4	MgO，Y_2O_3，Al_2O_3	制品形状简单，致密，强度高，存在各向异性
热等静压	Si_3N_4	Y_2O_3，Al_2O_3	致密，组织均匀，高强度，添加剂微量
化学气相沉积	$SiCl_4$，NH_3	—	高纯度薄层，各向异性，不能得到厚壁制品

①反应烧结氮化硅。将硅粉或硅粉与 Si_3N_4 粉的混合料按一般陶瓷成型方法成型，然后在高温氮气氛中烧结，其主要反应式如下：

$$3Si + 2N_2 \xrightarrow{1\,450℃} Si_3N_4 \tag{3.22}$$

$$\Delta H^{\ominus} = -733\ \mathrm{kJ/mol} \tag{3.23}$$

边反应边烧结，因此控制生坯密度和氮化工艺是获得性能优良制品的关键。受其反应机理限制，对于厚度大于 10mm 的制品，必须加入催化剂，例如 Fe_2O_3，CaF_2，BaF_2 或 C 等，加入量为 1%～4%左右。

烧结前后坯体尺寸线收缩约为 1%。硅粉的密度为 2.3 g·cm^{-3}，氮化硅密度为 3.187 g·cm^{-3}，因此形成 Si_3N_4 时有 21.7%体积膨胀，烧结过程中不发生一般烧结过程中的收缩现象，此法可用来制造复杂形状制品。

制品内包含了 15%～30%的气孔，因此材料力学性能比其他致密烧结工艺的低。

影响反应烧结氮化硅性能和显微结构的因素很多，例如硅粉的特性（平均颗粒尺寸、尺寸分布、杂质含量等）、坯体制备方法、素坯密度、气孔率等。

②热压烧结氮化硅。为了克服反应烧结氮化硅气孔率高、强度低的缺点，可以采用热压烧结获得完全致密的氮化硅材料。

采用 α 相含量>90%的 Si_3N_4 细粉和少量添加剂（如 MgO，Al_2O_3，MgF_2 或 Fe_2O_3 等），充分磨细，混合均匀，然后放入石墨模具中进行热压烧结，热压温度为 1 600～1 800℃，压力为 15～30 MPa，保压 40～120 min，整个操作在 N_2 保护气氛下进行。

热压烧结氮化硅制品密度高，气孔率接近零，弯曲强度为 1 000 MPa，强度在 1 000～1 100℃仍不下降。热压烧结后 β 相具有方向性，导致性能具有方向性。

③无压烧结氮化硅。与热压烧结所用原料一样，采用 α 相含量>90%的 Si_3N_4 细粉料并加入适量烧结助剂（如 ZrO_2，Y_2O_3，Al_2O_3，MgO，La_2O_3 等），烧结助剂可以单独加入，也可以复合加入，复合加入效果较好。原料粉末充分混匀并冷压成型，成型坯体经排胶后，在氮气气氛下 1 700～1 800℃时烧结。

无压烧结机理仍然是液相烧结。由于烧结温度高（1 700～1 800℃），烧结的关键是防止氮化硅的分解，必须精心选择外加剂、烧成制度和烧结用坩埚等。一般选择涂有 BN 的石墨坩埚，加上比例为 Si_3N_4 : BN : MgO＝50 : 40 : 10 的均匀混合埋粉，将成型坯体覆盖起来，烧结过程中 MgO 高温挥发扩散至坯体中，降低了液相生成温度，增加了液相量，有利于致密化，促进了烧结。

此外，提高氮气压力有利于减少氮化硅的热分解，提高材料的致密度，一般说来，在 1 900～2 100℃时相应的氮气氛压力要达到 1～5MPa 才能保证优异的烧结性能和小于 2%的分解失重。

无压烧结 Si_3N_4 的烧成收缩约为 20%，相对密度可达 96%～99%，可以制造形状复杂的产品，性能优于反应烧结氮化硅，并且成本低。但由于坯体中玻璃相较多，影响材料的高温强度，同时由于烧成收缩较大，产品易开裂变形。

④气压烧结氮化硅。气压烧结法是针对无压烧结工艺的不足之处而发展起来的一种制备高性能氮化硅材料的工艺。特点是在高温下烧结时，通过气体（N_2）加压，抑制氮化硅分解，从而可以在更高温度下进行烧结。

虽然较高的N_2压力可以抑制Si_3N_4分解，有利于提高制品的均匀性和可靠性，但烧结设备属高压容器，价格比较贵。

最新研究表明，采用两步N_2气压烧结可获得高密度(99%)产品。首先在2 000℃和大约2MPa N_2气压下加热15min，将坯体先烧结至闭气状态，随后将N_2压力提高到7MPa，使坯体快速致密化。实际上目前已把气压烧结法单独作为一种制备氮化硅陶瓷的方法。

⑤反应结合重烧结氮化硅(即二次反应烧结氮化硅)。氮化硅的生坯密度一般较低(大约为理论密度的45%～55%)，烧结后氮化硅陶瓷通常有15%～20%的线收缩。因此，对于制备形状复杂的制品，尺寸控制较困难。反应烧结的制品已具有70%～85%的理论密度，将反应烧结的坯体在N_2气氛下经1 700～1 900℃高温重新烧结，这样制品的最终密度可达理论密度98%以上。反应烧结氮化硅的重烧结工艺的优点是便于制造异型制品，缺点是烦琐，工艺周期长。

⑥化学气相沉积法。该方法通常采用$SiCl_4$和NH_3或SiH_4和NH_3为原料气，在压力为100～1 000Pa，温度为800～1 300℃下沉积，可获得非晶结合纳米晶的氮化硅涂层，由于纯度高，硬度高，可用做天线罩涂层。

(4)氮化硅陶瓷的晶界工程

晶界的组成和形貌是决定材料能否为高温工程所用的关键条件。提高氮化硅陶瓷晶界耐火度的途径主要有四个方面：

①形成固熔体，净化晶界。添加的氧化物烧结助剂与氮化硅表面反应生成可促进氮化硅烧结的液相，烧结后期这类液相能固熔进Si_3N_4的晶格，形成单相烧结体。这无疑是减少了晶界玻璃相量，起到净化晶界作用。

②以高黏度、高熔点玻璃相强化晶界。依据相关研究，发现$Si_3N_4-Y_2O_3-La_2O_3-SiO_2$系统的低共熔点温度接近1 500℃，大大高于$Si_3N_4-Y_2O_3-Al_2O_3-SiO_2$系统的低共熔点温度(约1 350℃左右)，并且此系统在高温下形成的氧氮玻璃的黏度和软化温度都比较高，相对硬度和断裂韧性也比较高，因此采用能形成高黏度、高熔点晶界玻璃相的氧化物为添加剂对提高氮化硅高温强度也是有利的。

③促使玻璃相析晶，提高晶界耐火度。从相平衡角度考虑，使晶界玻璃相通过热处理能析出高熔点结晶相，这样一方面减少了晶界玻璃相量，并且也提高了晶界耐火度。

④通过氧化扩散，改变晶界组成。在长时间氧化过程中，试样内部玻璃相和表面SiO_2都存在一种在组成上达到相平衡的倾向，这样使玻璃相组成在氧化过程中不断发生变化，使形成低熔点液相的杂质离子不断扩散到表面而提高了玻璃相软化温度。同时由于扩散的作用，玻璃相本身不断析出更耐火的第二相。通过晶界工程研究，晶界相设计使氮化硅晶界性能得到改善，材料高温性能有了很大提高，目前已能制备从室温到1 370℃、强度保持在1 000 MPa的氮化硅材料，为能在高温、高技术领域应用打下了良好的基础。

(5)氮化硅陶瓷的性能与用途

由于生产工艺不同，氮化硅陶瓷性能有很大差异，表3.15为几种氮化硅材料的典型性能数据参考值。

利用氮化硅材料的耐热性、化学稳定性、耐熔金属腐蚀的性能，在冶金工业方面用做铸造器皿、燃烧舟、坩埚、蒸发皿和热电偶保护管等，在化工方面用做过滤器、热交换器部件、催化剂载体、煤化气的热气阀等。

表3.15 Si_3N_4陶瓷材料的典型性能值

材料种类	反应烧结 Si_3N_4	常压烧结 Si_3N_4	热压烧结 Si_3N_4
密度/($g \cdot cm^{-3}$)	2.7～2.8	3.2～3.26	3.2～3.4
硬度(HRA)	83～85	91～92	92～93
弯曲强度/MPa	250～400	600～800	900～1 200
弹性模量/GPa	160～200	290～320	300～320
韦伯模数	15～20	10～18	15～20
热膨胀系数/($10^{-6}K^{-1}$)	3.2(室温～1 200℃)	3.4(室温～1 000℃)	2.6(室温～1 000℃)
导热系数/($W \cdot m^{-1} \cdot K^{-1}$)	17	20～25	30
抗热震性参数 ΔT_c/℃	300	600	600～800

充分利用氮化硅陶瓷的耐磨性和自润滑性，可以制备泵的密封环，性能比传统密封材料优越，应用十分广泛。氮化硅材料的高硬度使得其可以用于切削工具、高温轴承、拔丝模具、喷砂嘴等部件。氮化硅陶瓷球附加值高，价格是刚玉球的100倍左右，已成为重要的产业。与氧化硅相比，抗蠕变性能好，高温无相变，高温强度高，多孔氮化硅陶瓷已逐渐取代氧化硅成为新型导弹天线罩材料。特别是陶瓷刀具在现代超硬精密加工中，氮化硅陶瓷轴承在先进的高精度数控车床、超高速发动机以及航空航天高低温环境中已经获得广泛应用。

(6)塞龙陶瓷

在开发氮化硅陶瓷材料的过程中发现了一些新的物质和材料，其中最为重要的是塞龙(Sialon)陶瓷，也称塞阿龙陶瓷，它是 $Si_3N_4-Al_2O_3-AlN-SiO_2$ 系列化合物的总称。当使用 Al_2O_3 作为添加剂加入 Si_3N_4 进行烧结时，发现在 $\beta-Si_3N_4$ 晶格中部分 Si 和 N 被 Al 和 O 取代形成单相固溶体，它保留着 $\beta-Si_3N_4$ 的结构，只不过晶胞尺寸增大了，形成了由 Si－Al－O－N 元素组成的一系列相同结构的物质。

塞龙陶瓷的晶体结构仍属六方结构，有 α－Sialon 和 β－Sialon 两种晶形，α－Sialon 性能较差，β－Sialon 则具有优良的性能。

如图3.37所示为 Sialon 系统相图。这个相图是以等价百分比来表示的，是在1 750℃下得到的 $Si_3N_4-Al_2O_3-AlN-SiO_2$ 系统进行反应的等温相图。可以看出，$\beta-Si_3N_4$(β'－Sialon 相)并不在 $Si_3N_4-Al_2O_3$ 的连线上，而是处在 $Si_3N_4-Al_2O_3 \cdot AlN$ 的连线上。在 Si_3N_4 中金属原子(Si)和非金属原子(N)之比为3∶4，而 Al_2O_3 与 Si_3N_4 的价数不同，当仅以 Al_2O_3 去取代 Si_3N_4 时，为了保持电价平衡，必然出现 Si 空位，可是 Si_3N_4 的共价键特性又很难出现空位，因此单纯加入 Al_2O_3 不可能形成无组分缺陷的固溶体，只有在 $Si_3N_4-Al_2O_3 \cdot AlN$ 连线上才能保持金属原子(Si 和 Al)和非金属原子(O 和 N)之比为3∶4，而且其价态也是平衡的，因此在 $Si_3N_4-Al_2O_3 \cdot AlN$ 连线上才能形成无组分缺陷的单相固溶体 β－Sialon，β'－Sialon 具有优良的抗氧化、耐腐蚀性能。可以把 β'－Sialon 固溶体写成

$$Si_{6-x}Al_xO_xN_{6-x}$$

其中,x 的取值在 0～4.2 之间,在此范围内均可形成单相塞龙(Sialon)。当 $x=0$ 时对应 $\beta-Si_3N_4$,随 x 值的增大,固溶进去的 Al_2O_3 增加,晶格膨胀,密度下降,硬度和弯曲强度也略有下降。当 $x>4.2$ 时,$Al_2O_3 \cdot AlN$ 过多,已不能保持 β'-Sialon 的晶体结构,在相图右下角出现了 15R,12H,21R,27R 等相,都是 AlN 的多形体。

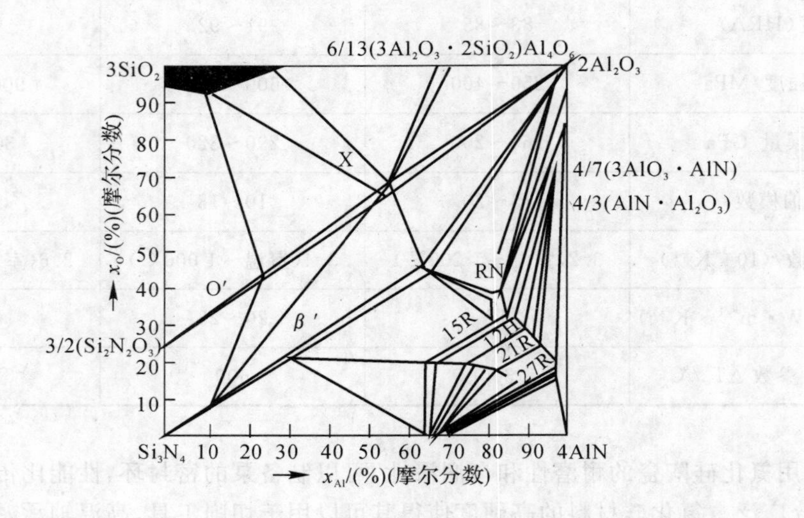

图 3.37 $Si_3N_4-Al_2O_3-AlN-SiO_2$ 系相图

α'-Sialon 也是 Al,O 原子部分置换 Si_3N_4 中 Si,N 原子的固溶体,α'-Sialon 的组织结构中存在严重的晶格缺陷,其强度比 β'-Sialon 低,但其最大的优点是高硬度(HRA93～94),高耐磨,高抗热震性,有良好的抗氧化性和高低温性能。

由于 Sialon 有很宽的固溶范围,可通过调整固溶体的组分比例按预定性能对 Sialon 进行成分设计,通过添加剂加入量的适当调节可以得到最佳 β' 和 α'-Sialon 的比例,获得最佳强度和硬度配合的材料。

从理论上讲,塞龙陶瓷是单相固溶体,所加入的烧结助剂应进入晶格,在晶界上没有玻璃相,具有优异的高温强度和抗蠕变性能。然而,实际上不可能没有玻璃相,所以塞龙陶瓷比 Si_3N_4 易于烧结。在无压力情况下,可烧结至理论密度,特别是 x 值较大时。综合考虑使用性能和烧结性能,x 的取值一般在 0.4～1.0 之间。

无压烧结或热压烧结是制备塞龙陶瓷的常用工艺,主要的添加剂为 MgO,Al_2O_3,AlN 和 SiO_2 等。同时添加 Y_2O_3 和 Al_2O_3 能获得强度很高的塞龙陶瓷。此外,加入 Y_2O_3 可降低塞龙陶瓷的烧结温度。在制备塞龙陶瓷时应选择超细、超纯、高 α 相的氮化硅粉末,采用适当的工艺措施控制其晶界相的组成和结构,这样才能获得性能优异的材料。

近年来又出现了 Y-Sialon,Mg-Sialon,C-Sialon 等一系列相同结构的 Sialon 家族,主要的差别在于加入了不同的烧结助剂。

塞龙陶瓷材料除了具有较低热膨胀系数,较高耐腐蚀性,高的热硬性,优良的耐热冲击性能,优异的高温强度、硬度等优良性能(见表 3.16)外,其最大的优越性在于制备工艺的相对容易实现。

表 3.16 塞龙陶瓷主要物理机械性能(International Syalons)

性 能	烧结塞龙 Syalon110	热压塞龙 Syalon101
密度/(g·cm^{-3})	2.65	3.23
气孔率/(%)	10	0
弹性模量/GPa	139	288
拉伸强度/MPa	250	450
导热系数/(W·m^{-1}·K^{-1})	27	28
热膨胀系数/(10^{-6}℃$^{-1}$)	3.04	3.04(0～1 200℃)
室温硬度 HRA	88	92
断裂韧性 K_{IC}/(MPa·m$^{\frac{1}{2}}$)	3.5	7.7

由于塞龙陶瓷所具有的优良性能,其应用范围比 Si_3N_4 更广泛,其主要应用领域为:①热机材料,用于汽车发动机的针阀和挺杆垫片;②切削工具,塞龙陶瓷的热硬性比 Co-WC 合金和氧化铝高,当刀尖温度大于1 000℃时仍可进行高速切削;③轴承等滑动件及磨损件,塞龙陶瓷易于直接烧结到工件所需尺寸,硬度高,耐磨性能好。

2. 氮化铝陶瓷

(1)晶体结构

氮化铝为共价键化合物,其晶体结构有六方和立方两种,其中立方晶型只有在超高压或薄膜生长条件下才能获得。常见的 AlN 陶瓷均为六方纤锌矿结构,如图 3.38 所示,其晶格常数 a=0.311 0 nm,c=0.498 0nm,空间群为 $P6_3mc$,理论密度为 3.26 g·cm^{-3},莫氏硬度为 7～8,在 2 200～2 250℃分解。氮化铝粉末呈白色或灰白色,制品的密度与选择添加剂种类、加入量及制备工艺有关。其主要性能如表 3.17 所示。

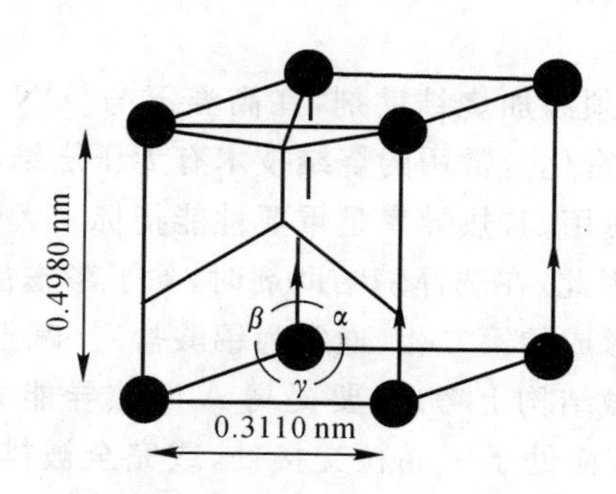

图 3.38 立方 AlN 晶格示意图

表 3.17 AlN 陶瓷的基本性能

性能	指标	备注
热导率	理论值为 320 $W \cdot m^{-1} \cdot K^{-1}$，实际产品接近 200 $W \cdot m^{-1} \cdot K^{-1}$	
线膨胀系数	3.5×10^{-6} ℃$^{-1}$（室温至 200℃）	与 Si（3.4×10^{-6} ℃$^{-1}$）相近
绝缘性能	能隙宽度为 6.5eV，室温电阻率＞1 016Ω·m	良好绝缘体
介电常数	8.0	与 Al_2O_3 相当
室温力学性能	HV=12 GPa，E=314 GPa，σ=400～500 MPa	密度低，硬度高
高温力学性能	1 300℃下降约 20％	热压 Si_3N_4，Al_2O_3 下降 50％

（2）氮化铝粉末的制备

①直接氮化法。反应式为：$2Al+N_2\rightarrow2AlN$。该反应为强放热反应，故必须小心控制工艺，以免形成大的熔融"铝珠"。此反应气固扩散控制，如果采用高温长时间反应的工艺，则产物晶粒粗大，质量稳定性差。为加速铝的氮化反应，可加入 CaF_2 或 NaF_2 作催化剂。

②自蔓延法。反应式为：$2Al+N_2\rightarrow2AlN$。此工艺的特点是反应速度极快，成本低廉，适于工业化生产，所得物体粒径小于 10 μm，但是粒径分布不均匀。

③碳热还原氮化法。反应式为：$Al_2O_3+3C+N_2\rightarrow2AlN+3CO$。为保证反应完全，在配料中往往加入过量碳，因此得到的 AlN 粉必须在空气中 700℃时进行脱碳处理，除去残余的碳。用此工艺得到的 AlN 粉末粒度细，含氧量低，纯度高。

④铝的卤化物与氨反应法。亦称气相法，其反应式为：$AlCl_3+NH_3\rightarrow AlN+3HCl$。

⑤有机盐裂解法。反应式为：$R_3Al+NH_3\rightarrow R_3Al\cdot NH_3\xrightarrow{-RH}(R_2AlNH_2)_2\xrightarrow{-RH}(RAlNH)_x\xrightarrow{-RH}AlN$。此工艺特点是可连续生产，制备粉末高纯超细。

⑥铝蒸汽氮化法。此工艺是将铝粉在电弧等离子体中蒸发并与氨反应生成 AlN，可制得粒度为 30nm，比表面为 60～100$m^2\cdot g^{-1}$ 的超细粉末。此外，还可将铝在低压 N_2 或 NH_3 中用电子加热使之蒸发并与含氮气体反应，可制得粒度小于 10nm 的超微 AlN 粉。

（3）氮化铝陶瓷的制备

氮化铝属共价键化合物，须添加烧结助剂，在高温下与 AlN 粉表面的氧化铝反应形成液相，通过液相烧结机制完成致密化。常用的烧结技术有无压烧结和热压烧结。

氮化铝在电子工业中的应用，其热导率是重要性能指标。大量研究表明，氧的存在是影响 AlN 热导能力的主要因素。因此，在选择烧结助剂时，除了考虑能促进致密化外，还应该能消耗掉氮化铝颗粒表面上的氧形成的第二相（通常为铝酸盐）。碱土金属氧化物和稀土金属氧化物往往是考虑的对象。从显微结构上考虑，要提高 AlN 热导能力必须尽量减少晶界相的量，净化 AlN 晶粒间接触，第二相应处于三晶粒交接处，或完全被排除。为此通过选用适当配比的烧结助剂形成可迁移液相，在还原性气氛中长时间烧成或进行烧结后热处理，使液相转移至三叉晶界处以排出烧结体，这样可使 AlN 陶瓷热导率得到提高。采用该技术路线制备的多晶氮化铝陶瓷热导率可达 29$W\cdot m^{-1}\cdot K^{-1}$。

（4）氮化铝陶瓷的性能与用途

氮化铝陶瓷可以用做熔融金属用坩埚、热电偶保护管、真空蒸镀用容器，也可用做红外线、雷达透过材料和真空中蒸镀金(Au)的容器、耐热砖、耐热夹具等，特别适用于作为2 000℃左右非氧化性电炉的炉衬材料；AlN的导热率是Al_2O_3的2～3倍，热压时强度比Al_2O_3还高，可用于要求高强度、高导热的场合，例如大规模集成电路的基板、车辆用半导体元件的绝缘散热基等都是AlN陶瓷最有前途的应用领域。

3. 氮化硼陶瓷

(1)晶体结构

BN是共价键化合物，一般认为有两种晶型：六方氮化硼(HBN)和立方氮化硅(CBN)。通常为六方结构，在高温和超高压的特殊条件下，可将六方晶型转变为立方晶型。

HBN属层状结构，与石墨相似(见图3.39)，故有白石墨之称。HBN粉末为松散、润滑、易吸潮的白色粉末，密度为2.27 g·cm^{-3}，莫氏硬度为2，机械强度低，但比石墨高，无明显熔点，在0.1MPa氮气中于3 000℃升华。在氮或氩气中的最高使用温度为2 800℃，在氧化气氛中的稳定性较差，使用温度在900℃以下。HBN膨胀系数低，热导率高，所以抗热震性优良，在20～1 200℃循环数百次也不破坏。

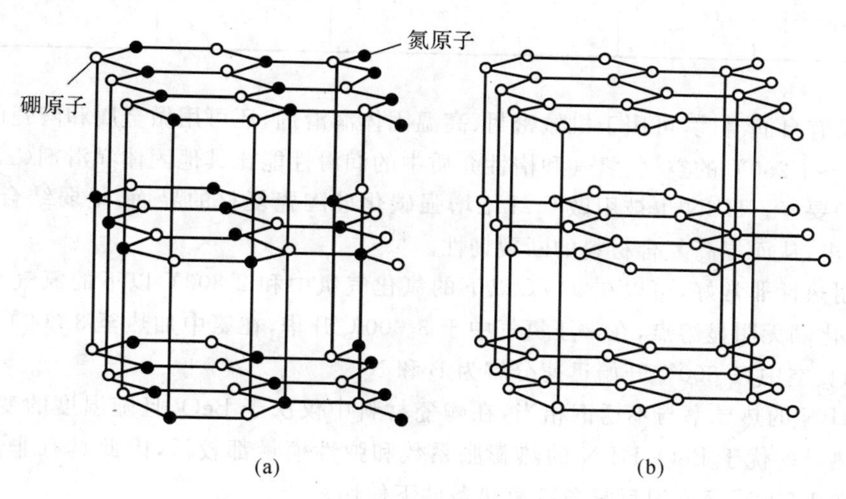

图3.39 BN和石墨的晶体结构
(a)BN；(b)石墨

CBN属等轴晶系，密度为3.48 g·cm^{-3}，熔点为3 000℃，抗氧化温度为1 300℃左右，硬度仅次于金刚石，是一种人造的超硬材料，在自然界中尚未发现。CBN的热稳定性和对铁元素及其合金的化学惰性均优于金刚石，常用做刀具材料和磨料。

(2)HBN粉体的制备

HBN粉末可以通过含硼化合物与氨基的反应制得。含硼化合物包括硼的卤化物、氧化物及其酸类；氨基则来自氨、氯化铵、尿素、氮等，也可以用硫氰化氨、氰化钠等有机铵类。从原料分类可以有硼酸法、硼砂法、氮化硼法、卤化硼法、元素直接合成法及碱金属硼酸法等。制备方法有气相合成法、等离子体合成法和气固相合成法。

(3)HBN陶瓷的制备

BN粉末的烧结性能很差，为了获得致密的BN陶瓷制品，常采用热压法。在制备时添加

2%～5% B_2O_3（或氮化硅等），在高温生成液相以改善烧结性能，提高材料密度。将氮化硼粉和添加剂均匀混合并在 1 700～2 000℃，10～35 MPa 热压烧结，可制得体积密度为 2.1～2.2 g·cm^{-3}，莫氏硬度为 2 的制品。

B_2O_3 的加入有利于烧结致密化，但会引起 BN 制品的吸潮，导致材料电性能与高温性能的恶化，因此必须控制 B_2O_3 的加入量。

(4)氮化硼陶瓷的性能与用途

HBN 陶瓷密度小，硬度低，可以进行各种机械加工，容易制成尺寸精确的陶瓷部件。通过车、铣、刨、钻等切削加工，其制品精度可达 0.01 mm。表 3.18 为 HBN 的基本物理性质。

表 3.18　HBN 的性质

熔点 ℃	使用温度 ℃	密度 g·cm^{-3}	硬度 (莫氏)	导热系数 W·m^{-1}·K^{-1}	热膨胀系数 10^{-6}℃$^{-1}$	击穿电压 kV·m^{-1}	介电 常数 ε
3 000 (分解)	900～1 000 (空气) 2 800(N_2)	2.27	2	16.75～50.24	7.5	3.0～4.0×10^4	4.0～4.3

HBN 具有自润滑性，可用于机械密封、高温固体润滑剂，还可用做金属和陶瓷的填料制成轴承，在 100～1 250℃的空气、氢气和惰性介质中的润滑性能比其他固体润滑剂（二硫化钼、氧化锌和石墨）要好。HBN 也被用做 C 纤维增强碳化硅陶瓷复材的界面，呈弱结合界面，有利于纤维的拔出，从而提高复合材料的断裂韧性。

HBN 耐热性非常好，可以在 900℃以下的氧化气氛中和 2 800℃以下的氮气和惰性气氛中使用。氮化硼无明显熔点，在常压氮气中于 3 000℃升华，在氨中加热至 3 000℃也不熔解。在 0.5Pa 的真空中，1 800℃开始迅速分解为 B 和 N。

热压 HBN 的热导率与不锈钢相当，在陶瓷材料中仅次于 BeO，且随温度的变化不大，在 900℃以上热导率优于 BeO；HBN 的热膨胀系数和弹性模量都较低，因此具有非常优异的热稳定性，可在 1 500℃至室温反复急冷急热条件下使用。

氮化硼对酸、碱和玻璃熔渣有良好的耐侵蚀性，对大多数熔融金属如 Fe，Al，Ti，Cu，Si 等，以及砷化镓、水晶石和玻璃熔体等既不润湿也不发生反应，因此可以用做熔炼有色金属、贵金属和稀有金属的坩埚、器皿、管道、输送泵部件，用于硼单晶熔制器皿、玻璃成型模具、水平连铸分离环、热电偶保护管等，用于制造砷化镓、磷化镓等半导体材料的容器、各种半导体封装的散热底板，以及半导体和集成电路用的 p 型扩散源。

氮化硼既是热的良导体，又是电的绝缘体。它的击穿电压是氧化铝的 4～5 倍，介电常数是氧化铝的 1/2，到 2 000℃仍然是电绝缘体，可用来做超高压电线和电弧风洞的绝缘材料。氮化硼对微波和红外线是透明的，可用做透红外和微波的窗口材料。

由于硼原子的存在，氮化硼具有较强的中子吸收能力，在原子能工业中与各种塑料、石墨混合使用，作为原子反应堆的屏蔽材料。

氮化硼在超高压下性能稳定，可以作为压力传递材料和容器。氮化硼是最轻的陶瓷材料，用于飞机和宇宙飞行器的高温精细材料是非常有利的。

3.4.3 碳化物陶瓷

典型碳化物陶瓷材料有碳化硅(SiC)、碳化硼(B_4C)、碳化钛(TiC)、碳化锆(ZrC)、碳化钒(VC)、碳化钨(WC)和碳化钼(Mo_2C)等。碳化物陶瓷的主要特性是高熔点,许多碳化物的熔点都在 3 000℃以上。其中 HfC 和 TaC 的熔点分别为 3 887℃和 3 877℃。

碳化物在较高的温度下均会发生氧化,但许多碳化物的抗氧化能力都比 Re,W,Mo 和 Nb 等高熔点金属好。在许多情况下,碳化物氧化后所形成的氧化膜有提高抗氧化性能的作用。各种碳化物开始强烈氧化的温度如表 3.19 所示。

表 3.19 碳化物开始强烈氧化的温度

碳化物	TiC	ZrC	TaC	NbC	VC	Mo_2C	WC	SiC
强烈氧化温度/℃	1 100~1 400				800~1 000	500~800		1 300~1 400

大多数碳化物都具有良好的电导率和热导率,如表 3.20 所示。许多碳化物都有非常高的硬度,特别是 B_4C 的硬度仅次于金刚石和 CBN,但碳化物的脆性一般较大。

表 3.20 碳化物的电导率和热导率

碳化物	电阻率/($\mu\Omega\cdot$cm)	导热率/($W\cdot m^{-1}\cdot K^{-1}$)	显微硬度/($kg\cdot mm^{-2}$)	密度/($g\cdot cm^{-3}$)
TiC	105	17.1	3 000	4.94
HfC	37~45	22.2	2 910	12.7
ZrC	45~55	20.5	2 930	6.59
B_4C	1×10^5	28.8	4 950	2.52
SiC	5×10^8	33.4	3 340	3.21
TaC	25	50	2 500	14.5
WC	19.2×10^{-6}	84.02	2 400	15.63

过渡金属碳化物不水解,不和冷的酸起作用,但硝酸和氢氟酸的混合物能侵蚀碳化物。按照对酸和混合酸的稳定性,过渡金属碳化物排列顺序为:TaC>NbC>WC>TiC>ZrC>HfC>Mo_2C。碳化物在 500~700℃时与氯或其他卤族元素作用,大部分碳化物在高温和氮作用生成氮化物。过渡金属元素碳化物(如 TiC,ZrC,HfC,VC,NbC,TaC 等)属于间隙相,WC,Mo_2C 则属于间隙化合物。

1. 碳化硅陶瓷

碳化硅俗称金刚砂,是一种典型的共价键化合物,自然界几乎不存在。1890 年爱迪生公司的 Edword 和 G. Acheson 在碳中加硅作为催化剂想合成金刚石,结果制备了碳化硅。

SiC 的最初应用是由于其超硬性能,可制备成各种磨削用的砂轮、砂布、砂纸以及各类磨料,被广泛地用于机械加工行业。第二次世界大战中又发现它还可作为炼钢时的还原剂以及加热元件,从而促使它快速发展。随着人们研究的深入,又发现它还有许多优良性能,诸如它的高温热稳定性、高热传导性、耐酸碱腐蚀性、低膨胀系数、抗热震性好等。

(1)晶体结构

SiC 主要有两种晶型,即 α-SiC 和 β-SiC。α-SiC 属六方结构,是高温稳定的晶型,如图 3.40(a)所示;β-SiC 属面心立方结构,是低温稳定的晶型,如图 3.40(b)所示。

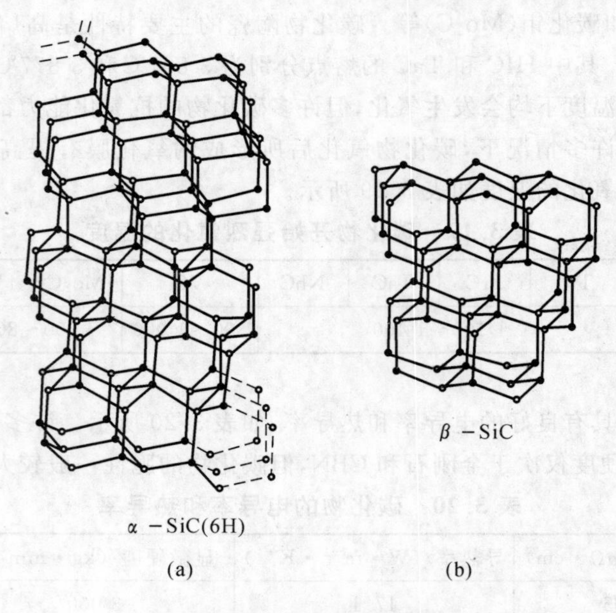

图 3.40 SiC 的晶体结构

SiC 是共价键很强的化合物,离子键约占 12%,其晶体结构的基本单元是碳硅四面体。四面体中心有 1 个硅原子,周围环绕着 4 个碳原子。硅碳四面体按如图 3.40 所示的方式排列,即以 3 个硅原子和 3 个碳原子为一组,构成具有一定角度的六边形,成平行层状结构排列。层状结构可按立方、六方紧密堆积排列,即可以按 ABC,ABC……循环重复,或 AB,AB……循环重复。

α-SiC 有 100 多种变体,其中最主要的是 4H,6H,15R 等,4H,6H 属于六方晶系,在 2 100℃及其以上是稳定的;15R-SiC 为菱面(斜方六面)晶系,在 2 000℃以上是稳定的。

β-SiC 的密度为 3.215g·cm^{-3},α-SiC 的密度为 3.217 g·cm^{-3}。β-SiC 在 2 100℃以下是稳定的,高于 2 100℃时 β-SiC 开始转变为 α-SiC,转变速度很慢,到 2 400℃时转变迅速,这种转变是不可逆的。在 2 000℃以下合成的 SiC 主要是β型,在2 200℃以上合成的主要是 α-SiC,而且以 6H 为主。

(2)碳化硅粉体的制备

碳化硅粉体的制备方法较多,以下是几种典型的合成方法。

①Acheson 法。采用碳热还原过程将 SiO_2 与 C 反应生成 SiC,反应方程式如下:

$$SiO_2 + 3C \rightarrow SiC + 2CO\uparrow \quad (3.24)$$

SiC 的原料可用熔融石英砂或破碎过的石英、石墨、石油焦或无灰无烟煤、氯化钠以及木屑作为添加剂,在 2 000~2 400℃的电弧炉中反应合成。由于反应过程中整个电弧炉很大,温度场的分布不均匀,中心温度远高于炉壁温度,因此在 SiC 的合成炉中生成的产物不均匀,并常有不纯物质。核心部位的产物是纯的绿色 SiC,向外杂质较多,一般杂质为铁、铝、碳等,因此颜色呈黑色。该方法生产的 SiC 为 α-SiC 块体，经过粉碎与提纯处理，达到所需的纯度与粒度。

②碳热还原法。将起始原料蔗糖水溶液和硅凝胶混合后，经脱水，或者用碳与石英均匀混合后，在保护气氛或真空条件下加热反应生成。反应温度<1 800℃，生成的 SiC 为 β 相。其反应式为

$$SiO_2 + C \rightarrow SiO + CO\uparrow \tag{3.25}$$

$$SiO + 2C \rightarrow SiC + CO\uparrow \tag{3.26}$$

③金属硅固相反应法。用金属硅与碳直接反应生成 SiC，反应式如下：

$$Si(s) + C \rightarrow \beta\text{-}SiC \tag{3.27}$$

$$Si(g) + C \rightarrow \beta\text{-}SiC \tag{3.28}$$

④甲烷气相反应法。通过甲烷高温热解的碳与硅反应，反应式如下：

$$Si(g) + CH_4 \xrightarrow{\text{电弧}} SiC + 2H_2\uparrow \tag{3.29}$$

⑤金属有机前驱体法。由于金属有机前驱体的 Si/C 比接近或等于 1，从而可以作为化学剂量的 SiC 合成方法，它的合成温度较低，在真空或激光中热解而成 SiC。例如二氯甲基硅烷或三氯甲基硅烷的热解。其反应式如下：

$$CH_3SiHCl_2 \xrightarrow{1\,000\sim1\,500℃} SiC + 2HCl + H_2\uparrow \tag{3.30}$$

$$CH_3SiCl_3 \xrightarrow{1\,000\sim1\,500℃} SiC + 3HCl \tag{3.31}$$

⑥等离子体气相反应合成法。它的热源是高频等离子体、直流电弧等离子体或两者相结合的混合等离子体。原料有 $SiCl_4$，CH_3SiCl_3，SiH_4 和 CH_4，C_2H_4 等，前者提供 Si 源，后者提供 C 源，高温时两种气体发生反应形成 SiC。

(3)碳化硅陶瓷的制备

采用一些特殊的工艺或者依靠第二相促进烧结，甚至与第二相结合的方法制备 SiC。

①无压烧结(常压烧结)碳化硅。通常认为，扩散烧结的难易与晶界能 r_G 和表面能 r_S 之比有关，当 $r_G/r_S<\sqrt{3}$ 时易于烧结。Be，B，Al，N，P 和 As 等易溶入 SiC 中，而以 B 的溶解度最大，B 与 SiC 高温时能够形成置换固溶体，从而降低了 SiC 的晶界能 r_G，B 可以 B_4C 的形式加入；此外，碳的加入有利于使 SiC 颗粒表面的氧化膜在高温时还原，增加颗粒表面能 r_S。目前常用的添加剂为 Al+B+C 或 $Al_2O_3+Y_2O_3$。

采用亚微米级 β-SiC 粉末，分别加入质量分数为 0.5%和 1.0%的 B 和 C，充分混匀，采用干压、注浆或冷等静压成型，然后在 2 000～2 200℃的中性气氛中烧成，所得制品密度可达 95%以上理论密度。

②热压烧结碳化硅。热压工艺通常可以制得接近理论密度的制品，但对碳化硅而言，在无烧结助剂的情况下热压，仍然无法得到完全致密材料。与无压烧结类似，B+C，B_4C，Al_2O_3，AlN，BN，BeO，Al 等也是 SiC 热压烧结时经常加入的烧结助剂。烧结助剂种类与含量不同，所得到材料的性能也不相同；此外，影响热压 SiC 材料烧结性能的因素还有原材料颗粒度、原材料中的 α 相含量、热压压力与温度等因素。一般采用的热压温度为 1 950～2 300℃，压力为 20～40MPa，热压烧结 SiC 制品的密度高，抗弯强度高。

③反应烧结(自结合)碳化硅。将 α-SiC 粉末和碳按一定比例混合制成坯体，在 1 400～1 650℃之间加热，使液相或气相 Si 渗入坯体，与碳反应生成 β-SiC，把坯体中 α-SiC 颗粒结

合起来，从而得到致密的 SiC 材料，也可以把 Si 粉直接加入，这种工艺又称为自结合 SiC。液相或气相硅的获得可以通过对 SiO_2 的还原(与碳化硅原料制备的原理相同)，也可以直接加热纯 Si。也可以把树脂作为黏结剂和碳源，加入到 SiC－Si 粉中，模压后高温裂解，树脂分解产生的碳与硅反应生成 SiC，由于树脂以液相引入，混合均匀，制品微晶结构均匀。

反应烧结工艺制备 SiC 材料的优点是烧结温度低，制成品无体积收缩，无气孔，形状保持不变，其主要缺点是烧结体中含有 8%～20%的游离 Si 与少量残留碳，限制了材料的最高使用温度(<1 350℃)，同时也不适合于在强氧化与强腐蚀环境中使用。

④反应烧结重烧结碳化硅。针对反应烧结与无压烧结存在的缺点，将反应烧结与无压烧结后的材料在高温下进行二次重烧结，降低材料中游离 Si 含量，提高材料致密度，最终得到高性能 SiC 材料。

⑤第二相结合 SiC 材料。SiC 材料除了采用以上工艺方法制备以外，为了降低烧结温度和制造成本，根据不同的使用条件，还可使用较低熔点的第二相，把主晶相碳化硅结合起来，形成氧化物结合碳化硅、氮化硅结合碳化硅、赛龙结合碳化硅、氧氮化硅结合碳化硅等各种复相材料。这类材料目前在冶金、电子、机械、轻工等领域得到了广泛的应用。

可以采用黏土或其他氧化物陶瓷原料(SiO_2，Al_2O_3，ZrO_2 等)作为添加剂加入，在氧化气氛中烧结，由于多相成分的存在使 SiO_2 液相温度降低，同时 SiC 颗粒表面氧化生成的 SiO_2 膜也成为液相，最终得到石英或莫来石、锆英石等第二相将碳化硅颗粒结合在一起的碳化硅复相材料。如图 3.41 所示为氧化物结合碳化硅的结构模型。

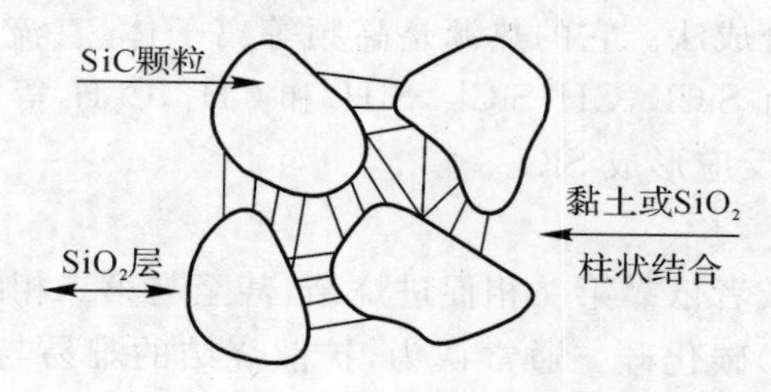

图 3.41　氧化物结合碳化硅的结构模型

氧化物结合碳化硅制品的特点是烧结温度低，抗氧化性能好，但使用温度受到结合剂类型的限制；其中，由于黏土中含有较多的钠、钾、钙低熔点物质，使得黏土结合碳化硅材料荷软温度低，使用温度低，同时在高温使用时易于与其他材料发生化学反应，故黏土结合碳化硅材料只能用做较低温度的耐火材料。

在配料时加入细的 Si 粉，压制成型后在氮气氛中约 1 400℃氮化烧结，得到氮化硅结合的碳化硅材料。根据工艺的不同，除了 Si_3N_4 与 α－SiC 紧密结合的组织外，还可能存在少量残余 Si 或得到氧氮化硅(Si_2ON_2)结合的碳化硅材料。氮化硅结合的碳化硅制品的抗氧化性能较好，在使用过程中，体积变化很小，但在冷、热循环过程中会发生突然性破坏。

(4)碳化硅陶瓷的性能和用途

碳化硅没有熔点，常压下 2 900℃时发生分解。碳化硅的硬度很高，莫氏硬度为 9.2～9.5，显微硬度为 33 400 MPa，仅次于金刚石、立方 BN 和 B_4C 等少数几种物质。

碳化硅陶瓷的性能随制备工艺的不同会发生一定的变化，表 3.21 为三种不同工艺制得的碳化硅材料的物理力学性能。碳化硅的热导率很高，大约为 Si_3N_4 的 2 倍；其热膨胀系数大约

相当于 Al_2O_3 的1/2；抗弯强度接近 Si_3N_4 材料，但断裂韧性比 Si_3N_4 小；具有优异的高温强度和抗高温蠕变能力，热压碳化硅材料在1 600℃时的高温抗弯强度基本和室温相同。

表3.21 不同烧结方法制得的SiC制品的性质

性质	热压 SiC	常压烧结 SiC	反应烧结 SiC
密度/($g \cdot cm^{-3}$)	3.2	3.14～3.18	3.10
气孔率/(%)	<1	2	<1
硬度 HRA	94	94	94
抗弯强度/MPa(室温)	989	590	490
抗弯强度/MPa(1 000℃)	980	590	490
抗弯强度/MPa(1 200℃)	1 180	590	490
断裂韧性/($MPa \cdot m^{1/2}$)	3.5	3.5	3.5～4
韦伯模数	10	15	15
弹性模量/GPa	430	440	440
导热率/($W \cdot m^{-1} \cdot K^{-1}$)	65	84	84
热膨胀系数/(10^{-6}℃$^{-1}$)	4.8	4.0	4.3

纯的SiC具有 $10^{14}\ \Omega \cdot cm$ 数量级的高电阻率，当有铁、氮等杂质存在时，电阻率减小到零点几 $\Omega \cdot cm$，电阻率变化的范围与杂质种类和数量有关。碳化硅具有负温度系数特点，即温度升高，电阻率下降，可作为发热元件使用。

碳化硅的化学稳定性高，不溶于一般的酸和混合酸中，沸腾的盐酸、硫酸、氢氟酸不分解碳化硅，发烟硝酸和氢氟酸的混合酸能将碳化硅表面的氧化硅溶解，但对碳化硅本身无作用。熔融的氢氧化钠、氢氧化钾、碳酸钠、碳酸钾在高温时能分解碳化硅，过氧化钠和氧化铅强烈分解碳化硅，Mg，Fe，Co，Ni，Cr，Pt等熔融金属能与SiC反应，碳化硅和某些金属氧化物能生成硅化物。

碳化硅和水蒸气在1 300～1 400℃开始作用，直到1 775～1 800℃才发生强烈作用。碳化硅在1 000℃以下开始氧化，1 350℃显著氧化，在1 300～1 500℃时可以形成表面氧化硅膜，阻碍进一步氧化，直到1 750℃碳化硅才强烈氧化。

由于SiC陶瓷高温强度高、抗蠕变、硬度高、耐磨、耐腐蚀、抗氧化、高热导、高电导和优异的热稳定性，使其成为1 400℃以上最有价值的高温结构陶瓷，具有十分广泛的应用领域。

氧化物、氮化物结合碳化硅材料已经大规模地用于冶金、轻工、机械、建材、环保、能源等领域的炉膛结构材料、隔焰板、炉管、炉膛，以及各种窑具制品中，起到了节能、提高热效率的作用；碳化硅材料制备的发热元件正逐步成为1 600℃以下氧化气氛加热的主要元件。高性能碳化硅材料可以用于高温、耐磨、耐腐蚀机械部件，在耐酸、耐碱泵的密封环中已得到广泛的工业应用，其性能比氮化硅更好。碳化硅材料用于制造火箭尾气喷管、高效热交换器、各种液体与气体的过滤净化装置也取得了良好的效果。此外，碳化硅是各种高温燃气轮机高温部件提高使用性能的重要候选材料。在碳化硅中加入BeO可以在晶界形成高电阻晶界层，可以满足超大规模集成电路衬底材料的要求。表3.22列出了SiC陶瓷的某些主要用途。

表3.22 碳化硅陶瓷的主要用途

领域	使用环境	用途	主要优点
石油工业	高温、高压研磨性物质	喷嘴，轴承，密封，阀片	耐磨，导热
化学工业	强酸(HNO_3，H_2SO_4，HCl)强碱(NaOH)高温氧化	密封，轴承，泵部件，热交换器，气化管道，热电偶保温管	耐磨损，耐腐蚀，气密性
汽车、拖拉机、飞机、宇宙火箭	燃烧(发动机)	燃烧器部件，涡轮增压器，涡轮叶片，燃气轮机叶片，火箭喷嘴	低摩擦，高强度，低惯性负荷，耐热冲击性
激光	大功率、高温	反射屏	高刚度，稳定性
喷砂器	高速研削	喷嘴	耐磨损
造纸工业	纸浆废液(50%)NaOH纸浆	密封，套管，轴承衬底	耐热，耐腐蚀，气密性
钢铁工业	高温气体、金属液体	热电偶保温管，辐射管，热交换器，燃烧管，高炉材料	耐热，耐腐蚀，气密性
矿业	研削	内衬，泵部件	耐磨损性
原子能	含硼高温水	密封，轴套	耐放射性
冶金	塑性加工	拉丝，成型模具	耐磨，耐腐蚀性
微电子工业	大功率散热	封装材料，基片	高热导，高绝缘
兵器	高速冲击	装甲，炮筒内衬	耐磨，高硬度

2. 碳化硼陶瓷

(1)晶体结构

碳化硼陶瓷是一种仅次于金刚石和立方氮化硼的超硬材料。这是由其特殊的晶体结构决定的。B与C的原子半径很小，而且是非金属元素，B与C形成强共价键的结合。这种晶体结构形式决定了碳化硼具有超硬、高熔点(2 450℃)、低密度(2.55 g·cm^{-3})等一系列优良的物理化学性能。

碳化硼的晶体结构以斜方六面体为主，如图3.42所示。每个晶胞中含有15个原子，在斜方六面体的角上分布着硼的正二十面体，在最长的对角线上有3个硼原子，碳原子很容易取代这3个硼原子的全部或部分，从而形成一系列不同化学计量比的化合物，当碳原子取代了3个硼原子时，形成严格化学计量比的碳化硼，当碳原子取代2个硼原子时，形成$B_{12}C_2$等；因此，碳化硼(B_4C)是由相互间以共价键相联的12个原子($B_{11}C$)组成的二十面体群以及二十面体之间的C—B—C原子链构成，而$B_{13}C_2$是由$B_{11}C_2$组成的二十面体和B—B—C链构成。

(2)碳化硼粉体的制备

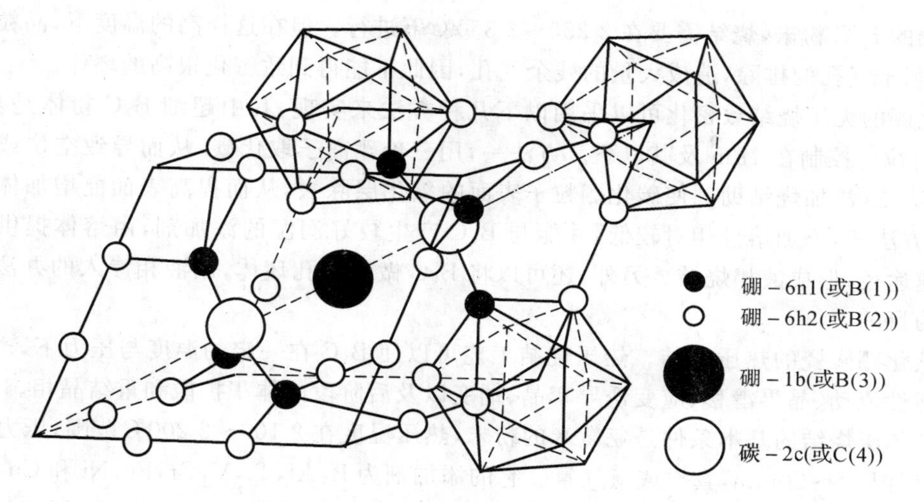

图 3.42　碳化硼的晶体结构

碳化硼的主要合成方法是用氧化硼(B_2O_3)与碳(通常用焦碳)在电阻炉中加热到 2 300℃还原而成的,也可以用单质直接合成粉末。碳化硼可以由以下几种方法合成。

由硼酐与碳反应而成,反应方程式为

$$2B_2O_3+7C \rightarrow B_4C+6CO\uparrow \tag{3.32}$$

含有镁的硼酐在碳存在的情况下反应而成,反应方程式为

$$2B_2O_3+6Mg+C \rightarrow B_4C+6MgO \tag{3.33}$$

三氯化硼在碳存在的情况下,在氢气中反应而成,反应方程式为

$$4BCl_3+6H_2+C \rightarrow B_4C+12HCl \tag{3.34}$$

三氯化硼与四氯化碳在氢气中反应而成,反应方程式为

$$4BCl_3+CCl_4+8H_2 \rightarrow B_4C+16HCl \tag{3.35}$$

由硼单质和碳单质直接合成,反应方程式为

$$4B+C \rightarrow B_4C \tag{3.36}$$

其中从硼酐与碳反应而成 B_4C 的工艺成熟并已工业化生产,它的过程分两步进行,反应方程式如下:

$$B_2O_3+3CO \rightarrow 2B+3CO_2\uparrow \tag{3.37}$$

$$4B+C \rightarrow B_4C \tag{3.38}$$

第一步反应温度在 1 400℃,第二步的反应温度提高到 2 000～2 500℃才完成全部反应。采用 2 500℃的电弧炉生产碳化硼,可以形成多晶 B_4C。但由于温度过高,易造成 B_4C 的分解、B 的蒸发而造成粉体中游离碳过多,有时可以达到质量分数为 10%～15%的碳含量。

用石墨加热炉来制备 B_4C,由于炉内温度均匀一致,炉温只要达到 1 700～1 800℃,在保护性气氛中,就能制备出 0.5～5μm 的 B_4C 粉体。

(3)碳化硼陶瓷的制备

碳化硼的共价键的分数大于 90%。气相的消除、晶界和体积扩散等质量迁移机制均在 2 000℃以上,因此碳化硼的致密化烧结很困难。

①碳化硼陶瓷的无压烧结。当对无添加剂的 B_4C 进行无压烧结时,需要采用非常细而且

氧含量低的 B_4C 粉末，烧结需要在 2 250～2 350℃下进行。但在这样高的温度下，晶粒会迅速生长，不利于气孔的排除，造成大量的残余气孔，因此不能得到致密化很高的坯体。

碳化硼的无压烧结致密化可以采用以下几种方法来实现，其中超细 B_4C 粉体是基础，一般 B_4C 的粒度控制在 1μm 及其以下。方法一，用三价硼离子取代碳，从而导致空位或电子的缺少；方法二，添加烧结助剂使碳化硼粒子表面的氧化层除去，从而提高表面能增加体系的烧结活性；方法三，添加熔点相对较低，并能与 B_4C 产生较好润湿的添加剂，由熔体提供物质迁移的快速途径，形成液相烧结。另外，还可以将 B_4C 做成多孔坯体，用液相渗入的办法来达到致密化的目的。

②碳化硼陶瓷的热压烧结。热压烧结工艺可以使 B_4C 在一定的温度与压力下，产生颗粒重排和塑性流动、晶界滑移、应变诱导孪晶、蠕变以及后阶段的体积扩散和重结晶相。

B_4C 热压烧结的基本条件是亚微米的粉末，热压温度在 2 100～2 200℃范围，压力为 25～40MPa，保温 15～20min，真空或氩气氛。它的添加剂为 B，Al，Ti，V，Cr，Fe，Ni 和 Cu 等金属，也可以与无压烧结一样添加 SiC－C 以及 Al 化合物来达到致密化。加 B－Si 可以使晶界滑移，形成薄形的 SiC 或 TiB_2 晶界相，钉住晶界运动与控制表面扩散而阻止晶粒粗化。如以各种玻璃、Al_2O_3、硅酸钠和 $Mg(NO_3)_2$ 以及 Fe_2O_3，就可以实现 1 750℃的低温热压烧结。也有以氟化物 MgF_2，AlF_3 作为 B_4C 的烧结添加剂。一般热压烧结比无压烧结更易致密化，但其成本高，只能制备简单形状的制品，这是阻碍热压烧结 B_4C 发展的一个重要原因。

③碳化硼陶瓷的高温热等静压烧结。正如 SiC 陶瓷一样，碳化硼陶瓷如采用 HIP 工艺烧结，即使在无添加剂的情况下，也可获得致密的烧结体。但如何正确选择金属包封材料和玻璃套是一个难点。高温下，有金属存在时 B_4C 分解形成金属硼化物和石墨，会使金属包封变脆。在石英玻璃存在的情况下，硼从样品的外层扩散到玻璃中会强烈改变玻璃黏度和玻璃的相变温度，使压力传递不易控制。另外氧化硼气体可能会从包封和样品中释放出来，从而使容器吹破。为此，人们研究了 B_4C 陶瓷 HIP 烧结的新方法：一种是在 B_4C 与金属或玻璃之间增加一层扩散势垒，即一种特殊形式的氧化硼玻璃；另一种是采用预烧结或热压到只具有封闭的气孔（≥95％理论密度）的 B_4C，再经 HIP 烧结到完全致密。

(4)碳化硼的性能和用途

碳化硼的显著特点是高熔点，低密度，低热膨胀系数（$2.6～5.8×10^{-6}℃^{-1}$），高导热（100℃时的导热率为 $0.29W··cm^{-1}·K^{-1}$）；高硬度和高耐磨性，其硬度仅低于金刚石和立方 BN，较高的强度和一定的断裂韧性，热压 B_4C 的抗弯强度为 400～600MPa，断裂韧性为 $6.0MPa·m^{1/2}$；具有较大的热电动势（100μV/K），是高温 P 型半导体，随 B_4C 中碳含量的减少，可从 P 型半导体转变成 N 型半导体；具有高的中子吸收截面。

利用 B_4C 的超高硬度，用它来制成各种喷砂嘴，用于船的除锈喷砂机的喷砂头，这比用氧化铝喷砂头的寿命要提高几十倍。在铝业制品中表面喷砂处理用的喷头也是用 B_4C 做的，它的寿命可达一个月以上。一般来说，超硬材料的耐磨性较好，B_4C 也是一种机械密封环的好材料，也可用于轴承、车轴、高压喷嘴等。

利用 B_4C 中的同位素 B^{10} 吸收中子的特性，研制成核反应塔控制用的 B_4C 陶瓷元件。核反应堆的控制是以电控制来实施的，其中要求具有高的中子吸收本领，即高的中子吸收截面耐高温和耐辐射。一般选用含 B^{10} 的烧结 B_4C 陶瓷，它是在 1 900～2 000℃下烧结或热压烧结而成的。它的相对密度为 0.95。如果残留孔过多，储存反应气体在辐射下将造成气体膨胀而损坏。因此 B_4C 应尽量致密，强度越高越好。

利用 B_4C 的超硬及低密度，国内外已将它用做人体和轻型车辆防弹材料，与尼龙或凯芙拉复合材料叠层，可抵挡 7.62mm 穿甲弹。

3.5 功能陶瓷

凡具有光、电、磁、声、力、生物、化学等功能的陶瓷，一般称为功能陶瓷材料。功能陶瓷的分类如表 3.23 所示。

表 3.23 功能陶瓷的分类

分类	功能陶瓷	典型材料	主要用途
电功能陶瓷	绝缘陶瓷	Al_2O_3，BeO，MgO，AlN，SiC	集成电路基片，封装陶瓷，高频绝缘陶瓷
	介电陶瓷	TiO_2，$La_2Ti_2O_7$，$Ba_2Ti_9O_{20}$	陶瓷电容器，微波陶瓷
	铁电陶瓷	$BaTiO_3$，$SrTiO_3$	陶瓷电容器
	压电陶瓷	PZT，PT，LNN (PbBa)$NaNb_5O_{15}$	超声换能器，谐振器，滤波器，压电点火，压电电动机
	半导体陶瓷	PTC(Ba－Sr－Pb)TiO_3	温度补偿和自控加热元件等
		NTC(Mn，Co，Ni，Fe，$LaCrO_3$)	温度传感器，温度补偿器等
		CTR(V_2O_5)	热传感元件，防火灾传感器等
		ZnO 压敏电阻	浪涌电流吸收器，噪声消除，避雷器
		SiC 发热体	电炉，小型电热器等
	快离子导体陶瓷	β－Al_2O_3，ZrO_2	钠一硫电池固体电介质，氧传感器陶瓷
	高温超导陶瓷	La－Ba－Cu－O，Y－Ba－Cu－O Bi－Sr－Ca－Cu－O， Tl－Ba－Ca－Cu－O	超导材料
磁功能陶瓷	软磁铁氧体	Mn－Zn，Cu－Zn， Ni－Zn，Cu－Zn－Mg	电视机，收录机的磁芯，记录磁头，温度传感器，计算机电源磁芯，电波吸收体
	硬磁铁氧体	Ba，Sr 铁氧体	铁氧体磁石
	记忆用铁氧体	Li，Mn，Ni，Mg，Zn 与铁形成的尖晶石型	计算机磁芯
光功能陶瓷	透明 Al_2O_3 陶瓷	Al_2O_3	高压钠灯
	透明 MgO 陶瓷	MgO	照明或特殊灯管，红外输出窗材料
	透明 Y_2O_3－ThO_2 陶瓷	Y_2O_3－ThO_2	激光元件
	透明铁电陶瓷	PLZT	光存储元件，视频显示和存储系统，光开关，光阀等

续 表

分类	功能陶瓷	典型材料	主要用途
生物及化学功能陶瓷	湿敏陶瓷	$MgCr_2O_4-TiO_2$，$ZnO-Cr_2O_3$，Fe_3O_4等	工业湿度检测，烹饪控制元件
	气敏陶瓷	SnO_2，$\alpha-Fe_2O_3$，ZrO_2，TiO_2，ZnO等	汽车传感器，气体泄漏报警，各类气体检测
	载体用陶瓷	堇青石瓷，Al_2O_3瓷，$SiO_2-Al_2O_3$瓷等	汽车尾气催化载体，化工用催化载体
	催化用陶瓷	沸石，过渡金属氧化物	接触分解反应催化，排气净化催化
	生物陶瓷	Al_2O_3，$Ca_5(F,Cl)P_3O_{12}$	人造牙齿，关节骨等

3.5.1 电容器陶瓷

用做电容器介质的陶瓷材料统称为电容器陶瓷。按材料的温度性能可分为温度补偿陶瓷、温度稳定性陶瓷以及温度非线性陶瓷；按陶瓷主晶相是否具有铁电性可分为铁电陶瓷和非铁电陶瓷；按材料介电常数可分为低介陶瓷和高介陶瓷；还有半导体陶瓷，如金红石陶瓷、钛酸钙陶瓷、钛酸镁陶瓷、钛酸锆陶瓷等钛酸盐陶瓷，此外有锡酸盐陶瓷、锆酸盐陶瓷和钨酸盐陶瓷等。

①温度补偿型电容器，又称为热补偿电容器。使用非铁电电容器陶瓷，特点是高频损耗小，在使用温度范围内介电常数随温度呈线性变化，从而可以补偿电路中电感或电阻温度系数的变化，维持谐振频率的稳定。

②温度(热)稳定型电容器。使用非铁电电容器陶瓷，主要特点是介电常数的温度系数很小，甚至接近于零，适用于高频和微波。

③高介电常数电容器。采用铁电电容器陶瓷和反铁电电容器陶瓷，特点是介电常数非常高，可达1 000～30 000，适用于低频。

④半导体陶瓷电容器。早在1925年就发展了以二氧化钛为主要成分的电容器陶瓷，1943年又发现了钛酸钡陶瓷，制成陶瓷电容器使用于电子设备中，接着又研究了许多电容器陶瓷材料。

1. 非铁电电容器陶瓷

这类陶瓷最大的特点是高频损耗小，在使用的温度范围内介电常数随温度变化而呈线性变化。对其性能的共同要求如下：

①介电常数尽量高。介电常数越高，陶瓷电容器的体积可做得越小，对混合集成电路和大规模集成电路的微型化有重要的现实意义。

②在高频、高压、高温及其他恶劣环境下，有良好的化学稳定性，能可靠稳定地工作。

③介电损耗角正切要小。$\tan\delta$小，就可以在高频电路中充分发挥作用。对于高功率电容器，就能减少功率消耗，提高无功功率，防止器件过热。

④比体积电阻要求高于10^{10} $\Omega\cdot cm$，这样可以保证在高温下工作不致失效。

⑤高的介电强度，避免意外击穿。依据其 TK_ε 的不同，主要用于温度补偿型电容器和温度稳定型电容器。

非铁电陶瓷电容器在电路中不仅起谐振电路的作用，而且能以负的介电常数温度系数值补偿回路中电感的正的温度系数，以维持谐振频率的稳定，故也称之为热补偿电容器陶瓷。

(1)以金红石为基础的陶瓷

TiO_2有三种结晶形态，即金红石、锐钛矿和板钛矿。板钛矿属斜方晶系，金红石、锐钛矿属四方晶系，这三种结晶形态的物理性能、电性能以金红石最好。用二氧化钛为主要原料，加入少量二氧化锆、黏土、碳酸盐等矿化剂，经高温烧结而成。由于还原气氛会使高价 Ti^{4+} 还原成低价 Ti^{3+}，使电性能变坏，故必须在氧化气氛中烧结。金红石在 1 325℃±10℃烧结，温度超过 1 400℃，也会使 Ti^{4+} 还原为 Ti^{3+}。加入黏土、高岭土、膨润土的目的是提高料坯的可塑性和降低烧结温度，加入 ZrO_2的目的是抑制 TiO_2的晶粒长大。但由于这些物质中含有碱金属离子，会降低陶瓷材料的电性能，因此加入 2%～3%的碱土金属氟化物(如 CaF_2)，利用其压抑效应提高电性能。Si^{4+} 的引入是有害的，ε 和 TK_ε都随之降低。

(2)以钛酸盐为基础的陶瓷

以钛酸盐为基础的陶瓷主要有钛酸钙、钛酸镁、钛酸锶、钛酸钡、钛酸锆系和钛酸铅陶瓷等。

①钛酸钙陶瓷。具有较高的介电常数和负的温度系数，可以制成小型高容量的高频陶瓷电容器。钛酸钙烧块用反应 $CaCO_3+TiO_2=CaTiO_3+CO_2\uparrow$ 合成。配料比不同，所得陶瓷的电性能也不同。纯钛酸钙的烧结温度高，温度范围窄，所以常常在烧结时添加烧结助剂。通常加入 1%的 ZrO_2，不仅能降低烧结温度，扩大烧结范围，而且能有效地阻止 $CaTiO_3$ 在高温下的晶粒长大。烧结温度为 1 360℃±20℃。

②钛酸锶陶瓷。在居里点以下的介电常数约为 2 000，但因为居里点为－250℃，在使用温度下钛酸锶是顺电相，介电常数约为 250，所以常把它当做非铁电电容器陶瓷讨论。

③钛酸镁陶瓷。它是一种高频热稳定型陶瓷。TiO_2 和 MgO 反应可以生成三种化合物：正钛酸镁($2MgO\cdot TiO_2$)、二钛酸镁($MgO\cdot 2TiO_2$)和偏钛酸镁($MgO\cdot TiO_2$)。在通常的情况下，反应主要形成正钛酸镁，即使在配料中 TiO_2过量，过剩的 TiO_2也常以游离态存在。但 TiO_2含量过高时，则强烈反应生成 $MgO\cdot 2TiO_2$。二钛酸镁极难烧结成瓷。钛酸镁的烧结温度较高(1 450～1 470℃)，为了降低烧结温度，也常常加入烧结助剂。烧结助剂在烧结中形成液相或与某组分反应形成液相。常用的烧结助剂有：$MgCl_2$，$BaCl_2$，PbO，Bi_2O_3，H_3BO_3(以上本身形成液相)，ZnO，CaF_2，滑石(以上与配方中的组分形成液相)等。

④其他钛酸盐陶瓷。常用做微波介电陶瓷，如 $BaTi_4O_9$，$Ba_2Ti_9O_{20}$，$MgTiO_3$－$CaTiO_3$－La_2O_3，$MgTiO_3$－$CaTiO_3$－La_2TiO_3，$BaTi_9O_{20}$和$(ZrSn)TiO_4$等。

(3)以锡酸盐为基的电容器陶瓷

二氧化锡能与多种金属氧化物(如钡、锶、钙、镁等的氧化物)化合形成陶瓷。各种锡酸盐在电性能方面差别很大，有的介电性能好，其中 Ca，Sr，Ba 锡酸盐的 TK_ε值低，适于制造高频下工作的陶瓷电容器，其他许多锡酸盐都是半导体。Ca，Sr，Ba 的锡酸盐其晶体结构均为钙钛矿型，这些化合物经常用做以 $BaTiO_3$为基的铁电陶瓷添加物，用来调整瓷料的介电常数及温度系数，其中锡酸钙由于烧结性能好，资源丰富，所以是生产中使用的较好瓷料。

(4)以铌酸盐为基础的陶瓷

铌酸盐系压电陶瓷，具有八面体结构的各种铌酸盐铁电陶瓷分别属于钙铁矿型、铌酸锂型、钨青铜型和焦绿石型等结构。与锆钛酸铅系压电陶瓷相比，有介电常数低、声传播速度高等特点。铌酸盐系压电陶瓷有铌酸锶钡、铌酸钾钠、铌酸钡钠、偏铌酸铅和焦铌酸镉等，用于光电器件、超声延迟线、高频换能器以及窄带滤波器等。

(5)锆酸盐系陶瓷

用具有正温度系数的 $SrZrO_3$，$CaZrO_3$ 和具有负温度系数的 $BaZrO_3$，$SrTiO_3$，$CaTiO_3$ 等固溶体组合而成的陶瓷。其特点是超高频性能好，介电常数比较高(在 4 GHz 下的相对介电常数为 30～40)，介电损耗小(4～5 GHz 时小于 10×10^{-4})，在微波技术中，可作为微波介质谐振器和微波基片等。主要品种有锆酸钙陶瓷、锆酸锶陶瓷、锆钛酸铅陶瓷等。

2. 铁电电容器陶瓷

铁电陶瓷是具有铁电现象的陶瓷。铁电性是某些单晶或多晶在一定温度范围内自发极化，在外电场作用下，自发极化重新取向，而且电位移矢量与电场强度之间的关系呈现类似于磁滞回线那样的滞后曲线的现象。

常见的铁电陶瓷其主晶相多为钙钛矿型，此外，还有钨青铜型、含铋层状化合物及烧绿石型等。利用铁电陶瓷高介电常数可制作大容量的Ⅱ型瓷介电容器；利用其感光性能可制作存储显示用的电光元件；利用其热释电性能可制作红外线探测器件；利用其压电性能可制作各种压电器件；利用其介电常数随外电场呈非线性变化的特点可制作介质放大器和移相器等。

铁电陶瓷在某温度以上会失去自发极化，而低于该温度时，又可重新获得铁电性，此温度称为居里温度或居里点。

铁电电容器陶瓷种类很多，但是最典型、最主要的是以钛酸钡或以钛酸钡基固溶体为主晶相的铁电陶瓷(钛酸钡陶瓷)。钛酸钡化学式为 $BaTiO_3$，用氧化钡和二氧化钛为主要原料，预先合成后再在约 1 450℃下烧结而成，为典型钙钛矿型结构。纯钛酸钡陶瓷的居里温度约为 120℃，介电常数较高，介电损耗角正切值约为 1%，经人工极化的钛酸钡陶瓷其机电耦合系数 K_p 约为 0.36，可用来制作电容器和各种压电器件。

$BaTiO_3$ 随着温度的变化有四种晶型：>120℃为立方结构，5～120℃为四方结构，－80～5℃为正交结构，<－80℃为菱形(三角)结构。$BaTiO_3$ 的比介电常数在常温时为 1 500，在居里点附近高达 6 000～10 000。$BaTiO_3$ 不仅具有铁电介电性能，而且具有压电性和半导体性，是典型的压电材料和正温度系数热敏电阻材料(PTC)。

根据所起作用的不同，添加剂可概括为四类：第一，能移动居里点的(从 120℃移至室温附近)称为移动剂，如 $BaSnO_3$，$BaZrO_3$，$CaZrO_3$，$CaSnO_3$，$SrTiO_3$，$PbTiO_3$ 等。第二，能压低居里点处的 ε 峰值，并使 ε 随温度的变化变得平坦的，称为压峰剂，如 $CaTiO_3$，$MgTiO_3$，$Bi_2(SnO_3)_3$，$MgZrO_3$，$MgSnO_3$ 等。第三，促进烧结的添加剂，如 Al_2O_3，SiO_2，ZnO，CeO_2，B_2O_5 等。第四，防止还原的添加剂，如 MnO_2，Fe_2O_3，CuO 等。

如果引入第二类添加剂，这些添加剂将产生易晶界，形成高介电相周围连续分布低介电界相的显微组织，当两相 ε 值相差悬殊时，就会使 $BaTiO_3$ 居里点处的 ε 峰显著降低。

3. 反铁电电容器陶瓷

反铁电体陶瓷是具有反铁电现象的陶瓷材料，是指某些单晶或多晶是由极化强度相等而极性相反的两个离子晶格组成的，因而宏观上不呈现净电偶极矩的现象。反铁电陶瓷与铁电陶瓷有许多共同的特性,如高的介电常数、介电常数与温度的非线性关系、存在居里点等。所不同的是在这类材料中,每个电畴中存在两个方向相反、大小相等的自发极化,而不是存在方向相同的偶极子,即这类晶体中相邻离子沿相反方向平行地发生自发极化,因此在没有外电场作用时,整个晶体也不显示剩余极化强度。但对反铁电体施加磁场时,与电场反向的偶极子开始发生转向极化。

反铁电体种类很多,最常用的是由 $PbZrO_3$ 或 $PbZrO_3$ 为基的固溶体,以及 $LaNbO_3$ 等所组成的反铁电体。反铁电体的主要应用是储能与换能。例如,掺镧的和掺铌的锆锡钛酸铅系[Pb(Zr·Sn·Ti)O_3]就是一种反铁电体陶瓷,可用做储能器或换能器等方面(双电滞回线,储能密度高,储能释放充分,使用方便)。反铁电体还可以用于低频声纳系统以及作为低频宽带延迟线;利用其作高介低损耗电容器介质,也是合适的介质天线材料,可作为一种非线性元件的材料;还具有热释电性能等。

4. 半导体电容器陶瓷

半导体陶瓷是具有半导体性能的陶瓷材料,包括钛酸钡陶瓷、钛酸锶陶瓷、氧化锌陶瓷、硫化镉陶瓷、氧化钨-氧化镉-氧化铅陶瓷、氧化钛-氧化铅-氧化镧陶瓷等。其工艺特点是必须经过一次半导体化过程:一种方法是用不等价离子取代部分主晶相离子,如在钛酸钡中掺入少量La,Sn,Ce,Gd等的氧化物;另一种方法是在适当的还原气氛下烧结使之半导体化,再经氧化气氛烧结使其形成隔离层。还有在半导体晶粒之间渗透烧结上氧化铜等制成的晶界层陶瓷,均可制得小体积大容量的电容器。半导体陶瓷可用于制造热敏电阻、压敏电阻、光敏电阻、热电元件以及太阳能电池等。它所制造的元件和器件,工艺简单、成本低、体积小、可靠性高。常用的是以 $BaTiO_3$ 为基的陶瓷半导体。$BaTiO_3$ 瓷可制成比体积电阻率高于 $10^6\ \Omega\cdot cm$ 的绝缘体,但是,如果在纯度高达99.99%的 $BaTiO_3$ 中,引入0.1%~0.3%(摩尔分数)的稀土元素氧化物(例如镧等),用普通的陶瓷工艺烧成,就可以得到室温时比体积电阻为 $10\sim10^3\ \Omega\cdot cm$ 的半导体陶瓷。

3.5.2 压电陶瓷

1. 压电陶瓷的结构与原理

压电效应是指某些电介质(无对称中心的晶体)在机械应力的作用下,产生形变,极化状态发生变化,故使晶体两端表面出现符号相反的电荷。压电效应包括正、逆压电效应。

在某些没有对称中心的晶体中,还可以由于温度的变化产生极化,导致表面电荷变化,这种现象称为热释电效应。热释电效应是由于晶体中存在自发极化引起的,压电体不一定都具有热释电性。

在热释电晶体中,有若干种晶体不但在某温度范围内具有自发极化,而且其自发极化强度可以因外电场而反向,这即是铁电体。因此电介质、压电体、热释电体、铁电体之间是层层包容的关系。

一种经极化处理、具有压电作用的铁电陶瓷称为压电陶瓷。从晶体结构看,属于钙钛矿型、钨青铜型、层状铋钽化合物、烧绿石型化合物以及以PZT为基的四元系陶瓷等都具有压电性。常用的压电陶瓷如钛酸钡陶瓷、钛酸铅陶瓷、锆钛酸铅陶瓷(简称PZT)、以PZT为基的三元系陶瓷和铌酸盐系压电陶瓷等都属钙钛矿型。

以 $BaTiO_3$ 为例，当温度高于居里点(120℃)时为等轴晶系，Ti^{4+} 在各个方向上偏离的概率相等，此时 $BaTiO_3$ 为顺电相；当温度低于居里点时，$BaTiO_3$ 为四方晶系，Ti^{4+} 振动降低，且沿 c 轴偏离中心位置的概率比沿 a，b 轴偏离中心的概率大很多，因此产生自发极化，极化方向相同的偶极子在一起形成电畴。在极化处理前电畴分布是杂乱无序的，因此陶瓷材料的宏观极化强度为零，极化处理后，各电畴在一定程度上按外电场取向排列，因此陶瓷的极化强度不再为零，而以束缚电荷的形式表现出来。

2. 压电陶瓷材料

压电陶瓷是多晶烧结体，是一种能把电能转换成机械能或者把机械能转换成电能的一种陶瓷功能材料。它与压电单晶相比，具有许多令人满意的优点，主要是：制造方便、设备简单、可成批生产、成本低、不受尺寸和形状的限制，可以在任意方向极化，通过调节组分可在很宽的范围内改变材料的性能，以适应各种不同用途的需要，不溶于水，且能耐热耐湿，化学稳定性好等。

19 世纪末和 20 世纪初相继发现水晶和酒石酸钾钠等材料具有压电性质，20 世纪 40 年代初发现钛酸钡具有压电性质，20 世纪 60 年代发展了铌酸盐压电陶瓷，20 世纪 70 年代发展了锆钛酸铅镧透明压电陶瓷(PLZT)，使压电陶瓷的品种和系列进一步扩大。

(1)$BaTiO_3$ 系压电陶瓷

纯 $BaTiO_3$ 的主要缺点是居里点仅 120℃，限制了它在高温下的使用，同时，在室温附近由正交相转变为四方相时，自发极化方向由[011]变为[001]。此时，其介电性、压电性、弹性性能都发生剧变。在相变点上，介电常数和机电耦合系数都出现极大值，频率常数出现极小值，所以在这个温度范围内 $BaTiO_3$ 的特性随温度和时间变化很大，对使用不利。为改善这一情况，往往在 $BaTiO_3$ 中加入第二相，最常加入的是 $CaTiO_3$ 和 $PbTiO_3$。加入 $CaTiO_3$ 不改变 $BaTiO_3$ 的居里点，但可大大降低第二相变的温度，$CaTiO_3$ 的加入量一般在 8%(摩尔分数)以内，加入过多量的 $CaTiO_3$ 会使压电性能降低。加入 $PbTiO_3$ 能提高居里点，同时降低第二相变点，加入量一般也在 8%(摩尔分数)内，加入量过多同样使压电性能变坏。也可以同时加入 $CaTiO_3$ 和 $PbTiO_3$ 形成 $(Ba,Pb,Ca)\ TiO_3$ 陶瓷。

(2)$PbTiO_3-PbZrO_3$ 系压电陶瓷

锆钛酸铅也属于 ABO_3 型钙钛矿结构，是铁电相 $PbTiO_3$ 和反铁电相 $PbZrO_3$ 二元系固溶体。除了改变 Zr/Ti 比从而改变压电陶瓷的性能外，还可以用添加元素的办法使压电陶瓷改性，添加剂大致可分为两类：①添加与 Pb^{2+}，Zr^{4+}(Ti^{4+})同价且离子半径相近的元素，形成置换固溶体，称为元素置换改性；②添加不同价元素的离子形成 $A^{+}B^{5+}O_3$ 和 $A^{3+}B^{3+}O_3$ 化合物，分为软性添加剂(La^{3+}，Bi^{3+}，Sn^{5+})和硬性添加剂(K^{+}，Na^{+}，Al^{3+}，Ga^{3+}，Fe^{2+}，Mn^{2+})。

(3)$PbTiO_3$ 压电陶瓷

$PbTiO_3$ 的居里点高达 490℃，在居里点以上为顺电体，属立方相，在居里点以下为四方相。$PbTiO_3$ 可以在制作高频滤波器等方面作高频低耗振子，添加添加剂后，改善了烧结性，达到实用水平，被认为是目前最有发展前途的材料之一。

3. 压电陶瓷的应用

压电陶瓷在近代无线电领域成为一个不可缺少的重要组成部分，在现代电子技术、航天、导弹、核弹、雷达、通信、超声技术、精密测量、红外技术和引燃引爆等各个领域，均有广泛应用。

例如陶瓷滤波器和陶瓷鉴频器、电声换能器和水声换能器、引燃引爆装置、高压发生器、声表面波器件、电光器件、红外探测器、压电陶瓷扬声器、变压器、延迟线、送话器、受话器等。

压电陶瓷的应用大致可分为两大类:压电振子和压电换能器。利用压电效应制成把机械能转换成电能或把电能转换成机械能的器件称为换能器。对于超声波换能器,在 100kHz 以上高频范围内或水下声频仪器上,几乎全部采用压电陶瓷振子。这种振子具有灵敏度高、稳定性好、功率大等优点。压电陶瓷超声仪器广泛应用于计量、加工、清洗、化工、医疗、鱼群探测、声呐、探伤、传声、遥控、液体雾化、显微结构检测等方面。压电陶瓷制成的超声诊断仪已广泛应用于医疗。在压电陶瓷受到机械应力或冲击力时,陶瓷两端就产生电压,这可用于引爆、点火、高压发生器等(见表 3.24)。

表 3.24　压电陶瓷应用领域

应用领域		举例
电源	压电变压器	雷达,电视显像管,阴极射线管,盖克计数管,激光管和电子复印机等高压电源和压电点火装置
信号源	标准信号源	振荡器,压电音叉,压电音片等用做精密仪器中的时间和频率标准信号源
信号转换	电声换能器	拾声器,送话器,受话器,检声器,蜂鸣器等声频范围的电声器件
	超声换能器	超声切割,焊接,清洗,搅拌,乳化及超声显示等频率高于 20 kHz 的超声器件
发射与接收	超声换能器	探测地质构造,油井固实程度,无损探伤和测厚,催化反应,超声衍射,疾病诊断等各种工业用超声器件
	水声换能器	水下导航定位,通信和探测的声纳,超声探测,鱼群探测和传声器等
信号处理	滤波器	通信广播中所用各种分立滤波器和复合滤波器,如彩电中频滤波器,雷达,自控和计算系统所用带通滤波器,脉冲滤波器等
	放大器	声表面波信号放大器及振荡器,混频器,衰减器,隔离器等
	表面波导	声表面波传输线
传感与检测	加速度计,压力计	工业和航空技术上测定振动体或飞行器工作状态的加速度计,自动控制开关,污染检测用振动计以及流速计,流量计和液面计等
	角速度计	测量物体角速度及控制飞行器航向的压电陀螺
	红外探测器	监视领空,检测大气污染浓度,非接触式测温以及热成像,热电探测,跟踪器等
	位移发生器	激光稳频补偿元件,显微加工设备及光角度,光程长的控制器
存储显示	调制	用于电光和声光调制的光阀,光闸,光变频器和光偏转器
	存储	光信息存储器,光记忆器
	显示	铁电显示器,声光显示器,组页器等
其他	非线性元件	压电继电器等

3.5.3　磁性陶瓷

磁性陶瓷又称为铁氧体,工业上称为磁性陶瓷或黑陶瓷,但严格说来,也有不含铁的磁性陶瓷。铁氧体是以氧化铁和其他铁族或稀土族氧化物为主要成分的复合氧化物,一般具有亚铁磁性,是一种非金属磁性材料。它的组成中以 Fe_2O_3 为主,还含有诸如 Y,Sm,Mn,Zn,Cu,Ni,Mg,Ba,Pb,Sr 和 Li 等一价或二价的金属氧化物。目前已出现一些不含 Fe 的磁性陶瓷,如 $NiMnO_3$,$CoMnO_3$ 等。它与金属磁性材料之间最主要的区别在于导电性,一般铁氧体的电阻率是 $1 \sim 10^{12}\ \Omega \cdot cm$,属于半导体甚至绝缘体,是一般金属或合金电阻率 $10^{-6} \sim 10^{-4}\ \Omega \cdot cm$ 的数百万倍。由于电阻率高,因此用铁氧体作磁芯时,涡流损失小,介电损耗低,适宜在高频下使用,而金属磁性材料,由于介质损耗大,应用的频率不能超过 10～1 000 Hz 的范围。铁氧体的高频导磁率也高,这是其他金属磁性材料所不能比拟的。铁氧体的最大弱点是饱和磁化强度较低,大约只有纯铁的 1/5～1/3,居里温度也不高,不宜在高温或低频大功率的条件下工作。

按铁氧体的晶格类型来分,主要有尖晶石型($MO \cdot Fe_2O_3$ 或写为 MFe_2O_4,M 为铁族元素)、磁铅石型($MO \cdot 6\ Fe_2O_3$ 或写为 $MFe_{12}O_{19}$)和石榴石型($3R_2O_3 \cdot 5Fe_2O_3$ 或写为 $R_3Fe_5O_{12}$,R 为稀土元素);按铁氧体的物性和用途,主要可以分为永磁、软磁、矩磁、旋磁和压磁五大类。$ZnFe_2O_4$ 与其他尖晶石型铁氧体形成的固溶体,饱和磁化率比单组元铁氧体高,因此可根据用途的不同进行复合,如 Mn－Zn 铁氧体、Ni－Zn 铁氧体、Cu－Zn 铁氧体等都是最常见的复合铁氧体,这些复合铁氧体与 Ba,Sr 铁氧体一道构成电子应用磁性材料的主体。

铁氧体在现代技术中的应用是多方面的,在高频应用上可以减少涡流损失,在微波领域中又有许多独特的性质,所以铁氧体在尖端技术,如雷达、通信、航天技术、电子对抗、电视广播、无线电、自动控制、计算技术、仪器仪表、远程操纵、超声波、微波及粒子加速器等方面得到广泛的应用。

亚铁磁性是指某些物质中的磁性离子的磁矩分为不对称的两组或多组,各形成一个次点阵。在奈耳温度下,由于交换作用,同一组次点阵内的离子磁矩互相平行,但两组之间离子磁矩取向相反,只是部分抵消,净磁矩不为零,宏观点仍表现出自发磁化,与铁磁性相似。这种未被抵消的磁性通常称为亚铁磁性。

大多数铁氧体的磁性属于亚铁磁性。此外,周期表中第 V 族、第 VI 族、第Ⅶ族三族的元素与过渡金属的化合物,如 Mn_2Sb,$Na_5Fe_3F_{14}$ 等也具有亚铁磁性。

1. 铁氧体的晶体结构

①尖晶石型结构。正尖晶石铁氧体每个晶胞包括 8 个 MFe_2O_4 分子。一般说来,反尖晶石铁氧体有较强的磁性,而正尖晶石型铁氧体不具备磁性。中间型介于其间。

②磁铅石型结构。天然磁铅石属于立方晶系,分子式可写为 $MFe_{12}O_{19}$,M 代表 Ba,Pb,Sr 等,相应组成的铁氧体有 $BaFe_{12}O_{19}$,$PbFe_{12}O_{19}$,$SrFe_{12}O_{19}$ 等。这类铁氧体矫顽力强,属于硬磁材料,其中 $BaFe_{12}O_{19}$ 是一种最基本的磁铅石铁氧体。

③石榴石型结构。天然石榴石属于立方晶系,分子式可写为 $3R_2O_3 \cdot 5Fe_2O_3$ 或 $2R_3Fe_5O_{12}$,其中 R 为三价稀土金属离子,如 Y^{3+},Pm^{3+},Sm^{3+},Eu^{3+},Gd^{3+},Tb^{3+} 等。钇铁氧体 $3Y_2O_3 \cdot 5Fe_2O_3$ 是最重要的一种,它的电阻率较高,高频损耗极小,是一种良好的超高频微波铁氧体。

2. 软磁铁氧体

容易磁化和退磁的铁氧体称为软磁铁氧体,其特点是起始磁导率 μ_0 高,这样对于相同电感量要求的线圈，体积可以减少；导磁率的温度系数 Tk_u小，可适应温度的变化；矫顽力 H_c小，以便能在弱磁场下磁化，也容易退磁；比损耗因素 $\tan\delta/\mu_0$ 小，电阻率 ρ 要高，这样材料的损耗小，使用频率可达高频、超高频。它们在通信、广播、电视和其他无线电电子学技术中得到广泛的应用，是发展较早、品种最多和产量较高的铁氧体。软磁性铁氧体主要用做电感元件，如天线磁芯、变压器磁芯、滤波器磁芯及磁带录音和录像机头的磁芯等。由于实际需要，这种材料多是两种或两种以上单一铁氧体的固溶体，可分为两大类：一类属于尖晶石型（如 MnZn 系、NiZn 系等），主要用于低频、中频和高频范围；一类属于磁铅石型，适应于超高频范围。对这类材料的性能要求主要是：起始磁导率高，损耗小，截止频率高，对温度、振动和时效的稳定性高。

软磁铁氧体是目前各种铁氧体中品种最多、应用最广的一种，比较常用的有 Mn－Zn 铁氧体、Ni－Zn 铁氧体、Mg－Zn 铁氧体、Li－Zn 铁氧体以及磁铅石型的甚高频铁氧体，如 $Ba_3Co_2Fe_{24}O_{41}$等。其中 Mn－Zn 铁氧体和 Ni－Zn 铁氧体是高磁导率软磁材料中性能最好的，前者适于在 1MHz 以下的频率下使用，后者适于在 1～300MHz 的频率范围使用。

一般来说，晶粒越大，晶界越整齐，起始导磁率也越高，其原因是材料中晶界和非磁性孔隙数随晶粒增大而减小。如果在工艺上控制严格，使得在晶粒长大的同时，只出现少量气孔，则可获得 μ_0 达到 10 000～40 000 的超高磁导率铁氧体，其结构特点是晶粒粗大整齐、晶界明显、密度高、孔隙率低。

3. 硬磁铁氧体

硬磁铁氧体也称永磁性铁氧体，是一种矫顽力 H_c较大、磁化后不易退磁并长期保留磁性的一种铁氧体。硬磁铁氧体 H_c高（0.1～0.4T），磁感应强度 B_r高（0.3～0.5T），最大磁能积 BH_{max}高（8 000～40 000J·m^{-3}）。主要的硬磁铁氧体多属于磁铅石型结构，如 Ba－铁氧体、Sr－铁氧体、Pb－铁氧体及它们的复合体。此外，属于尖晶石型的 Co－铁氧体，由于晶格各向异性大，也作硬磁性材料使用。

Ba－铁氧体是硬磁铁氧体的典型代表，BaO 和 Fe_2O_3 的理论摩尔比为 1∶6，但实际为 1∶(5.5～5.9)，此时可获得最佳的磁性能。BaO 含量略高，利用 Ba^{2+} 的扩散，晶粒生长良好，所以磁性能提高，晶粒大小对 H_c影响很大，晶粒越细，H_c越高。当晶粒度为 1 μm 左右时，可获得很高的矫顽力，提高密度可增加 B_r，但烧结温度提高会使晶粒长大，H_c降低，所以 Ba－铁氧体的烧结温度一般控制在 1 100～1 200℃。为了提高密度而又不降低 H_c，可采取高温预烧后，二次球磨或加入添加剂的办法。常用的添加剂有 Bi_2O_3，Al_2O_3 及 As_2O_3 等。

4. 旋磁铁氧体

旋磁铁氧体是指在高频磁场作用下，平面偏振电磁波在材料里按一定方向的传播过程中，偏振面会不断绕传播方向旋转的一种铁氧体材料。这种材料在微波技术中得到广泛的应用，所以也称微波铁氧体。

旋磁铁氧体主要有以下几种：

①尖晶石型铁氧体。如 Mg 系（MgO－Mn，Mg－Mn－Zn，Mg－Mn－Al，Mg－Al 等）、Ni 系（Ni，Ni－Mg，Ni－Zn，Ni－Al 等）、Li 系（Li，Li－Mg，Li－Al 等）。

②石榴石型铁氧体。如 Y，Y－Al，Bi－Ca－V 石榴石等。

③磁铅石型铁氧体。用 Al 代替 Ba－铁氧体、Sr－铁氧体、Pb－铁氧体中一部分 Fe 时，铁

氧体内场提高，适用于更高的频段。如果用 Ni・Ti，Co・Ti 或 Zn・Ti 代替 Fe，又可使铁氧体的内场降到很低的数值。这种旋磁铁氧体适用于毫米波各频段。

5. 矩磁铁氧体

它是一种磁滞回线形状为矩形的磁性材料，主要用于电子计算机及自动控制与远程控制设备中作记忆元件(存储器)、逻辑元件、开关元件、磁放大器的磁光存储器和磁声存储器。

常用的矩磁铁氧体有两类：一类是常温矩磁铁氧体，如 Mn－Mg 系、Mn－Zn 系、Mn－Cu 系、Mn－Gd 系等；另一类是宽温矩磁铁氧体，如 Li 系(Li－Ni，Li－Mn)和 Ni 系(Ni－Zn，Ni－Mn)等，这类可用于－65～125℃的宽温度范围。目前大量使用的是 Mn－Mg 系(MgO－Mn－Fe_2O_3)和 Li 系。加入某些金属离子可使 Mn－Mg 系、Li 系和 Ni 系铁氧体的性能得到改善。

从应用观点看，对矩磁铁氧体的主要要求为：有高的剩磁化比 B_r/B_m，在某些特殊情况下要求高的记忆矩形比 B_d/B_m，矫顽力 H_c 要小，开关系数 S_w 要小，信噪比 V_s/V_n 要高，对温度、时间和振动稳定性好。

矩磁铁氧体一般为密度高、晶粒细、各向异性大的尖晶石型结构，一般常用的 Mn－Mg 铁氧体，当 $w_{MgO}:w_{MnO}:w_{Fe_2O_3}=1:3:3$ 时，有较好的矩磁特性。加入 La_2O_3 等稀土氧化物可以使晶粒细化，因为稀土离子半径大，不能进入晶格，只能存在于晶界，因此可阻止晶粒长大。加入 Bi_2O_3，V_2O_5，CuO 等可降低烧结温度，而又不影响矩磁特性。$MgFe_2O_4$ 在约 180℃合成，$MnFe_2O_4$ 在约 1 000℃合成，两者在 1 000℃开始形成 Mn－Mg 铁氧体固溶体。Mn－Mg 铁氧体不能在还原气氛中烧结，否则矩磁特性会大大恶化。

6. 磁泡材料

磁泡是指铁氧体中的圆形磁畴，这些磁畴垂直于膜，直径为 1～100 μm，看上去像气泡，因此形象地称为“磁泡”。磁泡材料是一种新型的磁存储材料，以“泡”的“有”“无”表示信息的“1”和“0”两种状态。由电路和磁场来控制“泡”的产生、消失、传送、分裂以及磁泡间的相互作用，实现信息的存储、记忆和逻辑运算等功能，磁泡存储器具有容量大、体积小、功耗低、可靠性高等优点。例如，一个存储量为 1.5×10^6 位的存储器体积只有 16.4cm^3，消耗功率只有 5～10W，而目前同容量的其他类型存储器则要消耗 1 000W。另外，磁泡存储器的运算速度可高达每秒 300 万次。

能产生磁泡的材料有 $HoFeO_3$，$ErFeO_3$，$YbFeO_3$ 等，但这类材料属钙钛矿型结构，它们泡径太大，温度稳定性也不好。后来发展以无磁的钆镓石榴石($Gd_3Ga_5O_{12}$)为衬底，外延生长 $Eu_2ErFe_{4.3}Ga_{0.7}O_{12}$ 等稀土石榴石单晶膜的磁泡材料，泡径小，迁移率高。

7. 压磁铁氧体

它是利用磁致伸缩，将电能转换为机械能或将机械能转换为电能的一种铁氧体，也称为磁致伸缩材料。主要压磁铁氧体有 Ni－Zn，Ni－Cu，Ni－Mg 和 Ni－Co 等铁氧体，其中 Ni－Zn 铁氧体应用得最广泛。压磁铁氧体主要用于超声、水声器件，机械滤波器及一些电信器件。

3.5.4 光学陶瓷

透明陶瓷俗称光学陶瓷，是能透过可见光的陶瓷材料的总称。光学陶瓷是采用陶瓷制备工艺制成的具有一定透光性的陶瓷材料。它包括透明铁电陶瓷、透明氧化物陶瓷、透红外陶瓷等，通常用热压烧结和气氛烧结两种方法制取。光学陶瓷除具有透光性外，不同类型的光学陶瓷还具有电光效应、磁光效应、耐高温、耐腐蚀、耐冲刷、高强度等优异的性能,在计算技术、红外技术、空间技术、激光技术、原子能工业、新型光源等方面有广泛的应用。

陶瓷是多晶多相材料,由于存在杂质、气孔和大量晶界,所以在光学上是非均质体,特别对光线的散射和反射十分严重,因而一般是不透明的。透明陶瓷制造上的特点是采用高纯度、高细度的原料,同时掺入添加物或采取其他工艺上的措施,把气孔充分排除,适当控制晶粒尺寸,使制品接近于理论密度。主要品种有 Al_2O_3,MgO,Y_2O_3,CaF_2,BeO,CaO,PLZT(锆钛酸铅镧),PBZT(锆钛酸铅铋)等透明陶瓷,它们在电子、光学、高温装置、电光源、冶金等技术方面都有着广泛的应用。

1.透明氧化物陶瓷

目前已发展的透明高温陶瓷有十余种,其中最重要的有 Al_2O_3,BeO,MgO,Y_2O_3,ZrO_2及CaO,$MgAl_2O_4$,$LiAl_5O_8$,SrO 等。陶瓷材料对光的吸收主要是多晶体本身的杂质所引起的,而散射是由材料外表面和内部的散射中心、杂质、微气孔、晶界等引起的。为了使陶瓷透明,必须尽可能减少陶瓷材料对光的吸收和反射。通常在高纯度、高细度的基体材料中,掺加少量外加剂,使气体充分排出,适当控制晶粒尺寸,制出接近理论密度的制品,因此必备的条件是:密度高,至少为理论密度的99.5%以上;晶界上不存在空隙或空隙大小比光的波长小得多,晶界上没有杂质和玻璃相,晶界的光学性质与晶体之间的差别很小;晶粒小且均匀,其中没有空隙;晶体对入射光的选择吸收很少;材料有粗糙度低的表面;无光学各向异性,晶体结构最好是立方晶系。在所有的这些条件中,致密度高和小而均匀的晶粒是最重要的。

透明氧化铝陶瓷可透过红外光,因此可用做红外检测窗口和钠光灯管,MgO,Y_2O_3透明陶瓷的透明度比 Al_2O_3高,可用做高温测视孔、红外检测窗和红外元件,也可用做高温透镜、放电灯管等。

2.透明铁电陶瓷

透明铁电陶瓷是一种具有光电效应的陶瓷,分含铅和不含铅两类,如锆钛酸铅铋(PBZT)、锆钛酸铅镧(PLZT)和铪钛酸铅镧(PLHT)等铁电陶瓷。它用高纯超细原料,采用通氧热压烧结或用氧气氛法烧结。在这种陶瓷中,电畴状态的变化随着光电性质的改变通过外加电场对透明陶瓷电畴状态的控制,可有电控双折射、电控光散射、电诱相变、电控表面形变等特性。

透明铁电陶瓷是在锆钛酸铅陶瓷基础上发展起来的。它的最大特点是既有透明性,又具铁电性,因此可利用外加电压改变它的极化取向和大小,从而控制透射光和反射光,是一种新型的光电陶瓷材料。它可用在当代激光技术、计算技术、全信息存储、光电技术和集成光学领域中,用做光闸、光调制器、光存储器、显示器、光谱滤波器和热电探测器等。

3.透红外陶瓷

透红外陶瓷是用陶瓷工艺制造的具有透红外特性的多晶材料。如 MgF_2,ZnS,CaF_2,MgO,Al_2O_3,GaAs,SrF_2,BaF_2,ZnSe,LaF_3等,多数采用热压法制备。由于透红外陶瓷不仅性能良好,而且可以制备尺寸大及较复杂形状的产品,弥补了红外单晶材料、红外玻璃强度较低、透光范围狭窄及大尺寸制品不易制备等缺陷。它广泛用于红外透过窗、导弹整流罩等方面。

3.5.5 导电陶瓷和超导陶瓷

1. 导电陶瓷

在一定条件（温度、压力）下具有电子（或空穴）电导或离子电导的陶瓷材料，称为导电陶瓷。一类是电子电导（包括空穴导电）的氧化物或碳化物（如碳化硅）半导体，它们是具有间隙结构的硬质化合物，具有很好的导电性；另一类是离子电导陶瓷，即固体电解质陶瓷，如氧化锆、铬酸镧、$\beta-Al_2O_3$，$Na-\beta-Al_2O_3$，PSZ 等。这些都是离子晶体的氧化物或复合氧化物，它们为数不多，在适当条件下具有与液体强电解质相似的离子电导，正负离子通过晶体点阵中的缺陷按一定方向运动，如氧化锆陶瓷就是在高温下呈现离子电导的。导电陶瓷根据具体材料不同，可用于燃料电池、陶瓷高温发热体、钠硫电池、磁流体发电等新能源。

$\beta-Al_2O_3$实质上是一种含有碱金属的铝酸盐。由 Na_2O 与 Al_2O_3 合成的 $\beta-Al_2O_3$ 写为 $Na-\beta-Al_2O_3$，由 K_2O 与 Al_2O_3 合成的 $\beta-Al_2O_3$ 写为 $K-\beta-Al_2O_3$，习惯上通称为 $\beta-Al_2O_3$，亦可写为 $R_2O_3 \cdot Al_2O_3$。人们利用 $\beta-Al_2O_3$ 能导电的性质不仅用来作硫钠电池的隔膜材料，而且广泛应用于电子手表、电子照相机、助听器和心脏起搏器中。将金属钠盛于 $Na-\beta-Al_2O_3$烧结管内，管外为硫黄，从 Na 和 S 分别引出铜棒作电极，电池结构可写为 $Na[\beta-Al_2O_3]Na_2S,S(S)$。当电池加热到 100～500℃时，Na 和 S 均熔化，每个 Na 原子交出一个电子给阴极，Na 原子变为 Na^+，Na^+ 通过 $Na-\beta-Al_2O_3$ 管进入硫黄熔体中。在 S 与阳极接触处，S 得到两个电子变成 S^{2-}，S^{2-} 和 Na^+ 反应生成 Na_2S。在回路接通后，Na^+ 不断通过 $Na-\beta-Al_2O_3$ 管与 S^{2-} 化合，直至 Na 消耗完毕，而 S 全部变为 Na_2S。这个电池如果需要继续使用，则要重新充电。充电过程与放电过程相反，Na^+ 通过烧结管回到管内，从阴极取得电子变为金属钠。电化学反应如下：

阴极：

$$2Na^+ + 2e^- \underset{\text{放电}}{\overset{\text{充电}}{\rightleftharpoons}} 2Na \tag{3.39}$$

阳极：

$$S^{2-} \underset{\text{放电}}{\overset{\text{充电}}{\rightleftharpoons}} S + 2e^- \tag{3.40}$$

总反应：

$$Na_2S \underset{\text{放电}}{\overset{\text{充电}}{\rightleftharpoons}} 2Na + S \tag{3.41}$$

这种电池可重复使用 1 000 次，为铅电池的 5 倍，且不存在污染问题。但这种电池要保持 300℃左右才能工作，这给使用带来一定的困难。

2. 超导陶瓷

超导陶瓷目前仍在发展之中，由于它具有完全的导电性和完全的抗磁性，所以获得了广泛的应用。随着材料研究的进一步深入，应用前景将更为广阔。目前主要应用领域如下：

在电力系统方面，可以用于输配电。由于电阻为零，所以完全没有能量损耗，可以制造超导线圈；由于可形成永久电流，所以可以长期无损耗地储存能量；由于电阻为零，电流密度高达 $10^6\,A \cdot cm^{-2}$，因此可制造大容量、高效率发电机等。

在交通运输方面，可以制造磁悬浮高速列车，可以制成电磁推进装置用于船舶和空间飞行器的推进。磁悬浮高速列车是利用列车内超导磁体产生的磁场和电流之间的交互作用产生向上的浮力,列车高速而无噪声。

利用超导陶瓷的约瑟夫逊效应可望制成超小型、超高性能的第五代计算机。所谓约瑟夫逊效应是指被真空或绝缘介质层(约厚 10nm)隔开的两个超导体之间会产生超导电子隧道的效应。约瑟夫逊隧道结开关时间为 10^{-12} s,超高速开关时产生的热量仅为 10^{-6} W,消耗功率少。这种器件的运算速度比硅晶体管快 50 倍,产生的热量仅为其 1/1 000 以下,所以能高度集成化。

3.5.6 半导体陶瓷

半导体材料的电阻率受到温度、光照、电场气氛、湿度等变化的显著影响。根据这种变化很方便地将外界的物理量转化为可供测量的电信号,从而可以制成各种传感器。

1. 正温度系数热敏陶瓷

热敏陶瓷是一类电阻率随温度发生明显变化的陶瓷。陶瓷材料的电阻随温度的变化率定义为电阻温度系数 a_T,可表示为 $a_T=1/R_T\cdot(dR_T/dT)$,式中,R_T为材料在温度 T 时的电阻,按照 a_T的正负,或者说按照热敏陶瓷的阻温特性,可以将热敏陶瓷分为正温度系数(PTC)热敏陶瓷、负温度系数(NTC)热敏陶瓷、临界温度热敏电阻(CTR)和线性阻温特性热敏陶瓷四大类,PTC 的典型代表是掺杂 $BaTiO_3$的陶瓷。

2. 负温度系数热敏陶瓷

1932 年,德国首先用氧化铀制成了负温度系数半导体热敏电阻器。之后,以氧化铜、硫化银、钛酸镁等为原料的半导体热敏电阻器相继问世。这些元件广泛地用于稳压、温度补偿以及通信设备的远距离控制等各个方面。然而这类材料稳定性差,必须在保护气氛中工作以防止氧化,因而工艺复杂、成本高。20 世纪 40 年代以来,出现了以 Mn,Co,Cu,Ni 等金属的氧化物为基础的 NTC 半导体陶瓷。这类陶瓷负电阻温度系数大,一般为(−6%～−1%)℃$^{-1}$,性能稳定,可以在空气中使用,所以得到了很大的发展,广泛用于测温、控温、补偿、稳压、遥控、流量和流速测量以及时间延迟等设备中。NTC 热敏半导体陶瓷主要包括以下几种:

常温 NTC 热敏陶瓷。主要有含锰二元系、含锰三元系氧化物陶瓷。

高温 NTC 热敏陶瓷。所谓高温热敏材料是指工作温度高于 300℃的热敏材料。这类材料首先必须有优良的高温化学稳定性及抗高温老化性,其次必须注意离子电导问题。同时还必须有尽可能高的 B 值。

高温热敏电阻陶瓷大致可分为两大类。一类是 ZrO_2-CaO,$ZrO_2-Y_2O_3$系等萤石陶瓷,是离子导电型陶瓷;一类是以 Al_2O_3,MgO 为主要成分的尖晶石陶瓷,是电子导电型陶瓷。

除氧化物高温陶瓷外,一些非氧化物陶瓷也可用做高温热敏电阻。β-SiC 是很重要的一种热敏电阻材料。

低温 NTC 热敏陶瓷。一般是以 Mn,Cu,Ni,Fe,Co 等两种以上的过渡金属氧化物为主要成分形成的尖晶石结构,为了降低 B 值,可掺入稀土元素,如 La,Nd,Yb 等的氧化物。

临界 NTC 热敏陶瓷(CTR)。主要是指以 VO_2为基本成分的多晶半导体陶瓷。钒的各种氧化物在室温下将发生相变,由金红石结构转变为畸变金红石结构。在相变的同时,材料的电学性能、磁学性能也将发生变化。电导率 ρ 减小几个数量级,材料变为半导体,由顺磁性转变为反铁磁性。VO_2的相变温度约为50℃,因此已被广泛用于电路过热保护、火灾报警、恒温箱控制等各个方面。

线性NTC热敏陶瓷。NTC热敏陶瓷通常都是非线性的,在需要均匀刻度和线性特性的场合,往往要用其他元件进行补偿,这样不仅使线路变得复杂,而且温度系数也会降低很多。目前研究的主要线性陶瓷是$CdO-Sb_2O_3-WO_3$系列。

3.压敏半导体陶瓷

压敏陶瓷或称压敏变阻器系指对电压变化敏感的非线性电阻陶瓷。当电压低于某一临界值时,压敏电阻的阻值非常高,几乎为绝缘体;当电压超过这一临界值时,电阻急剧减少,接近于导体。这个电压值称为"压敏电压"。目前,压敏陶瓷主要有SiC,ZnO两大类,ZnO压敏特性远低于SiC。

氧化锌半导体陶瓷具有十分高的I-V非线性特性,而且制造工艺简单,成本低廉,因此具有广泛的用途,除用做压敏元件外,还可用做湿敏元件和气敏元件,是近年来迅速发展的电子陶瓷之一。ZnO压敏陶瓷通常是在ZnO中加入Bi,Mn,Co,Ba,Sb,Cr等金属氧化物,按典型粉末冶金工艺制造。1952年日本东芝公司首先制成ZnO-SnO压敏变阻器,之后相继开发出避雷器元件和高能电漏吸收器。后来这类压敏电阻被广泛用做卫星地面站高压、稳压用的压敏变阻器,电视机视放管保护用高频压敏变阻器,录音机消噪用低压环形变阻器,高压真空开关用大功率硅堆压敏变阻器等。

压敏变阻器广泛地用做过压保护、高能浪涌吸收、高压稳压等各个方面。在电力系统、电子线路、家用电器等各种装置中都有实际应用,如过压保护,分大气过压保护(雷击)和操作过压保护(断闸、合闸等)。

4.气敏半导体陶瓷

各种可燃气体、易爆气体、有毒气体及恶臭气体,一方面是许多现代工业不可缺少的原料或过程产物,另一方面又是许多工业污染环境的废料,因此,对这些气体进行检测、监视、报警十分重要。半导体气敏材料早在20世纪30年代就已出现,由于它具有灵敏度高、元件结构简单、使用方便、价格低廉等优点,因此得到了迅速的发展。半导体气敏陶瓷的导电机制比较复杂,虽然有许多研究,但有的仍然没有获得完全一致的看法,其电导和工作原理是一个没有解决的复杂问题。

气敏半导体陶瓷(见表3.25)主要包括以下几种类型。

表3.25 各种半导体气敏材料

半导体材料	添加物质	探测气体	使用温度/℃
SnO_2	PdO,Pd	CO,C_3H_8,乙醇	200～300
SnO_2+SnCl_2	Pt,Pd,过渡金属	CH_4,C_3H_8,CO	200～300
SnO_2	$PdCl_2$,$SbCl_3$	CH_4,C_3H_8,CO	200～300
SnO_2	PbO+MgO	还原性气体	150
SnO_2	Sb_2O_3,MnO_2,TiO_2,TlO_2	CO,煤气,乙醇,液化石油气	250～300
SnO_2	V_2O_5,Cu	乙醇,苯,丙酮等	250～400
SnO_2	稀土类金属	乙醇系可燃气体	

续 表

半导体材料	添加物质	探测气体	使用温度/℃
SnO_2	Sb_2O_3,Bi_2O_3	还原性气体	500～800
SnO_2	过渡金属	还原性气体	250～300
(LnM)BO_3		乙醇,CO,NO_2	270～390
SnO_2	陶土,Bi_2O_3,WO_3	碳化氢系还原性气体	200～300
ZnO_2		还原性气体、氧化性气体	
ZnO_2	Pt,Pd	可燃性气体	
ZnO_2	V_2O_5,Ag_2O	乙醇,苯,丙酮等	250～400
γ-Fe_2O_3		丙烷	
WO_2,MoO,CrO等	Pt,Ir,Rh,Pd	还原性气体	600～900
N型与p型氧化物相结合		还原性气体和氧化性气体	600～900
M_2O_3-ZnO		大气污染排出气体	600～900
Pb(ZrTi)O_3		大气污染排出气体	600～900
ZrO_2		大气污染排出气体	600～900
$BaTiO_3$	SnO_2,ZnO,稀土类金属	大气污染排出气体	100～400
WO_3	Pt,过渡金属	还原性气体	
V_2O_5	Ag	NO_2	
In_2O_3	Pt	可燃性气体	
碳		还原性气体	
热敏镁氧体		H_2,城市气体	
Si	Pd栅	H_2	
有机半导体		O_2,SO_2	
综合多环芳香族化合物		CO,Cl_2,HCl,SO_2,烟	
荧光素、夹二氮(杂)蒽、氧酣等有机半导体		SO_2,NH_3	常温

(1)氧化锡系

氧化锡具有金红石型结晶构造,禁带宽度约为3.6eV,电子亲和力不强,呈氧缺位,为n型半导体。它暴露于空气中,通常都出现氧吸附。

(2)氧化锌系

从应用的广泛性看,ZnO仅次于SnO_2,在ZnO中添加Pt和Pd等催化剂对吸附各种气体的灵敏度有重要影响,掺Pt的ZnO元件对异丁烷、丙烷、乙烷等碳化氢气体有高的灵敏度,而且在碳化氢中,碳原子数越大,灵敏度越高,当这些气体的浓度大于$4\,000\times10^{-6}$时,灵敏度随浓度的变化较小。

掺Pd的ZnO对H_2和CO有高的灵敏度,而对碳氢化合物的灵敏度就较低,在ZnO中添加Al_2O_3后,导电性虽然提高了,但灵敏度却下降了,如果再在其中加入过量的Li_2O系,虽然电阻率提高了,但灵敏度也提高了。

(3)$LaNiO_3$系

$LaNiO_3$对乙醇有很高的灵敏度，当环境氧分压变化时，由于非常迅速地产生氧化还原反应，因而电导率迅速发生变化。

(4)氧化铁系

用$\gamma-Fe_2O_3$制成的气体敏感传感器已达到实用水平。当这种陶瓷元件与可燃气体接触时，表面发生$\gamma-Fe_2O_3$被还原成Fe_3O_4的反应。由于Fe_3O_4的电阻比$\gamma-Fe_2O_3$低10^{10}量级，因此元件的阻值降低，可燃性气体逸散后，Fe_3O_4又恢复为$\gamma-Fe_2O_3$。这类材料对异丁烷、丙烷等液化石油气成分的灵敏度很高，对乙醇和烟的灵敏度较低。在使用过程中，部分$\gamma-Fe_2O_3$会转化为$\alpha-Fe_2O_3$。$\alpha-Fe_2O_3$对可燃性气体不具备气敏功能，因此元件的功能会下降。

(5)二氧化锆系

选择渗透膜氧离子传感器的典型例子是ZrO_2氧传感器。这种传感器（或称氧浓度计）用在锅炉、金属热处理炉、无机材料烧结炉中，测定燃料所排出气体中的氧含量，可以提高燃烧效率和防止大气污染。在熔炼金属中，金属中的氧含量对金属的性能有较大的影响，所以在熔化铸造过程中也可用ZrO_2氧传感器控制气氛的氧含量。另外，在汽车排气净化系统内用以控制空气/燃料（A/F）比，通过催化剂的作用净化排出气体中的NO_x，CO和碳氢化合物等有害气体。ZrO_2氧传感器是利用ZrO_2固体电解质的性质。

5. 湿敏半导体陶瓷

合适的湿度对于生物、人类生活和生产都是十分重要的。过高的湿度会使衣料、纸张、烟草、食品等霉坏变质；使精密仪器降低灵敏度，甚至因绝缘霉变而毁坏；使机械、兵器、设备生锈，弹药失效等。测量和控制湿度对于工农业生产、气象、环保、医疗、食品工业、货物储存、国防等都有十分重要的意义。

测量湿度已有各种各样的方法，例如早年的毛发湿度计、干湿球湿度计等，后来用电阻型湿度计。这些方法灵敏度低，使用范围受到限制，不能满足现代科学技术发展的要求。半导体湿敏陶瓷的出现克服了这些缺点，为现代湿度的检测和控制开拓了新的途径。

按所测环境湿度的不同，湿敏电阻可分为三大类：

①高湿型，适用于相对湿度（RH）大于70%的环境，其中的一个特例是结露传感器，湿度达到了100%。

②低湿型，适于RH小于40%的环境。

③全湿型，适于RH在0～100%的整个范围。

湿敏半导体陶瓷主要包括以下几种：

①瓷粉膜湿敏陶瓷。这种电阻器是将瓷粉调浆、涂覆、干燥而成的一种电阻器。主要的感湿粉有Fe_3O_4，Fe_2O_3，Cr_2O_3，Al_2O_3，Sb_2O_3，TiO_2，SnO_2，ZnO，CoO和CuO等。比较典型且性能较好的是Fe_3O_4，这类湿敏电阻体积小，结构简单，工艺方便，价格低廉，寿命长，测湿范围宽，工作温度不高。主要缺点是响应速度低，阻值变化范围大，不能通过高温去除污染以恢复性能。

②烧结型湿敏电阻。一般制成多孔体，以便有更多的表面吸湿，空隙度为25%～40%。最典型的体系有$MgCr_2O_4$系、$MgCr_2O_4-TiO_2$系、$ZnCr_2O_4$系、$ZnO-Li_2O-V_2O_5$系、$Al_2O_3-TiO_2$系等。

③厚膜湿敏电阻。主要体系为$MnWO_4$和$NiWO_4$。感湿膜厚约为50 μm，湿敏特性为在

全湿范围内，阻值变化3～4个数量级。响应特性为，不论是吸湿还是脱湿，其响应时间都在15～20 s之间，因此响应速度是较快的。

④结露传感器。结露传感器是湿敏传感器的一个特例。它是利用结露后陶瓷出现电阻急剧变化的性质制成的敏感元件。结露传感器广泛用于家用电器、工业电器、汽车、冷冻商品、陈列橱窗、印刷机等，用以检测和防止结露发生，以免设备因结露而霉变、击穿。它与一般湿敏传感器的区别在于测定的RH范围为90%～100%。

湿敏陶瓷传感器的主要应用领域和用途如表3.26所示。

表3.26 湿敏陶瓷传感器的主要应用领域和用途

行业	应用领域	使用温湿范围		用途
		温度/℃	相对湿度/(%)	
家电	空调机	5～40	40～70	控制空气状态
	干燥机	80	0～40	干燥衣物
	电炊炉	5～100	2～100	食品防热、控制烹调
	磁带录像机	5～60	60～100	防止结露
汽车	车窗去雾	−20～80	50～100	防止结露
医疗	治疗仪	10～30	80～100	呼吸器系统
	保育器	10～30	50～80	空气状态调节
工业	纤维	10～30	50～100	制丝
	干燥机	50～100	0～50	窑业及木材干燥
	粉末体水分	5～100	0～50	窑业原料
	食品干燥	50～100	0～50	
	电器制造	5～40	0～50	磁头、大规模集成电器、集成电路
农业	房屋空调	5～40	0～100	空气状态调节
	茶田防冻	−10～60	50～100	防止结露
	肉鸡饲养	20～50	40～70	保健
计测	恒温恒湿槽	−5～100	0～100	精密测量
	无线电探测器	−50～40	0～100	气象台高精度测量
	湿度计	−5～100	0～100	保健
其他	土壤水分			植物培育、防止泥土崩塌

6.光敏半导体陶瓷

光敏陶瓷的主要原料是CdS，CdSe，以及CdS－CdSe固溶体等，用这些材料可以制成半导体光敏电阻器。

光敏陶瓷的主要特性是光谱特性，即由于本征半导体的禁带宽度不同，在不同波长光的作用下激发电子空穴对的能力也不同，所以光电导灵敏度也不同，这种性质称为光导材料的光谱特性。光敏电阻器的灵敏度与照度有关，这种性质称为光敏电阻器的照度特性；光敏电阻器在曝光情况下，亮电流达到稳定值时所需的上升时间和遮光时亮电流消失所需的衰减时间称为光敏电阻器的“响应时间”，光敏电阻器的阻值随温度的变化率称为光敏电阻器的“温度特性”。

光敏电阻可用做各种直流或交流电路中的光控元件，还可用做任意波形函数发生器、红外测湿仪的前置放大器、电子测光表等。

如果光照在半导体 p－n 结上，就会激发出电子空穴对，在自建电场的作用下，n 区的空穴被拉向 p 区，p 区的光生电子被拉向 n 区，结果 n 区积累了负电荷，为负极，p 区积累了正电荷，为正极。于是在 p－n 结两端会出现电动势，这种效应称为光生伏特效应。利用光生伏特效应可以将太阳能转化为电能，制成太阳能电池。最常见的太阳能电池有 Cu_2S－CdS 电池和 CdTe－CdS 电池。

思　考　题

1. 陶瓷材料的化学键有哪些？晶体结构有哪些类型？
2. 简述鲍林规则的几何原理和适应性。
3. 以钾长石为例解释不一致熔融。
4. 简述高纯纳米氧化铝粉体的合成方法。
5. 简述高纯氧化钇稳定氧化锆粉体的合成方法，通过相图解释氧化钇稳定氧化锆原理。
6. 简述高纯莫来石陶瓷粉体的合成方法，二次莫来石的形成机制。
7. 简述氮化硅陶瓷粉体的合成方法。
8. 简述化学气相沉积法制备碳化硅涂层的原理与工艺路线。
9. 比较碳化硼、碳化铪、碳化锆、碳化钽陶瓷的主要物理性质（结构、熔点、硬度、强度、热膨胀系数、电导率、导热率、氧化速率）。
10. 简述碳化硅结合氮化硅陶瓷的烧结方法。
11. 比较氮化硼与石墨的晶体结构、物理性能的异同点。
12. 查阅文献比较碳化硼、刚玉和碳化硅三种陶瓷用做防弹装甲的差异性和适用性。
13. 简述钛酸盐为基础的的陶瓷的类别和功能性。
14. 简述铌酸盐为基础的陶瓷的类别和功能性。
15. 铁氧体的晶体结构主要有哪些？
16. 解释热释电效应原理。
17. 简述压电陶瓷释电原理与类别。
18. 查阅文献了解超导陶瓷的发展现状和趋势。
19. 简述黏土作为烧后助剂以及 B＋C＋Al 作为助剂在 SiC 无压烧后中的作用物 SiC 的结构与性能。

第4章 碳

近年来，由于富勒烯碳和碳纳米管的发现，以及碳/碳复合材料刹车盘的研制成功，碳材料研究受到了全球材料科学界、物理界和化学界的广泛关注。本章介绍了碳材料的基础科学知识，碳材料的结构、性能和制备工艺，特别是碳化和石墨化的原理及其微观结构，多孔碳的孔径控制和碳材料掺杂其他原子的技术，碳材料的各类表征方法。

4.1 概 述

近年来，碳(石墨)纤维、人造金刚石薄膜、富勒烯碳、碳纳米管的出现大大丰富了碳材料科学的研究领域，随着人们对碳的物理、化学特性认识的深入以及现代工业发展的需要，除了将煤用做工业燃料以外，碳的许多制品已经成为现代工业中不可缺少的基本材料，如焦碳、人造石墨、超纯石墨、碳黑、热解石墨、碳(石墨)纤维、活性碳、合成金刚石、天然金刚石等。碳材料的发展可划分为三个历史阶段，如表4.1所示。

表4.1 碳的发展阶段

发展阶段	年代	碳材料	备注
Ⅰ	—1960	人造石墨 活性碳 碳黑 天然金刚石	产量大 销售量在吨或公斤级
Ⅱ	1969—1985	各种碳纤维 玻璃碳 热解碳 高密度的各向异性石墨 层间化合物 合成金刚石 金刚石一样的碳素	各种技术制备碳材料 CVD、PIP 具有新的应用 销售量在公斤级
Ⅲ	1985—	富勒烯 碳纳米管	纳米尺寸 销售量在毫克级
Ⅳ	2010—	石墨烯	新能源纳米尺度

20世纪80年代末期，一种由60个碳原子组成的碳笼被发现，命名为富勒烯 C_{60}，紧随着发现一系列的碳笼，例如 C_{70}，C_{86} 等，富勒烯的发现和合成，在碳材料领域打开了崭新一页。20世纪90年代初，多壁碳纳米管被发现，其后单壁碳纳米管的发现，极大地促进了纳米技术的发展。

4.1.1 碳的结构

1.碳的电子结构

碳位于化学元素周期表的第六位，电子轨道结构为 $1s^2 2s^2 2p^2$。根据原子杂化轨道理论，碳原子在与其他原子结合时，其外层电子 $2s^2 2p^2$ 在不同条件下，会产生不同形式的杂化，最常见的杂化形式为 sp^1，sp^2，sp^3 杂化，图4.1为碳原子中电子进行不同杂化时的轨道示意图。sp^3 杂化时，形成能态相同、空间均匀分布的4个杂化轨道，轨道之间的夹角为109.5°，4个外层电子分居其中，在与其他原子结合时，分别结合为 σ 键；sp^2 杂化时，形成的3个 σ 键杂化轨道在一个平面上均匀分布，轨道之间的夹角为120°，剩余的一个电子处于垂直于杂化轨道的平面上的 π 键轨道上；sp^1 杂化时，形成的两个 σ 键轨道在一条线上，与两个 π 键轨道两两相互垂直。分子杂化轨道理论进一步认为，原子在结合为分子时，所有轨道将共同形成成键轨道和反键轨道，图4.2为碳的 σ 键和 π 键轨道密度与能级之间的关系图。图4.3为金刚石和石墨中的紧束缚键结合。两个原子之间以 σ 键结合时，结合强度高于 π 键结合，两个原子之间结合键数越多，结合强度越高，表4.2对比了碳氢化合物中的碳-碳键能及键间距。

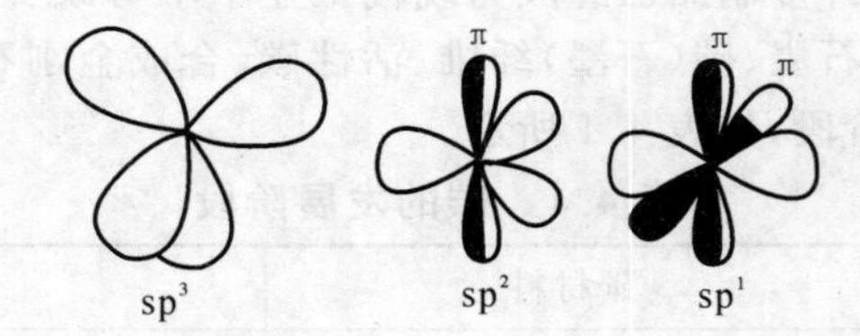

图4.1 碳原子中电子进行不同杂化时的轨道示意图

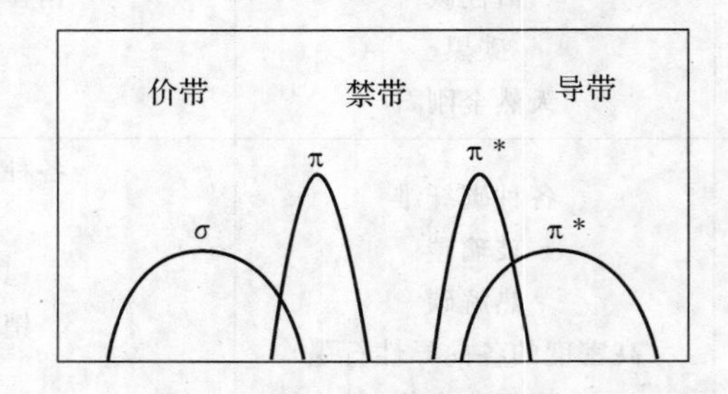

图4.2 σ 键和 π 键轨道密度与能级之间的关系图

表4.2 各种碳-碳键的离解能及键间距

化合物	键离解能/(kJ·mol⁻¹)	键间距/nm
$H_3C—CH_3$	363	0.154
$H_2C═CH_2$	672	0.134
HC≡CH	816	0.121

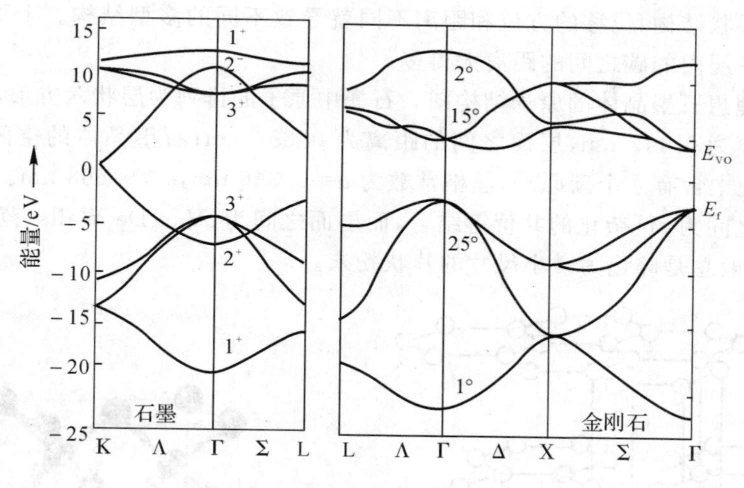

图 4.3　金刚石和石墨中的紧束缚键结构

碳的同素异形体中，金刚石中的碳原子以 sp^3 杂化、[C—C]单个 σ 键的方式结合，石墨中的碳原子为 sp^2 杂化、[C=C]1 个 σ 键和 1 个 π 键的方式结合，卡宾碳的结合方式为 sp 杂化、1 个 σ 键和 3 个 π 键形成[C≡C]。另外，最新的研究结果认为，富勒烯和纳米碳管中碳的杂化方式为 sp^{2+s}，s 的值大于 0 小于 1。图 4.4 为不同 sp^3 键含量时的能态密度计算结果。

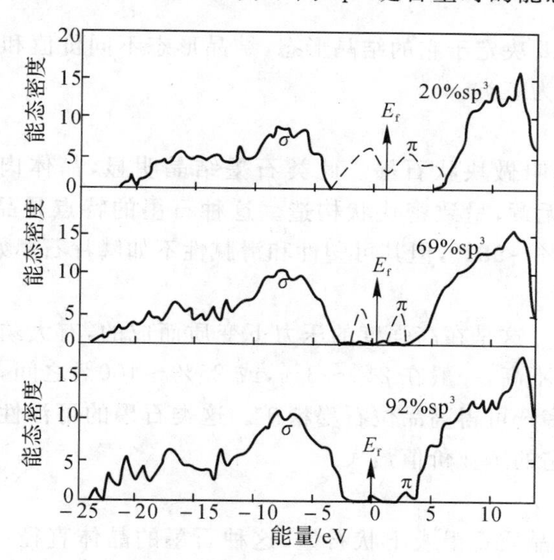

图 4.4　不同 sp^3 键含量时的能态密度计算结果

2. 碳的晶体结构

根据晶体中原子长程排列周期性和对称性特征，所有的晶体结构按照宏观对称分属于 7 个晶系、14 种晶胞结构。碳的不同同素异形体的晶胞特征如下。

(1) 石墨

石墨的晶体是六方晶系，其是典型的层状结构，碳原子成层排列，每个碳与相邻的碳之间等距相连，每一层中的碳按六方环状排列，上下相邻层的碳六方环通过平行网面方向相互位移后再叠置形成层状结构，位移的方位和距离不同就导致不同的多型结构。上下两层的碳原子之间距离比同一层内的碳之间的距离大得多。

图 4.5 为理想石墨晶体的原子结构图。石墨中原子的排列为层状六方形，在层面上，相邻原子之间的距离为 0.142 nm，层面之间的距离为 0.334 nm；石墨晶体的空间点阵类型属于 D_{6h}^4 型，每个晶胞中含有 4 个碳原子，晶格常数为 a=0.246 nm，b=0.668 nm。石墨晶体中，层面上的碳原子之间为 sp^2 杂化的共价键结合，而层面之间为(Van De Walls)范德华力连接，因此，石墨晶体一般总是碎化为微小尺寸的片状粉末。

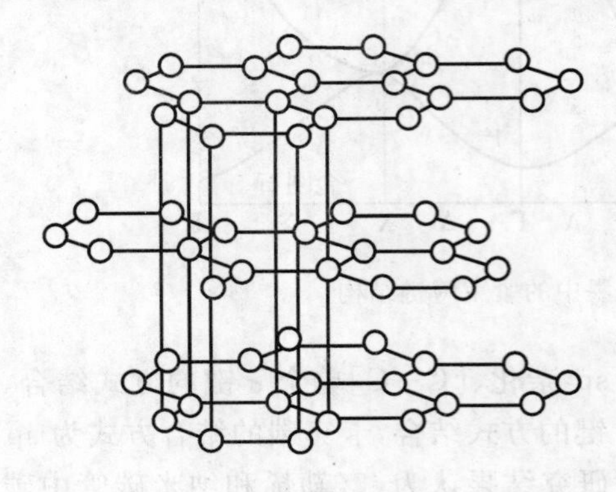

图 4.5　石墨原子结构

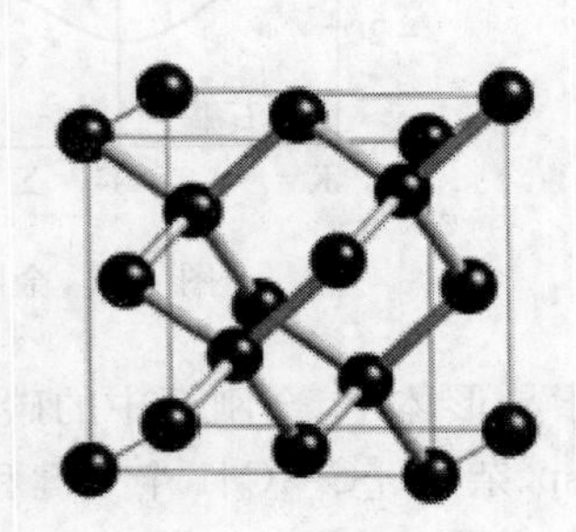

图 4.6　金刚石原子结构

石墨的工艺特性主要决定于它的结晶形态，结晶形态不同价值和用途不同，工业上，根据结晶形态将天然石墨分为三类。

1)致密结晶状石墨

致密结晶状石墨又叫做块状石墨。此类石墨结晶明显，晶体肉眼可见，颗粒直径大于 0.1mm，晶体排列杂乱无章，呈致密块状构造。这种石墨的特点是品位很高，一般含碳量为 60%～65%，有时达 80%～98%，但其可塑性和滑腻性不如鳞片石墨好。

2)鳞片石墨

石墨晶体呈鳞片状。这是在高强度的压力下变质而成的，有大鳞片和细鳞片之分。此类石墨矿石的特点是品位不高，一般在 2%～3%，或 25%～100%之间，是自然界中可浮性最好的矿石之一，经过多磨多选可得高品位石墨精矿。这类石墨的可浮性、润滑性、可塑性均比其他类型石墨优越，因此它的工业价值最大。

3)隐晶质石墨

隐晶质石墨又称非晶质石墨或土状石墨，这种石墨的晶体直径一般小于 1μm，比表面积范围集中在 $1\sim5m^2\cdot g^{-1}$，是微晶石墨的集合体，只有在电子显微镜下才能见到晶形。此类石墨的特点是表面呈土状，缺乏光泽，润滑性也差。但其品位较高，一般的 60%～80%，少数高达 90%以上，矿石可选性较差。

(2) 金刚石

金刚石是无色的、正八面体晶体，由碳原子以四价键链接，是目前已知自然存在的最硬物质。在金刚石晶体中，碳原子按四面体成键方式互相连接，组成无限的三维骨架，是典型的原子晶体。由于金刚石中的 C－C 键很强，所有的价电子都参与了共价键的形成。金刚石在纯氧中的燃点为 720～800℃，在空气中为 850～1 000℃，在低压下为 2 000～3 000℃。图 4.6 为金刚石晶体的原子结构图。金刚石为特殊的面心立方结构，可以认为是两个面心立方体复合而成的，其中一个面心立方体位于另一面心立方体的 $a(1/4,1/4,1/4)$ 处，金刚石的点阵常数为 0.357 nm，最近两个原子之间的距离为 0.154 nm，单位晶胞中的碳原子个数为 8 个，空间群属于高度对称的 $Fd3m-O_h^7$ 型。也存在晶格畸变为层状六方结构的金刚石结构，其特点为晶格长度沿[111]方向拉长。金刚石晶体结构中的碳原子以 sp^3 方式杂化，原子之间为 σ 键共价结合，由此金刚石是自然界硬度最高的材料。

（3）富勒烯

图 4.7 为几种典型富勒烯碳的原子立体结构图，从图中可知富勒烯为 0 维体系，其空间结构可以归结于两类：D_{5d} 和 D_{5h}。C_{60} 由 20 个六角形和 12 个五角形构成，每个五边形由 5 个六角形组成包围，五角形上的碳原子构成了 C_{60} 富勒烯上突起的顶点，形成完整的富勒烯碳，五边形的边长为 0.146nm，六边形的边长为 0.14nm。富勒烯分子中的相邻碳原子之间以 sp^2 杂化共价键的方式连接，整个分子中的碳原子又同时参与到共价 π 键的结合中。

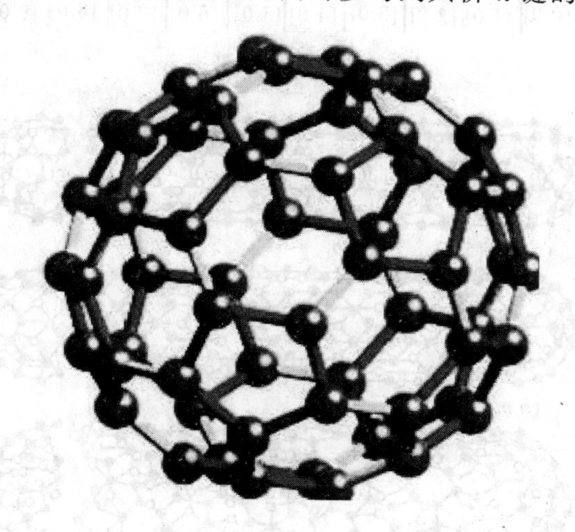

图 4.7　C_{60} 结构图

（4）纳米碳管

图 4.8 为石墨中碳原子在层面上的排列。纳米碳管是将石墨层面以不同角度弯曲形成闭合管状的结果，利用向量表示法来表征纳米碳管的结构，向量表示法特征如图 4.8 所示，当原点(0,0)与另外一个位于(n,m)上的碳原子重合形成纳米碳管时，该纳米碳管的结构就表示为(n,m)。通常，纳米碳管的结构为(n,n)时，称为扶手椅型，另外还有锯齿型$(n,0)$，n 不等于 m 时称为螺旋型。图 4.9 给出了不同结构类型纳米碳管的立体结构图。

纳米碳管有单层纳米碳管和多层纳米碳管。显然上面的结构表征是针对单层纳米碳管而言的，多层纳米碳管可以看成是在单层纳米碳管的基础上，碳原子在管上再一层层以密排式环绕而成的。

（5）卡拜

卡宾碳 (Carbyne)，也称卡拜，一般认为，是碳原子通过 sp 杂化结合，键处存在 2 个 π 电子共振，有两种可能：碳碳单键和三键的交替；简单的双键重复（累接双键）。卡宾碳结构还没有详细的分类，但是其结构模型已经被提出，如图 4.10 所示。一些碳原子呈线 sp 杂化轨道，线状分子是通过在一层与多层之间堆叠的 π 电子云获得的范德华力聚合的。卡宾碳是拥有三个自由电子的电中性单价碳活性中间体 HC 及其衍生物（如 EtO_2C-C）的统称。它可以短寿命的活性中间体存在于气相中，并广泛存在于各种地质体和碳化生物化石中。

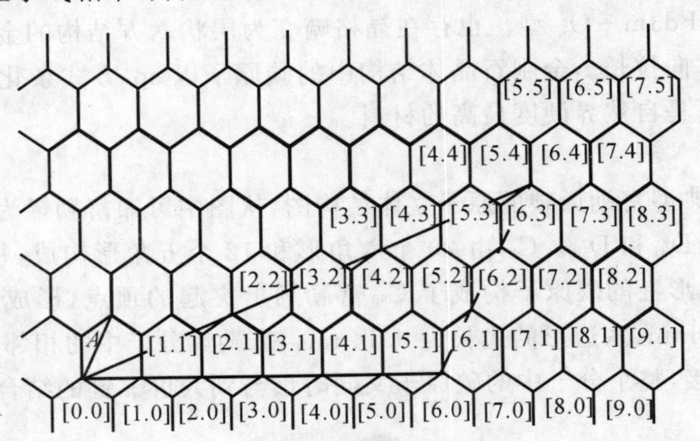

图 4.8　石墨的向量表示法

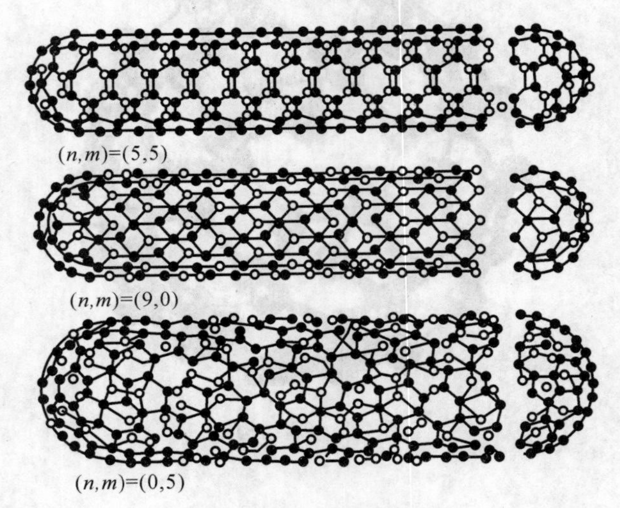

图 4.9　纳米碳管结构

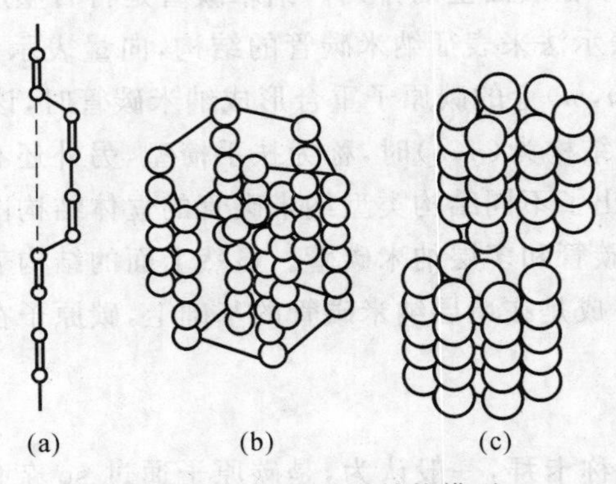

图 4.10　卡宾碳的结构模型

(6) 碳的其他结构

碳的其他微观结构包括非晶态碳、碳合金等,非晶态碳中碳原子以 sp^2/sp^3 杂化方式存在,根据 sp^3 键含量的多少、非晶态碳中碳原子排列方式的无序程度,非晶态碳的性能可以在非常大的范围内改变;在碳中掺杂了其他元素时称为碳合金,由于掺杂元素的存在,碳合金的结构和性能可以在很大范围内变化。

3. 碳的相图

图 4.11 为石墨、金刚石的结构相图。常温常压下碳的稳定相为石墨,金刚石为亚稳相,但是石墨与金刚石相之间的转变存在巨大的能垒,只有到 3 500℃以上的高温下,金刚石才能自发地转变为石墨;同样,高压下金刚石为稳定相,但是要实现石墨向金刚石的自发转变,仍然需要极高的温度,在催化剂存在的情况下,石墨转变为金刚石的条件可以温和一些。在一定温度及压力区域,还存在石墨向六方结构金刚石相转变的现象。温度超过 4 000℃时碳将转变为液相。更高压力下,碳有可能为金属等。

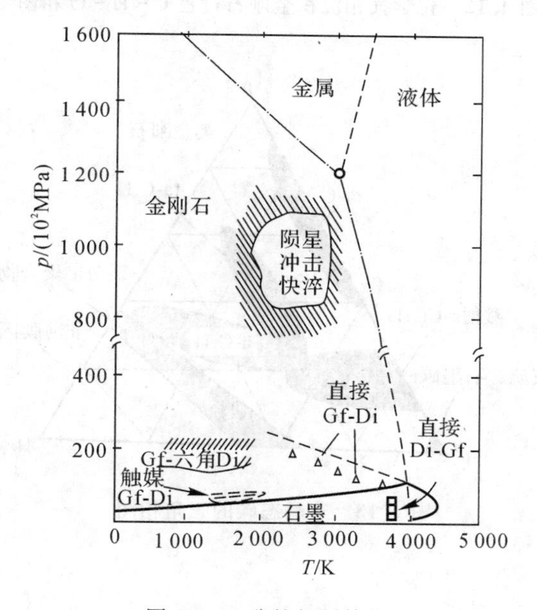

图 4.11　碳的相图特征

对于新发现的碳的同素异形体以及等离子体辅助化学气相沉积金刚石的过程等,上述碳的相图无法使用。图 4.12 为有关等离子体辅助化学气相沉积金刚石过程的相图。在低压等离子体环境下,在碳、氢、氧气氛中,金刚石的沉积区域如图中阴影区域所示为倒三角形,该相图也只是部分地反映了等离子体辅助化学气相沉积金刚石的真实特征,因为即使在碳、氢氧环境下,化学气相沉积金刚石也与许多因素,例如衬底表面预处理情况有关,而且在氩等离子体等非氢气氛中也实现了金刚石的制备。

在非晶态碳中,通常含有氢,图 4.13 为非晶态碳的三角相图。靠近氢的区域为气态或液态的碳氢化合物,该区域之上,为固态碳氢聚合物区域;在靠近 sp^2 的区域,为玻璃态碳或石墨化碳,图 4.13 中的 a－C 为无定型碳,ta－C 为长程无序、短程四面体结构的碳,ta－C 的性能更接近金刚石,a－C：H,ta－C：H 分别为结合有氢的无定型碳和四面体非晶态。

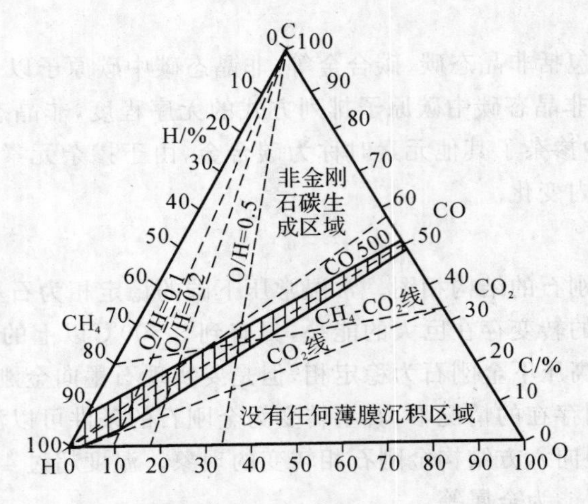

图 4.12　化学气相沉积金刚石过程 C－H－O 相图

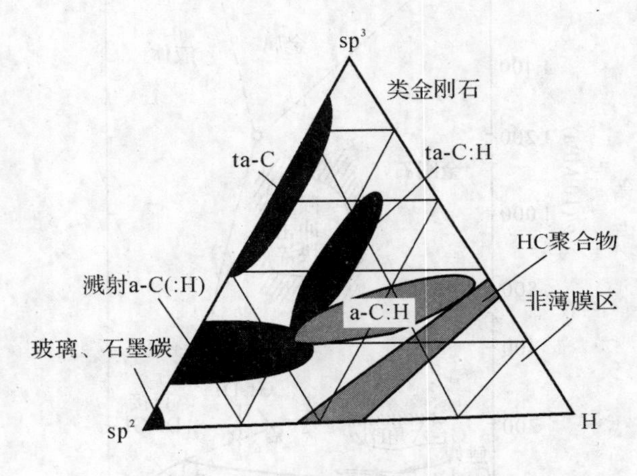

图 4.13　非晶态碳的三角相图

4.1.2　碳的性质

1. 碳的化学性质

碳的化学性质在碳的应用中具有关键作用，如煤的燃烧是重要的能量来源，焦碳是冶金、陶瓷工业中主要的还原剂，活性碳广泛应用于废水、废气处理及催化反应，碳电极的耐腐蚀性、碳纤维等的抗氧化性等是影响其应用的重要因素，碳化反应生成的许多合成物是现代工业中的重要原料等。

(1) 碳的化学稳定性与催化活性

石墨和金刚石晶体在常温常压下的化学稳定性都非常高。沸腾的强氧化性混合酸如 $HNO_3:H_2SO_4:HClO_4=1:1:1$ 以及腐蚀性等离子体气氛如氢、氧等离子体中，石墨能够被氧化腐蚀，而金刚石的腐蚀速度远小于石墨被腐蚀的速度。石墨容易与激发态氢、氧发生反应被认为是等离子体辅助化学气相沉积金刚石薄膜的重要机制之一。石墨的 π 键容易被打开、石墨晶体容易碎化以及容易产生较多的缺陷等是石墨的抗氧化性低于金刚石的重要原因。

无机物的存在大都会极大地促进碳和 O_2，H_2，CO_2，H_2O 等的反应能力。碱金属、碱土金属和过渡金属的催化活性都比较高。对 O_2 有催化活性的物质，多数情况下也对 CO，H_2O 具有活性。这些催化剂的作用机理，存在着氧移动机理及电子移动机理两种理论。在氧移动机理中，催化剂作为氧的载流子而起作用。

(2) 碳的固相反应与石墨的层间插入

碳的固相反应在工业上具有重要应用，多数金属是以氧化物的形式存在的，金属氧化物的生成自由能随温度的上升而增大，与此相比，碳的氧化反应自由能变小，因此只要提高温度，所有的金属氧化物都能用碳还原。

金属和碳直接反应或者金属氧化物烃类还原可以生成金属碳化物，碳化物的种类有盐型化合物、侵入型化合物、过渡金属碳化物等，盐型碳化物是元素周期表中Ⅰ～Ⅲ族元素的碳化物，多数和 CaC_2 一样，和水反应生成乙炔。侵入型碳化物为碳原子进入原子半径在 0.13nm 以上的金属形成的间隙型固溶体，一般不透明、极硬、熔点高，例如，HfC 的熔点为 4 160K，在双组分组成的化合物中最高。过渡金属化合物是原子半径在 0.13 nm 以下的 Fe，Ni 等过渡金属的碳化物，一般结合力较小，容易与水反应生成各种烃类。

在石墨晶体的层面之间插入其他一层原子或者分子将形成石墨层间化合物(GICs)，插入的层间原子为碱金属钾之类的含有自由电子的金属时，电子将从层间原子转移到石墨原子上，构成施主型 GICs，其费米能级比石墨高数个数量级。反过来，受主型 GICs 插入层内的原子或分子之间，受到金属键等强结合力作用，而在插入层与插入层之间，由于所带电荷相同而相互排斥，这样在由插入层与石墨层形成的超晶格中存在应力。插入层之间石墨原子的层数称为这种晶格的阶数。

2. *碳的机械性质*

金刚石和石墨具有完全不同的机械性质，金刚石是自然界最硬的固体，而石墨则是最软的固体之一；金刚石是刚性材料，无法进行塑性加工，石墨则可以任意加工出所需要的结构。

(1) 金刚石与类金刚石

当代材料学研究中的金刚石和类金刚石主要以薄膜形式存在，分析薄膜机械性质最有效的手段为纳米力学探针，如图 4.14 所示为纳米力学探针测量的典型载荷与位移曲线关系图，根据该曲线计算薄膜硬度与弹性模量：

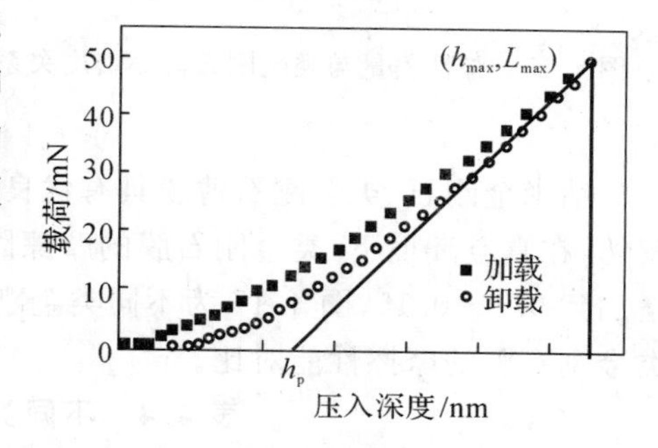

图 4.14　纳米力学探针测量的载荷-位移曲线

薄膜硬度

$$H=0.0378\frac{L_{max}}{h_p^2} \tag{4.1}$$

弹性模量

$$E=0.179\frac{(1-\nu^2)L_{max}}{(h_{max}-h_p)h_p} \tag{4.2}$$

式中，L_{max}，h_p 和 h_{max} 的意义如图 4.14 所示；ν 为薄膜的泊松比。根据经验得知，用纳米力学探针测量薄膜力学性能，当压痕深度不大于薄膜厚度的 10%～15%时，可以不考虑衬底对薄膜力学性能的影响。

表 4.3 总结了利用布里渊散射测量计算的不同金刚石、类金刚石薄膜的密度、剪切模量、

杨氏模量、体弹性模量等结果。类金刚石薄膜的力学性能与薄膜的密度、薄膜中 sp^3 键的含量关系密切，图 4.15 为弹性模量与薄膜密度关系图，图 4.16 为薄膜硬度与 sp^3 键含量关系图。

表 4.3 金刚石、类金刚石薄膜的密度、剪切模量、弹性模量、体弹性模量等布里渊散射测量结果

性能	ta－C	ta－C：H	100％ ta－C（计算值）	金刚石
密度/(g·cm^{-3})	3.26	2.36	3.5	3.515
H 含量/(％)	0	30	0	
sp^3 键含量/(％)	88	70	100	
弹性模量/GPa	757	300	822.9	100
剪切模量/GPa	337	115	336	534.3
体弹性模量/GPa	334	248(＋197,－0)	365	444.8
r	0.12	0.3(＋0.09,－0)	0.124	0.07

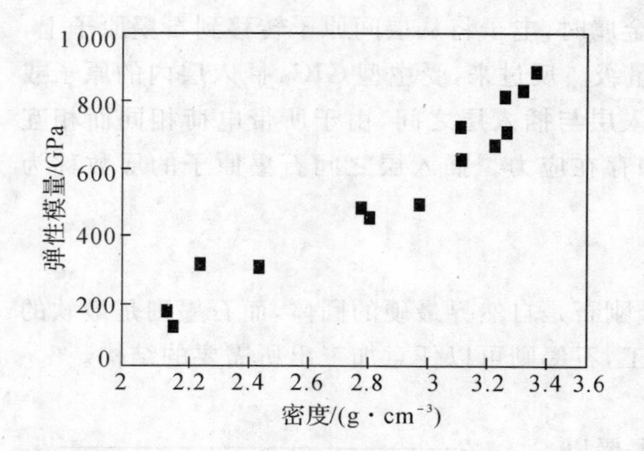

图 4.15 弹性模量与类金刚石薄膜密度关系图

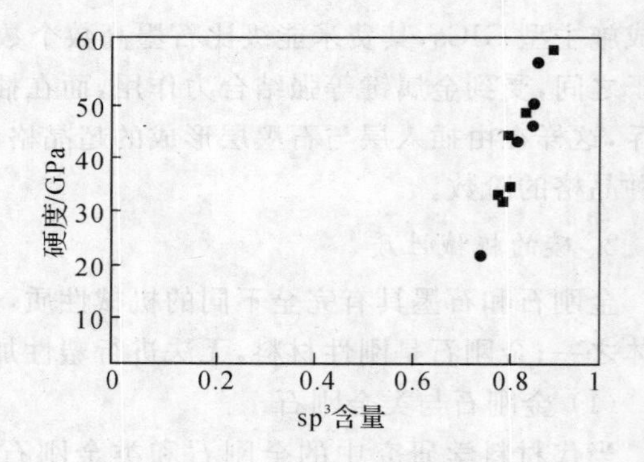

图 4.16 ta－C 类金刚石薄膜硬度与 sp^3 键含量关系图

纳米金刚石、类金刚石薄膜具有优良的摩擦磨损性能，摩擦磨损性能与薄膜周围环境关系密切，在真空环境下，类金刚石膜的摩擦因数可以小到 $\mu=0.01$，而在潮湿大气中，摩擦因数会增加到 0.1～0.15，图 4.17 为不同类金刚石膜的摩擦因数与空气湿度关系图。表 4.4 为不同类金刚石膜的摩擦性能对比。

表 4.4 不同类金刚石膜的摩擦性能对比

类金刚石膜	磨损速率/(mm^3·N^{-1}·m^{-1})
ta－C	10^{-9}
a－C：H	10^{-7}～10^{-6}

(2) 石墨与碳材料

石墨晶体具有明显的各向异性，a 轴方向为结合力极强的共价键，而 c 轴方向为结合力非常弱的分子间力，因此石墨的力学性能在 a 轴和 c 轴方向有明显区别。表 4.5 总结了石墨单晶不同方向的弹性模量等性能指标。表中 E 表示杨氏模量；G 表示剪切模量；a，c 分别表示 a 轴、c 轴方向；ν 表示泊松比；ν_{ab} 表示层面上的泊松比；ν_{ac} 表示 a 轴方向单位应变与由此产生的 c 轴方向的应变之比等。

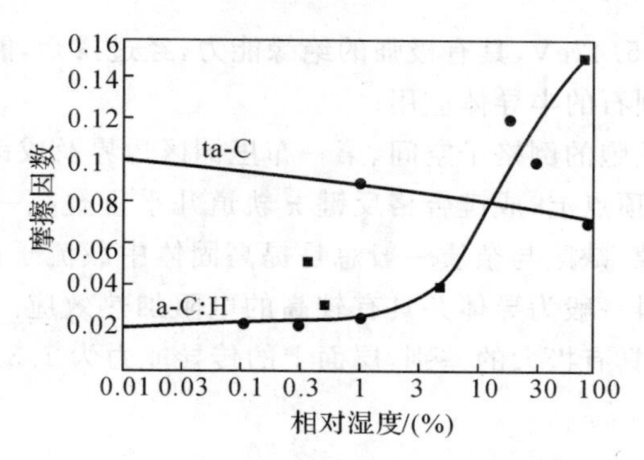

图 4.17　不同类金刚石膜的摩擦因数与空气湿度关系图

表 4.5　石墨单晶不同方向的弹性模量、剪切模量及泊松比

E_a	E_c	G_a	G_c	ν_{ab}	ν_{bc}	ν_{ca}
1 020 GPa	36 GPa	4.5 GPa	440 GPa	0.16	0.34	0.012

同样，单晶石墨的强度、破坏韧性具有强烈的各向异性，表 4.6 为具有类似单晶石墨结构的热分解石墨的测量值。

表 4.6　热分解石墨不同方向的弹性模量、挠曲强度及破坏韧性

变形/破坏	弹性模量/GPa	挠曲强度/MPa	破坏韧性/($MPa \cdot m^{1/2}$)
垂直于层面	20.1	1.58	2～8
平行于层面	5.5	9.6	0.53

大多数碳材料以石墨微晶为主组成，石墨微晶在碳材料内部无序分布时，其各向异性互相抵消，碳材料在宏观上表现为各向同性，理论上其弹性模量按照混合规则可以计算：

$$\frac{1}{E}=\frac{2}{3}\frac{1}{E_a}+\frac{1}{3}\frac{1}{E_c} \tag{4.3}$$

计算出的弹性模量为 100 GPa，但是实际上各向同性石墨材料（密度为 1.75～1.80 $g \cdot cm^{-3}$）的弹性模量只有 8～12 GPa，仅为理论值的 1/10。这样低的弹性模量是由于多晶石墨中存在大量的微观空洞和裂纹，空穴率 P 与弹性模量之间存在经验关系

$$E(P)=E(0)\exp(-bP) \tag{4.4}$$

式中，b 为经验常数，与微孔的形状密切相关，微孔为球型时，其值小，微孔为开裂状时，b 值急剧增大。

碳材料的破坏和强度，以各向同性多晶石墨（密度 1.75 $g \cdot cm^{-3}$）为例，拉伸强度为

25 MPa，破坏韧性为 0.8 MPa · $m^{1/2}$，根据强度理论，可以估计为破坏性起点的开裂尺寸约为 0.6 nm。与陶瓷材料不同，碳材料一般具有一定塑性变形能力，能够忍受一定的热冲击破坏以及具有吸能作用等。

3. 碳的电子性质

金刚石的禁带宽度达 5.47eV，具有极强的绝缘能力，经过掺杂，能够在金刚石中产生一定量的载流子，从而实现金刚石的半导体应用。

图 4.18 是一个石墨晶胞的倒格子空间、第一布里渊区边界及成键、反键轨道空间结构图，在二维六边形布里渊环的顶点上，成键合格反键 π 轨道几乎重叠在一起，即使无缺陷，结晶石墨也只有约 40meV 的能隙，缺陷与杂质一般总是提高固体中载流子的密度，同时会提高对电子的散射能力，因此碳材料一般为导体并具有较高的电阻加热效应。石墨的各向异性使得电子的传导性质在不同方向具有极大的差别，层面上的传导能力为 $1.3\times10^4 cm^2 \cdot V^{-1} \cdot s^{-1}$，远高于 c 轴方向。

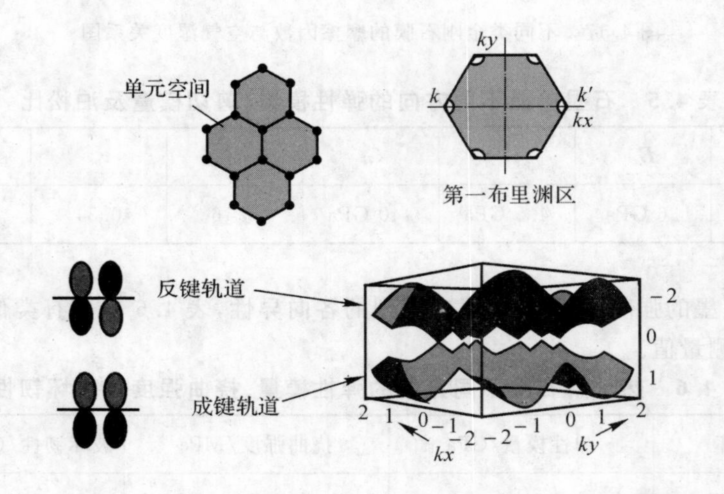

图 4.18　碳 sp^2 杂化的倒格子空间、第一布里渊区边界及成键、反键轨道空间结构图

4. 碳的热学性质

表 4.7 为石墨和金刚石的结构及物理特征。从表中可知金刚石的德拜温度为 1 860K，常温下热膨胀系数为 $1\times10^{-6}K^{-1}$，热导率为 25 W · cm^{-1} · K^{-1}，因此金刚石的热容量比较小，而热导率是所有材料中最高的。石墨晶体的热性质有着明显的各向异性，在层面上，石墨的德拜温度为 2 500K，常温下热膨胀系数为 $-1\times10^{-6}K^{-1}$，热导率为 30W · cm^{-1} · K^{-1}；而在 c 轴方向上，德拜温度为 950K，常温下热膨胀系数为 $29\times10^{-6}K^{-1}$，热导率为 0.06W · cm^{-1} · K^{-1}。石墨的这种显著各向异性的热性质，使得其成为制备许多不同热性质材料的基础。

5. 碳的磁学性质

金刚石和石墨都是饱和电子结构，因此结晶完美的金刚石和石墨都是抗磁性的。但是，由于石墨的禁带宽度几乎为 0，石墨基碳材料总是存在大量的杂质和缺陷，大量载流子、杂质和缺陷的存在使得碳材料一般具有顺磁性。金刚石的禁带宽度很大，并且不容易进行掺杂，因而一般总是表现为抗磁性。

表 4.7 石墨和金刚石结构及物理性能特征

项目	石墨	金刚石
晶格结构	六角	立方
空间群	$P6_3/mmc—D_{6h}^4$	$Fd3m—O_h^7$
晶格常数(RT)/0.1nm	2.462① 6.708②	3.567
原子密度/(个·cm^{-3})	1.14×10^{23}	1.77×10^{23}
相对密度/(g·cm^{-3})	2.26	3.515
导热系数(RT)/(W·cm^{-1}·K^{-1})	30① 0.06②	25
德拜温度/K	2 500① 950②	1 860
体弹性模量/Pa		$4\sim4.5\times10^{11}$
弹性模量/GPa	1 060① 36.5②	
硬度 HK/(10^3)	<1	10
能隙/eV	−0.04	5.47
电子迁移率/(cm^2·V^{-1}·s^{-1})	20 000① 100②	1 800
空穴迁移率/(cm^2·V^{-1}·s^{-1})	15 000① 90②	1 500
介电常数(低频时)	3.0① 5.0②	5.58
电击穿常数/(V·cm^{-1})		107
折射系数		2.4
熔点/K	4 200	4 500
热膨胀系数(RT)/K^{-1}	-1×10^{-6}① 29×10^{-6}②	1×10^{-6}
声速/(cm·s^{-1})	$2.63\times10^5$① $1\times10^5$②	1.96×10^5
拉曼峰/cm^{-1}	1 582	1 332

注：①石墨的密排面上；②石墨的 c 轴方向。

6. 碳的光学性质

(1)透过与吸收

金刚石因具有高的折射率和低的吸收系数而晶莹剔透，不仅在可见光区域，金刚石在红外和紫外光的大部分区域都具有极好的透过性能，含有 N 原子杂质的天然金刚石只是在红外光 7～8μm 的地方和紫外 0.25μm 左右的地方存在弱吸收。

类金刚石膜中含有较多不同状态的 C－H 键以及非 sp^3 杂化的 C－C 键时，在可见光下一般呈现黄色等，具有低的折射系数，在红外光谱上可以观察到众多吸收峰，图 4.19 为典型类金刚石膜红外吸收谱。红外吸收光谱是测定类金刚石膜结构组成的重要方法。

(2)拉曼光谱

拉曼光谱是分析碳结构最有效的手段，而且不会对材料产生破坏。图 4.20 为金刚石、石墨以及其他形式碳的拉曼光谱对比图。金刚石的拉曼峰为 1 332 cm^{-1}，E_{2g} 对称振动产生，称为 G 峰；多晶、无序石墨在 1 350cm^{-1} 附近存在由 A_{1g} 对称振动产生的拉曼峰，称为 D 峰。图 4.21 为 G 和 D 拉曼峰对应的晶格振动示意图。通过对比 G，D 拉曼峰的特征可以方便、快速的分析碳材料的特性，图 4.22 为不同碳结构对拉曼光谱特征的影响示意图。图 4.23 为从单晶石墨向完全无序态碳过程中拉曼光谱特征变化过程图。

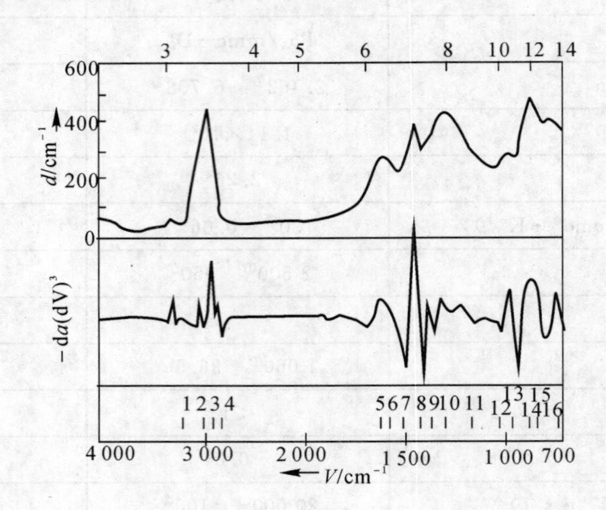

图 4.19　a－C：H 型类金刚石膜的红外光吸收谱

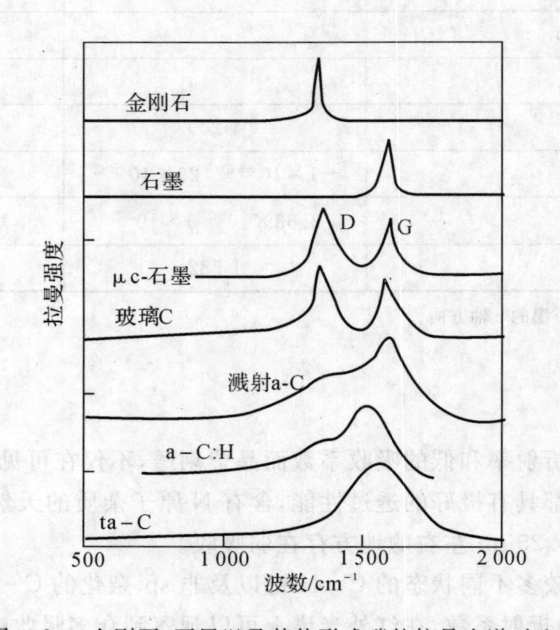

图 4.20　金刚石、石墨以及其他形式碳的拉曼光谱对比图

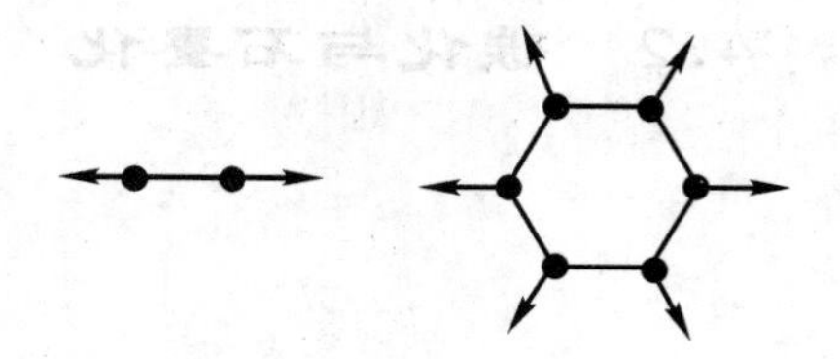

图 4.21 石墨 G 和 D 拉曼峰对应的晶格振动示意图

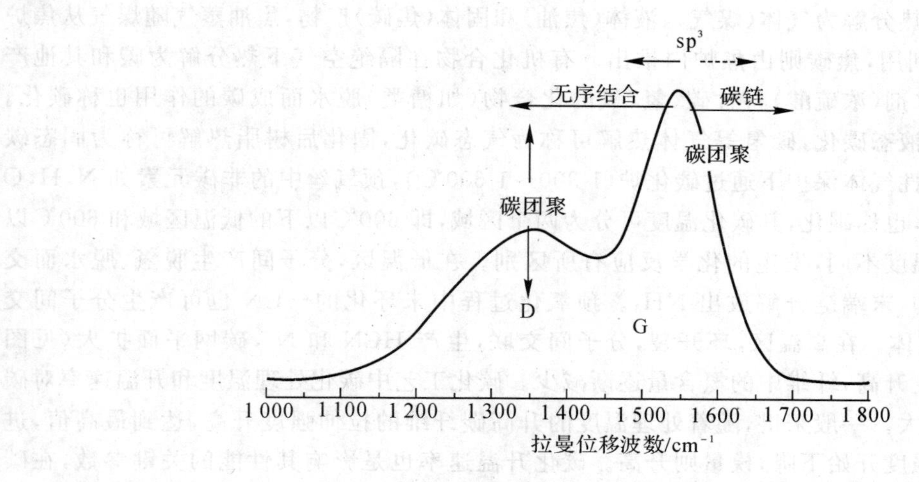

图 4.22 不同碳结构对拉曼光谱特征的影响示意图

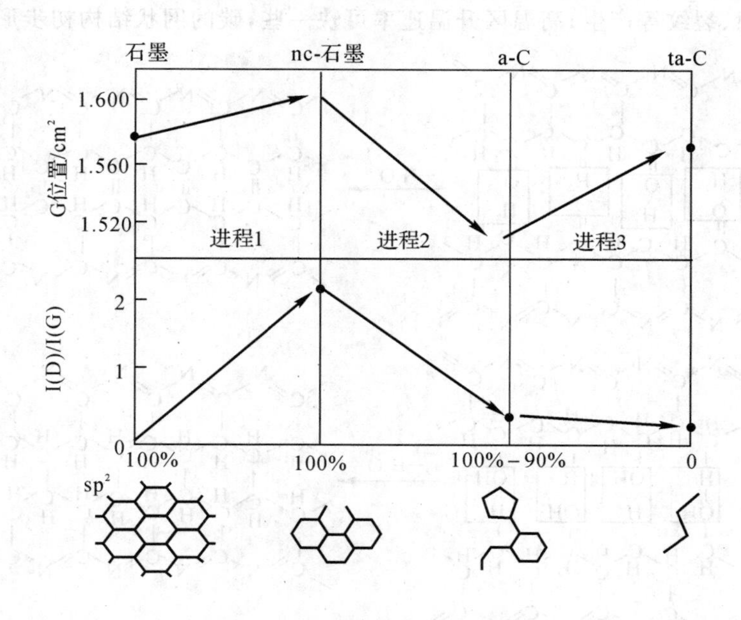

图 4.23 单晶石墨向完全无序态碳过程中拉曼光谱特征变化过程图

4.2 碳化与石墨化

4.2.1 碳化

1. 碳化的概念

碳化又称干馏(dry distillation),属于固体燃料的热化学加工方法。将煤、木材、油页岩等在隔绝空气下加热分解为气体(煤气)、液体(焦油)和固体(焦碳)产物,焦油蒸气随煤气从焦炉逸出,可以回收利用,焦碳则由焦炉内推出。有机化合物在隔绝空气下热分解为碳和其他产物,以及用强吸水剂(浓硫酸)将含碳、氢、氧的化合物(如糖类)脱水而成碳的作用也称碳化。沥青热解可称为液态碳化,碳氢等气体热解可称为气态碳化,固化后树脂热解可称为固态碳化。预氧丝在惰性气体保护下通过碳化炉(1 300～1 600℃),预氧丝中的非碳元素如N,H,O等从纤维中排除,也称碳化,其碳化温度可分为两个区域,即600℃以下的低温区域和600℃以上的高温区域,温度不同,发生的化学反应有所区别。在低温区,分子间产生脱氢、脱水而交联,生产碳网结构,末端链分解放出NH_3。预氧化过程中未环化的—CN也可产生分子间交联,生产HCN气体。在高温区,环开裂,分子间交联,生产HCN和N_2,碳网平面扩大(见图4.24)。随着温度升高,纤维中的氮含量逐渐减少。碳化工艺中碳化处理温度和升温速率对碳纤维性能影响较大。一般来讲,随着处理温度的升高碳纤维的拉伸强度升高,达到最高值,进一步提高温度,强度开始下降,模量则升高。碳化升温速率也是影响其性能的关键参数,在碳化的低温区要求升温速度要慢,如果升温速率太快,则会导致脱氢、脱水等反应速度加快,造成纤维结构中空隙、裂纹等产生;高温区升温速率可快一些,碳的网状结构初步形成。

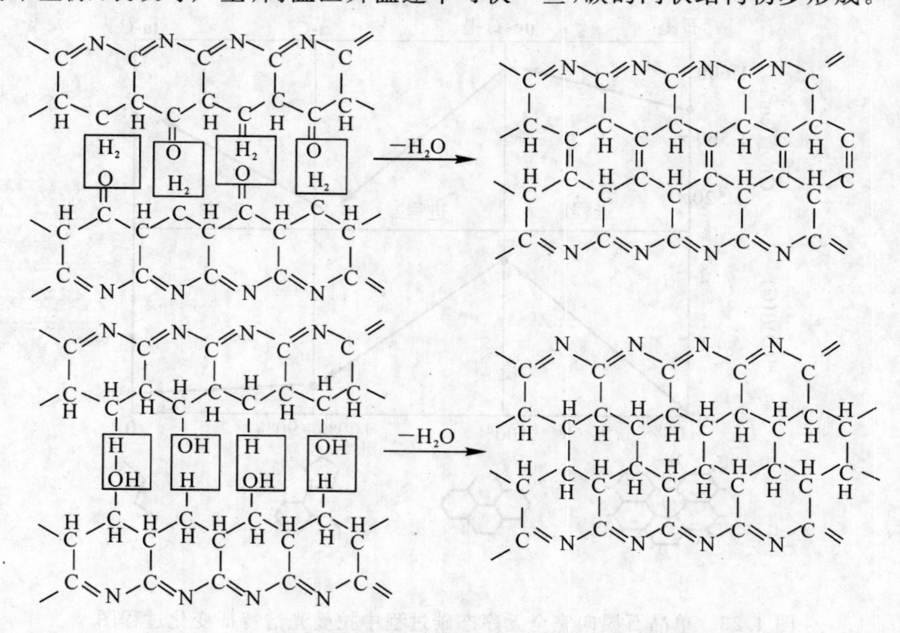

图4.24 预氧化纤维分子链间通过含氧基团进行交联

碳化时大多使用氮气介质，也有使用其他非氧化气体如 HCl 等。传统的碳纤维工艺都是采用电阻炉加热的，能耗较大，使碳纤维成本居高不下。等离子体结合电磁辐射技术进行碳化制备碳纤维的方法，与传统的方法相比降低了成本。其装置如图 4.25 所示。

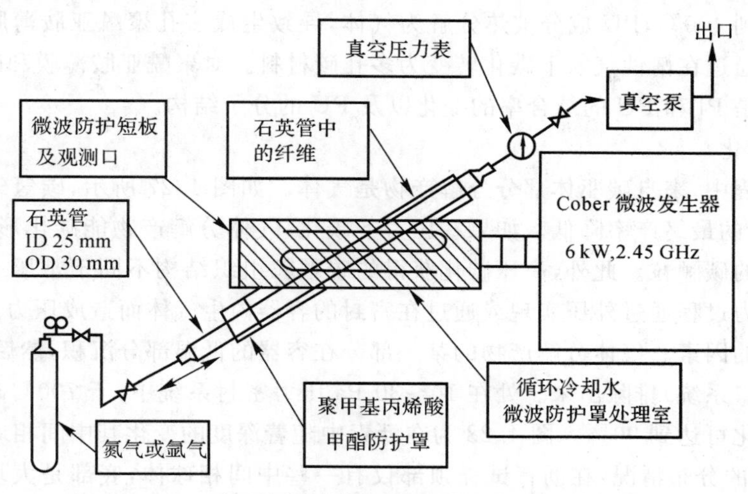

图 4.25　采用等离子体技术进行碳化的装置示意图

2. *碳化原理及方法*

(1)模板法

模板法技术是首次在层状化合物上使用二维空间，例如蒙脱石、云母，成功制备薄膜取向石墨。模板法的基本原理如图 4.26 所示。碳驱体，例如丙烯腈(氰乙烯)分子插入二维蒙脱石，紧随聚合作用，然后在 700℃碳化。再通过 HF 和 HCl 除去蒙脱石化合物成分，可获得易剥落的碳颗粒。模板法的一系列工作揭示了在一维到三维通过选择合适的模板材料可控制其组织结构：一维的碳纳米纤维通过阳极氧化铝薄膜合成，二维的石墨层使用层状化合物，三维的微孔碳材料使用各种沸石矿物。

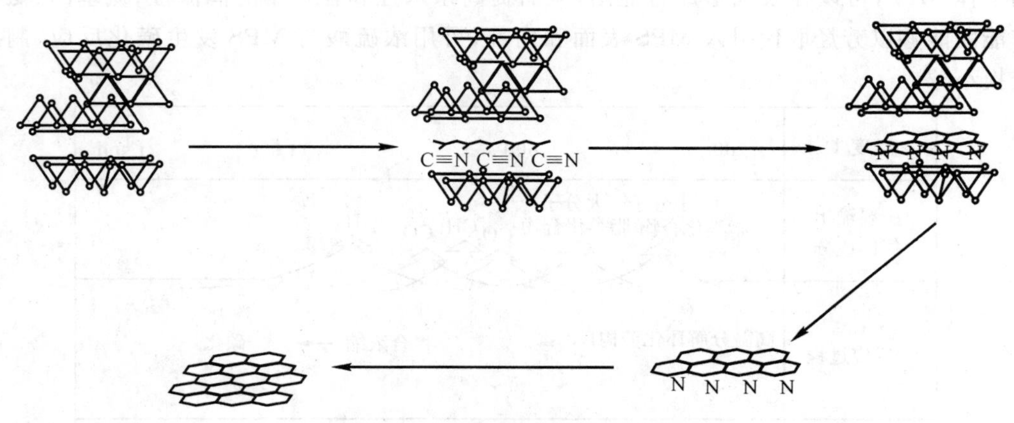

图 4.26　模板法的基本原理图

(2)聚合物共混法

在碳材料里为了控制其孔状结构，结合两类碳驱体，一类是获得相对高的碳化产率，另一类是低碳化产率，这被称为聚合物共混法。这种技术可以通过聚醚型氨酯酰亚胺薄膜合成制备多孔碳材料。聚醚型氨酯酰亚胺薄膜合成是通过结合酰胺酸和苯酚聚氨酯制备的，然后加热到200℃，表现出聚酰亚胺（PI）和聚氨酯（PU）两相的分离，前者形成基质，后者则形成小岛。通过加热到400℃，PU成分被热分解为气体，导致生成多孔聚酰亚胺薄膜。生成多孔聚酰亚胺薄膜易通过在惰性气氛下碳化转变为多孔碳材料。对聚酰亚胺薄膜和碳薄膜的孔径大小的影响主要是PI和PU的结合率的变化以及PU的分子结构。

（3）高压碳化

在碳化过程中，来自碳驱体部分分解产物是气体。如图4.27所示，碳氢气体中各分子质量减少，使得碳的最终产率降低。如果在压力下碳化，气体分解产物能碳化形成固体碳，结果可获得高产率的碳颗粒。此外，高压碳化获得的碳颗粒组织结构不同于常压或负压获得的碳颗粒。碳化压力过程通过外压实现或通过在密封的容器内生气体而造成压力。受压容器是否加热是个重要的因素。气体分解产物的某一部分在容器的低温部分沉积，然后从碳化系统（在压力下经过通口系统）排除出来。处在10～30 Pa压力密封系统中，于700℃时从沥青获得的产物率经过碳化可达到90%。图4.28为在沥青中随着深度的变化其中间相球体（Mesophase spheres，MPS）的分布情况：在沥青试样顶部仅有一些中间相球体，底部是大块的中间相。在此值得注意的是，中间相小球体的密度在沥青试样中间部分是非常高的。中间相球体通常不溶于喹啉类溶剂，热处理时不熔融，石墨化时不变形。随着热处理温度的升高，MPS分子排列不发生变化，氢含量下降，层间距减小，密度增大，晶胞变大；于600℃时发生中间相结构的变化，700℃以上MPS变成固体，比表面积出现极大值。热处理至1 000℃，密度逐渐升至1.9 $g \cdot cm^{-3}$左右，并形成收缩裂纹，裂纹方向平行于构成MPS的层片方向，在2 800℃石墨化时，d_{002}在$(3.359 \sim 3.37) \times 10^{-10}$ m之间。尽管MPS单独热处理时球体单元形状几乎不变，但与多核芳烃或沥青中共同加热时，能够熔融于这些介质。MPS及其热处理产物呈疏水性，但由于MPS具有层状结构，在MPS周边存在许多定向芳烃的边缘基团，使MPS表面具有极高的活性。通过表面改性后，表面边缘原子反应活性非常高。例如，用氧化性和非氧化性气体等离子体MPS，可以在表面形成官能团，从而提高亲水性和在水中的润湿性；氮基团、氨基团类官能团能够以芳烃取代引入MPS表面和内部；可用浓硫酸与MPS发生磺化反应，制备离子交换小球。

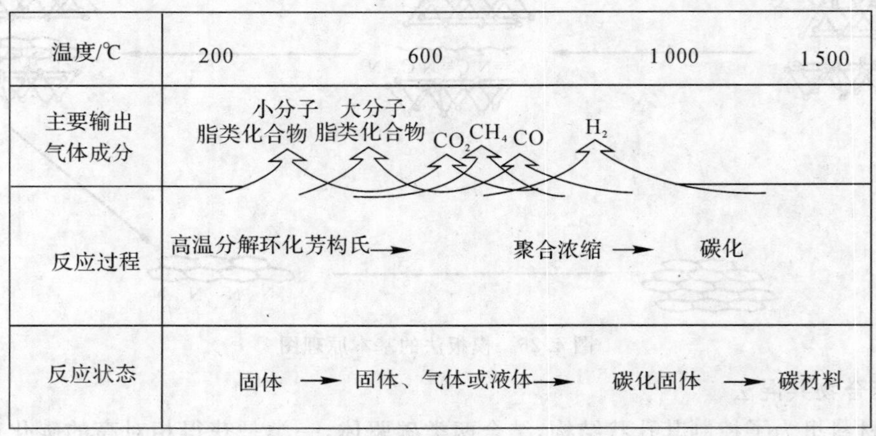

图4.27　碳化过程

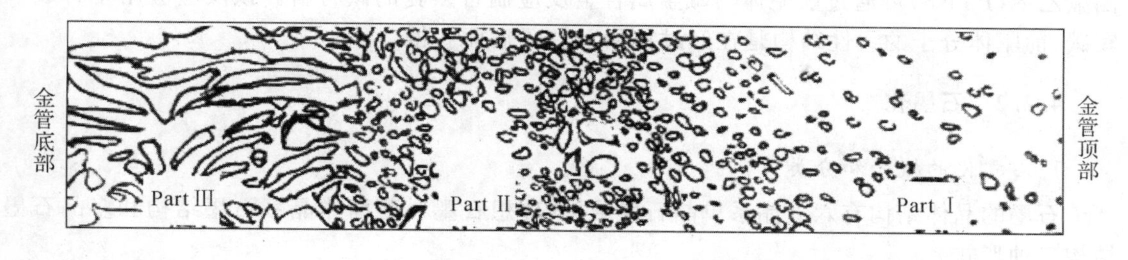

图 4.28　在金管内经过 30 MPa，450℃，20 h 焦油沥青形成的中间相

（4）碘处理碳化

大部分的碳驱体都能转化为碳材料，例如不同来源的沥青、不同分子结构的酚醛树脂及各种碳氢化合物，如聚合糠醇（乙烯基氯），具有相对低的碳化产率，因为组成前驱体的部分碳原子被转化成挥发成分，通过实验和各种方法可以增加其碳化产率。在 90℃用碘处理沥青，导致高碳化产率。在 800℃碳化率随着碘处理时间的延长而增大，如图 4.29 所示。在碘处理刚刚开始时，碳化率显著地增加，然后达到饱和。值得指出的是，获得的碳化率可达到 100%。发现碘处理是最有效的沥青苯萃取物，可以增加其碳化产率以改变其光学组织结构。在碘处理后，沥青的超细颗粒保持其形貌，甚至在 800℃碳化获得的碳颗粒大小大约在 50 nm。

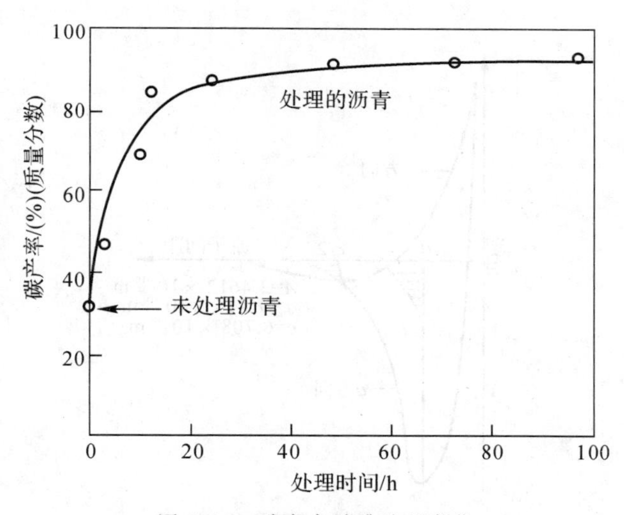

图 4.29　碳产率随碘处理变化

（5）低温碳化

对有机驱体的碳化，必须要求加热到较高温度。为了排除来自于有机驱体分子非碳原子（O 原子），需要高于 400℃的温度，碳原子的损失在此也是无法避免的，这是由于小的碳氢分子和碳的氧化物的分离。为了以分子形式排除氢原子，需要加热到 800℃，这主要是来自于碳与氢较强的化学键结合。当聚酰亚胺作为驱体时，在获得的碳中残留一些氮原子，其主要来自于驱体酰亚胺分子。需要在高温 2 500℃方可完全除去 N 原子。如果在碳氢化合物分子中所有氢原子都被卤原子取代了，或许可通过金属除去所有的被取代卤原子。所以有金属卤化物的形成发生在低温甚至室温下，希望在低温下获得高产率的碳材料，理论上可达到 100%。聚

四氟乙烯(PTEF)可通过前驱体与碱金属合金反应制备多孔的碳材料。该反应应用于合成卡宾碳,前驱体分子的线性结构是在经过排除F原子后而获得。

4.2.2 石墨化

1.石墨化的概念和分类

石墨的晶体结构有六方晶系单晶石墨结构(理想石墨)、菱面体晶系石墨结构和多晶石墨结构三种形式。

(1)理想石墨的晶体结构与各向异性

理想石墨晶体是由许多层六角平面网层组成的巨大单晶石墨,属六方晶系。较大的六角平面网层可以看做是缩合多环芳烃的巨大分子。由于共价键叠加金属键使C—C键的键长仅为1.42,平均键能达到6 280kJ·mol^{-1}。层与层之间以范德华力相连接,层间距d_{002}=3.353 8×10^{-10} m,平均结合能为5.44kJ·mol^{-1}。理想石墨的上述结构特征可以用它的位能曲线(见图4.30)明显地反映出来。由图4.30可见,平行于六角平面网层方向即a方向的位能曲线存在一个深谷,说明当有外力使六角平面网层内的碳原子发生位移时,随着位移增大,引力或斥力将急剧增大,所以a方向又有很高的强度和模量;与此相反,垂直于六角平面网层方向即c方向的位能曲线只有1个浅谷,说明层与层之间容易发生位移,所以c方向具有解理性和自润滑性。同理,石墨的力学、热学、电学、磁学性质参数也因方向不同而不同(见表4.8),称为各向异性。

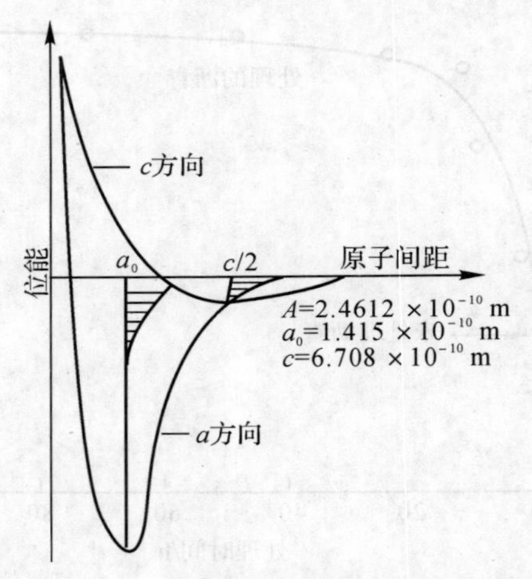

图4.30 理想石墨的位能曲线

表4.8 石墨的各向异性示例

参数名称	a方向测定值	c方向测定值
弹性模量/MPa	101.50	3.53
热导率/(W·m^{-1}·K^{-1})	580～1 400	3.4～250
热膨胀系数/(10^{-6}K^{-1})	−1.5	28.6
电阻率/(10^{-5}Ω^{-1}·cm^{-1})	4～5	500
磁化率/(10^{-6})	−0.5	−22

具有上述理想晶体结构的巨大石墨单晶实际上并不存在，即使从结晶十分发达的鳞片状天然石墨中精细选出的单晶，晶体尺寸也不过几毫米。但是理想石墨晶体结构作为一个科学模型，在碳材料领域里具有十分重要的理论指导意义。

六方晶系石墨有一个变体，称为菱面体晶系石墨，在天然石墨中的含量为10%～30%。这种变体的主要结构特征是部分层面发生滑移(见图4.31)。对六方晶系石墨来说，第二层相对于第一层有平移，第三层又同第一层重叠，称为ABAB结构。而对菱面体石墨来说，第三层对第二层也有平移，第四层才同第一层重叠，称为ABCABC结构。菱面体石墨的物理、化学性能随结构不完整程度增加而变差，但是在2 800～3 300K热处理时，ABCABC结构可向ABAB结构转化。

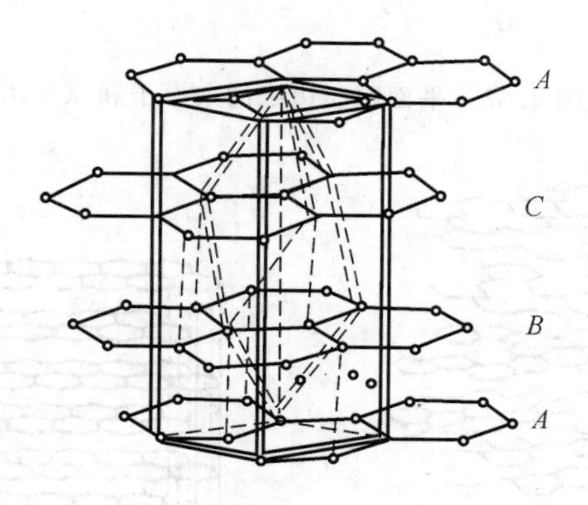

图4.31　菱面体石墨晶体结构

(2)多晶石墨结构与石墨化度

多晶石墨与理想石墨相比较，有下述晶体结构特征：①晶体结构单元小，通常不超过600；②六角平面网层内部有缺陷，包括空洞（见图4.32)、位错、边缘含杂原子(见图4.33)以及杂质夹杂，空洞和杂原子使化学稳性降低；③六角平面网层之间的排列不规则，层间距(d_{002})大而不一致。R. E. 富兰克林(Franklin)等人根据上述特征和大量研究结果指出多晶石墨晶体的基本结构是乱层结构，并提出乱层结构模型如图4.34所示。

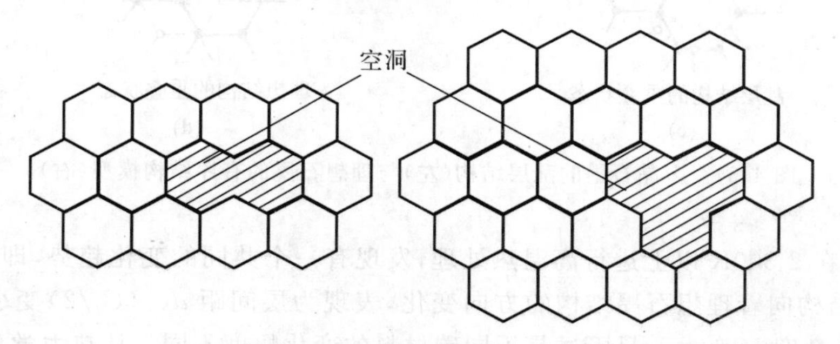

图4.32　六角平面网层中的空洞

乱层结构模型指出了总的轮廓。实际上，用不同原料或不同工艺制造出来的人造石墨不属于乱层结构的多晶石墨。但是网层内部缺陷情况、层间排列有序程度和层间距等细节往往并不相同。因此，就某一种多晶石墨而言，它的乱层结构与理想石墨有序结构的差距如何，需要有一个定量的参数来反映，这个参数就是石墨化度。

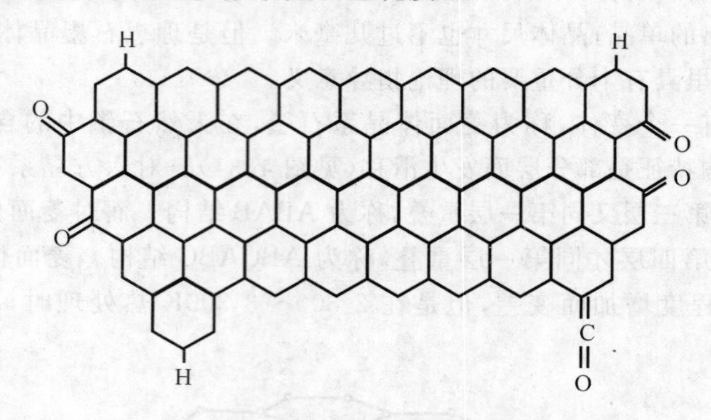

图 4.33 平面网层边缘的杂原子和原子团

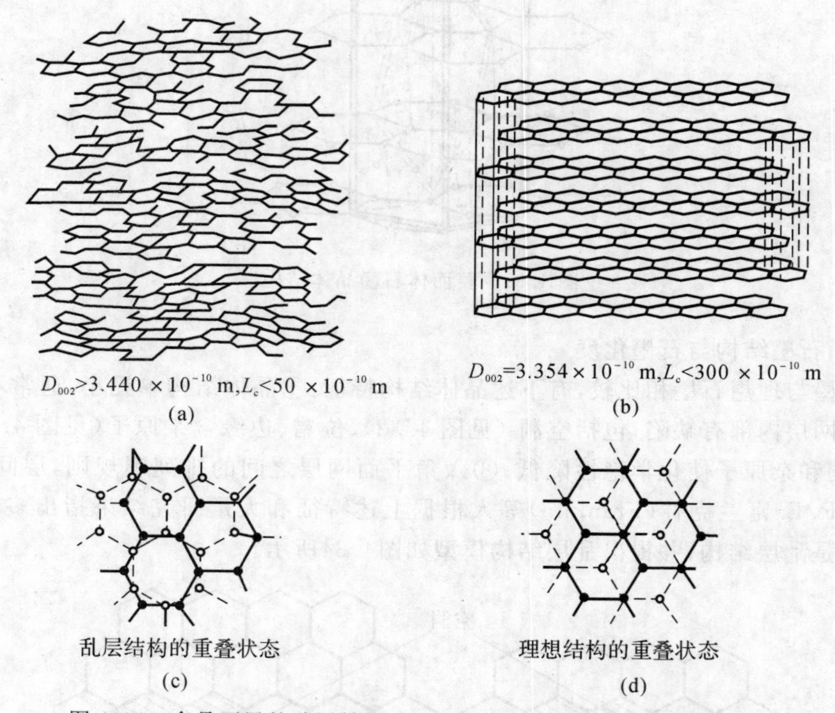

图 4.34 多晶石墨的乱层结构(左)与理想石墨的有序结构模型(右)

将碳材料在 2 300K 以上进行高温热处理，发现有一个共同的变化趋势，即随着热处理温度提高，乱层结构向着理想石墨结构的方向变化，表现为层间距 d_{002} ($C_0/2$) 变小、晶体结构单元的直径 L_0 和高度 L_c 变大。只不过是不同碳材料的变化幅度不同。从热力学分析，上述变化趋势是必然的，这是因为：①晶体结构单元的直径越大即平面网层的直径越大，则平面网层的晶体表面能越小，从而每个碳原子的自由能降低；②平面网层取向重排所需能量为 4.2kJ · mol^{-1}，远远小于平面网层内 C－C 键的平均键能；③平面网层边缘的杂原子和原子团在高温下裂解而脱落，交联键断裂。

(3)易石墨化碳和难石墨化碳

如上所述,碳在高温热处理时都有石墨化趋向。但是,用不同条件下所制得的碳材料,石墨化的难易程度不同甚至大不相同。通常将制取碳材料的原料分成易石墨化碳和难石墨化碳两类原料,作为选择原料的一个重要依据。

由煤沥青、石油沥青、蒽等液态碳化制得的碳属于易石墨化碳,即软碳,其结构模型如图4.35所示。将这种碳在2 500K高温下石墨化后在电子显微镜下显示出十分清晰的石墨层状结构。在液相碳化过程中,中间相热转化过程进行得越完全,所得碳材料越易石墨化。

由酚醛树脂和呋喃树脂等制得的碳是典型的难石墨化碳,即硬碳,其结构模型如图4.36所示。将这种碳在3 000K高温热处理后,在电子显微镜下仍显示出互相缠结的无序结构。

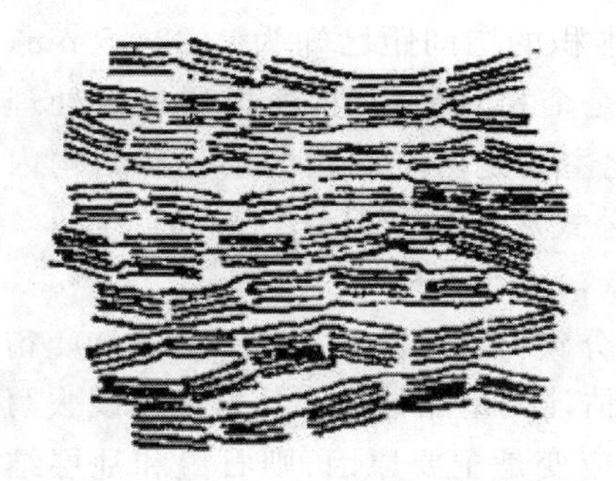

图4.35　易石墨化碳结构模型

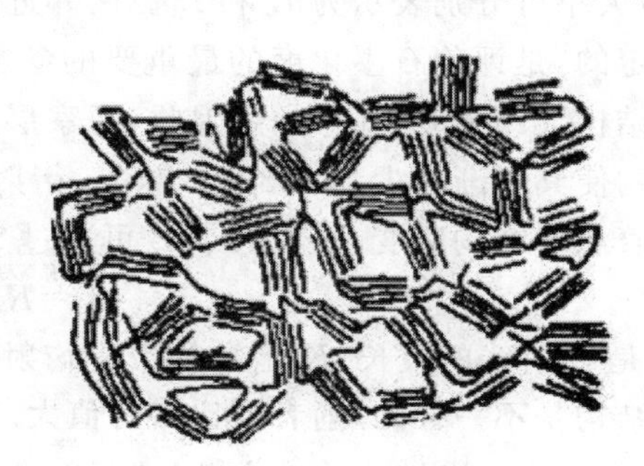

图4.36　难石墨化碳结构模型

上述两种碳在高温热处理过程中的结构参数 d_{002} 和 L_c 的变化如图4.37所示。由图可见:①两种类型碳的石墨化难易程度有显著差别;②当热处理温度达到2 600K以上时,易石墨化碳的结构参数发生明显变化而趋近理想石墨晶体的结构参数值。

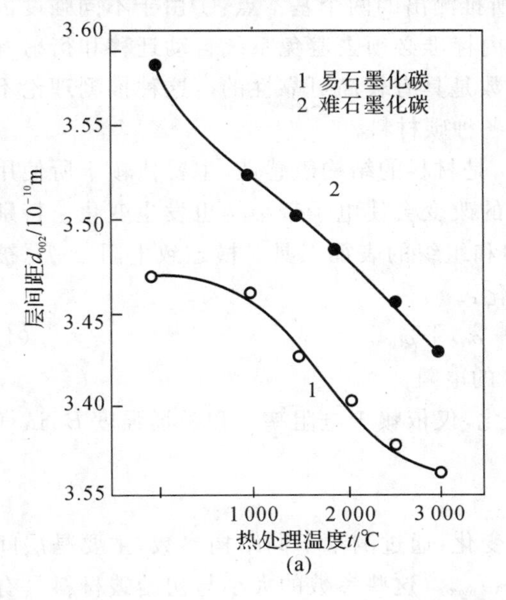

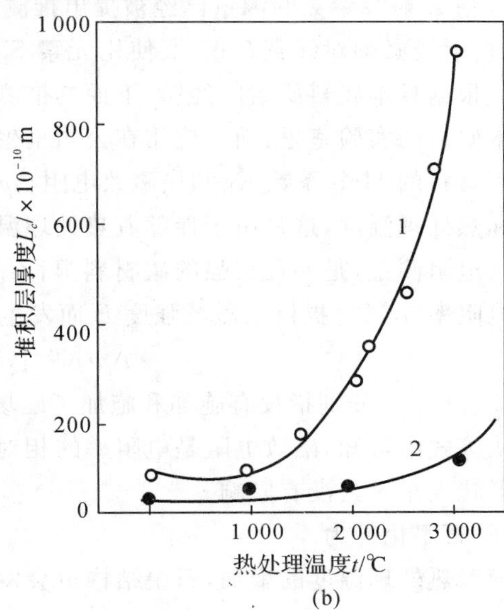

图4.37　两种类型碳在处理过程中结构参数的变化

(a)层间距变化曲线;(b)堆积层厚度变化曲线

2. 石墨化碳材料结构的演变

(1)结构参数

碳材料的结构通过XRD衍射、TEM、SEM、光学显微、扫描隧道显微、拉曼光谱技术等表征。对应不同的技术表征，可获得不同的结构参数。X粉末衍射对碳材料结构可提供有用的信息，而且提供随热处理变化而获得相应的信息。使用XRD表征碳材料(主要是石墨)结构参数，邻近的六角碳层之间的间距d_{002}，石墨单位晶胞的c轴长度，有时候表述为$c_0/2$和a轴长度a_0，对应于在六角碳层碳原子之间间距d_{c-c}，例如$d_{c-c}=a_0/\sqrt{3}$。晶粒大小，例如六角层状平行堆积，对于碳材料的表征来说也是一个重要参数，对于平行和垂直于六角碳层两不同方向，晶粒大小可分别表示为L_a和L_c。两邻近的碳层之间堆积概率P_1是通过衍射线的Fourier分析决定的，是评价石墨化度的最重要的参数。石墨堆积的层间距已知为0.334 5 nm，已报道乱层结构大约为0.334 nm。因此，观察层间距d_{002}是个相对平均值，所以通过热处理可以改进结构使其逐渐减少到0.334 5 nm。衍射线的宽化主要是由于晶粒的细化和结构内存在应变。若忽略结构应变，晶粒大小L可通过Scherrer公式从半高宽B计算得到：

$$L=K\lambda/(B\cos\theta) \tag{4.5}$$

式中，λ是X射线的波长；K是常数；θ是衍射角。大部分碳材料晶粒大小从002和004衍射线计算其结构是不一样的，前者要比后者值大。因此，可估计测量晶粒大小从这两条线去写出米勒指数，例如$L_c(002)$，$L_c(004)$和$L_a(110)$。假如晶格应变是主要原因，则石墨和乱层结构排列随机共存。晶粒大小L和晶格应变ε_c(沿c轴)能独立评价$\beta_{obs}\cos\theta/\lambda$与$\sin\theta/\lambda$的基本的经典公式如下：

$$\beta_{obs}\cos\theta/\lambda=K/L+2\varepsilon_c\sin\theta/\lambda \tag{4.6}$$

式中，β_{obs}是通过衍射线观察半高宽获得的。

这些X射线参数的测量已经被提出推测。所推测出的两个基本点：①由于不同强度因数影响，衍射线必须对线宽矫正；②使用元素Si的内标准必须去避免系统自动迁移和衍射峰的宽化。根据日本碳科研组的经验，下面的推测参数是具有较高可靠性的。这种推测理论不仅在学术研究的实验室里，而且应用在公司里生产各种碳材料。

碳材料的Hall系数R_H和横磁致电阻$\Delta\rho/\rho_0$，是材料的结构敏感性，主要依赖于所使用先驱体和热处理温度，这是由于伴随着热处理温度的改变会使电子带结构也发生变化。特别是横磁致电阻测量，是一种很强的碳材料显微结构和组织的表征工具。横磁致电阻$\Delta\rho/\rho_0$被定义为电阻率ρ，通过提供的磁场强度B而发生变化：

$$\Delta\rho/\rho_0=[\rho_{(B)}-\rho_{(0)}]/\rho_{(0)} \tag{4.7}$$

式中，$\rho_{(0)}$和$\rho_{(B)}$分别指没有施加和施加了磁场B的电阻。

从等式中可知，磁致电阻是电阻率的相对变化，仅依赖于电阻率ρ和磁场强度B，试样的集合形状大小对其没有影响。

(2)石墨化行为

随着热处理温度的增加，石墨结构也会发生变化，通过测量不同结构参数，主要是层间距d_{002}，晶粒大小L_a和L_c，最大的横磁致电阻$(\Delta\rho/\rho_0)_{max}$。这些参数的大小与初始碳材料具有很大的关系。$d_{002}$减小，$L_a$，$L_c$，$P_1$和$(\Delta\rho/\rho_0)_{max}$将增大，这揭示了石墨结构的形成(石墨化)。在热处理温度下，针状焦碳的石墨化行为(d_{002}，L_a，L_c，P_1和$(\Delta\rho/\rho_0)_{max}$)和气相生成碳纤维的石墨化变化相似，但是在气相生成的碳纤维中 L_c 的长大受到抑制，这可能是由于薄的纤维状。标准焦碳与针状焦碳比较总是有较大的 d_{002} 和较小的 L_a 和 L_c，这可能是由于针状的焦碳纤维组织具有较高的晶粒取向。这两类焦碳在热处理温度条件下显示出最大横磁致电阻不同性。在这两类焦碳里，磁致电阻 $\Delta\rho/\rho_0$ 从负到正变化暗含了从一载荷系统（阳极空穴）到两载荷系统（阳极空穴和负电子）的电荷载体改变。热裂法碳黑组成的颗粒比炉碳黑颗粒大，前者比后者具有较小的 d_{002} 以及较大的 L_a 和 L_c，这两类碳黑具有不同程度的石墨化 P_1。在玻璃碳中石墨结构的形成几乎完全受到抑制，d_{002} 为 0.348 nm，L_a 和 L_c 都仅为 4 nm，尽管经过 3 000℃ 热处理 P_1 也很难确定。石墨化行为主要取决于碳材料的显微结构，而显微结构又由前驱体以及碳化过程决定。

(3)碳材料的平行取向

以热解碳为代表的六角碳层材料里主要是平行取向。芳香族聚酰亚胺薄膜在惰性气氛下碳化没有发生裂纹，经过在高温碳化和热处理获得需要的高晶化、高取向的石墨薄膜。在 2 200℃以上，002 和 004 衍射线的 d_{002} 和 ρ 经过稳定状态之后减小，L_c 却突然增大，R_H 表现为一个最大值。在 1 600～2 200℃之间热处理的薄膜，其 $\Delta\rho/\rho_0$ 显示出负值，但是在高于 2 300℃ 以上突然变为正值。在 2 600℃ 以上，随着热处理温度增加，晶粒尺寸快速增大，可达到 100 nm。在 2 600℃以上热处理的碳薄膜为高度的各向异性、非常好的取向组织结构。在高温热处理条件下，研究热处理温度与层间距 d_{002} 的函数关系，如图 4.38 所示。002 衍射线和 004 衍射线的 L_c 通常是不同的，002 衍射线的 L_c 比 004 衍射线的 L_c 要大。在 1 900～2 200℃ 较窄的热处理范围内，L_c(002)和 L_c(004)显示 d_{002} 为 0.342 mm～0.338 nm。

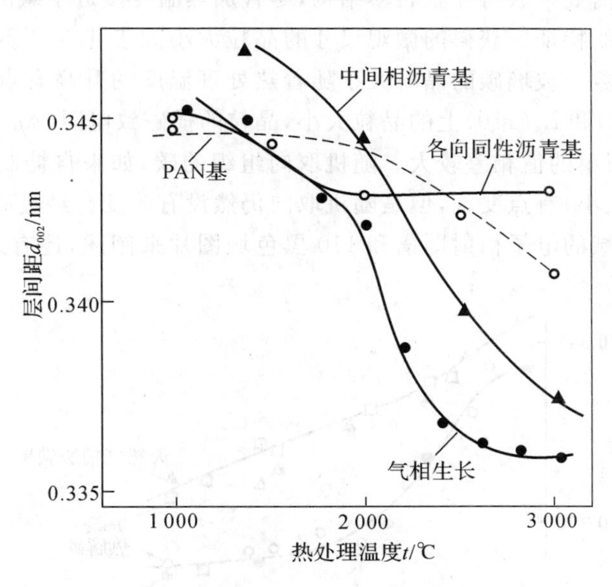

图 4.38　不同碳纤维的层间距 d_{002} 与热处理温度之间的关系

(4)碳材料的轴向取向

主要表现在碳纤维中，包括气相生长碳纤维、各向同性沥青基碳纤维、中间相基碳纤维和聚丙烯腈基(PAN)碳纤维。各向同性沥青基碳纤维层间距 d_{002} 值大约在 0.343 nm 处饱和，石墨结构几乎没有发生。中间相基碳纤维的 d_{002} 值相对较小，主要是因为它们横截面上有径向直叶显微结构。只有气相生长碳纤维显示出较大的正值$(\Delta\rho/\rho_0)_{max}$，其他三类碳纤维经过高温处理均显示出负值。气相生长碳纤维与其他三类碳纤维之间差别很大，主要是受到高温处理石墨化结构的变化。

(5)碳材料的点取向

具有圆点取向组织结构的碳黑，是由 15 nm 到几百纳米尺寸大小颗粒组成的。图 4.39 为不同碳黑的热处理温度与层间距 d_{002}之间的关系图。碳黑与炉碳都是由 20 nm 大小的积聚颗粒组成的，但是热解碳与烟黑大多是由独自分立的颗粒（几百纳米）组成的。后两个碳的层间距比前两个碳要小，但是经过 3 400℃热处理之后将会减低到 0.339 nm，仍然比石墨层间距 0.334 5 nm 较大。碳黑颗粒晶体长大主要受到初始颗粒大小的约束，对应于 d_{002}的晶格条纹经过热处理之后变大，但是尽管在 3 000℃处理后仍然保持球形颗粒形貌。实验证实，晶粒长大主要是依赖于起始的颗粒大小。在 3 000℃热处理后一些颗粒被破坏变成小碎片，可能是由于晶粒长大为了缓解应变聚积，但是在 2 000℃、压力为 0.5MPa 的热处理后观察到没有加速石墨化（晶粒生长）。

(6)碳材料的随机取向

在随机取向的玻璃碳中，即使在高于 3 000℃的热处理也不会发生晶粒长大，其具有较大的层间距 d_{002}和非常细小的晶粒尺寸 $L_c(002)$，$L_a(110)$。下面两经验表明这些碳的石墨化剧烈地受到约束。为了在这些碳材料里形成石墨化结构，必须要破坏它们的随机取向组织结构，在 30 MPa 的高压热处理条件下是使碳材料石墨化的必要条件。通过电流熔融棒状玻璃碳，在棒中部火山口形韧窝处可获得球状石墨结构，尽管加热温度接近于碳的熔点温度，但是火山壁处仍然保持玻璃碳的特征。获得的微观尺寸的晶粒大小如表 4.9 所示，外加同一试样的 X 射线和横磁致电阻参数。玻璃碳的晶粒大小随着热处理温度的升高有点增大，伴随晶粒大小 d_{002}、二维方向 $L_c(002)$和 $L_a(110)$上的晶粒大小，晶粒的横磁致电阻$(\Delta\rho/\rho_0)_{cr}$都会发生轻微变化，然而这些参数与石墨的值相差较大。随机取向组织的碳，如来自糖制备的碳，可以清楚地看到条纹尺寸（晶粒大小）有点变大，但是随机取向仍然没有改变。经过高温热处理，这些碳的随机取向通过所选区域的电子衍射图谱和 110 黑色域图片来阐述，还有来自不同前驱体制备的碳 002 衍射条纹。

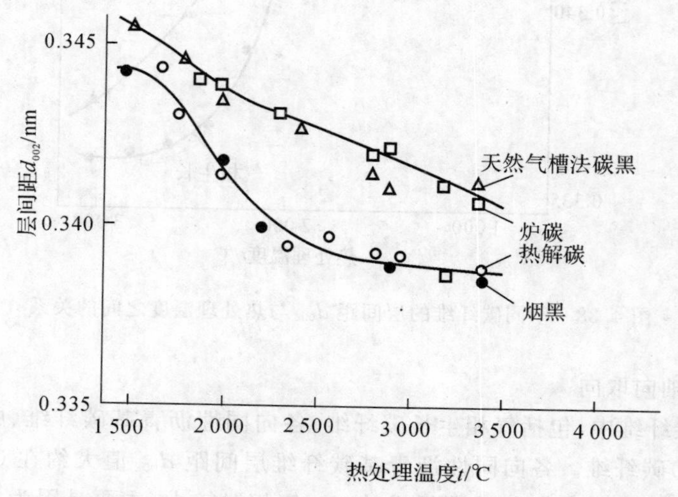

图 4.39　不同碳黑的层间距 d_{002}与热处理温度之间的关系图

表 4.9 玻璃碳在不同温度热处理下的晶粒大小 D、最大横磁致电阻$(\Delta\rho/\rho_0)_{max}$

热处理温度/℃	晶粒大小/nm	X 衍射参数/nm			磁致电阻参数		
		d_{002}	$L_c(002)$	$L_a(110)$	$(\Delta\rho/\rho_0)_{cr}/(\%)$	r_T	r_{TL}
1 000	7.0	0.3468	1.9	2.5			
2 000	10.0	0.3442	3.3	3.1	−0.085	0.77	0.89
3 000	13.1	0.3436	3.6	3.5	−0.182	0.96	0.86

3.促进石墨化

(1)催化石墨化

在碳先驱体里的外来元素或原子、化合物在高温条件下都会影响石墨化结构的变化,不过它们有些可以促使碳的石墨化(催化石墨化),然而有些阻滞石墨化结构生成。在一定温度条件下,外来原子影响石墨化结构的变化可划分为三类:G 效应,T 效应和 A 效应。可通过 002 衍射线来阐述(见图 4.40)。图 4.40(a)为经过高温处理后一些金属和金属化合物所得出的 002 衍射线,表明石墨的形成分离了碳基,在石墨的位置上出现一个尖峰,峰宽与没有外来原子掺杂进入先驱体的峰宽一样,这暗含着碳驱体的部分石墨化,也可称为催化石墨化,也叫 G 效应。随着外来原子的增加,热处理温度增高和残余时间延长,会使在石墨处的峰长大,揭示了有大量的石墨化。催化石墨化的两种机理:金属碳化物的形成/分解和碳原子的沉淀溶解。熔融金属的冷却几乎与溶解的碳达到饱和,组织间隙的合金含有大量的碳。石墨能够沉淀是因为碳的溶解在金属里随着温度的降低而减少和石墨结构的自由能比无序碳的自由能低。过渡金属 Fe,Ni 能够通过这种机理促进石墨化。例如,图 4.40(b)可见层间距大约为0.343nm(T 效应)。在大部分情况下,六角形石墨由三种成分形成,通过 X 衍射测得的 B 成分是否在图谱中。催化石墨化所利用的碳已经具有一个非常好的组织结构,例如碳化的石油焦碳,B 成分没有出现在 X 射线上,总之通常可观测到 T 和 G 成分。

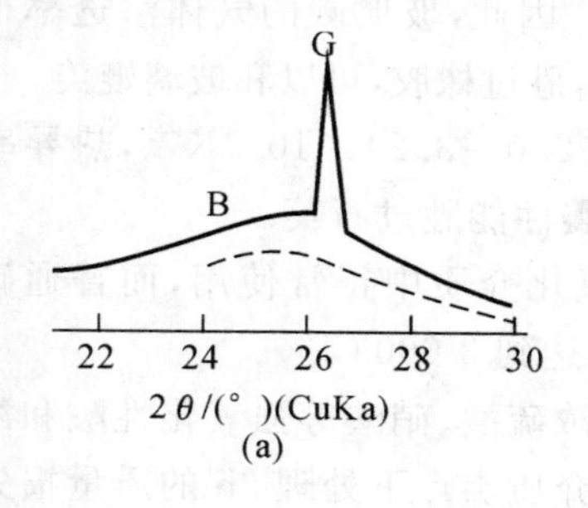

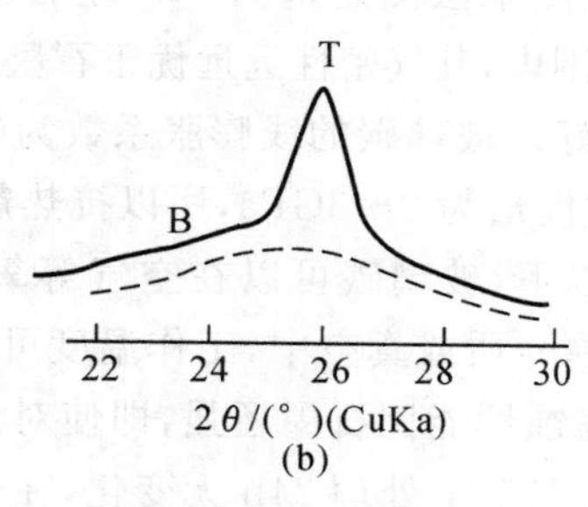

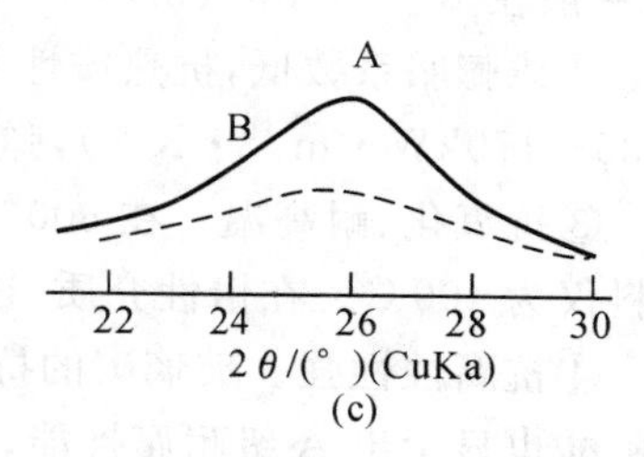

图 4.40 外来原子对前驱的效应

(a) G 效应;(b) T 效应;(c) A 效应

(2)应力石墨化

在压力大约为 0.3GPa 的热处理条件下,有利于促进碳材料的石墨化过程。这种促进效应能够得到是由于伴随体积减少的石墨反应和自然高晶体石墨,在几百摄氏度和几十 GPa 的压力下可形成。

(3)剥离的碳纤维石墨化

碳纤维中石墨结构的形成受阻，主要是由于碳纤维的显微组织结构。在气相生产的碳纤维在横截面中具有环状结构，石墨结构显著生成。但是在各向同性的一些沥青基和一些PAN基碳纤维在大约3 000℃高温热处理下，仅有少量石墨被发现，中间相基碳纤维的性能处于沥青基和PAN基之间，主要依赖于横截面显微组织结构。碳纤维的石墨化和显微结构可通过测量磁致电阻来获得一些信息。

4.3 玻 璃 碳

4.3.1 概述

玻璃碳的名称来源于非石墨化特性及贝壳状外观，其使用形态必须在加热固化前确定，渗透系数 K 为 10^{10}，小于多晶天然或人造石墨。低的表面积（$0.1\sim1m^2\cdot g^{-1}$）和低密度（$1.4\sim1.5g\cdot cm^{-3}$）表明玻璃碳内部具有大量空隙。玻璃碳的抗氧化性是石墨的3倍，内部碳原子呈三角形排列，碳原子为 sp^3 杂化并连接为网状结构，缺乏长程有序。在抛光后的两石墨片之间，高温分解 Kapto－500H 片，获得 200mm×200 mm 的碳玻璃薄膜，测得的电导率为 $400\ S\cdot cm^{-1}$，线分析表明层间距 d_{002} 为0.335 3nm。另外，在900～1 000℃之间裂解、退火有机高聚物得到的称为玻璃态碳。玻璃碳的主要原料是糠酮树脂或糠醇树脂，添加适量的固化剂如苯磺酰氯，经成型、固化、碳化、整形和石墨化而成。成型采用玻璃模具浇注，固化须慢速升温，使生成三维空间结构并充分排出缩聚生成的水蒸气，升温速度一般控制在 $0.5\sim2℃\cdot h^{-1}$。

4.3.2 玻璃碳的结构与性能

玻璃碳的外观呈黑色玻璃状，断面显示有光泽的贝壳状，与黏结成型碳材料的结构完全不同。玻璃碳既具有碳材料的共性，又具有其自身的特性。

①气孔率低、孔径小、气体渗透率低。玻璃碳的气孔率小于2%，经石墨化处理后仍低于5%。孔径小而且孔径分布窄，采用压汞法测定值为100左右。因此，玻璃碳的气体渗透率很低，一般在 $10^{-7}\sim10^{-12}cm^2\cdot s^{-1}$ 范围内，其气密性远远优于石墨，胜过橡胶，可以和玻璃媲美。

②线膨胀系数低，抗热震性能好。玻璃碳的线膨胀系数为 $(2.0\sim3.2)\times10^{-6}K^{-1}$，热导率为 $35\sim170kW\cdot m^{-1}\cdot K^{-1}$)，弹性模量为2～3GPa，所以抗热震性能胜过石英。

③抗氧化、耐高温。在600℃以下，玻璃碳可以在空气等氧化介质中正常使用，而普通碳材料仅为400℃。在惰性介质、还原介质或真空中，工作温度可达到3 000℃。

④抗腐蚀性强。玻璃碳的抗腐蚀性能比石墨还强，即使对浓硫酸、硝酸等强氧化性酸和浓氢氟酸也显示出A级耐腐性能，在20℃下处理24h无变化，在介质沸点下处理2h的质量损失为0.06%～0.14%。

⑤密度小，硬度大，强度高。玻璃碳的体积密度为 $1.4\sim1.5\ g\cdot cm^{-3}$，肖氏硬度为70～120，抗折强度为40～50 MPa，甚至达300 MPa。

4.3.3 玻璃碳的应用

玻璃碳的上述优良性能，使它有广泛的用途（见图4.41），主要有以下几个方面：

①冶金工业上，用做输送熔融状态的银、铅、锌等的导管，提炼特纯金属的器皿，金属区域

熔炼和真空蒸发的器具等。

②电子工业上,用于磷化钾半导体生产的坩埚,使用寿命长达数年,用做单晶硅外延炉的加热体,不挥发、不吸收杂质,不会污染硅片。

③航空工业上,用于制造高温高速气体喷管。

④计算机工业上,用于制造高速印刷器械。

⑤化学工业上,用于制造耐腐蚀设备和器皿。

图 4.41　玻璃碳的应用

4.4　碳　纤　维

4.4.1　概述

碳纤维有 Rayon 基、沥青基、PAN 基三类,其中 PAN 基碳纤维应用最广泛,是主流产品。碳纤维具有高强度和高模量,这是因为纤维内碳原子形成了具有共价本质的结合性最强的化学键,常称之为 σ 键。在一般的碳材料中,这些化学键的强度只是少量地得到利用。例如,非均质的细粒状碳的弹性模量仅能达到理论值的 0.2%,比较致密的热解碳仅达到理论值的 5%。但碳纤维的弹性模量已超过理论值的 50%。表 4.10 为碳纤维的性能数据。

表 4.10　碳纤维性能数据

前驱	轴向拉伸强度 GPa	轴向拉伸模量 GPa	轴向压缩强度 GPa	密度 $g\cdot cm^{-3}$	轴向热导率 $W\cdot m^{-1}\cdot K^{-1}$	轴向电阻率 $\mu\Omega\cdot m$
Rayon	0.25～0.7	25～40	—	1.5	3.5～4.0	35～60
各向同性沥青	0.8～1.0	40		1.6	15～40	
中间相沥青	1.4～3.9	160～965	0.45～1.15	1.9～2.2	120～1 100	2～13
7μmPAN HT	3.0～5.0	210～250	2.7～2.9	1.7	10～25	18
HM	2.3～3.5	360～490	1.6	1.9	70	10
UHM	1.9	57.	1.0	1.96	—	7
5μmPAN HT	5.1～5.8	280～310	2.75	1.8	15	14
HM	3.9～4.5	435～590		1.85		

碳纤维诞生于18世纪中期，最初的商业化碳丝是1879年采用纤维素为前驱体，用做灯丝，后来被钨丝取代，其发展停滞不前。直到20世纪50年代随着宇航、航空、原子能等尖端技术和军事工业的发展，碳纤维又重新以新型工业材料受到重视。人造丝基碳纤维1950年由美空军首先研制，1959年由美国联合碳化物公司实现工业化；聚丙烯腈基碳1961年由日本藤昭男发明，1964年英国瓦特在预氧化过程中对纤维施加张力，开发了高性能碳纤维的生产技术，1969年英国考陶尔、日本碳和东丽等公司实现了工业化。沥青基碳纤维由日本大谷杉郎1963年发明，1970年吴羽化学工业公司进行了低性能沥青基碳纤维工业化生产，同年美国联合碳化物公司(UCC)辛格尔开发了高性能中间相沥青基石纤维，1975年该公司实现了工业化生产。气相生长碳纤维催化裂解法是20世纪60年代末日本小山恒夫研制成功的，为90年代开发晶须状纳米碳材料开辟了诱人的前景。

1. 碳纤维原料的优质化和专用化

有机纤维前驱体法按使用原料纤维出现的先后是黏胶、聚丙烯腈、沥青基纤维的排列顺序，但通过40年的相互竞争和发展，无论从产品的数量、质量还是应用领域，聚丙烯腈基碳纤维都占优势。沥青基在高模量方法获得了飞速的发展并在航天领域开拓了应用，黏胶基逐步缩小，气相生长碳纤维和石墨晶须在20世纪90年代的发展十分惊人，21世纪将派生出新的纳米碳材料分支学科。

碳纤维的质量和成本的80%取决于纤维前驱体，例如聚丙烯腈基，20世纪60年代开发初期采用粗且民用均聚原丝，碳丝性能很通用，拉伸强度约为2.5～3.0GPa。20世纪80年代出现超纯、细化、高结晶、高取向、高强度的聚丙烯腈原丝，另外表面还经特殊油剂处理，碳纤维性能大幅提高。为了降低成本拓宽应用领域，20世纪90年代各国又掀起开发大丝束热潮，原丝质量不断改进和创新是该产品名列前茅的推动力。沥青基碳纤维性能也不例外，通常各向同性沥青只能生产通用级沥青碳纤维，而各向异性中间相沥青方可制备出高性能碳纤维。自20世纪70年代美国联合碳化物公司UCC高性能中间相沥青石墨纤维开发成功之后，原料沥青又出现了新中间相、预中间相、潜在中间相以及合成中间相沥青等，产品性能由高模沥青基碳纤维向高强、高模方向发展。20世纪80年代日本东丽开发出强度为3.3 GPa，模量为70 GPa中间相石墨纤维；90年代日本三菱化学公司纯化合物蒽、萘催化法获得高强、高模制品，其强度为3.0～3.5 GPa，模量为390～800 GPa；90年代末美国AMOCO公司研制出Thornelk－1100牌号商品，其性能强度为3.1 GPa，模量为956 GPa，高强、高模沥青基石墨纤维研制成功，这一成就首先应归功于中间相沥青性能的发送和新品种的出现。黏胶衰落的主要原因是其原丝碳化过程中碳化收率低(见表4.11)和高温(2 000℃)牵伸加工费用高，致使价格昂贵而失去了竞争力。

表4.11 不同原料的碳化收率

原料	分子式或含有元素	含碳率/(%)(质量)	碳化收率/(%)(质量)(碳纤维/原料)	碳化收率/(%)(碳纤维中碳/原料中碳)
纤维素纤维	$(C_6H_{10}O_5)_n$	45	21～40	45～85
聚丙烯腈纤维	$(C_3H_3N)_n$	68	40～60	60～85
沥青纤维	C·H	95	80～90	85～95

2. 碳纤维的性能

碳纤维的性能主要指力学性能(见图4.42)。20世纪60年代多数碳纤维属通用级,70年代发展出高强型号,80年代中出现了超高强型(如日本东丽公司聚丙烯腈基的T-1000的拉伸强度为7.060 GPa,拉伸模量为294 GPa,断裂伸长为2.4%)和超高模型号沥青基石墨纤维,如美国阿莫科公司的ThornelP-120,其拉伸强度为2.1 GPa,拉伸模量为820 GPa;日本三菱化学的DIALEADK-139,拉伸强度为2.8 GPa,拉伸模量为750 GPa。发展趋势是聚丙烯腈基向超高强和大断裂伸长方向发展,已达波音级要求。为适应飞机结构件高强、高模同时并重的需求,日本东丽公司又开发了"东丽MJ"系列PAN基碳纤维,其中M40J的拉伸强度为4.41 GPa,拉伸模量为377 GPa,M50J的拉伸强度为4.120 GPa,拉伸模量为475 GPa,打破了过去以为一种碳纤维制品高强和高模两性不可兼得的传统观念。上述新牌号适用于飞机一次性结构件,沥青基高性能碳纤维趋向高模方向发展,适用于宇航和外层空间。20世纪80年代沥青基碳纤维的开发空前活跃;90年代聚丙烯腈超高强型号性能又有新高,其拉伸强度为7.742 GPa,拉伸模量为284 GPa,90年代高强、高模MJ型号出现了M60J,其拉伸强度为3.920GPa,拉伸模量为588 GPa。沥青基也向高强、高模方向追赶,日本三菱化学以纯化合物催化法获得了高强、高模产品,拉伸强度为3.5 GPa,拉伸模量为956 GPa。

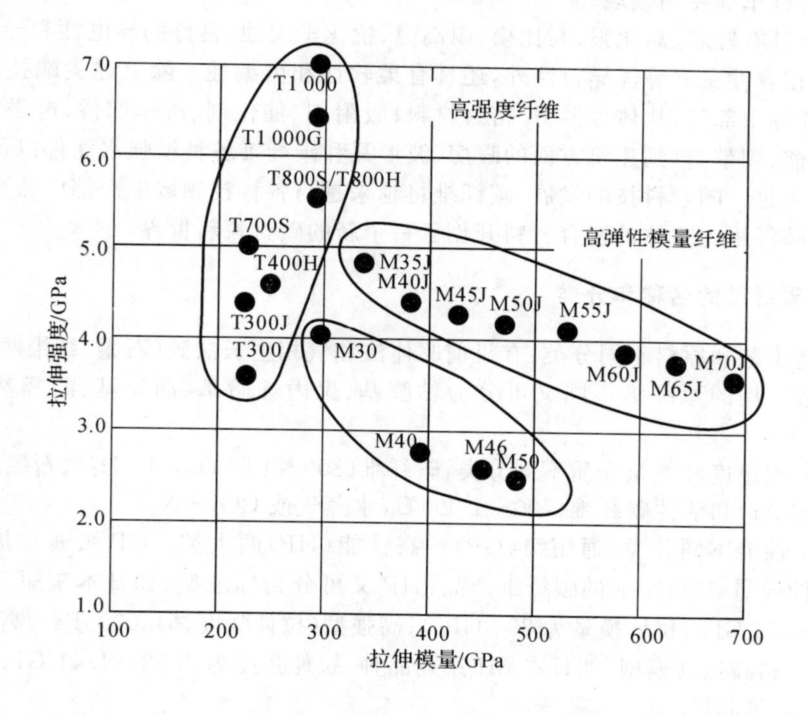

图4.42　PAN基碳纤维拉伸模量-拉伸强度关系图

3. 碳纤维产量

碳纤维自问世以来,产量每年均以15%以上的速度增长,1990年统计世界碳纤维总产量为10万吨,2010年预计上升5万吨。表4.12为沥青基碳纤维生产能力。中复神鹰碳纤维有限责任公司产品性能达到T-300水平,2010年年产规模预计达到1万吨。

表 4.12　世界主要沥青基碳纤维生产厂家的生产能力

品种	生产厂家	生产能力/$(t \cdot a^{-1})$	备注
各向异性碳纤维	三菱化学	500	长丝
	日本石墨纤维	120	长丝
	Betoca	1 300	短纤维
	Amoco	230	长丝
各向同性碳纤维	吴羽化学	900	短纤维
	Donac	300	短纤维
	鞍山东亚碳纤维有限公司	200	短纤维
沥青基碳纤维	总计	3 550	

4. 碳纤维的应用

碳纤维最先用于宇航耐烧蚀材料，现在已广泛应用于航空、航天、船舶等军工领域和娱乐、体育、汽车、自行车等民用领域。

碳纤维除具有轻质、高比强、高比模、耐高温、抗化学腐蚀、良好的导电性和导热性、低热膨胀系数、生物相容性良好等优异特性外，还具有柔软性和可编性。除上述尖端技术外，几乎涉及国民经济的各个部门，从体育器材、密封材料、吸附剂、催化剂、汽车部件、电磁干扰屏蔽罩、电池电极、骨骼、韧带，直到建筑方面的暖房、波形瓦和碳纤维各种增强水泥件以及补强加固片材料等，不一而足。随着科技的发展，碳纤维将越来越与各科技领域生产部门乃至人们的生活息息相关，以碳纤维为主体的复合材料开创了一个新的碳材料新世界。

4.4.2　碳纤维的名称和分类

①按制造工艺和原料不同分类：有机前驱体法和气相生长法碳（石墨）纤维两大类，其中有机前驱体法按采用的原纤维不同又可分为黏胶基、聚丙烯腈基、沥青基、酚醛基的碳和石墨纤维。

②按热处理温度和气氛介质不同分类：碳纤维（800～1 500℃，N_2，H_2）、石墨纤维（2 000～3 000℃，N_2或 Ar）和活性碳纤维（700～1 000℃，水蒸气或 CO_2+N_2）。

③按力学性能不同分类：通用级（GP）和高性能（HP）两大类。GP 级通常指拉伸强度＜1.2 GPa，拉伸模量＜50 GPa 的碳纤维产品；HP 又可分为标准型（如日本东丽 T—300 牌号，拉伸强度为 3.53 GPa；拉伸模量为 230 GPa）、高强型（拉伸强度≥4.00 GPa）、高模量（拉伸模量≥390 GPa）和高强高模型（如日本 MJ 系列品种，拉伸强度为 3.92～4.41 GPa；拉伸模量为 337～588 GPa）等品种。

④按制品形态分类：长丝（含不同孔数的束丝和单纱）、束丝短纤维、超细短纤维（气相法含晶须）；织物（布、带、绳）、编制品（三向及多向织物、圆管筒等）以及无纬布、无纺布、毡、纸等多种形态的碳（石墨）纤维及其织物。

4.4.3　碳纤维的制备方法

碳纤维的制备方法分为有机纤维法和气相生长法两大类。在此主要叙述有机纤维法，有机纤维法即采用有机纤维为原料。目前工业上生产碳纤维的原料主要有黏胶、聚丙烯腈和沥青纤维三大类，各种不同原料经纺丝、氧化、碳化、石墨化、表面处理、上胶、卷绕及包装，分别制得各种不同性能的碳和石墨纤维，其工艺流程如图4.43所示。

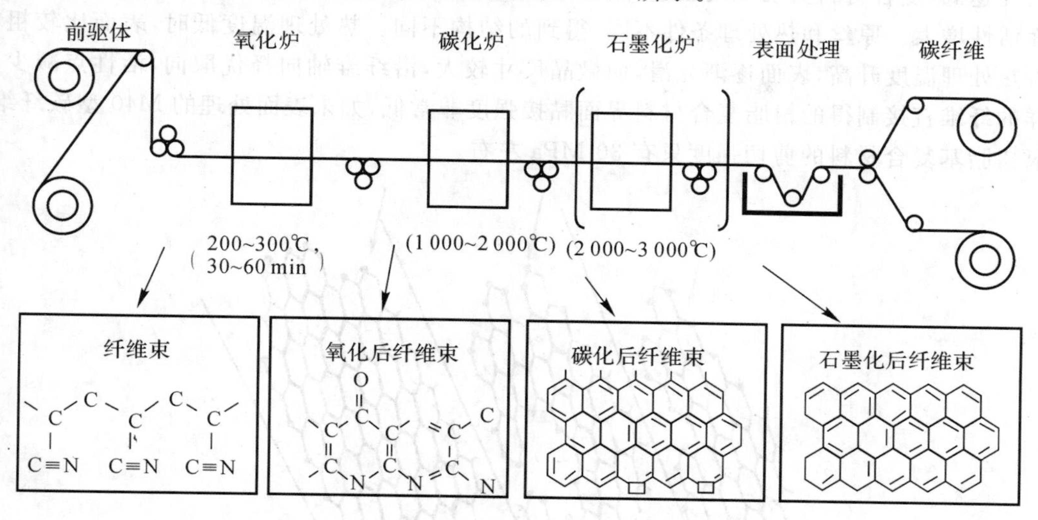

图4.43　有机纤维法制备(石墨)纤维的工艺流程示意图

各种有机纤维热处理过程中化学反应历程及结构分述如下：①黏胶纤维热解时脱除物理吸附水、纤维素环脱水，通过自由基反应配糖键热裂解伴随C—O，C—C键的断裂反应产生CO，CO_2和水，产生四碳原子基团，随后芳构化形成芳香片层堆积体呈乱层结构；②各向同性和各向异性沥青纤维经热氧化处理，纤维内部发生氧化脱氢、交联、环化合缩聚等化学反应，形成耐热型酸酐氧桥结构，随着温度提高，在氮气保护下，排除纤维中的非碳原子，形成芳香片层堆积体，呈乱层结构；③PAN在小于400℃的空气中氧化，使得线性好的梯形高分子结构，在氮气保护下，随着温度升高，进一步发生交联、环化、缩聚、芳构化等化学反应，形成芳环平面等规则的堆积体，呈乱层结构。

4.4.4　碳纤维的表面结构及处理

树脂基复合材料的力学性能和环境稳定性能除受增强体和基体性能影响外，复合材料的重要微细结构——界面，作为基体与增强体之间的纽带，也是影响复合材料性能的关键因素。由于碳纤维经过高温处理，碳含量较高，表面惰性较大，导致碳纤维与基体间黏接性能成为复合材料界面控制技术中最关键的因素。

未经表面处理的碳纤维，制备的树脂复合材料层间剪切强度为50～60 MPa，而工程结构材料使用要求达到80 MPa以上，因此碳纤维必须经过表面处理才能达到使用要求。

1.碳纤维的表面结构与性能

(1) 碳纤维的表面微观结构

扫描电镜观察到的碳纤维表面不是很光滑，沿纤维轴方向存在着一些平行的沟槽，有时还会发现一些小的裂纹、凹坑等缺陷，采用分辨率更高的扫描隧道显微镜观察，还会发现表面呈现不均匀、不规则状态，在纳米级图像上更可看到表面存在很多凸起和凹坑。

碳纤维表面由结晶区和非结晶区组成。图 4.44 为表面石墨晶格的活性点，结晶尺寸随着碳化温度的升高而增大。微晶尺寸越大，处于 CF 表面晶界和边缘位置的碳原子数目越少，表面活性越低，复合材料剪切强度也越低。纤维经过表面处理后，结晶组织会变小，活性点增多，表面活性增大。原丝和热处理条件不同，得到的结构不同。热处理温度低时，表面比较粗糙，随着热处理温度升高，表面逐渐光滑，而微晶尺寸较大，沿纤维轴向择优取向，活性点减少，由这样的纤维直接制得的树脂复合材料界面黏接强度非常低，如未表面处理的 M40 型碳纤维的环氧树脂基复合材料的剪切强度只有 30 MPa 左右。

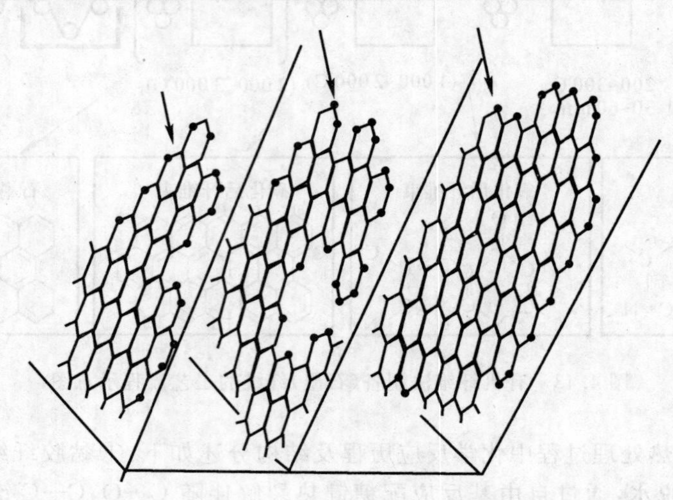

图 4.44　石墨晶格上的活性点

(2) 碳纤维的比表面积

碳纤维的比表面积随所用原料和处理条件不同有很大区别。PAN 基碳纤维的比表面积一般较小，在 $0.1 \sim 1.5\ m^2 \cdot g^{-1}$，而活性比表面积所占比例更小，一般为总比表面积的 5%～14%。活性比表面积是指在表面引入活性官能团的点和边缘棱角不饱和碳原子所占的点的加和面积，如表 4.13 所示。总的来说，当两种固体能较好渗透时，表面积的增加使两种固体的接触面积增大，提高了固体之间的范德华力和机械锁合力，因此比表面积的提高有利于复合材料剪切强度的改善。PAN 基高强型纤维电化学氧化处理前后比表面积变化不大。

表 4.13　表面处理对碳纤维比表面积的影响

处理时间/min	0	1	5	5	5	10	10	10
电流密度/($mA \cdot cm^{-2}$)	0	11.8	0.81	11.8	22.1	4.6	11.8	22.1
拉伸强度/MPa	2 710	2 730	2 800	2 710	2 710	2 720	2 340	2 340
弹性模量/GPa	430	430	440	440	430	430	420	415
BET 比表面积/($m^2 \cdot g^{-1}$)	0.25～0.3	0.25～0.3	0.25～0.3	0.25～0.3	0.25～0.3	0.25～0.3	0.25～0.3	0.25～0.3
剪切强度/MPa	24.5	30.7	28.7	36.5	43.6	34.3	46.7	52.5

(3) 表面化学特性

碳纤维的表面化学特性主要是指纤维表面的化学组成和反应活性。未处理的碳纤维的表面原子主要为O,其次为N,有时还有微量的Si,S,Na等元素。碳纤维表面的含氧官能团主要为羟基—OH,羰基C=O,羧基—COOH等。通过光电子能谱可以快速检测碳纤维表面官能团的变化,也可以采用化学滴定的方法研究碳纤维表面官能团。经过表面处理后,氧含量会明显增加(见图4.45)。通过表面处理改变表面官能团的种类和含量,可以改善纤维与基体树脂之间的黏接性能,碳纤维表面处理后,复合材料的剪切强度随着氧含量的增加而提高。

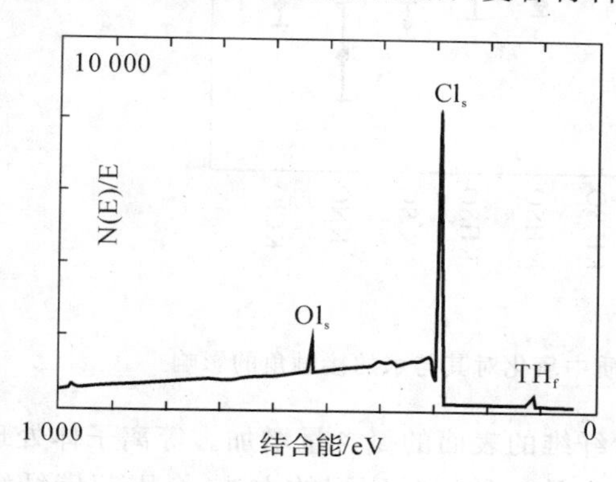

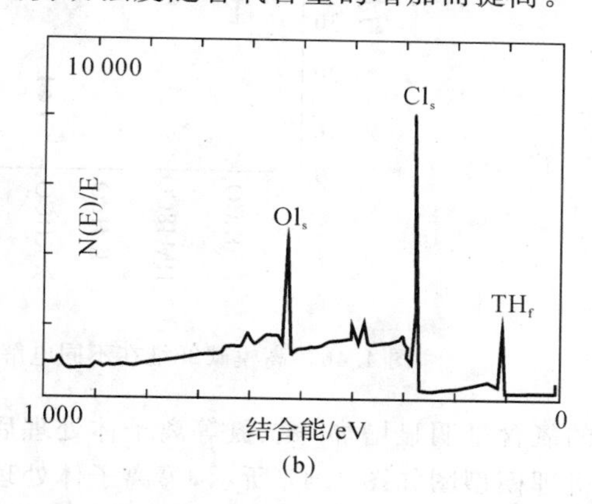

图4.45　碳纤维表面XPS全谱扫描图

(a) 表面处理前;(b) 表面处理后

(4) 碳纤维表面浸润

一种固体是否能被一种液体浸润取决于液体对固体和液体自身的相对吸引力的大小,当液体对固体的吸引力大于液体自身的吸引力时就会产生浸润现象。碳纤维表面与树脂基体能否黏接良好的重要条件是液相树脂能否很好地浸润纤维表面。碳纤维表面主要由惰性的石墨结构碳原子组成,而且表面比较光滑,因此碳纤维表面自由能低,与水的接触角大。Bismarck等研究了PAN基碳纤维阳极氧化处理后浸润性能,图4.46是不同电解质中氧化后的高模碳纤维与水的接触角的变化,从图中可以看到,除了碳酸钾外,用其他电解质处理后纤维与水的接触角α都有一定的降低,说明浸润湿性达到改善。

2. 碳纤维的表面处理

表面处理是碳纤维生产中的关键技术,从公开文献来看,碳纤维表面处理的方法主要有:气相氧化法、液相氧化法、电化学阳极氧化法、冷等离子体处理、表面化学涂层法等。

(1) 气相氧化法

气相氧化法是使用空气、氧气、臭氧等气相介质对碳纤维进行表面氧化。该方法的特点是设备简单,操作方便,可连续化处理。但由于氧化程度比较难控制,有时反应剧烈难以控制,会导致纤维强度的严重下降。因此气相氧化方法需要严格控制氧化条件。以空气为介质时,温度可控制在400~800℃范围内。

(2) 低温等离子体处理

用于碳纤维表面处理的是低温等离子体,是一种气固相反应,所需要的能量远比热化学反应低,改性也仅发生在表层,不影响本体的性能,而且作用时间短,效率高。

低温等离子体处理气氛有O_2,SO_2,CO,N_2,Ar,NH_3和空气等。空气等离子处理后纤维

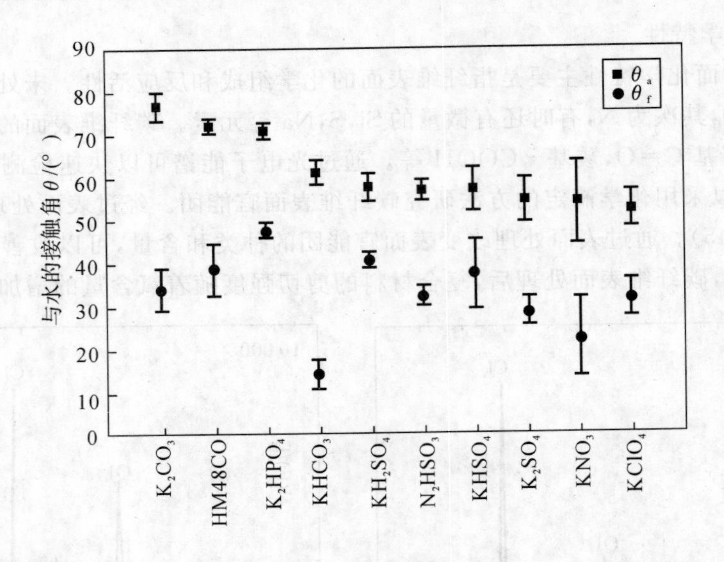

图 4.46　高模碳纤维在不同电解质中氧化对其与水的接触角的影响

表面的氧含量明显增加,氨、氮等离子体处理后纤维的表面的氮含量增加。等离子体处理碳纤维的机理模型图如图 4.47 所示,等离子体处理也是一种比较剧烈的方法,会引起碳纤维基平面中六元芳香环的断裂,产生更多的活性表面积,大幅度提高碳纤维与环氧树脂间的黏接强度。表 4.14 是低温等离子体处理石墨纤维对复合材料剪切强度性能的影响。

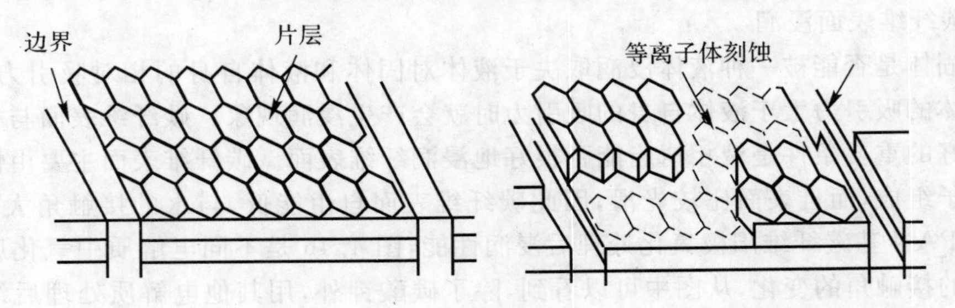

图 4.47　碳纤维表面等离子体氧化反应模型

表 4.14　低温等离子体处理对石墨纤维复合材料剪切强度的影响

处理时间/min	0	1	3	5	7	10	15	20	25	30
剪切强度/MPa	130	230	355	438	450	460	461	468	474	482

(3) 电化学阳极氧化法

电化学阳极氧化法是以碳纤维为阳极,以石墨或镍、铜等为阴极,依靠电解产生的初生态氧对纤维进行氧化处理,电解液可以是酸、碱、盐混合物的水溶液。该方法的处理效果主要与电解电压、电流、停留时间、电解质种类及浓度、温度等因素有关。

恒电流处理比恒压处理更为有效,因为恒流处理可以在纤维表面引入种类不同的含氧官能团,而恒压处理则不具备这一优点。在电压低于 2V 时,纤维表面主要生成羰基等基团,效果不理想。电解氧化时,特别是大丝束进行处理时,不容易氧化均匀。电解时纤维表面生成氧气,而阴极产生的氢气、氨气等气泡则可能吸附在纤维表面阻挡电流通过,使电解处理不够充分。现在一般使用高于电解液分解电压进行处理，电压升高会使纤维机械性能受到损伤，可以采取缩短停留时间的方法避免强度的下降。

电解液的种类不同，处理效果也不一样，电解质可分为酸、碱和盐三大类。酸类电解质包括硝酸、硫酸、磷酸和硼酸等，碱类电解质以氢氧化钠研究得最多，盐类电解质以氯化钠、硫酸钾、碳酸氢钠、次氯酸钠及铵盐为主。在硝酸电解质中进行阳极氧化可以显著地增加碳纤维表面的氧含量，但碱性电解质不会显著改变纤维表面的氧含量。

碳纤维经阳极氧化处理后表面微观结构发生很大变化，表面—OH，—COOH 等含氧官能团明显增多。碳纤维阳极氧化的机理模型图如图 4.48 所示，阳极氧化处理比等离子体刻蚀要缓和，氧化的位置在基平面之间的边界处。

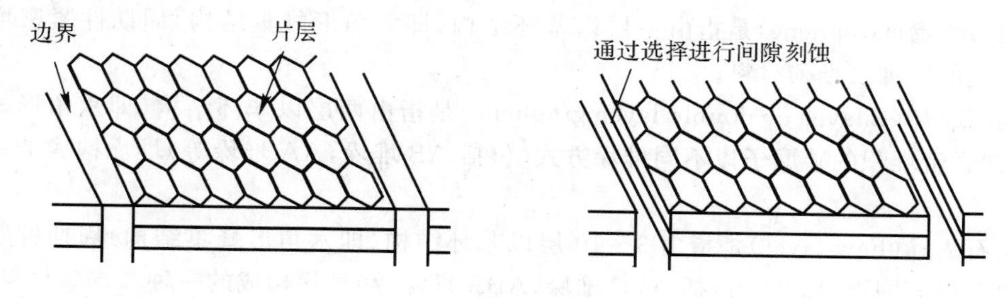

图 4.48 碳纤维表面阳极氧化反应模型

4.5 石 墨 烯

石墨烯(Graphene)是一种由碳原子以 sp2 杂化轨道组成的六角形并呈蜂巢晶格的平面薄膜，它是只有一个碳原子厚度的二维材料。石墨烯一直被认为是假设性的结构，无法单独稳定存在，直至 2004 年，英国曼彻斯特大学物理学家安德烈·海姆和康斯坦丁·诺沃肖洛夫在实验室从石墨中成功地分离出石墨烯，证实它可以单独存在，两人也因“在二维石墨烯材料的开创性实验”，共同获得 2010 年诺贝尔物理学奖。

4.5.1 概述

石墨烯既是最薄的材料，也是最强韧的材料，断裂强度比最好的钢材还要高 200 倍；同时，它又有很好的弹性，拉伸幅度能达到自身尺寸的 20%；石墨烯几乎是完全透明的，只吸收 2.3%的光；它非常致密，即使是最小的气体原子(氦原子)也无法穿透。作为目前发现的最薄、强度最大、导电、导热性能最强的一种新型纳米材料，石墨烯被称为“黑金”，是“新材料之王”，科学家甚至预言石墨烯将“彻底改变 21 世纪”，正在掀起一场席卷全球的颠覆性新技术新产业革命。

实际上，石墨烯本来就存在于自然界，只是难以剥离出单层结构。石墨烯一层层叠起来就是石墨，厚度 1mm 的石墨大约包含 300 万层石墨烯。铅笔在纸上轻轻划过，留下的痕迹就可能是几层甚至仅仅一层石墨烯。实验室中获得石墨烯是在 2004 年，当时，英国曼彻斯特大学的两位科学家安德烈·海姆和康斯坦丁·诺沃肖洛夫发现他们能用一种非常简单的方法得到越来越薄的石墨薄片。他们从高定向热解石墨中剥离出石墨片，然后将薄片的两面粘在一种特殊的胶带上，撕开胶带，就能把石墨片一分为二。不断地重复这样操作，于是薄片越来越薄，最后，他们得到了仅由一层碳原子构成的薄片，这就是石墨烯。在随后3年内，安德烈·海姆和康斯坦丁·诺沃肖洛夫在单层和双层石墨烯体系中分别发现了整数量子霍尔效应及常温条件下的量子霍尔效应。

在发现石墨烯以前，大多数物理学家认为，热力学涨落不允许任何二维晶体在有限温度下存在。所以，它的发现立即震撼了凝聚体物理学学术界。虽然理论和实验界都认为完美的二维结构无法在非绝对零度稳定存在，但是单层石墨烯在实验中已被制备出来。

4.5.2 石墨烯的分类

单层石墨烯(Graphene)是指由一层以苯环结构(即六角形蜂巢结构)周期性紧密堆积的碳原子构成的一种二维碳材料。

双层石墨烯(Bilayer or double-layer graphene)是指由两层以苯环结构(即六角形蜂巢结构)周期性紧密堆积的碳原子以不同堆垛方式(包括AB堆垛，AA堆垛等)堆垛构成的一种二维碳材料。

少层石墨烯(Few-layer)是指由3～10层以苯环结构(即六角形蜂巢结构)周期性紧密堆积的碳原子以不同堆垛方式(包括ABC堆垛，ABA堆垛等)堆垛构成的一种二维碳材料。

多层或厚层石墨烯(Multi-layer graphene)是指厚度在10层以上10nm以下苯环结构(即六角形蜂巢结构)周期性紧密堆积的碳原子以不同堆垛方式(包括ABC堆垛，ABA堆垛等)堆垛构成的一种二维碳材料。

4.5.3 石墨烯的制备

制备石墨烯常见的方法为机械剥离法、氧化还原法、SiC外延生长法和化学气相沉积法(CVD)、取向附生法。

机械剥离法是利用物体与石墨烯之间的摩擦和相对运动，得到石墨烯薄层材料的方法。这种方法操作简单，得到的石墨烯通常保持着完整的晶体结构，但是得到的片层小，生产效率低。

氧化还原法是通过将石墨氧化，增大石墨层之间的间距，再通过物理方法将其分离，最后通过化学法还原得到石墨烯的方法。这种方法操作简单，产量高，但是产品质量较低。

SiC外延生长法是将经氧气或氢气刻蚀处理得到的SiC单晶样品在高真空下通过电子轰击加热，除去氧化物，用俄歇电子能谱确定表面的氧化物完全被移除后，将样品加热使之温度升高至1 250～1 450℃后恒温1～20min，剩下的C原子通过自组形式重构，从而得到基于SiC衬底的极薄的石墨烯。这种方法可以获得高质量的石墨烯，但是这种方法对设备要求较高。

CVD是目前最有可能实现工业化制备高质量、大面积石墨烯的方法。这种方法制备的石墨烯具有面积大、质量高的特点，但现阶段成本较高，工艺条件还需进一步完善。

取向附生法是利用生长基质原子结构“种”出石墨烯，首先让碳原子在1 150℃下渗入钌，然后冷却，冷却到850℃后，之前吸收的大量碳原子就会浮到钌表面，镜片形状的单层碳原子“孤岛”布满了整个基质表面，最终它们可长成完整的一层石墨烯。第一层覆盖80%后，第二层开始生长。底层的石墨烯会与钌产生强烈的交互作用，而第二层后就几乎与钌完全分离，只剩下弱电耦合，得到的单层石墨烯薄片表现令人满意。但采用这种方法生产的石墨烯薄片往往厚度不均匀，且石墨烯和基质之间的黏合会影响碳层的特性。

4.5.4 石墨烯的基本特性

石墨烯具有完美的二维晶体结构，它的晶格是由6个碳原子围成的六边形，厚度为一个原子层。碳原子之间由σ键连接，结合方式为sp2杂化，这些σ键赋予了石墨烯极其优异的力学性质和结构刚性。

1. 导电性

石墨烯结构非常稳定，迄今为止，研究者仍未发现在石墨烯中有碳原子缺失的情况。石墨烯中各碳原子之间的连接非常柔韧，当施加外部机械力时，碳原子面如同宏观金属网就随意弯曲变形，从而使碳原子不必重新排列来适应外力，也就保持了结构稳定。石墨烯中的电子在轨道中移动时，不会因晶格缺陷或引入外来原子而发生散射。由于原子间作用力十分强，在常温下，即使周围碳原子发生挤撞，石墨烯中电子受到的干扰也非常小。这种稳定的晶格结构使碳原子具有优秀的导电性。

石墨烯最大的特性是其中电子的运动速度达到了光速的1/300，远远超过了电子在一般导体中的运动速度。这使得石墨烯中的电子，或更准确地，应称为“载荷子”(electric charge carrier)的性质和相对论性的中微子非常相似。

2. 导热性

石墨烯具有极高的导热系数，在散热片中嵌入石墨烯或数层石墨烯可使得其局部热点温度大幅下降。金属中导热系数相对较高的银、铜、金、铝，都不超过500W/(m·K)，非金属一般更高，金刚石可达到1 300～2 400W/(m·K)，碳纳米管可达到3 000W/(m·K)，而单层石墨烯的导热系数更可达5 300W/(m·K)，甚至有研究表明其导热系数高达6 600W/(m·K)，优异的导热性能使得石墨烯有望作为未来超大规模纳米集成电路的散热材料。

3. 机械特性

石墨烯是人类已知强度最高的物质，比钻石还坚硬，强度比世界上最好的钢铁还要高上100倍。哥伦比亚大学的物理学家对石墨烯的机械特性进行了全面的研究。在试验过程中，他们选取了一些直径在10～20μm的石墨烯微粒作为研究对象。研究人员先是将这些石墨烯样品放在了一个表面被钻有小孔的晶体薄板上，这些孔的直径在1～1.5μm之间。之后，他们用金刚石制成的探针对这些放置在小孔上的石墨烯施加压力，以测试它们的承受能力。研究人员发现，在石墨烯样品微粒开始碎裂前，它们每100nm距离上可承受的最大压力居然达到了大约2.9μN。据科学家们测算，这一结果相当于要施加55N的压力才能使1μm长的石墨烯断裂。如果物理学家们能制取出厚度相当于普通食品塑料包装袋的(厚度约100nm)石墨烯，那么需要施加差不多两万牛的压力才能将其扯断。换句话说，如果用石墨烯制成包装袋，那么它将能承受大约两吨重的物品，或者说在一张A4纸上能站立一头大象。

4.5.5 石墨烯的应用

石墨烯对物理学基础研究有着特殊意义，它使一些此前只能纸上谈兵的量子效应可以通过实验来验证，例如电子无视障碍、实现幽灵一般的穿越。但更令人感兴趣的，是它那许多“极端”性质的物理性质。

在塑料里掺入1%的石墨烯，就能使塑料具备良好的导电性；加入1‰的石墨烯，能使塑料的抗热性能提高30℃。在此基础上可以研制出薄、轻、拉伸性好和超强韧新型材料，用于制造汽车、飞机和卫星。

石墨烯几乎是完全透明的，只吸收2.3%的光，是一种透明、良好的导体，适合用来制造透明触控屏幕、光板，甚至是太阳能电池，目前由多层石墨烯等材料组成的透明可弯曲显示屏已推向市场。

新能源电池也是石墨烯最早商用的一大重要领域。美国麻省理工学院已成功研制出表面附有石墨烯纳米涂层的柔性光伏电池板，可极大地降低制造透明可变形太阳能电池的成本，这种电池有可能在夜视镜、相机等小型数码设备中应用。另外，石墨烯超级电池的成功研发，也解决了新能源汽车电池的容量不足以及充电时间长的问题，极大加速了新能源电池产业的发展。2015年1月，西班牙Graphenano公司（一家以工业规模生产石墨烯的公司）同西班牙科尔瓦多大学合作研究出首例石墨烯聚合材料电池，其储电量是目前市场上最好产品的3倍，用此电池提供电力的电动车最多能行驶1 000公里，而其充电时间不到8min。

4.6 富勒烯

4.6.1 概述

由于C_{60}的外形酷似足球，是一种球状笼形结构；C_{70}的外形像橄榄球，是一种椭球状笼形结构；而且家族的其他分子也具有封闭的圆球型和椭球型外形和对称性，与建筑师巴基敏斯特·富勒(Buckminster Fuller)设计出来的由五边形和六边形构成的圆形屋顶结构极为相像，因此又被称为巴基球、巴基敏斯特·富勒烯等，现在简称富勒烯。

富勒烯的家族成员包括C_{28}，C_{32}，C_{50}，C_{60}，C_{70}，C_{76}，C_{80}，C_{82}，C_{84}，…，C_{240}，C_{540}等，球笼结构包括管状、洋葱状富勒烯。

4.6.2 C_{60}的制备和分离

1.制备方法

富勒烯的制备方法很多，从最初的电阻加热法、电弧法到后来的化学合成法，人们进行着各种工艺的尝试，希望可以得到批量的足够纯度的富勒烯。

(1)激光蒸发石墨法

在激光超声装置上用大功率脉冲激光轰击石墨表面，使之产生碳碎片，在一定的氦气流携带下进入杯形集结区，经气相热碰撞成含富勒烯碳分子的混合物。但该方法产物中的富勒烯分数很少，其中还包含着分子量更大的高富勒烯，只在气相中产生极微量的C_{60}，研究人员将石墨靶预加热到1 200℃大大提高了C_{60}的产率。

(2)高频加热蒸发石墨法

利用高频炉在2 700℃和150 kPa下，在氦气保护下，直接加热氮化硼支架上石墨样品得到富勒烯碳分子。此法所得样品中，富勒烯的质量分数可达8%～12%，是制备C_{60}的一种较好的方法。

(3)电弧放电法

电弧放电法是目前使用最广泛的方法。通过精确控制电极的缝间距、调整电源种类和强度、稀释气体种类和压力、装置的最佳热对流、碳棒尺寸、反应器大小及萃取剂的抽提效率等因素，获得的可溶性富勒烯通常可占蒸发石墨的20%，甚至可达30%以上。

(4)苯燃烧法

将苯在氩气和氧气混合气氛中不完全燃烧，得到的烟灰中含有3%C_{60}/C_{70}。

(5) 萘热裂解法

蒸气在1 000℃的氩气氛中热解，令相中均质形核，得到C_{60}/C_{70}。

2.提取与分离

(1)提取

一般产物为C_{60}/C_{70}以及其他高富勒烯混合物的烟灰，要获得纯的富勒烯必须把它们提取出来。常用的方法有萃取法和升华法。

萃取法是将所得烟灰溶于苯、甲苯或其他非极性溶剂(例如CS_2，CCl_4等)中，利用C_{60}/C_{70}可以溶解而其他成分不溶的特性，将C_{60}/C_{70}混合物从烟灰中萃取出来。而后将溶液中的溶剂蒸发掉，留下的深褐色或黑色的粉末即为C_{60}/C_{70}的结晶物。

升华法是将烟灰在真空或惰性气氛中加热到400～500℃，C_{60}/C_{70}将从烟灰中升华出来，凝聚到衬底上，因厚度不同而呈现褐色或灰色颗粒状膜，此法所得到的C_{60}/C_{70}膜中，C_{70}含量约为10%。

(2)分离

1)经典柱层析法

最早使用提纯富勒烯的柱层析方法是使用中性氧化铝作为固定相，正已烷或正已烷/甲苯作淋洗剂。尽管可以得到一定量的C_{60}和C_{70}样品，但由于富勒烯的溶解度小，溶剂的消耗量大且操作冗长。

2)液相色谱法或高效液相色谱法

表4.15给出了分离富勒烯的应用实例。根据固定相不同或分离机理不同，主要分为反相、电荷转移、包容络合等类型。通常而言，用该法可获得纯度>99%的C_{60}和C_{70}样品。经液相色谱分离后的C_{60}/C_{70}的溶液，颜色与高锰酸钾溶液类似，呈绛紫色，而含C_{70}的溶液呈橘红色，液相色谱分离效率很低。

3)重结晶法

此法利用C_{60}/C_{70}在甲苯溶液中溶解度的不同，通过简单的重结晶法得到的C_{60}纯度约为95%，再次重结晶所得到的C_{60}纯度为98%～99%。

4)Prakash法

将C_{60}/C_{70}的混合物溶入CS_2中，加入适量$AlCl_3$，由于C_{70}高富勒烯对$AlCl_3$的亲和力大于C_{60}，形成络合物从溶液中析出，因而C_{60}留在溶液中。如加入少量水，可有利于C_{60}的纯化分离。此法分离出的C_{60}纯度可以达到99.9%。

5)Atwood法

此法是采用芳烃($n=8$)处理含C_{60}/C_{70}混合物的甲苯溶液，由于杯芳烃对C_{60}有独特的识别能力，形成1∶1杯芳烃/C_{60}包结物结晶。该结晶在氯仿中迅速解离，可以得到纯度大于99.5%的C_{60}，而母液中则富含C_{70}。利用此方法获得高纯度的C_{60}可使成本下降50%，且不用任何贵重的仪器设备就可获得克量级的高纯C_{60}。

表 4.15 液相色谱法分离纯化富勒烯

固定相	流动相	柱尺寸 mm	检测波长 nm	选择性 (C_{60}/C_{70}比值)
DevelosilODS-5	正己烷	4.6×250	UV280	1.46
Wakosil II_5C_{18}	甲苯/乙腈:50/50	4.6×250	UV325	1.98
HipersilODS	CH2Cl2	2.1×250	UV368	1.33
DNAP	正己烷/苯:20/80～50/50	3×150	UV380,340	1.83～2.27
TAPA	甲苯/庚烷:50/50	4.6×100		2
PYE	甲苯或正己烷/甲苯:80/20			1.80～3.14
H_2(CPTPP)	甲苯	4.6×100	UV284	4.8
Zn(CPTPP)	甲苯	4.6×100	UV284	4.0
HPTPP	甲苯	4.6×250	UV410	7.0
γ-CD	正己烷/甲苯:70/30	4.0×250	UV334	
DNBPG				2.25

4.6.3 结构与性能

1.结构

富勒烯碳分子是一类新型全碳分子,每个分子都有 2×(10+*M*)(*M* 是六元环的数量)个碳原子,相应构成 12 个五元环和 *M* 个六元环,从张力和电子学的观点来看,所有的五元环均被六元环分开的结构比有相邻五元环的结构稳定得多,由于 C_{60} 的 20 个六元环刚好将 12 个五元环完全分开,因此 C_{60} 是最小的最稳定的富勒烯分子。

C_{60}是一个直径为 1 nm,由 12 个五元环和 20 个六元环组成的球形 32 面体,如图 4.7 所示。它的外形酷似足球,其中六元环的每个碳原子与其他碳原子的双键结合形成类似苯环的结构。由于 C_{60} 呈球形,C_{60} 的 σ 键不同于石墨中 sp^2 杂化 σ 键和金刚砂的 sp^2 杂化 σ 键,C_{60} 为 $sp^{2.28}$ 杂化的 σ 键(s 成分为 30%,p 成分为 70%),而垂直球面的 π 键含 s 成分为 10%,p 成分为 90%($s^{0.1}p^{0.9}$)。在球形 C_{60} 中的两个 σ 键夹角为 106°,σ 键和 π 键夹角为 101.64°。

在 C_{60} 结构中,60 个半杂化的 p 轨道相互重叠,在笼内外形成大 π 键。因此,最初认为 C_{60} 具有“超芳香性”,球状的 C_{60} 是封闭的,没有悬挂键,不能发生像苯类化合物那样的取代反应,它具有一定的化学惰性。C_{60} 是由 12 500 个碳分子极限式参与共振所得到的杂化体,故而是稳定的,在 12 500 个碳分子参与的共振极限式中,所有的五元环都避免了双键存在的共振极限式。

2.性能

(1)化学反应性

由于 C_{60} 的共轭离域大 π 体系是非平面的,与休克尔体系相比,这种非平面的 π 电子结构芳香性较小，因而有一定的反应活性，可以进行氢化、卤化、氧化等各种反应，在此基础上已合成了大量的衍生物。

①氢化反应和脱氢反应。最早的氢化反应研究是 Smalley 领导的 Rice 大学研究小组在液氨和供质子醇中用金属锂对 C_{60} 进行还原(Birth 反应)，加氢后碳骨架不变，每个五元环上保留一个双键而且不共轭，将加氢得到的 $C_{60}H_{26}$ 产物在含有 2,3 -二氯- 5,6 -二氰对苯醌的甲苯溶液中回流，又可以发生脱氢反应得到 C_{60}。

②卤化反应。在不同条件下，C_{60} 和 F_2，Cl_2，Br_2 均能反应生成多卤代衍生物。而且，C_{60} 的卤代物可以进行一系列的反应而合成一系列的 C_{60} 的衍生物。

③烷基化反应。C_{60} 的烷基化反应首先是 C_{60} 在四氰呋喃溶剂中和金属锂反应得到负离子，然后和 CH_3I 及 Me_3SiCl 反应得到烷基化和硅烷化产物。该反应还可以通过 $(CH_2)_3COOH(CH_2)$ 光引发的自由基反应得以完成。

④芳基化反应。用 Lewis 酸作催化剂使 C_{60} 和苯及甲苯反应得到多苯代和多甲苯取代的 C_{60}。将苯(或甲苯、对二甲苯)在 $FeCl_3$ 和 Br_2 存在下过液和加热 2～3h，可以得到 $C_{60}Ph_{12}$ 以及 n 为偶数的多苯代 $C_{60}Ph_n$。

⑤氧化反应。C_{60} 在紫外光照射及加热的情况下可以被氧化。如 C_{60} 在 O_2 饱和的苯中用紫外照射可以生成 $C_{60}O$，但转化率只有 7%，加入联苯酸后，则可提高到 17%。将 $C_{60}Ph_3Cl$ 或 $C_{60}Ph_5H$ 的甲苯溶液暴露在太阳光下放置两周后该衍生物发生了氧化过程，生成了含苯并呋喃和环氧丙烷的 C_{60} 富勒烯衍生物 $C_{60}Ph_4C_6H_4O_2$。

⑥环加成反应。环加成反应是 C_{60} 富勒烯化学修饰的重要途径，它包括[4＋2]环加成、[3＋2]环加成、[2＋2]环加成和[1＋2]环加成。用二苯基重氮甲烷在甲苯中与 C_{60} 反应 1h(室温)得到 2,3 偶极加成反应物。该反应的结果是 C_{60} 骨架增量为 C_{61}，随着反应的进行骨架还可以增至 C_{65}。

⑦金属包合物。富勒烯金属包合物的通用表达式为 $M@C_{2n}$，@表示英文单词“at”，也表明了金属原子被包在碳笼里面。合成方法又分为同步合成法、两步合成法、核反应法。目前已获得 $La@C_{2n}$，$Y@C_{2n}$ 和 $Y_2@C_{2n}$，$Um@C_{2n}$，$M@C_{2n}$。

⑧光化学反应。在光照条件下，C_{60} 能发生光氧化、光氢化还原、[2＋2]光环化加成、与叔胺的光加成、与氨基酸的光加成、与金属有机化合物的光加成等反应。

(2)导电性

C_{60} 分子呈中性，不导电。但固体本身是一种禁带宽度为 1.5eV 的直接跃迁式半导体。它的导电率很低，近似于绝缘体，但是，C_{60} 或 C_{70} 中掺杂一定量的碱金属后绝缘体变成导体。

(3)机械性能

通过对面心立方晶胞的 C_{60} 晶体加压到 20GPa 后体积比和结晶结构变化的研究发现，加压后的体积为原体积的 70%，这是由于分子间距离减少，但压力变化前后的 X 射线衍射图证实分子内键合距离没有变化。这说明在 20GPa 下，C_{60} 分子本身是稳定的。撤压后，又可回复到原体积。由于 C_{60} 对压力的稳定性，其可成为优良的润滑材料。

4.6.4　应用

富勒烯碳分子由于其独特的结构而呈现出独特的性能，也就是说在某些领域，如超导、微电子、光电子学和电池方面有着广阔的应用前景。在富勒烯的各种应用领域中；以下两个领域的应用基础研究引人注目。

(1)C_{60}及其衍生物在高分子领域中的应用

C_{60}及其衍生物在高分子领域中的应用主要可分为三个方面：一是C_{60}的高分子化，即合成和制备含C_{60}的聚合物，二是C_{60}与聚合物形成电荷转移复合物，三是以C_{60}及其衍生物为催化剂的形成部分，催化聚合反应产生聚合物。

(2)C_{60}及其衍生物在生物方面的应用

近年来，对合成水溶性富勒烯衍生物方面的突破和成功，克服了富勒烯固有的疏水性，大大加速和扩展了C_{60}及其衍生物在生物方面的应用范围，在C_{60}及其衍生物对人体免疫缺陷病毒酶(HIV)和细菌的抑制、致使DNA裂解、除去自由基和对生物膜的双重作用等方面的研究均取得了新的进展。

富勒烯的开发和应用涉及学科很多，是一个前沿性的多领域交叉学科。目前关于富勒烯的制备、分离、表征、性能测试以及实际应用的研究取得了长足的进步。这些工作可以概括为：研究富勒烯的化学性质，开发新的化学反应，总结反应规律；富勒烯的改性，把C_{60}作为平台，接上具有特殊功能的基团，以改进富勒烯的电学、光学和磁学性能；增加C_{60}在水中的溶解度，以便利用C_{60}的抗癌、灭菌特性。其突出体现在富勒烯负离子化学、富勒烯水溶胶、富勒烯的光物理特性和富勒烯纳米粒子的组装，但仍有许多课题需要人们进一步深化和发展。

4.7 碳纳米管

4.7.1 概述

1991年日本NEC公司基础研究实验室的电子显微镜专家饭岛(Iijima)在高分辨透射电子显微镜下检验石墨电弧设备中产生的球状碳分子时，意外发现了由管状的同轴纳米管组成的碳分子，这就是碳纳米管，又名巴基管。碳纳米管具有典型的层状中空结构特征，构成碳纳米管的层片之间存在一定的夹角。碳纳米管的管身是准圆管结构，并且大多数由五边形截面所组成。管身由六边形碳环微结构单元组成，端帽部分由含五边形的碳环组成的多边形结构，或者称为多边锥形多壁结构，是一种具有特殊结构(径向尺寸为纳米量级，轴向尺寸为微米量级，管子两端基本上都封口)的一维量子材料。它主要由呈六边形排列的碳原子构成数层到数十层的同轴圆管。层与层之间保持固定的距离，约为0.34nm，直径一般为2～20nm。

4.7.2 结构与性能

1.结构

在理想情况下，单壁碳纳米管的主体部分可视为由石墨烯平面卷曲而成的、两端由半个富勒烯封闭的细长圆筒形纯碳纳米管结构。若忽略单壁碳纳米管的两端结构，集中考虑相对均衡的中间(长径比一般为10^4～10^5)部分，单壁碳纳米管可视为一个一维大分子。多壁碳纳米管则由多个单壁碳纳米管嵌套而成，层间距为0.34～0.39nm不等。单壁碳纳米管和多壁碳纳米管的长度可达1 μm以上，有的甚至达到1 mm数量级，直径在1 nm(单壁碳纳米管)至50 nm(多壁碳纳米管)之间。

单壁碳纳米管可分为非手性管和手性管两大类，非手性管又可分为锯齿管和椅型管，它们都具有关于管轴镜像的严格对称性。三种类型的单壁碳纳米管如图4.49所示。

与单壁碳纳米管用两个结构参数和手性角就能确定其结构不同，多壁碳纳米管的结构比较复杂，往往需要三个以上结构参数才能确定其基本结构（除了直径和螺旋角外，还须考虑层间距以及不同层间的六角环排列关系等）。对于多壁碳纳米管，人们进行了多种理论和实验研究来确定其基本结构。多壁碳纳米管的高分辨电子显微镜照片看起来就像对称分布于中心两侧的一些“条纹”，但在某些情况下，在中心的一侧或两侧也会出现一些不规则的间隙。利用X射线衍射实验，不同学者得到的多壁碳纳米管层间距略有不同，有的为0.344 nm，有的为0.342～0.375nm，这与石墨的层间距非常接近。层间距结果的差异部分来自于层间不规则间隙的存在，也可能反映了随着管径变化管层间距的变化。

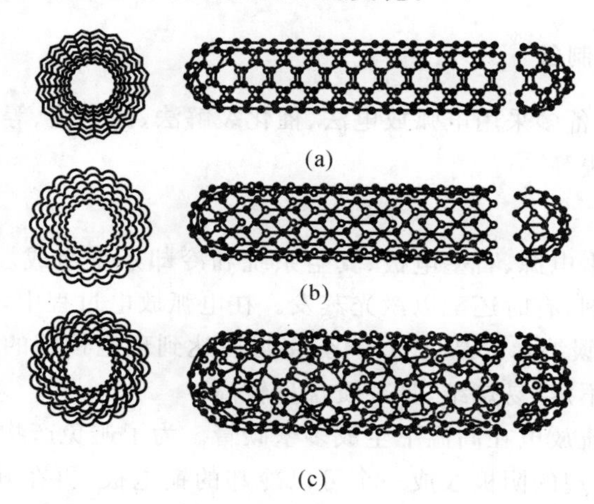

图4.49 几种不同类型的单碳纳米管

(a) 椅型管；(b) 锯齿管；(c) 手性管

2.性能

(1)力学性能

碳纳米管抗拉强度达到50～200GPa，是钢的100倍，至少比常规石墨纤维高一个数量级，密度却只有钢的1/6；它的弹性模量可达1TPa，与金刚石的弹性模量相当，约为钢的5倍。碳纳米管的结构虽然与高分子材料的结构相似，但其结构却比高分子材料稳定得多。碳纳米管是目前可制备出的具有最高比强度的材料。若将其他工程材料与碳纳米管制成复合材料，可使复合材料表现出良好的强度、弹性、抗疲劳性及各向同性，给复合材料的性能带来极大的改善。

尽管碳纳米管的硬度与金刚石相当，却拥有良好的柔韧性，可以拉伸。目前在工业上常用的增强型纤维中，决定强度的一个关键因素是长径比，即长度和直径之比。目前材料工程师希望得到的长径比至少是20：1，而碳纳米管的长径比一般在1 000：1以上，是理想的高强度纤维材料。

(2)导电性能

由于碳纳米管的结构与石墨的片层结构相同，所以具有很好的电学性能，其导电性能取决于管径和管壁的螺旋角。当管径大于6nm时，导电性能下降；当管径小于6nm时，则可以被看成具有良好导电性能的一维量子导线。常用矢量C_h表示碳纳米管上原子排列的方向，其中

$C_h = n_{a1} + m_{a2}$，记为(n,m)。$a1$和$a2$分别表示两个基矢。(n,m)与碳纳米管的导电性能密切相关。对于一个给定(n,m)的纳米管，如果有$2n+m=3q$（q为整数），则这个方向上表现出金属性，是良好的导体，否则表现为半导体。对于$n=m$的方向，碳纳米管表现出良好的导电性，电导率通常可达铜的1万倍。

(3)传热性能

碳纳米管具有非常大的长径比，因而其沿着长度方向的热交换性能很高，相对的其垂直方向的热交换性能较低。通过合适的取向，碳纳米管可以合成高各向异性的热传导材料。另外，碳纳米管有着较高的热导率，只要在复合材料中掺杂微量的碳纳米管，该复合材料的热导率将会得到很大的改善。

4.7.3 碳纳米管的制备

目前，纳米碳管的制备多采用电弧放电法、催化裂解法、激光法、等离子喷射法、离子束法、太阳能法、电解法、燃烧法等。

1. 电弧法

电弧放电设备主要由电源、石墨电极、真空系统和冷却系统组成。为有效合成碳纳米管，需要在阴极中掺入催化剂，有时还配以激光蒸发。在电弧放电过程中，反应室内的温度可高达3 000～3 700℃，生成的碳纳米管高度石墨化，接近或达到理论预期的性能。但电弧放电法制备的碳纳米管空间取向不定，易烧结，且杂质含量较高。

通过石墨电极间直流放电在高温下生成多壁碳管。为了避免产物沉积时因温度太高而造成纳米碳管的烧结，把常规的阴极改成一个可以冷却的铜电极，再在其上接石墨电极，从而减少了纳米碳管的缺陷及非晶石墨在其上的黏附。后来，用石墨/过渡金属混合物代替纯石墨作为阳极时，相应的过渡金属（如Sn，Te，Bi，Ge，Sb，Pb，Al，In，Se，Cd，Gd和Hf）可以填充在纳米碳管中，这样的纳米碳管在磁记录材料等领域具有潜在的应用价值。选择合适的金属，如Ni，Co，Y，Fe或它们的混合物，则可以制备单壁管。

2. 激光法

在1 200℃的电炉中，通过激光脉冲而非电力，用激光束蒸发过渡金属与石墨复合材料棒，产生纳米碳管的热的碳气体，流动的氩气使产物沉积到水冷铜收集器上，从而制得了大量的单壁或多壁纳米碳管。然后改变催化剂，就找到了生产大量单壁纳米碳管的条件。

激光法的典型收率高达70%，而其优点是制品主要为单壁纳米管，直径范围可通过改变反应温度而得以控制。

3. 离子束辐射法

通过电子束蒸发覆在Si基体上的石墨，合成同一方向排列的纳米碳管。在高真空条件下通过氩离子束对非晶碳进行了辐射，可制得壁管10～15层厚的纳米碳管。

4. 电解法

电解法制备纳米碳管，是以石墨为电极，将其浸泡在熔化的离子盐如LiCl中，通电时，石墨电极逐渐被消耗，从而生成纳米碳管。

5. 催化裂解法

催化裂解法制备纳米碳管的工艺是基于气相生长碳纤维的制备工艺。催化热分解法制备的纳米碳管因其制备过程温度较低(700～1 200℃)，石墨化程度较差，需要后期的高温处理以提高其石墨化程度。催化裂解法包括流动法和基板法两种。

(1)流动法

以苯为碳源，二茂铁为催化剂，噻吩为助化剂，选择适当的反应条件，如减少原料的流动量，增加氢气流动量，降低催化剂浓度等，来控制直径，使之处于纳米级尺寸。

空心管直径是由催化剂颗粒直径控制的，这一结果为制备不同中空孔径的碳纳米管和推测碳生成机理提供了依据。其头部围绕催化剂颗粒断面和管壁是缩合芳环构成的碳片层堆积而成的，呈树木年轮状，属乱层结构，其碳层面与纤维轴呈 10°夹角，是不完全具备石墨单晶的三维有序排列。X 射线能谱(XES)分析结果表明，纳米管头部催化剂颗粒中含有铁、硫元素。为了提高碳纳米管的微晶取向排列和纯度，采用高温石墨化技术使其由乱层结构转化成石墨片层沿管轴高度取向的三维有序的石墨纳米管，同时驱走非碳原子。经 2 500℃净化处理后，催化剂颗粒从纤维头部消失。

XRD 测定结果表明，碳纳米管经 2 500℃处理后，d_{002} 值从 0.339 1 nm 降到 0.336 8 nm，L_a 从 20.186 nm 增加到 29.504 nm，L_c 从 11.405 nm 增至 16.669 nm，d_{002} 值接近于石墨的层间距，碳含量几乎达到 100%。Raman 光谱研究结果表明，通过 Raman 的一阶谱图得到的 $I_{1\,360\ \mathrm{cm}^{-1}}(I_D)$ 和 $I_{1\,580\ \mathrm{cm}^{-1}}(I_G)$ 强度的比值，从表 4.16 中可以看出喷雾流动法制得的石墨纳米管的 R 值为 0.32，小于电弧法碳纳米管的 R 值(0.489)，因而流动法制备的多壁纳米碳管的三维有序度比电弧法好。

表 4.16　高温热处理前后的 Raman 分析结果

样品		$R=I_D/I_G$
整式喷雾流动法(C_6H_6,Fe,S)	碳纳米管	1.15
	石墨纳米管	0.32
高取向热解石墨		0.051
电弧法碳纳米管		0.489

值得注意的是，如工艺参数控制不好，例如氢气或载气量过少，进料量过多，催化剂浓度过大，在炉内停留的时间较长，催化剂失活，纳米碳管外壁形成沉积碳层，则虽经高温处理也不能形成三维有序的石墨结构。

如选择甲苯-苯为碳源(体积比为 1∶9)，二茂铁为催化剂，噻吩为助化剂，则发现有分支型碳纳米管生成。图 4.50 为分支型碳纳米管示意图。

(2)基板法

采用 C_2H_2 为碳源，钴为催化剂，用基板法制备碳纳米管，温度、H_2 流量、反应时间和高温热处理都对管结构有影响。

1)温度对碳纳米管的影响

反应温度对收率和微观结构有显著的影响。600℃的产物中碳管含量少，700℃获得大量相互缠绕的弯曲状碳纳米管。低温条件下，C_2H_2 的裂解速度慢，同时催化剂的活性低，都不利于碳纳米管的形成。反应温度过高，C_2H_2 的裂解反应过于激烈，使得碳原子的浓度和活性都过高，碳原子活性过高会导致碳纳米管的成核功增大，不利于纳米碳管的成核，碳原子就以碳黑的形式快速沉积在催化剂金属粒子上。

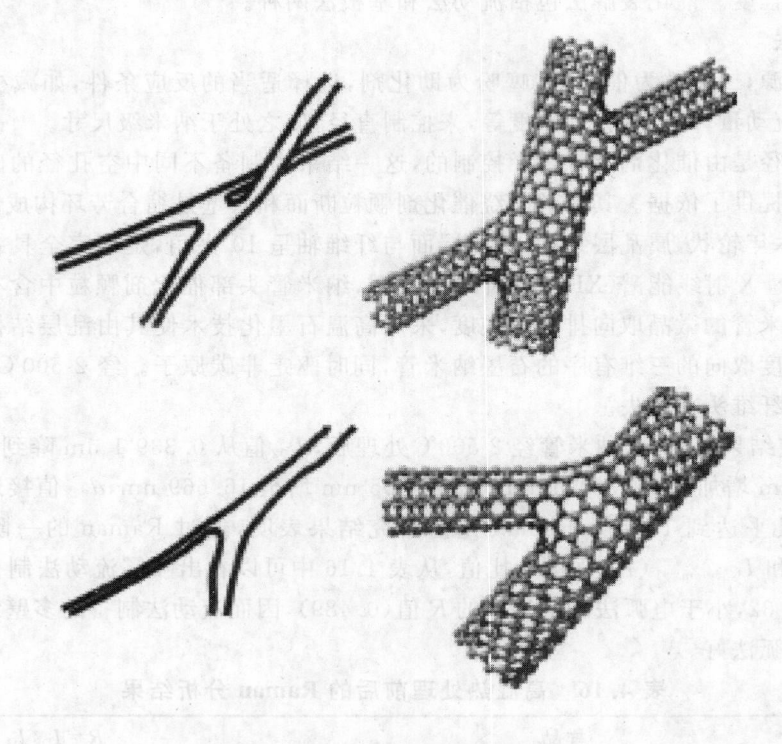

图 4.50　分支型的碳纳米管示意图

2)H_2流量的影响

没有 H_2通入时,生成外径为 30～50nm,长度最长达 40μm 的弯曲状碳纳米管;当通入 H_2时,不仅生成大量的弯曲状碳纳米管,还有少量的螺旋状碳纳米管。这可能是因为 H_2存在能使某些钴催化剂颗粒表现为各向异性,从而使碳的六边形网络中有规律地引入五边形至七边形碳而形成螺旋状碳纳米管。

3)反应时间的影响

短时间得到碳纳米管的管壁光洁清晰,六角碳平面网取向排列比较规整。延长反应时间,管壁上无定形碳增多,管的质量变差。

4)高温热处理的影响

从表 4.17 可以看出,催化剂法制备的碳纳米管经高温处理,获得的石墨纳米管,其三维有序性比石墨电弧制备的碳纳米管还高。

表 4.17　高温热处理前后碳纳米管的 Raman 光谱分析结果

样品		$R=I_D/I_G$
卧式炉基板法 (C_2H_2,Co)	碳纳米管	2.51
	石墨纳米管	0.23

4.7.4　碳纳米管生长机理的推测

采用喷雾流动法装置，原料选用苯＋二茂铁＋噻吩三元反应体系在氢气气氛下喷入反应器中，经1 160℃催化剂热裂解生成碳纳米管，其生成机理是在气相生长的碳纤维生产机理的基础上形成的。

根据高分辨电子显微镜和电子衍射的研究，发现气相生长的碳纤维是一种中空型碳纤维（直径约10nm左右），纤维顶端有超微金属碳化物粒子，其结构模型如图4.51(a)所示。该结构模型显示出气相生长碳纤维是树木年轮状的同心圆结构，类似于Racon制得的石墨晶须的卷席状结构，如图4.51(b)所示。纤维内层和外层在结构上不同，内层是因催化作用而形成的高定向性石墨结构，外层则是热解碳沉积所致的无定形碳。根据气相生长碳纤维晶态的观察研究，将其生长机理分为表面扩散学说、体相扩散学说、粗糙表面学说。

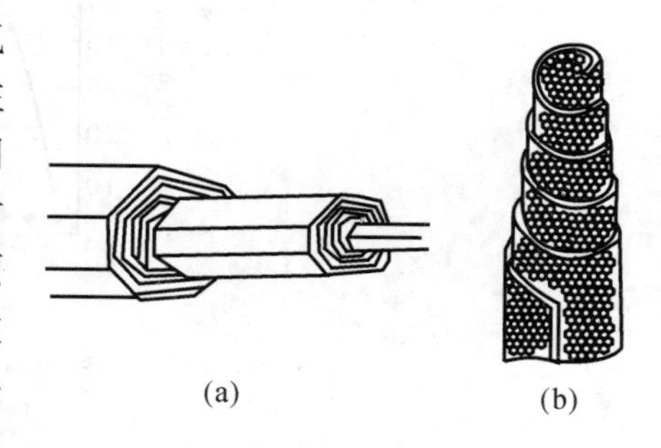

图4.51　石墨化的气相生长碳纤维(a)和Racon的石墨晶须的结构(b)

远藤守信和小山恒夫等人认为，在烃-氢混合气体体系中，以氧化铁为催化剂时，在高温下，氧化铁还原成铁微粒，并呈熔融的微细状"液滴"，分布在基板上。混合气体中的微量碳氢化合物蒸气，经高温热解，产生含碳活性物质的所谓"碳种子"（环数在30～50的多环芳烃），并扩散到金属的"液滴"上（见图4.52(a)），受催化作用，缩合成碳固体，在"液滴"与基板的界面部位形成碳层面（见图4.52(b)）。这时金属"液滴"如同受到渗透压力或毛细引力那样，被整体托起（见图4.52(c)），随着碳层面的渐渐伸长，"液滴"被逐渐抬高，并在"液滴"下方形成一条与"液滴"直径相同的孔道，这样的过程称为成核过程。随着反应时间的推移，纤维慢慢伸长。最后，当"液滴"被"碳种子"全部覆盖时，其催化作用结束，纤维的生长即告停止。在纤维生长过程中以及停止生长之后，一部分"碳种子"同时也在长成的纤维"管道"外侧扩散并缩聚成碳，这就使纤维长粗。图4.53表示了这两个阶段的相应状况。可以看出，反应后期增粗过程显著，反应1～2h后，纤维的生长已几乎停止。此后，反应空间的"碳种子"实际上只用来增粗纤维。当热解反应停止，冷却炉体时，金属"液滴"凝成金属固体，在其上面覆盖的碳层转化为金属碳化物（如Fe_3C），存在于每根生成的碳纤维的顶部。

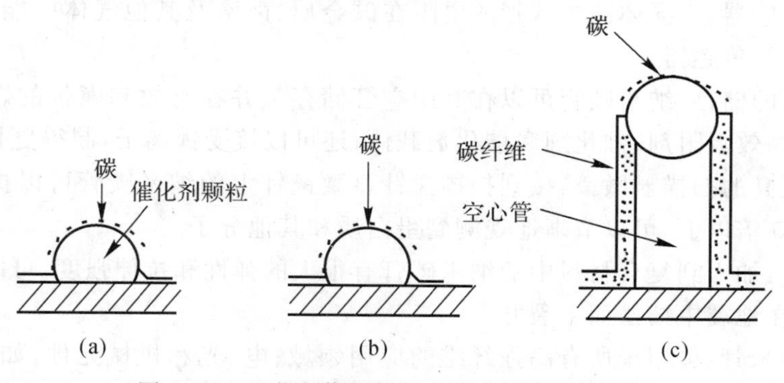

图4.52　远藤守信的气相生长碳纤维生长模型

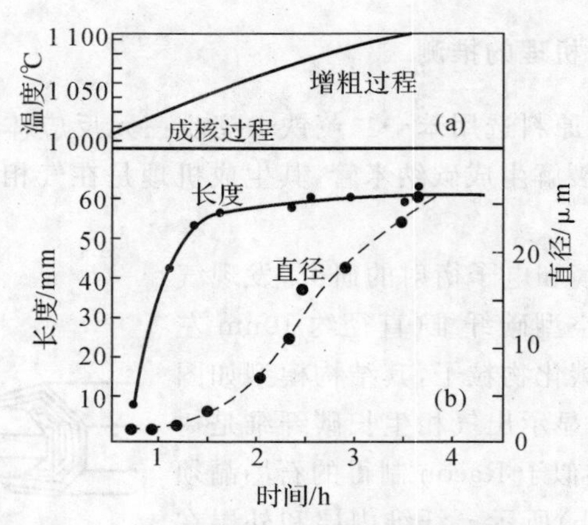

图 4.53　气相生长碳纤维的生长过程

(a)形成过程;(b)形态变化

4.7.5　碳纳米管的应用

尽管对碳纳米管潜在应用前景的讨论已经成为理论研究和开发研究工作者共同的热门课题,但到目前为止,碳纳米管也还没有得到真正意义上的开发利用。但可以肯定的是,碳纳米管这一新型纳米材料的发现及其本身所具有的潜在优越性,决定了它无论是在物理、化学还是在材料科学领域都将具有广阔的应用前景。

①纳米电路:比现有电路工作速度快且能耗低,用做电子开关。

②场发射:纳米碳管一端立起、通电时,它就像发光棒,将电场集中在端部。与其他材料制成的电极相比,纳米管在很低的电压下发射电子。碳原子的强键可保证它使用的长久性。

③化学及基因探针:纳米碳管作探针的原子力显微镜可以跟踪一根 DNA,分辨出表明 DNA 中存在的多种基因的化学信号。

④机械存储器:将支座上的纳米管显示屏用做双记忆元件,电压使得一些纳米管接触(开)而其他分开(闭)。

⑤纳米镊子:连到一个玻璃棒的电极上的两个纳米碳管能通过改变电压打开和关闭。这种镊子可以用于摄取和移动 500nm 尺寸的物体。

⑥超灵敏传感器:半导体纳米碳管的电阻在碱金属、卤素及其他气体中能大幅度改变,有望用做更好的化学传感器。

⑦氢及离子的储存:纳米碳管可以在其中空管储存氢并在有效和廉价的燃料电池中缓慢释放,也可用做高效吸附剂、催化剂和催化剂载体;还可以接受锂离子,制得更长寿命的电池。

⑧精确度更高的扫描显微镜:接到扫描探针显微镜针上的纳米碳管可以提高仪器的横向水平分辨率达 10 倍以上,可以清晰地观测到蛋白质和其他分子。

⑨超强材料:加入到复合材料中的纳米碳管有很大的弹性和拉伸强度,可以使汽车在撞击时反弹,建筑物在地震中摇摆而不裂开。

⑩连续长纳米管:可用于所有高强纤维的应用领域;电、光和机械元件,如纳米电极、导线及 STM/AFM 针尖;生物科学领域,如单细胞的探测器,注射某些分子的纳米注射器。

4.8 碳/碳(C/C)复合材料

4.8.1 概述

C/C复合材料是指以碳纤维作为增强体,以碳作为基体的一类复合材料,作为增强体的碳纤维可分多种形式和种类,既可以用短纤维,也可以用连续长纤维及编制物,各种类型的碳纤维都可用于C/C复合材料的增强体。C/C复合材料作为碳纤维复合材料家族的一个重要成员,具有低密度(理论密度最高为2.2g·cm^{-3})、高比强、高比模、高热传导性、低热膨胀系数、断裂韧性好、耐磨、耐烧蚀等特点,尤其是其强度随着温度的升高,不仅不会降低反而还可能升高。它是所已知材料中耐高温性最好的材料,因而被广泛地应用于航天、航空、核能、化工、医疗等各个领域。C/C复合材料于1958年诞生,在DYNA-Soar计划和NASA的阿波罗计划中使其得到了发展。

20世纪70年代C/C复合材料在美国和欧洲得到了快速的发展,开发了碳纤维的多向编织技术,高压液相浸渍工艺以及化学气相浸渍(CVI)工艺,使C/C复合材料的性能得到进一步的提高。20世纪80年代以来,C/C复合材料在世界各地的研究都极为活跃,不断开发出新的工艺,在性能提高、快速致密化、抗氧化等研究领域取得了重大的进展。

4.8.2 C/C复合材料的制备

C/C复合材料的制备方法有很多,所用的原材料的不同,C/C复合材料的制备工艺也各不相同。如图4.54所示,主要有液相浸渍、CVD(CVI)法、高压碳化法(PIC)及粉末烧结法等。浸渍法相对而言设备比较简单,而且这种方法使用性也比较广泛。它的缺点是要经过反复多次浸渍碳化的循环才能达到密度要求。CVD(CVI)法是直接在坯体孔内沉积碳,以达到填孔和增密的目的。CVD碳易石墨化,且与纤维之间的物理兼容性好,而且不会像浸渍法那样在碳化时产生收缩,因而这种方法的物理机械性能比较好。但在CVD过程中,如果碳在坯体表面沉积就会阻止气体向内部孔的扩散,对于表面沉积的碳应用机械的方法除去,再进行新一循环沉积。PIC是在超高压下进行碳化处理浸渍后的C/C复合材料坯体,它可以防止坯体中浸入物在高温下流失。这种方法可大大提高碳收率,不过这种方法对设备要求较高,特别是制备大制品时,很难实现。

4.8.3 C/C复合材料的防氧化

C/C复合材料的不足之处是在高温有氧环境下较差的抗氧化性能。C/C复合材料一般在空气中370℃时就会开始氧化,且超过500℃后氧化速度会随温度的增加而迅速增加,这将对材料本身造成严重的破坏,极大地限制它作为高温结构材料的应用,因此,如何防止C/C复合材料的氧化已成为扩大其应用领域的关键。

1.C/C复合材料的氧化过程及特点

在温度高于370℃的有氧环境下,C/C复合材料中的碳元素会与氧发生反应,生成CO和CO_2,即使在极低的氧分压的情况下,也具有很大的Gibbs自由能差驱动反应快速进行,且氧化速度与氧化分压成正比。

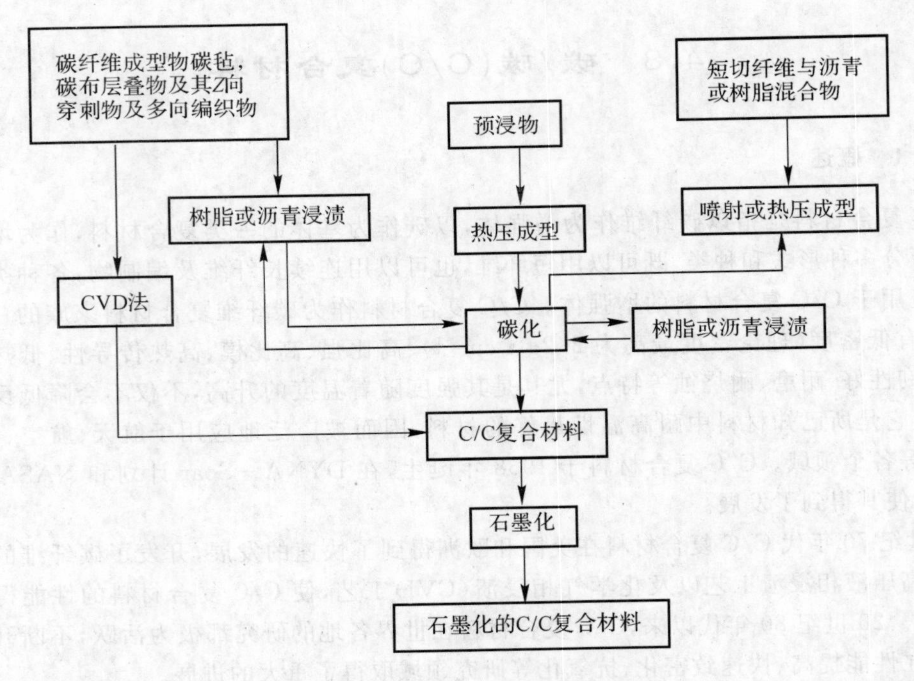

图 4.54　C/C 复合材料的工艺流程图

根据不同温度下控制环节的不同,将碳材料氧化过程分为三类:①当温度较低时,氧化过程的控制环节是氧与材料表面碳活性源发生的反应;②随着温度的升高,氧化过程逐渐由氧元素在碳材料中的迁移速度所控制;③在高温条件下,氧化速度的快慢由氧在材料表面附近的浓度边界层中的扩散速度所控制。这三类氧化的活化能分别为 178.07 kJ · mol^{-1},86.94 kJ · mol^{-1}和 20.9 kJ · mol^{-1}。

C/C 复合材料的氧化过程在一定程度上还受到纤维及基体类型、编织方式、热处理温度、杂质含量和石墨化程度的影响。不同的工艺制备出来的 C/C 复合材料的氧化性能也不同。C/C 复合材料的氧化过程可简述如下:①反应气体向碳材料表面传递;②反应气体吸附在碳材料表面;③在表面进行氧化反应;④氧化反应生成气体的脱附;⑤生成气体向反方向传递。因为 C/C 复合材料是多孔材料,气体一边扩散到材料内部,一边和气孔壁上的碳原子反应。在低温下,气孔内的扩散速度比反应速度大得多,整个试样均匀地起反应;随着温度升高,碳的氧化反应速度加快,因反应气体在气孔入口附近消耗得多,从而使试样内部的反应量减少。温度进一步升高,反应速度进一步增大,则反应气体在表面就消耗完了,气孔内已经不能反应。也就是说,纤维/基体界面的高能和活性区域或孔洞是 C/C 复合材料中优先氧化的区域,所产生的烧蚀裂纹不断扩大并向内部延伸,随后的氧化部位依次为纤维轴向表面、纤维末端和纤维内芯层间各向异性碳基体、各向同性碳基体。C/C 复合材料的氧化失效是缘于氧化对纤维/基体及纤维强度的降低,不断扩展,最终引起材料结构的破坏。

2. 改性技术

C/C 复合材料的防氧化途径主要有两种:①改性技术,这种技术包括碳纤维改性和基体改性两种;②涂层技术。纤维改性是在纤维表面制备各种涂层,基体改性是改变基体的组成以提高基体的抗氧化能力。

(1)纤维改性技术

C/C复合材料的氧化多集中于碳纤维与基体的界面处,因此在碳纤维与基体的界面处涂覆一层隔绝层,切断氧进一部向材料内部扩散的通道,在一定程度上可达到抗氧化的目的。

目前,纤维改性最常用的方法是采用化学气相沉积技术制备防氧化涂层。

纤维表面的涂层能防止纤维的氧化、改变纤维/基体界面特性和提高界面的抗氧化能力。其主要缺点是降低了纤维本身的强度,同时影响纤维的柔性,不利于纤维的编织。表4.18列出了碳纤维表面的涂层种类及其常用的制备方法。

表4.18 碳纤维表面的涂层种类及其制备方法

涂层技术	涂层材料	涂层厚度/μm
化学气相沉积	TiB,TiC,TiN,SiC,B_4C,Si,C,Ta,BN	0.1~1.0
溅射	SiC	0.05~0.5
等离子喷涂	Al	2.5~4.0
电镀	Ni,Co,Cu	0.2~0.6
溶胶-凝胶法	SiO_2	0.07~0.15
液相金属转换法	Nb_2C,Ta_2C,TiC$-$$Ti_4SN_2C_2$,ZrC$-$$Zr_4SN_2C_2$	0.05~2.0

(2)基体改性技术

基体改性技术的具体做法是在合成C/C复合材料时,在碳源前驱体中加入阻氧成分,这样阻氧微粒和基体碳一同在纤维上沉积,形成具有自身抗氧化能力的C/C复合材料。基体改性技术的阻氧成分选择要满足如下条件:①与基体碳之间具有良好的物理化学相容性;②具备较低的氧气渗透率;③不能对氧化反应具有催化作用;④不能影响碳基复合材料的力学性能。

基体改性技术目前主要有三种:液相浸渍技术、固相复合技术和化学气相渗透技术。

1)液相浸渍技术

液相浸渍是在C/C复合材料制备完成后将抗氧化剂以前驱体的形式引入基体内,通过传热转化得到抗氧化剂。抗氧化剂可能是氧化物玻璃,也可能是非氧化物颗粒。形成氧化物玻璃的前驱体主要有硼酸、硼酸盐、磷酸盐、正硅酸乙酯等,形成非氧化物颗粒主要有有机金属烷类。玻璃抗氧化剂是依靠封填孔隙来防氧化的,因此玻璃的黏度及与C/C复合材料的润湿性至关重要。

2)固相复合技术

固相复合是将抗氧化剂以固相颗粒的形式引入C/C复合材料,抗氧化剂可能是单质元素如Ti,Si,B,也可能是碳化物如BC,TaC和SiC,硼化物如TiB_2和ZrB_2,也有可能是有机硼硅烷聚合物等。这些抗氧化剂提高基体碳抗氧化性能的机理是利用单质元素或化合物与碳元素反应生成碳化物,这些碳化物及添加的化合物氧化后生成的氧化物与氧不反应,还能阻止氧透过,从而实现抗氧化的作用。添加不同抗氧化剂的复合材料抗氧化性能有所差异,主要原因是由所生成的碳化物或添加的化合物的性能及晶体结构不同引起的,若生成的化合物化学活性较高,反应活化能ΔG高,则易与氧反应。

在低于 1 150℃的环境下，硼及硼的化合物是最好的抗氧化物质，因为它们的存在可以降低碳和氧的反应驱动力。含硼化合物在 580℃有氧环境中氧化生成 B_2O_3 为玻璃态物质，并且具有 250％的体积膨胀和较低的黏度，可有效填充基体的孔隙和微裂纹，包覆基体碳材料上的活性点。

当向材料基体中引入改性剂时，往往会以降低材料的强度作为代价；同时，沉浸在复合材料中的陶瓷颗粒在高温时很容易发生碎裂。

3)化学气相渗透技术

利用 CVI 技术可同时在预制体中共渗基体碳和抗氧化物质，以达到材料抗氧化的目的。目前研究较多的是共渗 C 和 SiC，生成双基元复合材料。现代技术制备的 C 和 SiC 共渗复合材料，包括纳米基、梯度基、双元基等复合材料，由于它们突出的热物理性能和化学性能使其成为很有希望的高温材料。

3. 涂层技术

由于改性技术不能完全使 C/C 复合材料与氧隔离，防氧化温度和寿命都是有限的，因而通过改性技术得到的 C/C 复合材料必须依靠涂层来防氧化。

(1)碳材料防氧化的发展过程

作为防热材料和摩擦材料的 C/C 复合材料防氧化研究开始于 20 世纪 70 年代初，并且成功地解决了航天飞机头锥和机翼前缘(1 650℃以下，累计防氧化时间不大于 30h)及飞机刹车片(1 100℃以下，3 000 起落架次)的防氧化问题。近年来，作为高温热结构材料的 C/C 复合材料在高性能航空发动机和可重复使用空间飞行器的应用成为 C/C 复合材料研究的重点领域，因此，对 C/C 高温长寿命防氧化涂层的研究仍然是目前研究的热点。

(2)防氧化涂层的基本要求

制备 C/C 复合材料涂层必须同时考虑涂层挥发、涂层缺陷、涂层与基体的界面结合强度、临界物理和化学相容性、氧扩散、碳扩散等多方面的基本要求(见图 4.55)。这些要求决定了 C/C 材料的防氧化涂层的结构。具体要求可概括为以下几点：①涂层具有较低的氧扩散系数；②涂层具有自愈合能力；③在使用温度范围内蒸气压低；④涂层与基体热膨胀系数匹配；⑤与基体有良好的物理和化学相容性。

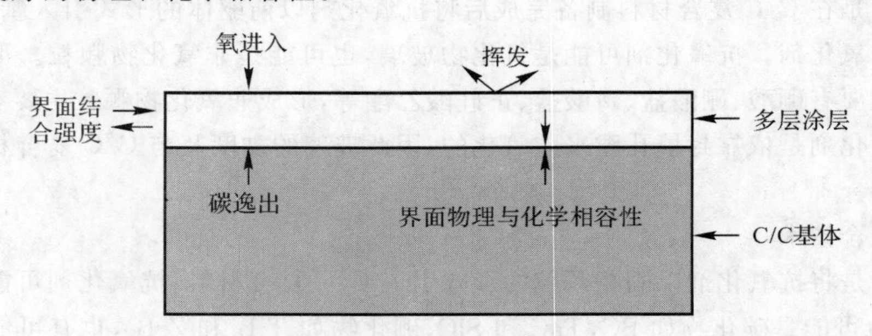

图 4.55 影响 C/C 防氧化涂层性能的因素

根据有关文献，图 4.56 给出了石英玻璃及多晶氧化物中氧的扩散系数，图 4.57 给出了多种陶瓷材料的蒸气压，图 4.58 给出了多种耐热材料的热膨胀系数。

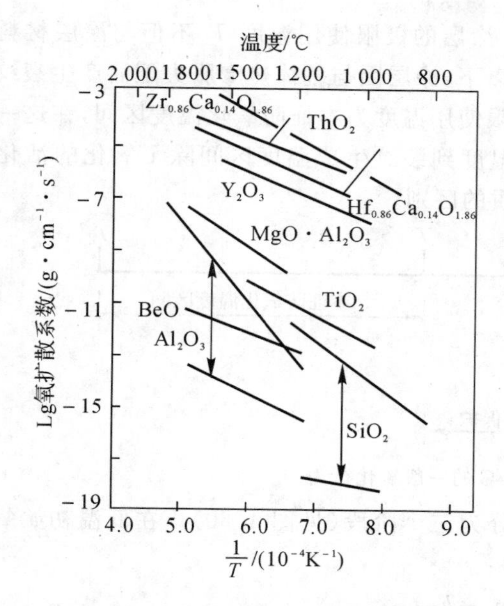

图 4.56 石英玻璃及多晶氧化物中的氧扩散系数

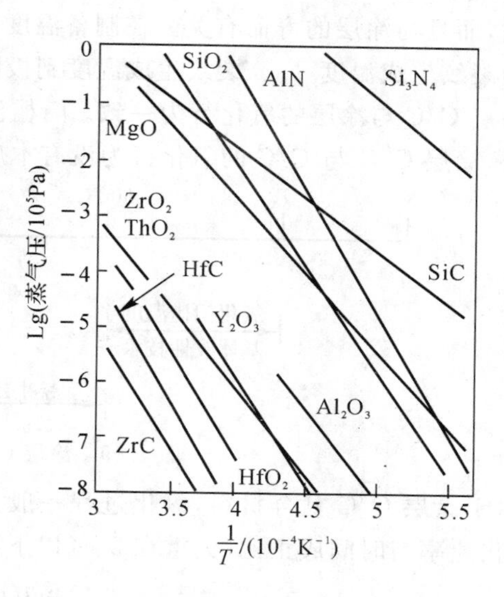

图 4.57 陶瓷材料的蒸气压

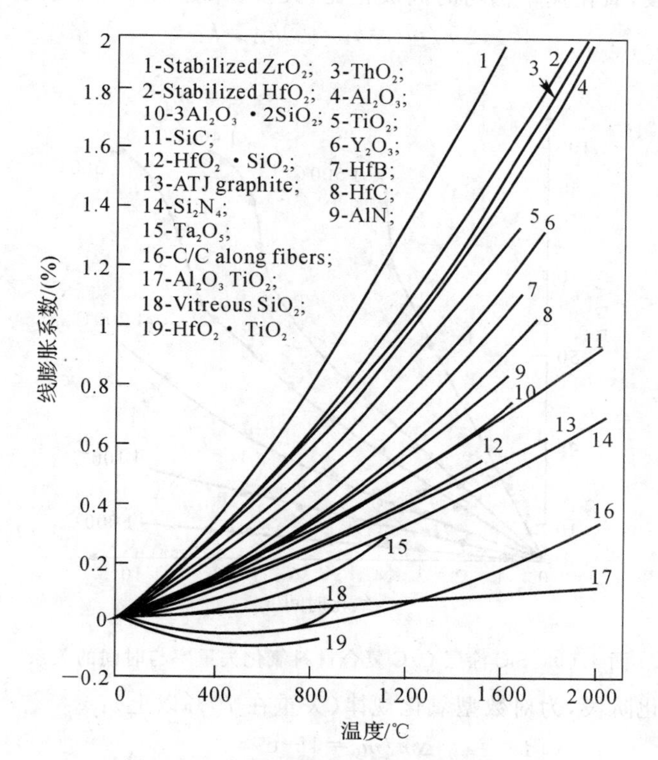

图 4.58 各种耐热材料线膨胀系数比较

(3)涂层C/C的一般氧化特征

涂层C/C具有明显不同于C/C的氧化特征,这一点可以通过涂层氧化的特征温度加以说明(见图4.59)。涂层C/C氧化的门槛温度 T_T 与 C/C一样,均为370℃。涂层一般都是在高温下制备的，这一温度称为涂层制备温度 T_F。涂层的极限使用温度 T_L 不但与涂层材料的性质有关，而且与涂层的寿命有关。在制备温度以下，涂层因与基体热膨胀失配而产生裂纹的温度称为裂纹生成温度 T_C。裂纹生成温度到极限使用温度为本征防氧化温度区间，在这一温度区间涂层 C/C 与涂层的氧化行为一致。门槛温度到裂纹生成温度区间除了氧化的活化源减少以外，涂层 C/C 与 C/C 的氧化行为没有本质的区别。

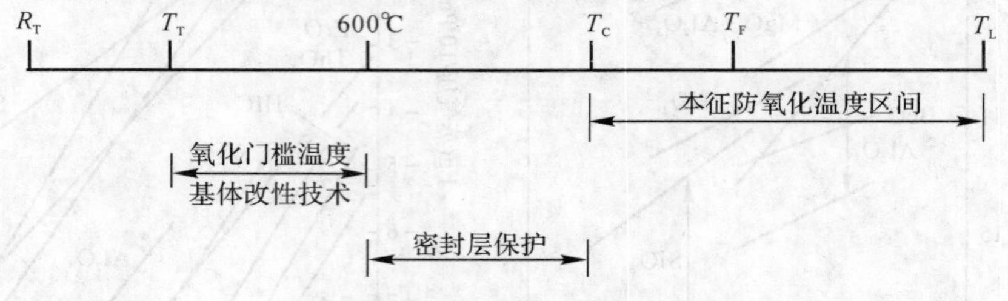

图 4.59　涂层 C/C 的一般氧化行为

对于涂层 C/C 复合材料，氧化过程一般分为三个阶段（见图 4.60）。在低温初始氧化阶段，氧化速率与时间成正比（失重在 20%以下）：

$$\Delta m/m_0 = k_{21} t \tag{4.8}$$

在中温氧化阶段，氧化速率仍与时间成正比（失重在 20%～70%之间）：

$$\Delta m/m_0 = k_{22} t, \quad k_{22} > k_{21} \tag{4.9}$$

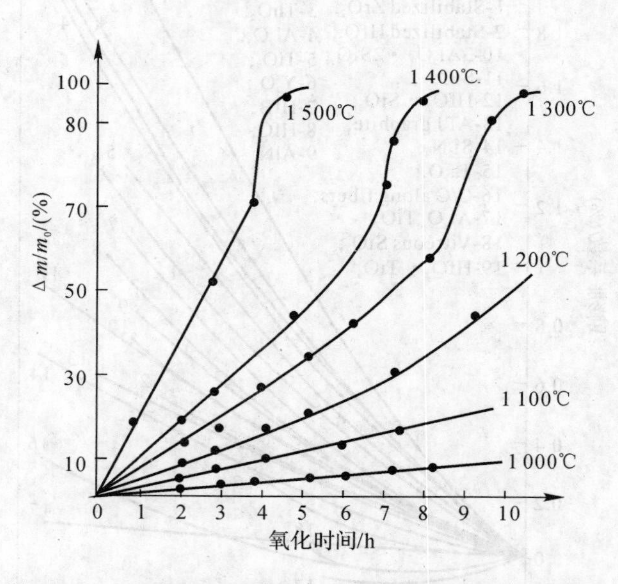

图 4.60　SiC 涂层 C/C 复合材料氧化失重率与时间的关系

在高温氧化阶段，为对数型氧化规律（失重在 70%以上）：

$$\Delta m/m_0 = 1 - e^{-k_{23} t} \tag{4.10}$$

式中，Δm 为质量损失量；m_0 为试样原始质量；t 为时间；k_{22}，k_{21}，k_{23} 为常数。计算氧化速率常数并绘制 Arrhenius 曲线（见图 4.61）。可见带涂层 C/C 复合材料的第一阶段（低温初始氧化阶段）的曲线也由两段折线构成，各段活化能均不相同。不同的活化能数值说明随温度升高，氧化机制发生了变化。第一阶段的低温段活化能数值较高，在这种情况下，由于扩散速度大于反应速度，扩散通道内几乎不存在氧浓度梯度，因此，试样内的氧化反应是均匀的，这时整个过程的氧化速率主要由氧化反应速率控制。在转折温度之上的线性氧化阶段以及第二阶段的线性氧化过程，随着反应温度的升高，气固反应速度加快，变得可以和扩散速度相比，甚至超过扩散速度。在这种情况下，氧化不仅取决于氧化反应，还取决于氧通过涂层与基体的扩散过程。在氧化最后阶段，对于带涂层的材料则为对数型氧化规律；对于无涂层材料则为线性氧化规律，氧化速率大大增加。这种情况发生在温度较高，并已形成了大量烧蚀空穴情况下，界面反应速度和扩散速度变得足够大，反应又变为由反应物和产物通过基体或涂层的扩散所控制。

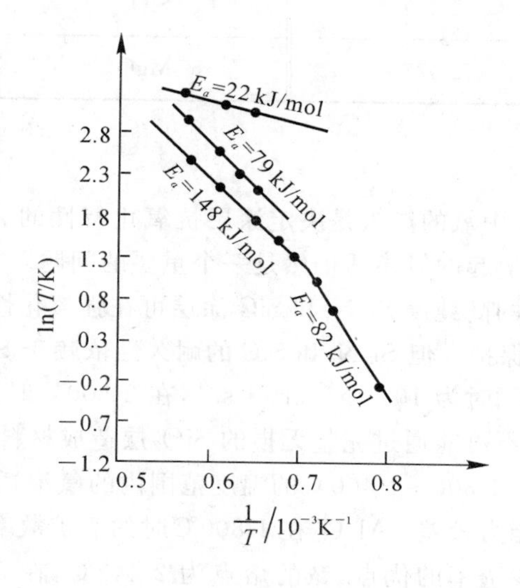

图 4.61 SiC 涂层 C/C 复合材料的 Arrhenius 曲线

(4)涂层的分类和结构

根据抗氧化温度划分，涂层可分为低温涂层（低于 1 000℃）和高温涂层（1 000～1 800℃）。前者主要是 B_2O_3 系涂层，后者则主要是 SiC，$MoSi_2$ 以及高温陶瓷体系。根据涂层形式来分，可分为单一涂层和多层涂层。单一涂层主要用于温度较低、抗氧化时间较短的情况，多层结构的涂层用于高温长时间的抗氧化。多层涂层中不同结构所起的作用不同，从功能上分，主要包括以下几种结构：

1)耐腐蚀层

采用 C/C 复合材料的制备的零部件一般都工作在高速气流的环境中，高速气流对涂层的冲刷和涂层自身的蒸发，都称为影响涂层使用寿命的重要因素。另外，若涂层的外表面不是致密的，则涂层也将迅速氧化。耐腐蚀层一般采用致密的、表面蒸气压低的氧化物陶瓷材料。

表 4.19 列出了不同氧化物表面蒸气压达到 10^{-3} mmHg 时的温度。从表 4.19 的数据可见，仅从表面蒸气压的角度考虑，所列的氧化物大部分可以作为 1 700℃以下温度范围的耐腐蚀层的候选材料。但大多数的氧化物同时还具有一些其他的性质，使其不适合作为涂层材料。CaO 和 BeO 对湿度十分敏感，BeO 同时还具有剧毒，ThO_2 具有放射性，TiO_2 对环境中的氧浓度十分敏感。虽然 HfO_2 产生裂纹的趋势较 Y_2O_3 小，但 HfO_2 和 ZrO_2 必须经过晶型稳定处理，才能避免在冷热循环中发生破坏性相变。

表 4.19 不同氧化物在 133.322×10^{-3} Pa 蒸气压时的温度

氧化物	温度/℃	氧化物	温度/℃
HfO_2	2 475	Al_2O_3	1 905
Y_2O_3	2 250	CaO	1 875
ThO_2	2 239	TiO_2	1 780
ZrO_2	2 239	SiO_2	1 770
BeO	2 027	MgO	1 695

2)氧阻挡层

涂层能否抵抗外部环境中氧的渗入是决定涂层抗氧化特性的关键,即使能生成一个致密无裂纹的涂层,由固态扩散引起的氧渗透仍然是一个重要的问题。

热力学计算表明,致密的高纯度 Si_3N_4 和 SiC 涂层可在强氧化性气氛和 1 700～1 800℃范围条件下对 C/C 材料提供保护。但 Si_3N_4 和 SiC 的耐久性依赖于 SiO_2 保护膜的形成,由于其极低的氧渗透率(在 1 200℃ 时为 10^{-13} g · cm · s^{-1},在 2 200℃时为 10^{-11} g · cm · s^{-1})是一个极佳的氧阻挡层;氧元素不可能通过完整无损的 SiO_2 层造成材料的氧化。

HfO_2,ZrO_2 和 ThO_2 在 1 300～1 400℃的温度范围内的氧渗透率为 10^{-9} g · cm^{-1} · s^{-1},因此其涂层的高温抗氧化能力较差。Al_2O_3 在 1 800℃时的氧扩散率低于 10^{-9} g · cm^{-1} · s^{-1}。金属铱具有高熔点和低氧渗透率的优点,铱的熔点为 2 443℃,在 2 200℃时的氧渗透率小于 10^{-14} g · cm^{-1} · s^{-1}。综合以上的分析,HfO_2,ZrO_2 和 ThO_2 难以作为氧阻挡层使用,但可以考虑作为耐蚀层使用。Al_2O_3 的氧渗透率仍高于 SiO_2,并且 Al_2O_3 在高温会与碳反应。对铱的研究已经历 50 余年,因铱与碳在 2 280℃以下不反应,结合强度太低,目前重点是研究一种结合力好的涂层制备技术。陈照峰等采用双辉光等离子技术在 C/C 复合材料,ZrC,WC 等碳化物涂层表面均制备了致密的铱涂层,若将耐腐蚀层和氧阻挡层的要求综合考虑,WC/Ir 将是 1 800℃以上理想涂层。

3)密封层

SiO_2 具有与 C/C 复合材料相近的线膨胀系数,但是它在高温会与碳反应,在界面处产生气体 CO,会使玻璃质 SiO_2 变成泡沫或多孔状,从而不能在碳表面直接使用。Si_3N_4 和 SiC 的线膨胀系数仅次于 SiO_2,但还是 C/C 复合材料(尤其是平行于纤维方向)的 5～10 倍,当材料从高温冷却时,在涂层表面形成拉应力,使涂层表面裂纹的出现不可避免。由于碳材料的氧化起始温度为 370℃左右,即使通过基体改性提高到 600℃左右,仍远远低于裂纹闭合温度。为防止在氧化起始温度与裂纹闭合温度之间的温度范围内氧通过裂纹直接氧化基体,外涂层的内部加以玻璃密封层是必要的。目前,研究较多的是在 SiC,TaC,HfC 等抗氧化涂层之间 CVD B_4C 涂层,利用 B_4C 氧化后生成的玻璃相封填裂纹。

4)过渡层

过渡层的作用为降低涂层与基体或者涂层内部各结构之间的线膨胀系数的不匹配,同时阻止密封层与基体材料之间的化学反应,从而达到提高界面物理化学相容性的目的。由线膨胀系数不匹配而造成的裂纹是影响涂层抗氧化效果的另一重要因素，在高速气流冲刷的条件下，这些裂纹不仅提供了氧渗透的快速通道，而且是造成涂层剥落的根源。因此必须先用线膨胀系数与基体尽可能接近的材料在基体表面生成过渡层，通常是采用化学气相沉积法或固相反应法在基体表面生成 Si_3N_4 和 SiC 层。Ultramet 公司采用 SiC/HfC 多层重叠涂层，起到了缓解热失配的作用，可在 2 000℃燃气环境中服役。

4. C/C 复合材料抗氧化涂层的制备方法

针对不同的用途的抗氧化涂层，其制备方法是不同的。到目前为止，C/C 复合材料抗氧化涂层主要制备方法有以下几种：

(1)包埋法

包埋法的基本工艺和成形机理是用几种固体混合粉将 C/C 复合材料包裹起来，然后在一定温度下热处理，混合粉料与试样表面发生复杂的物理化学反应而形成涂层，已用该法制备了 SiC 涂层。

与其他方法相比，其优点在于：①过程简单，只需要一个单一过程就可以制备出完全致密、无裂缝基体的复合材料；②从预成形到最终产品，尺寸变化很小；③对任何纤维增强结构都适用；④涂层和基体间能形成一定的成分梯度，涂层与基体的结合较好。但是其有下列缺陷，使得其推广受到限制：①高温下容易发生化学反应使纤维受损，从而影响 C/C 基体的力学性能；②涂层的均匀性很难控制，往往由于重力等因素而使得涂层上下不均匀。

(2)化学气相沉积法

CVD 法是制备 C/C 复合材料抗氧化涂层的重要方法之一。其涂层材料是以化合物的方式引入沉积炉内，在一定温度、压力下，各种原料经过分解、合成、扩散、吸附、解吸，在 C/C 复合材料基体表面上生成固体薄膜。由于 CVD 法制备的材料致密纯度高，而且可以实现对组织、形貌、成分的设计，并且沉积速度可控，所以 CVD 技术得到了人们的普遍关注。CVD 碳化物涂层技术日臻成熟。陈照峰等采用 $SiCl_4-AlCl_3-H_2-CO_2$ 气体系统在 C/C 表面制备了 $Al_2O_3-SiO_2$ 涂层，通过高温处理得到了热膨胀系数极低的莫来石涂层。

CVD 法的主要优点是在相对温度较低的温度下，可沉积各种元素和化合物的涂层，可使基体材料避免高温加热而造成缺陷或损伤；同时，利用 CVD 法既可获得玻璃态物质，又可获得完整和高纯的晶态物质涂层；而且，用这种方法所获得的涂层，其化学成分和涂层结构可控。

但是 CVD 工艺过程较难控制，且须在真空或保护气氛下进行。由于 CVD 法是控制气相合成材料，并且过程中有许多化学反应，气相中可能裹附着一些固体颗粒，这种混合物在沉积过程中的流动是一种介于气相和固相颗粒滚动之间的运动，因此确定其运动学黏度就相当困难。还有温度、扩散作用、边界层中的对流、反应热力学、动力学、晶体择优取向等一系列因素对涂层的影响，因此，建立一个定量的数学模型来描述 CVD 过程相当困难。

目前，利用 CVD 法 C/C 复合材料表面沉积的涂层主要有 SiC，Si_3N_4，BN，ZrC，HfC，TaC，TiC，$MoSi_2$，$Al_2O_3-SiO_2$ 和莫来石等，其中以 SiC，Si_3N_4 等硅化物涂层最多。为了解决 SiC 与 C/C 的热膨胀失配问题，李贺军等在 C/C 表面先涂敷 SiC 晶须，然后再利用 CVD 法使 SiC 致密化，获得了抗热震性优良的 SiC 涂层。

(3)气相渗

以渗 Si 为例，气相渗的工艺原理可解释为：Si 在一定温度下蒸发为 Si 蒸气，Si 蒸气通过扩散进入基体的内部和表面，然后与基体中的碳发生反应生成 SiC。其工艺优点有：炉内的气氛易于均匀,被涂物质各处的反应速度、沉积厚度较一致,可通过改变 Si 蒸气压、沉积时间来改变涂层厚度。工艺缺点是试样受放置影响,而且炉内的 Si 蒸气压达不到理论上的均匀度,易造成涂层厚度的不均匀。

(4)液相法

液相法是将多孔的复合材料基体浸渍在金属有机化合物、烷氧基金属、金属盐溶液或胶体中,然后经过干燥或化学反应使之在加热时分解或反应生成涂层的方法。用这种方法制备涂层时,液相转化成涂层的产率较低,往往需要多次浸渍。液相浸渍所用原材料的选用应考虑以下因素:首先能阻止氧气向基体内部扩散;其次原材料具有低挥发性,而且与基体黏结良好;第三能有效地阻止碳原子向外扩散,引起碳热还原反应;最后应与 C/C 复合材料有较好的化学相容性和线膨胀系数的匹配性。

液相法制备涂层的优点有:涂层制备温度低,对基体强度影响小,界面结合强度高,涂层具有较高的自愈合能力。其工艺缺点有:涂层组成的变化受浸渍液体的组分与基体间的相互扩散过程的规律限制,须消耗大量的保护性气体;另外,利用液相法制备涂层是有条件的,即液相材料与基体要润湿且润湿角小于 60°,只有这样才能保证涂层与基体具有足够的结合强度。

(5)熔融硅浸渍反应法

该方法将硅粉均匀地涂刷于基体材料表面,直至涂层达到要求的厚度,然后在一定温度下烘干,涂刷好的试件在惰性气氛中高温下烧结即可得到所需涂层。该方法的关键在于 Si 的成分,可以适当加入 B 元素,降低表面张力,提高润湿性,促进熔融硅的扩散,用该法制备的 C/C-SiC 刹车盘已在民用领域广泛使用,德国宇航院用该法制备了 C/C-SiC 鼻锥。

(6)等离子喷涂法

等离子电弧产生的温度可高达 20 000℃,喷流速度达 300~400 $m \cdot s^{-1}$,因而可以喷涂各种高熔点、耐磨、耐热涂层,用该法制备的涂层有较高的结合强度,夹杂少,涂层厚度也较易控制,更适用于 ZrO_2,Al_2O_3 陶瓷涂层的喷涂。若选用惰性气体介质,还可以减少离子飞行过程中的氧化。但研究发现,由于涂层与基体之间热膨胀系数不匹配,以及喷涂过程中涂层中有少量残余氮气、氩气等气体的存在,使涂层中存在裂纹和气孔。

(7)溶胶-凝胶法

溶胶-凝胶技术是以金属醇盐为前驱体原料制作玻璃、玻璃陶瓷、陶瓷以及其他无机材料的一种工艺方法。它是在温和条件下,将金属醇盐等原料经水解、缩聚等反应,由溶胶转变为凝胶,然后在较低的温度下烧结成无机材料。溶胶-凝胶工艺过程为:首先将金属醇盐溶于有机溶剂中,然后加入其他组分,制成均匀溶液,在一定温度下反应,使溶液转变为溶胶、凝胶;最后让凝胶经过干燥、热处理和烧结,使之转变为玻璃和陶瓷以及其他无机材料。

用这种方法制备的涂层,虽然在开始制备时涂层均匀性易于控制,但在随后的干燥过程中,由于溶胶收缩大,易使未烧结的涂层剥落或者产生裂纹,致使涂层使用寿命大大降低。黄剑锋等人的研究表明,如果浸涂溶胶后在一定的温度下预先分解处理,可以大大降低涂层的开裂趋势,其制备的 ZrO_2-SiO_2 梯度溶胶-凝胶涂层明显提高了涂层的高温防氧化能力。

5. 抗氧化涂层体系

(1)硅基陶瓷涂层

硅基陶瓷涂层是发展最成熟的抗氧化涂层体系。它的抗氧化机理是通过在材料表面合成

Si基陶瓷化合物涂层，其中所含的硅化物先与氧反应，生成氧化硅，形成保护层，阻止材料中的碳结构进一步与氧反应，从而达到抗氧化的目的。

1）单层硅基陶瓷涂层

SiC和Si_3N_4涂层是目前应用最成熟的抗氧化涂层，通常用CVD法制备。由于CVD法工艺复杂而且制备周期长，近年来发展了一些替代工艺。利用液态硅与表层碳的扩散反应以及包埋法制备了SiC涂层。也可采用反应烧结工艺，将适量硅粉和环氧树脂混合并涂覆在C/C复合材料表面得到预涂层，在1 800℃烧结制备SiC涂层。其余硅化物WSi_2，$MoSi_2$和$HfSi_2$在高温下也可以与氧反应生成氧化硅，但由于它们与C/C复合材料的热膨胀系数相差太大，不适合直接作为涂层，可将它们和其他与C/C复合材料热膨胀系数相差小的陶瓷材料混合作为涂层材料。采用熔浆法合成的Si－Hf－Cr，Si－Zr－Cr和Si－Ti涂层，其氧化温度可达到1 600℃。具体的制备过程是将高纯度的金属粉末（Cr，Hf）与硅粉按照一定比例混合，加热适量有机物搅拌成料浆，浆体的黏度由加入的有机物的比例调节，将C/C在合成的熔浆中进行浸渍，通过改变浸渍速度来控制涂层的厚度。浸渍好的材料在真空1 300～1 400℃下进行高温处理，使其在基体表面生成合金涂层，SiC微粒均匀分布其中，就得到了完整的抗氧化涂层。为保证涂层的完整性，使其具备更高的密度，相同的制作工艺还需要重复一次。用这种方法获得的抗氧化涂层具有组成均匀的特性，其抗氧化能力因而得以提高。

2）双层硅基陶瓷涂层

先将SiC毡覆盖在3D－C/C基体材料上，然后浸渍一种碳粉与硅粉的均匀分散的料浆，再利用CVD法沉积SiC，在复合材料上形成致密的涂层。SiC纤维毡复合涂层由双层结构组成，内层是多层的SiC/SiC纤维层，外层为致密的SiC涂层，形成的SiC纤维复合涂层约300μm厚。由于SiC/SiC纤维层线膨胀系数介于C/C复合基体材料与CVD－SiC涂层之间，因此，SiC/SiC中间层在复合材料中起了缓冲作用，从而将由于线膨胀系数不同产生的热应力致使涂层开裂降低到最低程度。在1 700℃下恒温氧化曲线如图4.62所示。

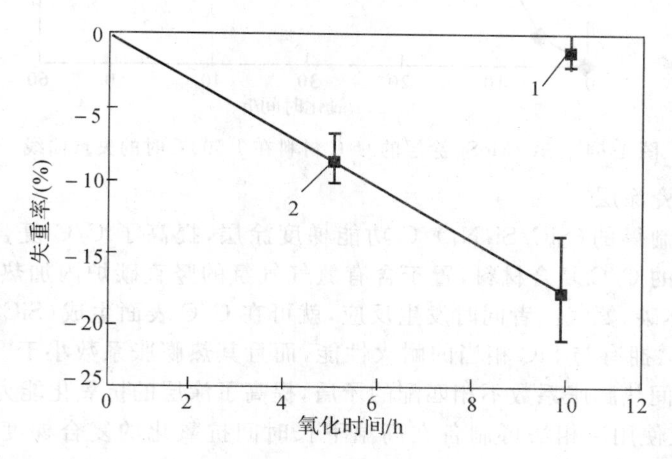

图4.62　CVD－SiC涂层C/C复合材料氧化时间与失重率

（样品在1 700℃下，$N_2-CO_2-H_2O$混合气体中恒温氧化）

1—无纤维中间层复合材料；2—有纤维中间层复合材料

C/C 复合材料 $Si/MoSi_2$,$SiC/MoSi_2$防氧化涂层体系具有在高温下长时间的防氧化能力,而且涂层对基体的性能影响不大。在 1 500℃下,带 $Si/MoSi_2$涂层的 C/C 复合材料长时间氧化失重速率稳定在 $2.43\times10^{-5}g\cdot cm^{-2}\cdot s^{-1}$,该质量损失表现为涂层系统自身蒸发损耗,如图 4.63 所示。$SiC/MoSi_2$防氧化涂层在 1 700℃下氧化 50 h,氧化失重率小于 2%,如图 4.64 所示。同时,$Si/MoSi_2$涂层具有良好的自愈合性能和抗热震性能。

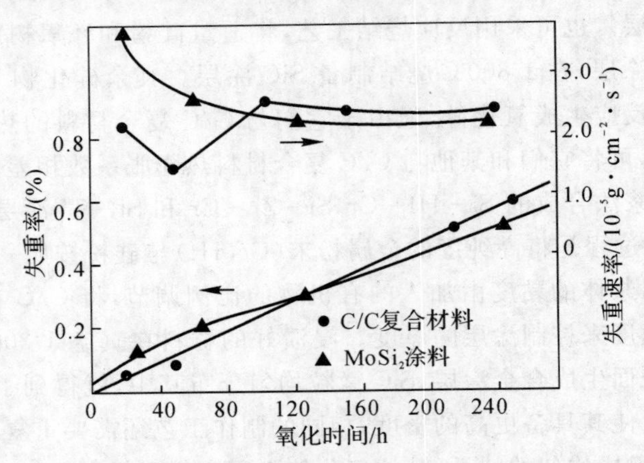

图 4.63　C/C 试样和 $Si/MoSi_2$涂层的 C/C 试样在 1 500℃时的失重曲线

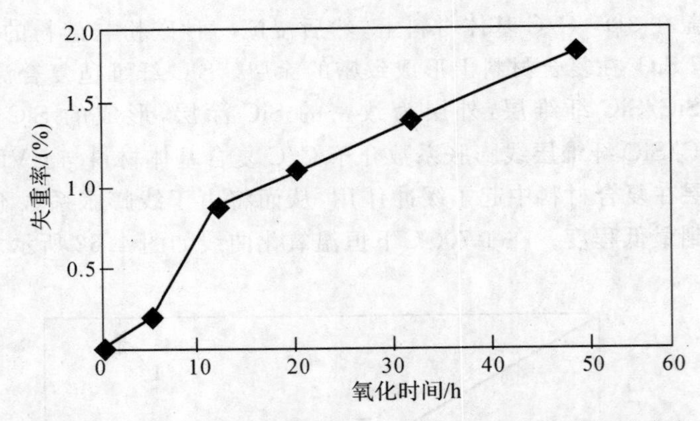

图 4.64　$SiC/MoSi_2$涂层的 C/C 材料在 1 500℃时的失重曲线

3)多层硅基陶瓷涂层

利用渗硅技术制得的(SiC/Si_3N_4)/C 功能梯度涂层,提高了 C/C 复合材料的高温氧化性。将涂裹了硅片的 C/C 复合材料,置于含有氮气气氛的竖直碳炉内加热,当温度超过硅片的熔点时,硅与基体碳、氨气三者同时发生反应,就可在 C/C 表面生成(SiC/Si_3N_4)/C 功能梯度涂层。由于 Si_3N_4 拥有与 SiC 相当的耐火性能,而且其热膨胀系数小于 SiC,因此更好地解决了涂层与材料之间热膨胀系数不相匹配的矛盾,提高了涂层的抗氧化能力。

在 C/C 材料上使用液相法可制备在高温下长时间抗氧化的复合梯度涂层;涂层的结构是:硅化 SiC 过渡层/CVD - Si 阻挡层/液相法高温玻璃封填层。液相法制备的涂层可使 C/C 复合材料具有较长的高温防氧化能力(见图 4.65)。

利用包埋法在材料上制取的 Al_2O_3 - Mullite - SiC - Al_4SiC_4多层涂层,具有优异的抗氧化性能(见图 4.66),该涂层采用 SiO_2,Al_2O_3,Si,C 粉料混合一次包埋 C/C 试件在高温下处理而得；利用 Si,C,SiC,SiO_2,Al_2O_3等粉料二次包埋 C/C 试件得到 Al_2O_3 - Mullite - SiC 涂层，该涂层 C/C 在 1 600℃下氧化 45h 失重率为 1.86%(见图 4.67)。

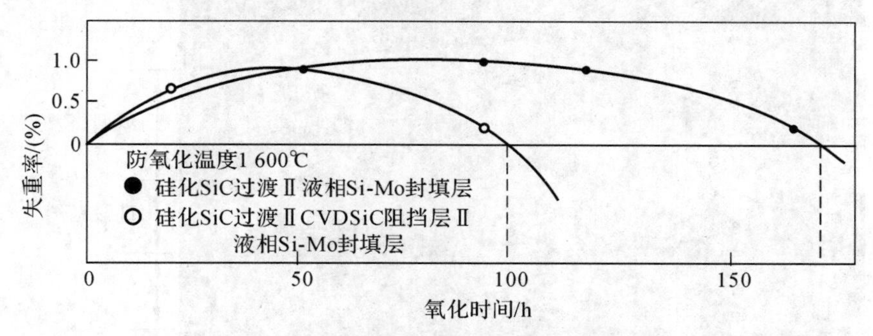

图 4.65 SiC/SiC/Si - Mo 涂层的 C/C 材料的氧化失重与时间的关系

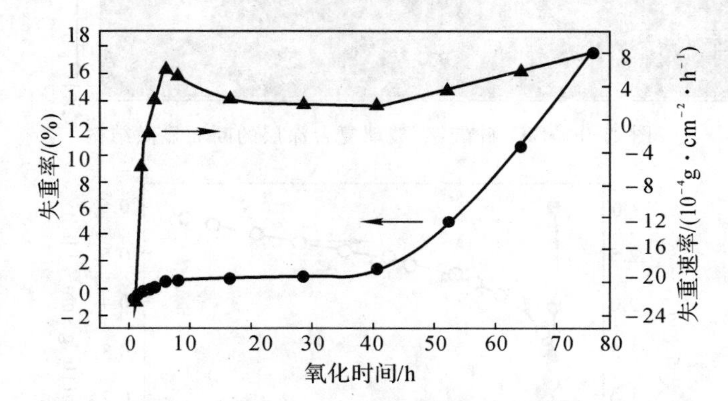

图 4.66 Al_2O_3 - Mullite - SiC - Al_4SiC_4 多层涂层保护 C/C 材料在 1 500℃下的氧化失重与时间的关系

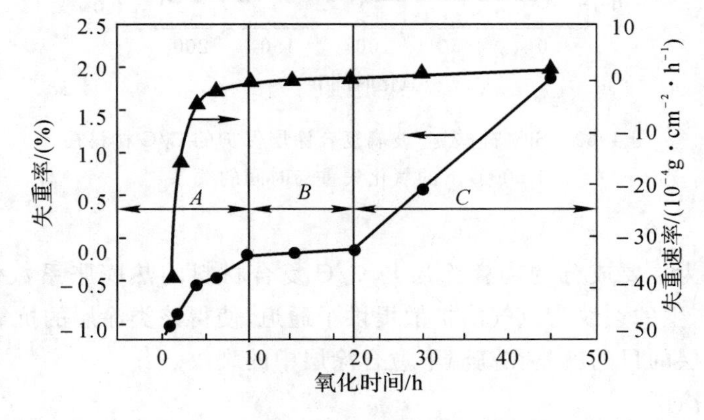

图 4.67 Al_2O_3 - Mullite - SiC 多层涂层保护的 C/C 材料在 1 600℃下的氧化失重与时间的关系

利用原位合成等方法制备成功 SiC/硅酸钇/玻璃复合涂层，该涂层结构致密(见图 4.68)，能在静态空气气氛 1 600℃下对 C/C 复合材料实现 200h 的有效保护(见图 4.69)，其氧化失重小于 1%。

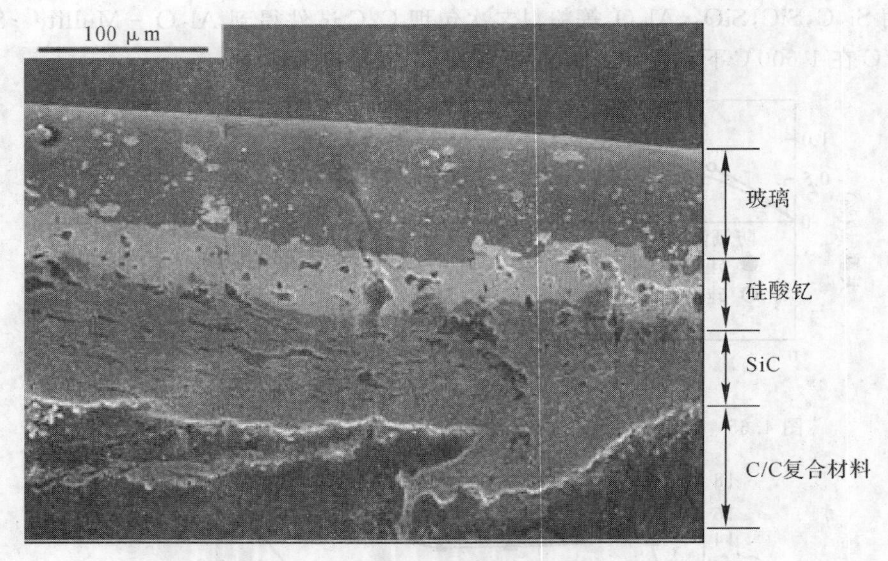

图 4.68　SiC/硅酸钇/玻璃复合涂层的断面显微结构

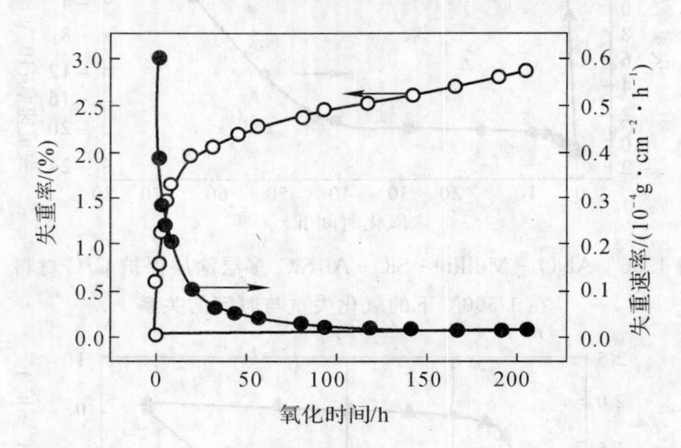

图 4.69　SiC/硅酸钇/玻璃复合涂层保护的 C/C 材料在
1 600℃下的氧化失重与时间的关系

(2)玻璃涂层

由于以硅化物为主要成分的陶瓷涂层与 C/C 复合材料的热膨胀系数依然存在差异，因此，在高温涂层所产生的裂纹为氧气的扩散提供了通道，使得该类涂层的抗氧化性能减低并最终失效。而玻璃涂层的目的就是在高温下愈合涂层中的裂纹。

1)硼酸盐玻璃涂层

硼酸盐玻璃是以 B_2O_3 为主要成分的熔体。但 B_2O_3 在室温条件下，对潮湿环境的高敏感性、高挥发性及润湿性随温度升高而减低的特点，都极大限制了涂层的抗氧化作用，使其无法胜任 1 000℃以上的有氧工作。

为了克服 B_2O_3 涂层存在的材料性能难题，发挥更好的抗氧化功效，必须要对 B_2O_3 涂层进行改善。先在 C/C 表面用 CVD 法沉积 SiC 层，再用金属氧化物(Na_2O，K_2O，Al_2O_3，CaO 等)及 B_4C 制备封填层，在高温过程中上述成分相互反应，生成金属硼化物，其抗氧化温度可达1 100℃。

由于在高温下，B_4C 及 SiC 先与氧反应，生成稳定 B_2O_3 - Si 二元体系，它既可以通过 B_2O_3 的流动性携带 SiO_2 对内层的裂纹进行愈合，又可以形成稳定且致密的阻氧屏障，掩蔽 C/C 复合材料基体表面的氧化反应活性中心，达到双重抗氧化效果，其有效防护温度可以达到 1 200℃。

2)磷酸盐玻璃涂层

磷酸盐作为一种新型无机黏合剂，由于具有无毒、无味、无公害以及良好的高温性能等优点而受到重视。磷酸铝、磷酸钙、磷酸钡、磷酸锌和磷酸锶都是良好的玻璃形成体，它们相互结合可获得所需性能的玻璃。磷酸盐玻璃结构以[PO_4]网络为基础，可能还会有偏磷酸盐环。稳定的磷酸盐玻璃中最重要的组分为磷酸铝。磷酸铝黏结剂是由磷酸二氢铝、水和磷酸组成的酸性混合物，在加热过程中，逐步失水，先后生成具有优良黏结性能的 $Al_2(HPO_4)_3$ 和 $AlPO_4 \cdot 2H_2O$，大约在 700℃左右形成 $AlPO_4$，$AlPO_4$ 分子间形成空间网络状结构，使其具有优良的强度。

以磷酸及其盐系列为黏结剂的涂层具有较强的黏结能力，其固化生成产物与涂层粉料和基体具有较好的相容性。一般认为，磷酸及其盐系列的胶结理论主要分为两种：一种是薄膜胶结理论，即酸式磷酸盐受热生成一层薄膜，将周围的颗粒包裹起来而促使颗粒黏结在一起；另一种是无机聚合理论，即酸式磷酸盐受热发生聚合作用生成链状分子，在较高温度时形成玻璃态而使颗粒黏结。

磷酸盐涂层原材料价格低廉，涂刷处理工艺简便，并且适用于飞机碳刹车盘的工作温度范围，在飞机碳刹车盘非摩擦面的防氧化研究领域备受青睐。

磷酸盐对 C/C 基体材料有良好的润湿性，可将涂层料浆充分地铺展在基体材料表面，从而封填基体材料表面的空洞等缺陷，减少了基体材料的氧化活性点及基体材料与涂层系统的热膨胀失配。另外，磷酸受热脱水产生磷酸→亚磷酸→焦磷酸 P_4O_{10} 一系列的转变。P_4O_{10} 是一种磷氧相互交联的网络架状结构，当其附着在 C/C 复合材料内孔表面时，会形成一层薄的内孔涂层。通过外层涂层或涂层裂纹渗入的氧，由于受到 P－O 网状结构的阻挡，无法使材料发生氧化。P_4O_{10} 能在一定的温度下沿着与氧扩散的反方向运动到涂层表面，并与涂层表面的氧化物反应。这一过程实际上会抑制 C/C 材料的氧化。所以，此类涂层系统具有良好的致密性与结合性，其抗氧化性能和抗热震性能均较好。

西北工业大学超高温复合材料重点实验室对磷酸盐涂层也进行了大量的研究，并选用不同的原材料制备了两种磷酸盐涂层。其中，以氧化铝、氧化硼、磷酸铝以及几种酸性氧化物为涂料制备所得的Ⅰ型磷酸盐涂层在静态空气中经 650℃氧化 30h 后失重率为 1.2%；经 800℃氧化 8h 后失重率为 7.07%。以氧化硼、氧化硅以及几种磷酸盐为涂料制备所得的Ⅱ型磷酸盐涂层在 700℃温度下静态氧化 66h 后的失重率为 1.11%(见图 4.70)；900℃，3 min→室温，2 min急冷急热于 10 h 内循环 100 次后失重率为 1.6%。在氧化试验过程中，Ⅱ型磷酸盐涂层与基体结合牢固，一直保持完好，没有发生剥落，说明该涂料具有耐高温、热稳定性好的优点，适合作为 C/C 复合材料航空刹车副表面防氧化涂层。

C/C 复合材料抗氧化问题是国际上材料研究领域的方向之一，也是热点和难点之一。应该说经过近 30 年的研究，已有了很大的进展，而且抗氧化 C/C 复合材料在许多领域已得到应有，如飞机刹车盘，可以长期使用；航天飞机的鼻锥和机翼前缘，能够承受再入大气层的高温，重复使用。

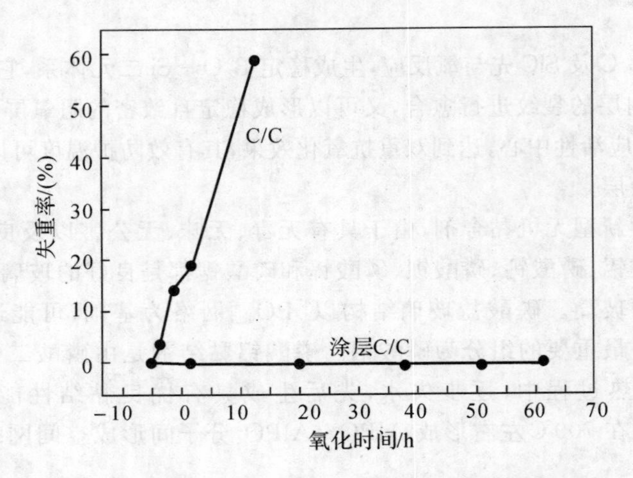

图 4.70　磷酸盐涂层在 700℃温度下静态氧化失重情况

4.8.4　C/C 复合材料的应用

由于 C/C 复合材料具有耐高温、低密度、高比强度和比模量及耐腐蚀等诸多优异的性能，它兼具结构材料和功能材料的双重特性，因而自其被发明以来，就得到了各国的高度重视，首先被应用于军事领域，在航天、航空等领域得到了迅速的应用与发展。近年来，随着 C/C 复合材料的技术不断地成熟与发展，其成本逐年下降，使其向民用领域的推广应用逐渐成为现实。

1. C/C 复合材料在刹车盘上的应用

C/C 复合材料最典型的应用之一就是飞机刹车盘。由于 C/C 复合材料具有轻质、耐高温、良好的摩擦性能等优点，在 20 世纪 70 年代 C/C 复合材料刹车盘开始取代其他材料的刹车盘，采用 C/C 复合材料刹车盘后，空中客车 A300－600 可减重 590kg，A330 及 A340 可减重 998 kg。同时，由于 C/C 复合材料的优异的高温性能、合适的摩擦系数和良好的耐磨性，使其使用寿命可以大大提高，延长刹车盘的更换周期。一般来说，C/C 复合材料刹车盘的使用寿命可达 1 500～3 000 个起落，是其他刹车盘寿命的 5～6 倍。据测算，全球每年 70％的 C/C 复合材料用做刹车盘。

2. C/C 复合材料在耐烧蚀材料领域的应用

C/C 复合材料以其耐烧蚀的特性被广泛应用于航天飞机的机翼、鼻锥、货舱门，火箭发动机尾喷管、喉衬等构件。

3. C/C 复合材料在工业制造领域的应用

①玻璃制造领域：C/C 复合材料可取代石棉应用于玻璃制造领域。

②高温螺栓：大多数陶瓷、高温合金和合金在 750℃ 以上强度都会下降，在这种条件下就需要用 C/C 复合材料制成螺栓。

③高温热压模具。

④高温气体管道。

⑤高温电炉加热元件。

⑥单晶硅、多晶硅熔制用热场材料及坩埚等。

⑦扩散焊高温炉中工件支架。

4. C/C复合材料在生物医学领域的应用

碳材料是目前生物相容性最好的材料之一。由于碳元素是所有已知材料中生物相容性最好的，它与骨骼、血液及软组织都具有良好的相容性，这为C/C复合材料在生物医学领域的应用提供了广阔的空间。C/C复合材料能控制孔隙的形态，这是很重要的特性，因为多孔结构经处理后，可使天然骨骼融入材料之中。C/ C复合材料作为生物医用材料主要有以下优点：

①生物相容性好，强度高，耐疲劳，韧性好；

②在生物体内稳定，不被腐蚀；

③与骨的弹性模量接近，具有良好的生物力学相容性。

目前C/ C复合材料在临床上已有骨盘、骨夹板、骨针和尾椎的应用，人工心脏瓣膜，中耳修复材料也有研究报道，人工齿根已取得了很好的临床应用效果。

思　考　题

1. 碳有哪些同素异构体？试比较其性质与结构的异同点。
2. 简述碳化与石墨化过程的差异性。如何判定石墨化程度？
3. 碳纤维原料有哪些？试比较不同原料碳纤维性质的异同性。
4. 碳纤维原丝氧化过程的机理是什么？
5. 简述 C_{60} 的性质、结构与功能。
6. 简述碳纳米管的性质、结构与功能。
7. 简述C/C复合材料的组织结构。
8. 简述C/C复合材料的制备方法。
9. 简述C/C复合材料的性质及其对应的用途。
10. 简述C/C复合材料的防氧化机制及防氧化的方法。
11. 简述碳纤维的制备流程。
12. 查阅文献资料，阐述石墨烯的发展现状及发展前景。

第 5 章　陶瓷基复合材料

陶瓷基复合材料具有高比强、高比模、耐高温、抗氧化等优良性能，已用作液体火箭发动机喷管、导弹天线罩、航天飞机鼻锥、飞机刹车盘和高档汽车刹车盘等，成为高技术新材料的一个重要分支。

5.1　概　　述

5.1.1　应用背景

新一代飞机的超音速巡航、非常规机动性、低环境污染、低油耗、低全寿命成本等性能，极大程度上是靠发动机性能的改善来实现。提高发动机的推重比和平均级压比、降低油耗是军用航空发动机发展的主要方向；提高发动机的总增压比、涵道比和降低油耗是民用发动机的发展方向。增加航空发动机的涡轮进口温度和降低结构质量是提高推重比和降低油耗的主要途径。如当推重比为 10 时，涡轮前进口温度为 1 550～1 750℃，当推重比为 15～20 时，涡轮前进口温度温度高达 1 800～2 100℃，与之相适应，发动机的平均级压比也由 1.44 提高到 1.85，这意味着发动机构件要在更高的温度和压力下工作，由于发动机的质量反比于推重比，在不增加推力的情况下，若质量降低 50%，可使推重比提高一倍。陶瓷基复合材料(CMC)的密度仅为高温合金的 1/3～1/4，最高使用温度为 1 650℃。其“耐高温和低密度”特性是金属和金属间化合物无法比拟的，因而美、英、法、日等发达国家一直把 CMC 列为新一代航空发动机材料的发展重点，并投入巨资进行研究。目前航空发动机用连续纤维增韧 CMC 已在推重比 9～10 一级的多种型号军用发动机和民用发动机的中等载荷静止件上试验成功，主要试验应用的部位有燃烧室、燃烧室浮壁、涡轮外环、火焰稳定器、尾喷管(矢量喷管)调节片等(见表 5.1)。

表 5.1　CMC 在航空发动机上的演示验证情况

飞机型号/发动机型号	推重比	应用部位和效果
F—22/F—119(美)	10	矢量喷管采用 CMC(内壁板)和钛合金(外壁板)的复合结构代替高温合金，有效的减重解决了飞机重心后移的问题
EF—2 000/EJ—200(欧)	10	CMC 燃烧室、火焰稳定器、尾喷管调节片分别通过了军用发动机试验台、军用验证发动机的严格审定，证明了 CMC 未受高温高压的损伤

续表

飞机型号/发动机型号	推重比	应用部位和效果
阵风/M88—Ⅲ(法)	9～10	CMC作尾喷管调节片试验成功
F—118F/F414(美)	9～10	成功应用CMC燃烧室
B—777/Trend(遄达)800(美/英)	民用	CMC用做扇形涡轮外环试验成功,实践表明,使用CMC构件大大节约了冷却气量,提高了工作温度,降低了结构质量并提高了使用寿命

上述构件采用了SiC/SiC,C/SiC和SiC/Al_2O_3等连续纤维增韧的CMC。综合当前商业化SiC纤维和CMC的性能水平,绝大部分报道认为,SiC/SiC是目前使用温度最高和寿命最长的CMC,由于受当前纤维和界面性能水平的限制,目前在发动机环境下长时间工作达1 000h的最高温度为1 300℃。美、英、法各国在推重比15～20发动机的研制计划中,CMC更成为不可缺少的材料,应用部位显著增加,目前已进行了大批试验。

导弹向小型化、轻型化、高性能的方向发展,提高火箭发动机的质量比是实现上述目标的关键。因此发展低密度、耐高温、高比强、高比模、抗热震、抗烧蚀的各种连续纤维增韧CMC,对提高射程、改善导弹命中精度和提高卫星远地点姿控、轨控发动机的工作寿命都至关重要。发达国家已成功地将CMC用于导弹和卫星中,如作为高质量比全C/C喷管的结构支撑隔热材料,小推力液体火箭发动机的燃烧室-喷管材料等。这些CMC构件大大提高了火箭发动机的质量比,简化了构件结构并提高了可靠性。此外,C/SiC头锥和机翼前缘还成功地提高了航天飞机的热防护性能。对于上述瞬间或有限寿命使用的CMC,其服役温度可达到2 000～2 200℃左右。未来火箭发动机技术对CMC性能的要求如表5.2所示。

表5.2　未来火箭发动机技术对CMC性能的要求

材料类型	密度 $g\cdot cm^{-3}$	最高使用温度/℃	拉伸强度 MPa	剪切强度 MPa	断裂韧性 $MPa\cdot m^{1/2}$	径向线烧蚀率 $mm\cdot s^{-1}$	径向导热系数 $W\cdot m^{-1}\cdot s^{-1}$
烧蚀防热材料	2.5～4	3 500～3 800	100～150	≥50	10～30	0.1～0.2	≥10
热结构支撑材料	2～2.5	1 450～1 900	100～300	50～100	30		
绝热防护材料	1～2	1 500～2 000	10～30	2.5～10			0.5～1.5

由于在航空和航天领域中,CMC的服役环境和条件不同,可将CMC分为超高温有限寿命、超高温瞬时寿命和高温长寿命CMC。超高温瞬时寿命CMC主要用于战略和战术导弹的雷达天线罩、连接裙、燃烧室、喷管;高温长寿命CMC用于航空发动机热端部件;至于航天飞机头部、机翼前缘,以及卫星发动机姿态控制系统燃烧室、喷管均属于短时多次重复使用(或多次点火)的有限寿命CMC构件,对材料性能的要求介于上述两者之间。

5.1.2 陶瓷基复合材料的分类

陶瓷基复合材料的分类方法很多，通常按照增强材料形态和陶瓷基体进行分类。

1. 按增强材料形态分类

按增强材料形态分类，通常包括颗粒增强陶瓷基复合材料、短切纤维（晶须）增强陶瓷基复合材料、片材增强陶瓷基复合材料和连续纤维增强陶瓷基复合材料。

颗粒增强体按其相对于基体的弹性模量大小，可分为两类：一类是延性颗粒复合于强基质复合体系，主要通过第二相金属粒子的加入在外力作用下产生一定的塑性变形或沿晶界滑移产生蠕变来缓解应力集中，达到增强增韧的效果，如一些金属陶瓷、反应烧结 SiC，SHS 法制备的 TiC/Ni 等均属此类；另一类是刚性粒子复合于陶瓷中，主要利用第二相粒子与基体晶粒之间的弹性模量与热膨胀系数上的差异，在冷却中粒子和基体周围形成残余应力场。这种应力场与扩展裂纹尖端应力交互作用，从而产生裂纹偏转、绕道、分支和钉扎等效应，对基体起增韧作用。一般选择弥散相的原则如下：① 弥散相往往具有高熔点、高硬度，如 SiC，TiB_2，B_4C，CBN 和 ZrO_2 等，基体一般为 Al_2O_3，ZrO_2，莫来石等。②弥散相应有最佳尺寸、形状、分布及数量，对于相变粒子，其晶粒尺寸还与临界相变尺寸有关，如 t - ZrO_2，一般应小于 3 μm。③弥散相在基体中的溶解度须很低，且不与基体发生化学反应；④弥散相与基体应有良好的结合强度。

与纤维复合材料相比，颗粒的制造成本低、各向同性，除相变增韧粒子外，颗粒增强在高温下仍然起作用，因而逐渐显示了颗粒弥散增强材料的优势，其中氧化锆增韧陶瓷（ZTC）是一类发展迅速的颗粒弥散相变增韧材料。

许多材料特别是脆性材料在制成纤维后，其强度远远超过块状材料的强度。其原因是，物体越小，表面和内部包含的能导致脆性断裂的危险裂纹和其他缺陷的可能性越小，纤维强度更接近于理论强度。晶须是直径很小的针状材料，长径比很大、结构完善，因此强度很高。晶须是目前所有材料中强度最接近于理论强度的。常用的增强陶瓷的晶须有石墨、碳化硅、氮化硅和氧化铝等。传统陶瓷晶须一般用气相结晶法生产，工艺复杂，造价较高，目前国内外正在大力推广稻壳制备 SiC 晶须，其成本大大降低。增强陶瓷用纤维大多是直径为几微米至几十微米的多晶材料或非晶材料，如玻璃纤维、碳纤维、硼纤维、氧化铝纤维和碳化硅纤维等。

一般在设计纤维或晶须补强陶瓷时，选择纤维增强材料有以下几个原则：①尽量使纤维在基体中均匀分散。多采用高速搅拌、超声分散等方法。湿法分散时，常采用表面活性剂避免浆料沉淀或偏析。②弹性模量要匹配。纤维的强度、弹性模量一般要大于基体材料。③ 纤维与基体要有良好的化学相容性，无明显的化学反应或形成固溶体。④纤维与基体热膨胀系数要匹配，只有纤维与基体的热膨胀系数差不大时才能使纤维与界面结合力适当，保证载荷转移效应，并保证裂纹尖端应力场产生偏转及纤维拔出，对热膨胀系数差较大的，可采用在纤维表面涂层或引入杂质使纤维-基体界面产生新相缓冲其应力。⑤适当的纤维体积分数，过低则力学性能改善不明显，过高则纤维不易分散，不易致密烧结。⑥纤维直径必须在某个临界直径以下，一般认为纤维直径尺度与基体晶粒尺寸在同一数量级。尽管提出了许多设计原则，然而由于纤维种类缺乏，目前能遵循这一原则的复合材料设计基本没有。

片材增强陶瓷基复合材料实际上是一种层状复合材料，该材料的诞生源于仿生的构想，其性能主要是由结构单元性能和两界面的结合状态所决定。陶瓷结构单元一般选用高强的结构陶瓷材料，在使用中可以承受较大的应力，并具有较好的高温力学性能。目前研究中采用较多的是 SiC，Si_3N_4，Al_2O_3 和 ZrO_2 等作为基体材料，此外还加少量烧结助剂以促进烧结致密化。界面分隔材料的选择和优化也十分关键，正是这一层材料形成了整体材料特殊的层状结构，才使承载过程发挥设计的功效。由于基体材料不同，选择界面材料差别也很大。目前研究较多的是：以石墨（C）作为 SiC 的夹层材料（SiC/C 陶瓷基层状复合材料）；以氮化硼（BN）作为 Si_3N_4 的夹层材料（Si_3N_4/BN 陶瓷基层状复合材料）。

2.按基体材料分类

按基体材料分类，通常包括氧化物陶瓷基复合材料、非氧化物陶瓷基复合材料和微晶玻璃基复合材料。

用做陶瓷基复合材料的基体主要包括氧化物陶瓷、非氧化物陶瓷和微晶玻璃，其中氧化物陶瓷主要有 Al_2O_3，SiO_2，ZrO_2，MgO，ThO_2，UO_2 和 3 Al_2O_3 · 2 SiO_2（莫来石）等；非氧化物陶瓷是指金属碳化物、氮化物、硼化物和硅化物等，主要包括 SiC，TiC，B_4C，ZrC，Si_3N_4，TiN，BN，TiB_2 和 $MoSi_2$ 等。微晶玻璃主要包括钡长石和锂霞石，也可以算做氧化物陶瓷。氧化物陶瓷主要由离子键结合，也有一定成分的共价键。它们的结构取决于结合键的类型、各种离子的大小以及在极小空间保持电中性的要求。纯氧化物陶瓷，它们的熔点多数超过 2 000℃。随着温度的升高，氧化物陶瓷的强度降低，但在 800～1 000℃以前强度的降低不大，高于此温度后大多数材料的强度急剧降低。纯氧化物陶瓷在任何高温下都不会氧化，因此在 20 世纪 90 年代莫来石陶瓷基复合材料曾被认为是最有希望的航空发动机耐热部件。

非氧化物陶瓷主要由共价键结合而成，具有较高的耐火度、高的硬度和高的耐磨性，但这类陶瓷的脆性都很大，并且高温抗氧化能力一般不高，在氧化气氛中将发生氧化而影响材料的使用寿命。

微晶玻璃是向玻璃组成中引进晶核剂，通过热处理、光照射或化学处理等手段，使玻璃内均匀地析出大量微小晶体，形成致密的微晶相和玻璃相的多相复合体。通过控制析出微晶的种类、数量、尺寸大小等，可以获得透明微晶玻璃、膨胀系数为零的微晶玻璃及可切削微晶玻璃等。微晶玻璃的组成范围很广，晶核剂的种类也很多，按基础玻璃组成，可分为硅酸盐、铝硅酸盐、硼硅酸盐、硼酸盐及磷酸盐等 5 大类。用纤维增强微晶玻璃可显著提高其强度和韧性，这曾经是 20 世纪 80 年代研究的热点。

5.1.3 陶瓷基复合材料的性能特征

用陶瓷颗粒弥散强化陶瓷基复合材料的抗弯强度和断裂韧性都有些提高，但还不理想，尤其是断裂韧性比金属材料差很远，这就限制了它作为结构件的应用范围。用延性（金属）颗粒强化陶瓷基复合材料，其韧性可显著提高，但其强度变化不明显，且其高温性能下降。

在陶瓷基中加入适量的短纤维（或晶须），可以明显改善韧性，但强度提高不够显著，其模量与基体材料相当。如果加入数量较多的高性能的连续纤维（如碳纤维或碳化硅纤维），除了韧性显著提高外，其强度和模量均有不同程度的增加。纤维-陶瓷复合材料的韧性除与纤维和基体有关外，纤维与基体的结合强度、基体的气孔率、工艺参数也有明显影响。纤维与基体的结合强度过大将使韧性降低，若其结合强度过小，将使材料的强度降低。基体中的气孔能改变复合材料的破坏模式，气孔率越大，韧性越差。

纤维增强陶瓷基复合材料的拉伸和弯曲性能与纤维的长度、取向和含量、纤维与基体的强度和弹性模量、它们的热膨胀系数的匹配程度、基体的气孔率和纤维的损伤程度密切相关。无规则排列短纤维-陶瓷基复合材料的拉伸和弯曲性能有时低于基体材料，这是因为无规则排列纤维的应力集中的影响以及热膨胀系数不匹配造成的。将短纤维定向可以提高该方向上的性能。用定向的连续纤维可以明显提高强度，降低应力集中，并可提高纤维的体积分数。单向纤维增强陶瓷复合材料的剪切强度受纤维与基体间的结合强度及基体中气孔率的影响，结合强度大。

总之，陶瓷基复合材料低密度、高比强度、高比模量、耐高温、抗氧化、尤其是连续纤维增强陶瓷基复合材料具有类似金属的断裂行为，不发生灾难性损毁，因而在航空、航天耐磨耐蚀耐高温领域有重要应用潜力。

5.1.4 陶瓷基复合材料增韧的方式以及相关机制

1. 氧化锆颗粒相变型增韧模式

氧化锆具有三种晶型，高温型是立方型、中温型是四方型、常温下是单斜型。但是在外应力的抑制下，中温型的四方相氧化锆可以在室温下介稳地保持着，一旦在材料受到外来应力的情况下，这种受抑制的介稳四方相氧化锆将要发生相变。在其相变的过程中，吸收一定的能量，起到消耗外来能量的作用，同时在相变过程中，发生 3%～5%的体积变化，在裂纹尖端的周围产生大量微裂纹。因此，氧化锆的相变将促成材料强度的提高以及韧性的增加。氧化锆的这一特性使它在陶瓷材料中成为一种非常有效的强化和增韧的添加物，由此构成了系列的氧化锆增韧陶瓷。

相变韧化的主要机理有应力诱导相变增韧、相变诱发微裂纹增韧、残余应力增韧等。几种增韧机理并不互相排斥，但在不同条件下有一种或几种机理起主要作用。

(1)应力诱导相变增韧

在部分稳定 ZrO_2增韧陶瓷烧结致密后，四方相 ZrO_2颗粒弥散分布于其他陶瓷基体中(包括 ZrO_2本身)，冷却时亚稳四方相颗粒受到基体的抑制而处于压应力状态，这时基体沿颗粒连线方向也处于压应力状态。材料在外力作用下所产生的裂纹尖端附近由于应力集中的作用，存在张应力场，从而减轻了对四方相颗粒的束缚，在应力的诱发作用下会发生向单斜相的转变并发生体积膨胀，相变和体积膨胀的过程除消耗能量外，还将在主裂纹作用区产生压应力，二者均阻止裂纹的扩展，只有在增加外力的作用下才能使裂纹继续扩展，于是材料强度和断裂韧性大幅度提高。

(2)微裂纹增韧

部分稳定 ZrO_2陶瓷在烧结冷却过程中，存在较粗四方相向单斜相的转变，引起体积膨胀，在基体中产生弥散分布的裂纹或者主裂纹，扩展过程中在其尖端区内形成的应力诱发相变导致的微裂纹，这些尺寸很小的微裂纹在主裂纹尖端扩展过程中会导致主裂纹分叉或改变方向，增加了主裂纹扩展过程中的有效表面能，此外裂纹尖端应力集中区内微裂纹本身的扩展也起着分散主裂纹尖端能量的作用，从而抑制了主裂纹的快速扩展，提高了材料的韧性，这种机制称为微裂纹增韧。

(3)残余压应力增韧

陶瓷材料可以通过引入残余压应力达到强韧化的目的。控制含弥散四方 ZrO_2颗粒的陶瓷在表层发生 t→m 相变,引起表面体积膨胀而获得表面残余压应力。由于陶瓷断裂往往起始于表面裂纹,表面残余压应力有利于阻止表面裂纹的扩展,从而起到了增强增韧的作用。

当 $d_c < d$(晶粒直径)$< d_m$ 时,虽然冷却到室温已发生了 t→m 相变,但由于其粒径较小,积累膨胀较小,所以不能诱发显微裂纹。但在这部分 m 相周围存在着残余应力,当裂纹扩展进入残余应力区时,残余应力释放,有闭合阻碍裂纹扩展的作用,从而产生残余应力韧化。

Al_2O_3和 ZrO_2是典型相变增韧陶瓷,由于其具有良好的耐磨性,在切削碳素钢的实践中得到了证实,且由于工具表面存在压应力,使耐冲击性得到了提高,Al_2O_3 陶瓷成本低,性价比高,因此 ZrO_2 增韧 Al_2O_3 陶瓷成为目前军用防弹陶瓷的主要品种。

2. 碳氮化物陶瓷颗粒弥散强韧化模式

用颗粒作为增韧剂,制作颗粒增韧陶瓷基复合材料,其原料的均匀分散及烧结致密化都比短纤维及晶须复合材料简便易行。因此,尽管颗粒的增韧效果不如晶须与纤维,但如颗粒种类、粒径、含量及基体材料选择得当,仍有一定的韧化效果,同时会带来高温强度、高温蠕变性能的改善。所以,颗粒增韧陶瓷基复合材料同样受到重视,并开展了有效的研究工作。颗粒增韧陶瓷基复合材料的韧化机理主要有细化基体晶粒、裂纹转向与分叉等,表 5.3 列出了 SiC 颗粒增强氧化铝陶瓷力学性能。

表 5.3　SiC_p/Al_2O_3复相陶瓷的室温和高温力学性能

材料	抗弯强度/MPa		断裂韧性/(MPa·$m^{1/2}$)			
			实验值		计算值	
	室温	1 200℃	室温	1 200℃	室温	1 200℃
10vol% SiC_p/Al_2O_3	477(104%)	454(129%)	5.74(106%)	3.67(149%)	6.36(123%)	3.17(129%)
20vol% SiC_p/Al_2O_3	574(126%)	459(130%)	6.31(122%)	4.25(173%)	7.40(143%)	3.74(152%)
Al_2O_3	475	350	5.17	2.46	—	—

注:括号中的百分数为颗粒增强陶瓷的增强效果。

近年的研究表明,纳米颗粒在提高陶瓷材料强度的同时,韧性增加较小。要达到补强增韧的效果,还需要从以下两方面着手:

①两种或两种以上纳米颗粒同时弥散强化,一种纳米颗粒固溶于基材晶粒中,利用残余压应力等方式提高强度;一种晶粒分散于基体晶粒的晶界上,使陶瓷受力破坏时,晶界能够滑移,产生塑性变形。

②微米和纳米共同复合。在陶瓷基体中同时引入纳米颗粒和微米晶须,协同作用,起到补强增韧效果。

在陶瓷基体中引入纳米分散相并进行复合,不仅可以大幅度提高其断裂强度和断裂韧性,明显改善其耐高温性能,而且也能提高材料的硬度、弹性模量和抗热震、抗高温蠕变等性能。现已成功制备出多种体系的微米-纳米复合陶瓷,如 Al_2O_3/Si_3N_4,Al_2O_3/SiC,MgO/SiC,Si_3N_4/SiC(式中分子表示基质,分母表示纳米分散相)等,材料的力学性能得到明显改善(见表 5.4)。

表 5.4　微米-纳米复合陶瓷的主要力学性能

材料	断裂韧性/(MPa·$m^{1/2}$)	抗弯强度/MPa	最高使用温度/℃
Al_2O_3/SiC	3.5～4.8	350～1 520	800～1 200
Al_2O_3/Si_3N_4	3.5～4.7	350～850	800～1 300
MgO/SiC	1.2～4.5	340～700	600～1 400
Si_3N_4/SiC	4.5～7.5	850～1 400	1 200～1 450

如果在陶瓷基体中引入第二相材料，该相不是事先单独制备的，而是在原料中加入可以生成第二相的原料，控制生成条件和反应过程，直接通过高温化学反应或者相变过程，在主晶相基体中生长出均匀分布的晶须、高长径比的晶粒或晶片的增强体，形成陶瓷复合材料，则称为自增韧。这样可以避免两相不相容、分布不均匀，强度和韧性都比外来第二相增韧的同种材料高，利用这一点，可以进一步提高材料的各种力学性能。自增韧已成为有效提高陶瓷断裂韧性的一种新工艺，只须通过工艺因素的控制，就可以使陶瓷晶粒在原位(in－situ)形成有较大长径比的形貌，从而起到类似于晶须的补强增韧作用。目前，自增韧在陶瓷基复合材料中被广泛应用，如塞龙陶瓷，Si_3N_4，Al－Zr－C，Ti－B－B，SiC，Al_2O_3，ZrB_2/$ZrC_{0.6}$/Zr 材料和玻璃陶瓷等，尤以 Si_3N_4 和塞龙陶瓷最为成功。

3.纤维界面裂纹偏转型增韧模式

纤维或晶须强韧化是目前陶瓷强韧化方法中效果最为显著的一种方法，它不仅能提高材料的韧性，而且在大多数情况下还能同时提高材料的强度，起到补强增韧双重效果，这是除细晶强化外其他强化方法所不及的。纤维增强陶瓷基复合材料的有效增韧机制包括基体预压缩应力、裂纹扩展受阻、纤维拔出、裂纹偏转、纤维桥联和相变增韧等，它们可单独或联合发生作用。

(1)基体预压缩应力

当纤维的热膨胀系数高于基体，即 $\Delta\alpha=\alpha_f-\alpha_m>0$ 时，如果复合材料处在低于制造温度的环境下，基体中会产生沿纤维轴向的压缩应力，此残余应力可以延迟基体开裂，当复合材料承受沿纤维轴向的拉伸载荷时，强度、韧性均将增加。

(2)裂纹扩展受阻

当纤维的断裂韧性比基体本身的断裂韧性大时，裂纹垂直于纤维，其扩展至纤维时可被阻止，甚至由于纤维的残余拉应力而使裂纹闭合。

(3)纤维断裂和纤维断头拔出

具有较高断裂韧性的纤维，当基体裂纹扩展到达纤维时，应力集中导致结合较弱的纤维/基体界面解离，在应变进一步增加时，将导致纤维断裂并使其断头从基体中拔出。

(4)裂纹偏转

裂纹沿结合较弱或多孔的纤维/基体界面弯折，偏离原来的扩展方向，甚至形成多个裂纹继续扩展，裂纹扩展路径增加，使裂纹原扩展能分散、消耗、减弱。

(5)相变增韧

基体中裂纹尖端的应力场引起裂纹尖端附近的基体发生相变，称为应力诱导相变。当相变造成体积膨胀时，它会挤压裂纹使之闭合。应力诱导相变的增韧机制有随温度升高而降低的特性，因此不适宜高温工程材料，而其余的增韧机制皆可在高温下产生效果。

(6)纤维/基体界面脱黏

强结合界面有利于裂纹的连续扩展,复合材料韧性不高。弱结合界面有利于纤维与基体解离脱黏,界面解离导致裂纹偏转和纤维拔出,这些过程都将吸收能量,使得材料的韧性及断裂功增加。

(7)纤维桥接增韧

指在基体开裂后,纤维仍然承受外加载荷,并在基体的裂纹面之间架桥,避免灾难性脆断损毁。桥接的纤维对基体产生使裂纹闭合的力,从而增大材料的韧性。

纤维强韧化的效果不仅仅取决于纤维和基体本身的性质,而且还和它们之间性能的对比关系以及界面结合状态密切相关。因此,要想获得良好的强韧化效果,还必须要考虑纤维与基体之间的物理相容性和化学相容性。选材时应尽量选择相容性好的纤维与陶瓷基体的组合,若条件无法满足时,可通过对基体性能进行调整或对纤维表面进行适当的涂层处理等办法来改善相容性。

表 5.5、表 5.6 列出了部分纤维、晶须增强陶瓷基复合材料的室温力学性能。这些复合材料主要用于航空航天发动机结构件和原子反应堆壁等。

表 5.5　典型 C_f/SiC 复合材料的力学性能

材料	抗弯强度/MPa	断裂韧性/(MPa·$m^{1/2}$)	工艺
C_f/SiC	557(1D)	21.0	HP
C_f/SiC	520(3D)	16.5	CVI
C_f/SiC	967(1D)	—	PIP
C_f/SiC	570(3D)	18.3	PIP
C_f/SiC	726(1D)	23.5	PP+HP
Tyranno/SiC	510(3D)	16.4	PIP
Tyranno/SiC	420(3D)	11.5	PIP

表 5.6　SiC 晶须补强陶瓷的力学性能

材料	抗弯强度/MPa	断裂韧性/(MPa·$m^{1/2}$)
Si_3N_4	600～800	5.6
Si_3N_4/SiC_w(10－50)	590～680	—
Al_2O_3	500	4
Al_2O_3/SiC_w(20)	800	8.7
莫来石	244	2.8
莫来石/SiC_w(20)	452	4.4
3Y[①](TZP)	1 150	6.8
3Y(TZP)/SiC_w(20)	590～610	10.2～11.0

注:括号内为体积分数。①为 3% Y_2O_3(TZP)(摩尔分数)。

5.2 陶瓷纤维

5.2.1 碳化硅纤维

1. 理化性能

SiC 纤维的力学性能不仅高于其他高性能玻璃纤维，而且强度与碳纤维相当，尽管模量只有其 50%～60%，但抗氧化性能显著增强。SiC 纤维中氧含量是影响其力学性能和高温强度的主要因素，SiC 纤维的高温强度随氧含量的降低几乎成线性增加的趋势。表 5.7 为目前商用 SiC 纤维的部分性能。

2. 制备工艺及原理

SiC 纤维制备方法有 CVD 法、先驱体转化法和活性碳纤维转化法，其中 CVD 因成本高不能生产连续纤维而未能商业化，先驱体转化法是商用 SiC 纤维的唯一制备方法。

(1)先驱体转化法

先驱体转化法是以有机聚合物为先驱体，利用其可熔特性成型后，经高温热分解处理，使之从有机化合物转变为无机陶瓷材料的方法。SiC 就是用聚碳硅烷为先驱体，通过在 250～350℃下熔融纺丝成形，并经空气不熔化于 160～250℃下处理，高温裂解而制得。

氢气气氛能够促进多余的碳元素在热处理过程中以 CH_3 转化出去，通过调节烧结气氛(如氢、氦或氮)可以得到不同 Si/C 比的 SiC。新的处理工艺是前体纤维用射线或在惰性气氛中处理，以防止氧进入 SiC。放射源的 γ 射线和加速器中的电子射线在前体纤维的预处理中都有令人满意的效果。采用电子射线是基于它较高的适应性，它可由加速器在 2MeV 的加速电压和 2～15 $kg \cdot s^{-1}$ 的剂量率下获得。

这些射线的照射切断了聚碳硅烷结构中的 Si—H 键和 C—H 键，释放出氢气，并形成 Si—C 键，使分子量增加。前体纤维在空气中用电子束照射时会捕获氧，但在真空或惰性气体气氛中却无此问题，而且射线的照射产生热，还会使前体纤维在具有冷却剂功能的惰性气体流中发生有利的变化。

(2)活性碳纤维转化法

活性碳纤维(AC)转化法的原理即是利用气态的一氧化硅与活性碳反应转化生成 SiC。AC 转化法制备 SiC 包括：①AC 制备；②在一定真空度的条件下，在 1 200～1 300℃的温度下，AC 与氧化硅发生反应而转化为 SiC。

在制造纤维之前，有机原纤维一般要经过 200～400℃在空气中进行几十分钟乃至几小时的不熔化处理，随后进行(碳化)活化处理，也可以碳化和活化同时进行。活化方法主要包括物理活化(水蒸气和二氧化碳活化法)、化学活化(用化学试剂如氢氧化钾、磷酸、氯化锌等进行处理)。

工业上的活化多以气相活化法为主，用水/二氧化碳为活化介质，在惰性气体如氮气的保护下，处理温度一般在 600～1 000℃。具体的处理过程根据原材料和实际要求的不同而有所差异。酚醛系纤维中因为酚醛树脂具有苯环型的耐热交联结构，可以直接进行碳化和活化而不必经过预氧化，其工艺简单而且容易制得比表面积大的 AC。

表5.7 典型SiC纤维的性能

纤维性能	Nicalon系列			Tyranno系列				Sylramic
	NL-20	Hi-Nicalon	Hi-Nicalo(S)	Lox M	Lox E	ZE	SA	
组成/(%)(原子)	$SiC_{1.34}O_{0.36}$	$SiC_{1.39}O_{0.01}$	$SiC_{1.05}O_{0.2}$	$SiTi_{0.02}C_{1.37}O_{0.16}$	$SiTi_{0.02}C_{1.59}O_{0.16}$	$SiTi_{<0.01}C_{1.52}O_{0.05}$	$SiCAl,O_{<0.08}$	$SiCTi_{0.02}O_{0.02}B_{0.09}$
抗拉强度/GPa	3.0	2.8	2.6	3.3	3.3	3.4	2.8～3.0	2.8
弹性模量/GPa	220	270	390～420	187	206	233	390～420	
断裂应变/(%)	1.4	1.0	0.6	1.8	1.7	3.5	0.8	0.7
密度/($g\cdot cm^{-3}$)	2.55	2.74	3.10	2.48	2.55	1.5	2.5	3.1
直径/μm	14	14	12	11	11	11	10	10
电阻率/(Ω·cm)	10^3～10^4	1.4	0.1			2.5		
膨胀系数/($10^{-6}K^{-1}$)	3.9	3.5	5.1	3.1		0.3	4.5	4.0～5.4
使用温度/℃	900	1 400	1 600				1 600	1 400

3. 先驱体转化法

1975 年日本东北大学矢岛教授在实验室制备出了碳化硅纤维，开创了从聚碳硅烷出发制备碳化硅纤维的新方法。日本碳公司取得了碳化硅纤维的专利实施权后，经过 10 年的努力，耗资约 11 亿日元，才完全实现了碳化硅纤维的工业化生产，现在已具有年产百吨级规模，成为世界上最大的连续碳化硅纤维生产企业。在产品开发过程中，主要解决了三大关键技术问题：①聚碳硅烷的质量控制与制备条件的优化；②脆性原丝的纺丝与处理技术；③脆性原丝的不熔化与连续烧成技术。为满足聚合物基、金属基、陶瓷基复合材料的不同需求，逐步完善形成了陶瓷级、高体积电阻率（HVR）级、低体积电阻率（LVR）级和碳涂层的 Nicalon 系列纤维。在 Nicalon 纤维制备工艺的基础上，采用电子束辐射交联技术不熔化处理制得了低氧含量的Hi－Nicalon 纤维并实现了工业化生产；接着，通过除碳处理又制得了近化学计量比的 Hi－Nicalon－S 纤维，并已实现了商品化。该公司产品的品种与性能如表 5.8 所示。

表 5.8　日本碳公司 Nicalon 纤维的特性

牌号	NL－202	NL－400	NL－500	NL－607	Hi－Nicalon	Hi－Nicalon－S
纤维直径/μm	14/12	14	14	14	14	12
抗拉强度/GPa	3.0	2.8	3.0	3.0	2.8	2.6
弹性模量/GPa	220	180	220	220	270	420
伸长率/(%)	1.4	1.6	1.4	1.4	1.0	1.0
密度/(g·cm^{-3})	2.55	2.30	2.50	2.55	2.74	3.1
电阻率/(Ω·cm)	10^3～10^4	10^6～10^7	0.5～5.0	0.8	1.4	0.1

日本宇部兴产公司是继日本碳公司之后又一家从事先驱体法生产连续碳化硅纤维的公司，该公司自 1984 年获得矢岛教授的专利后，用 4 年时间就建成月产吨级的连续纤维生产线，开发出 Tyranno 系列产品。该公司的特点是在聚碳硅烷(PCS) 先驱体的合成过程中，均匀地引入了钛、锆和铝等异质元素，在后续的烧成工艺中起到烧结助剂和抑制晶粒长大的作用，并可通过高温烧结，除去纤维中富余的氧和碳，制备了近化学计量比的碳化硅纤维，其耐热性显著提高。但其产品的制备过程复杂，制备条件要求较高，能耗大，成本偏高。为了满足各种应用的要求，宇部兴产公司已开发出比碳公司更多的纤维品种，其产品主要有耐热级（LoxM，LoxE，S，ZM，ZMI，ZE，SA）与半导体级（A，C，D，F，G，H） 两个系列共 10 多种产品。半导体级碳化硅纤维则是通过工艺条件的控制得到电阻率在 10^{-1}～10^6 Ω·cm 的纤维（见表 5.9 和表 5.10）。

表 5.9　Tyranno 纤维(耐热级)的特性与组分

特性和组分	Si－Ti－C－O/S	Si－Ti－C－O/LoxM	Si－Zr－C－O/ZMI	Si－Al－C/SA
纤维直径/μm	8.5	11	11	10
抗拉强度/GPa	3.3	3.3	3.4	2.8
弹性模量/GPa	170	187	200	380
伸长率/(%)	1.9	1.8	1.7	0.7
密度/(g·cm^{-3})	2.35	2.48	2.48	3.10

续表

特性和组分	Si－Ti－C－O/S	Si－Ti－C－O/LoxM	Si－Zr－C－O/ZMI	Si－Al－C/SA
热膨胀系数/($10^{-6}K^{-1}$)	3.1		4.0	4.5
热导率/($W\cdot m^{-1}\cdot K^{-1}$)	1.0	1.4	2.5	65
w_{Si}/(%)	50	55	56	67
w_{C}/(%)	30	32	34	31
w_{O}/(%)	18	11	9	<1
w_{Ti}/(%)	2	2		
w_{Zr}/(%)			1	
w_{Al}/(%)				<2

表 5.10　Tyranno 纤维(半导体级)的特性

性能	A	C	D	F	G	H
纤维直径/μm	8.5	11.0	11.0	11.0	11.0	11.0
抗拉强度/GPa	3.3	3.3	3.3	3.0	2.8	2.8
弹性模量/GPa	170	170	170	170	180	180
伸长率/(%)	1.9	1.9	1.9	1.8	1.6	1.6
密度/($g\cdot cm^{-3}$)	2.29	2.35	2.35	2.40	2.43	2.43
电阻率/($\Omega\cdot cm$)	10^6	10^4	10^3	10^1	10^0	10^{-1}

美国 Dow Corning 公司于 1980 年用甲基聚二硅氮烷(Met hylpolydisilazane，MPDZ)和氢化聚硅氮烷(Hydridopolysilazane，HPZ)为先驱体制得了硅-碳-氮纤维。该公司也采用 PCS 为先驱体，制备过程中引入硼元素，再在 1 800℃高温下烧结制得了含硼的多晶碳化硅纤维。该纤维强度高、弹性模量大、耐热性能好，并已制得连续长纤维并实现工业化生产，商品名为 Sylramic。其中硼的引入有利于烧结的致密化，提高产品的耐高温性能和烧结性能，但硼元素以何种方式引入，在纤维中以何种方式存在都对纤维性能有较大影响。德国 Bayer AG 公司则另辟蹊径，基于制备无定型纤维的思路，在 1990 年合成了新型的聚硼氮烷(Polyborosilazane，PBSN)先驱体，并经热分解转化制得了在 2 000℃仍能维持无定型态的 Si－B－N－C纤维，其力学性能及耐热性俱佳，并已制得连续长纤维，正进行工业化开发(商品名为 Siboramic)。

国外除了上述几家公司在先驱体法制备连续碳化硅纤维的工业化开发上取得进展外，进行先驱体法制备碳化硅纤维研究的机构还有日本的东北大学、茨城特殊无机材料研究所和高崎原子能研究所，以及美国的 Florida 州立大学、Michigan 大学和法国的 Domaine 大学等。

5.2.2　氧化铝纤维

近年来，通过对制备工艺的改进和控制，以氧化铝为主晶相的氧化物纤维的高温抗蠕变性能得到很大提高。美国 3M 公司研制的 Nextel 720 纤维具有呈针状莫来石环绕细晶 Al_2O_3 结构,1 400℃强度保持率达到 85%,以其增韧的金属及陶瓷基复合材料具有低密度、高强度、高硬度、耐磨抗氧化等优良性能,被 3M 公司定位为航空航天用特种纤维。高性能氧化物纤维的出现引起国内外研究人员的广泛兴趣,同时也促使氧化物陶瓷基复合材料的进一步发展。

1. 氧化铝纤维的制备方法

目前,氧化物纤维的制备技术主要有溶胶-凝胶法、淤浆法、单晶熔体生长法和基体纤维浸渗法等四种,其专利技术分属于相应的纤维供应商,纤维制备技术路线不同,纤维的物理化学性能差别较大。

(1)溶胶-凝胶法

溶胶-凝胶法是 3M 公司制备氧化物纤维的主要工艺。将 Al 粉与适量甲酸、乙酸、水混合加热获得澄清 $(HO)Al(HCOO)(CH_3COO)$ 溶液,浓缩后加入去离子水稀释,再加入适量 TEOS 乙醇溶液,TEOS 完全水解后在水槽中浓缩即获得可拉丝溶液,然后拉丝、烧结即得氧化物纤维。主要反应方程式如下:

$$Al + HCOOH + CH_3COOH + H_2O \rightarrow (HO)Al(HCOO)(CH_3COO) + H_2 \quad (5.1)$$

$$Si(OC_2H_5)_4 + H_2O \rightarrow Si(OC_2H_5)_4 - m(OH)_m + C_2H_5OH \quad (5.2)$$

$$(HO)Al(HCOO)(CH_3COO) + Si(OC_2H_5)_3OH \rightarrow (Al-O-Si)_n \quad (5.3)$$

通过添加氧化铝仔晶可以降低氧化铝的晶化温度,通过添加氧化钇、氧化锆可获得 YSZ(氧化钇稳定氧化锆)增强的氧化物纤维。

图 5.1 为 $(HO)Al(HCOO)(CH_3COO)$ 水解产物分解的 DTA,TGA 和 DTGA 曲线,对比可知分解过程至 650℃完成。XRD 分析表明,650℃处理后的氧化铝为无定型,860℃和 1 030℃的放热峰分别是 $\gamma-Al_2O_3$ 和 $\theta-Al_2O_3$ 的形成温度。$(HO)Al(HCOO)(CH_3COO)$ 水解产物分解形成 Al_2O_3 的温度比一般无机盐分解形成的温度低 150℃。$(HO)Al(HCOO)(CH_3COO)$ 与 $Si(OC_2H_5)_4$ 水解产物 $Si(OC_2H_5)_4-m(OH)_m$ 缩聚得到网络状 $(Al-O-Si)_n$ 凝胶,其莫来石化温度仅 980℃,远低于传统烧结工艺的 1 600℃。由于 Al_2O_3 及莫来石形成温度低,因此用该法制备的氧化物纤维晶粒细小,室温强度高。

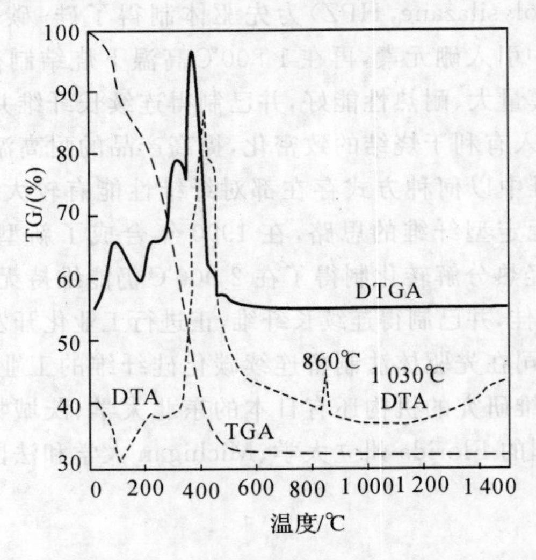

图 5.1 (HO)Al(HCOO)(CH3COO)水解产物的 DTA,TGA 和 DTGA 曲线

(2)淤浆纺丝法

美国杜邦公司的FP和PRD-166纤维、日本三井矿山公司的Almax纤维都是采用此法制备的。该法是将精细$\alpha-Al_2O_3$微粉和添加剂混炼制成淤浆进行纺丝,空气中高温烧结后再在气体火焰中处理数小时制得连续氧化铝纤维。受到$\alpha-Al_2O_3$粒径及高处理温度的限制,该法制备的纤维直径较大,强度较低。

(3)激光微区熔融生长法

Saphikon公司制备的单晶氧化铝纤维高强度、高模量、高温力学性能高,但纤维直径较大,不易编织,且成本高,不易规模化生产。

(4)基体纤维浸渗法

用无机盐水溶液浸渗亲水性良好的黏胶丝基体纤维,高温处理去除基体纤维后再烧结获得陶瓷纤维。纤维的强度主要与基体纤维的空隙率和铝盐的粒径有关。该工艺简单,但纤维强度较低,不能作为工程材料使用。

2.氧化铝纤维的性能

表5.11为目前商用Al_2O_3基纤维的物理性能及化学组成。

表5.11　几种氧化铝陶瓷纤维的性能

商品名	Fiber FP	PRD-166	Nextel 312	Nextel 440	Nextel 550	Nextel 610	Nextel 650	Nextel 720	Almax	Saphikon
生产商	Dupont	Dupont	3M	3M	3M	3M	3M	3M	Mitsui Mining	Saphikon
组成(质量分数)	>99% $\alpha-Al_2O_3$	~80% $\alpha-Al_2O_3$ ~20% ZrO_2	62% Al_2O_3 24% SiO_2 14% B_2O_3	70% Al_2O_3 28% SiO_2 2% B_2O_3	73% Al_2O_3 27% SiO_2	0.2%~0.3% SiO_2 0.4%~0.7% Fe_2O_3 >99% $\alpha-Al_2O_3$	89% Al_2O_3 10% ZrO_2 1% Y_2O_3	85% Al_2O_3 15% SiO_2	>99% $\alpha-Al_2O_3$	100% Al_2O_3
密度/$g\cdot cm^{-3}$	3.92	4.2	2.7	3.05	3.03	3.88	4.10	3.4	3.6	3.96
晶粒尺寸/μm	0.5	0.5 $\alpha-Al_2O_3$ 0.1~0.3 ZrO_2	<0.5 Min Glass	<0.5 $\alpha-Al_2O_3$+M+SiO_2	<0.5	0.1	$\alpha-Al_2O_3$+YSZ	<0.5 $\alpha-Al_2O_3$ + mullite	0.4	Singl-Crystal $\alpha-Al_2O_3$
直径/μm	20	20	10~12	10~12	10~12	14	10~12	10~12	10	125
纤维丝束	200	200	740~780			390			1 000	Mono-filament
工艺	slurry spinning	slurry spinning	sol-gel	sol-gel	sol-gel	sol-gel	sol-gel	sol-gel	slurry spinning	Laser
弹性模量/GPa	380	380	150	190	193	373	358	260	210	470
强度/GPa	1.38	2.3	1.7	2.0	2.0	2.93	2.55	2.1	1.8	3.5
热膨胀系数/$10^{-6}K^{-1}$	~9	~9	3	5.3	5.3	7.9	8.0	6	8.8	9

一般情况下，对于多晶氧化物纤维，高强相 $\alpha-Al_2O_3$ 含量越多、缺陷越少、晶粒越小则纤维的室温强度越高。室温强度最高的是 Saphikon 公司生产的单晶熔体生长蓝宝石纤维，强度达 3.5GPa；Nextel 610 由大于 99％的 $\alpha-Al_2O_3$ 组成，且晶粒尺寸约为 0.1 μm，是室温强度最高的多晶氧化物纤维；FP 纤维粒径最大，强度最低；在 FP 纤维中加入了 ZrO_2 增强相的 PRD-166 纤维强度高于 FP 纤维。

对于直径＜1 μm 的多晶氧化物纤维，如果其他参数固定，蠕变速率只与扩散系数成正比。纤维的直径越大，低晶界扩散系数的复合氧化物的含量越多，则纤维的抗蠕变性能越好。加入第二相形成固溶体，或者加入纳米颗粒阻止晶界的滑移和旋转可以提高纤维的抗蠕变性能。此外，两相混合物比单相的抗蠕变性能好，颗粒形貌也影响纤维的抗蠕变性能。

图 5.2 和图 5.3 分别为 Nextel 系列纤维的高温强度保持率及蠕变极限温度。Nextel 720 纤维高温强度保持率和极限抗蠕变温度最高，Nextel 650 次之，Nextel 312 最差。Nextel 720 纤维是由 Al_2O_3 和莫来石组成的复相多晶氧化物纤维，呈针状莫来石环绕细晶 Al_2O_3 结构。由于莫来石晶界扩散系数低，处于晶界的莫来石不易长大。同时，处于晶界的莫来石使氧化铝晶粒彼此隔离，限制了氧化铝晶粒高温生长和晶界滑移，因此，Nextel 720 高温强度保持率高、高温抗蠕变性能优良。Nextel 650 含有一定量 YSZ，阻止了高温晶粒长大，因而高温强度损失较少；而大尺寸的 Y_2O_3 隔离晶界，减小了界面扩散，从而提高了纤维的抗蠕变性能。Nextel 610 中含有少量低熔点氧化物 Fe_2O_3，而且氧化铝粒径细小，高温长大不受限制，因此高温下晶粒长大严重，抗蠕变性能差，强度损失较大。Nextel 550 由 73％Al_2O_3 和 27％SiO_2 组成，其组成处于莫来石陶瓷的固溶范围(莫来石是有限固溶体，其 Al_2O_3 含量(质量分数)在 58％～74％之间，SiO_2 含量(质量分数)在 42％～26％之间。)，Al_2O_3 组分略高于莫来石理论成分点(Al_2O_3 ∶ SiO_2＝71.8∶28.2)，高温下 Al_2O_3 和 SiO_2 反应生成粗大的莫来石晶粒，致使强度下降，而残余的 SiO_2 玻璃相高温下的黏性流动使其抗蠕变性能变差。Nextel 312 和 Nextel 440 是由 Al_2O_3，SiO_2 和 B_2O_3 组成的，低熔点玻璃相的存在虽然可以减缓晶相的长大速度，但其高温下的黏性流动使纤维的强度下降严重，抗蠕变性能也很差。Nextel 720 是目前 Nextel 系列纤维中高温性能最好的氧化物纤维。

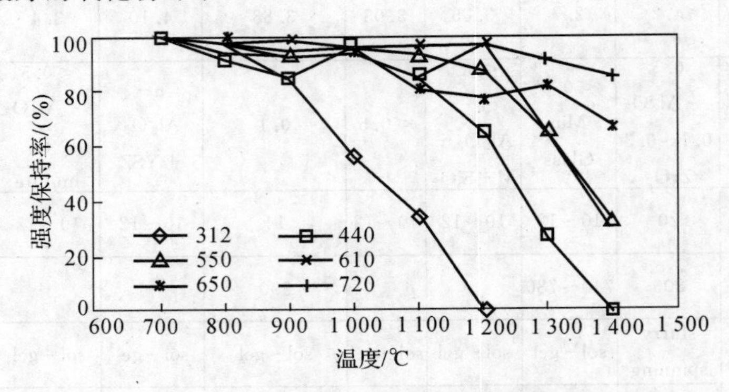

图 5.2 Nextel 系列纤维强度保持率随温度的变化曲线

图 5.4 是 FP，PRD-166 和 Almax 断裂应力随温度的变化曲线，图 5.5 是纤维的弯曲应力松弛系数与温度的关系曲线。由图 5.4 可见，纤维的强度均随着温度的升高而下降。FP 纤维是致密的 $\alpha-Al_2O_3$，抗蠕变性能较差，且高温下晶粒的长大使强度下降严重。PRD-166 是

在 $\alpha-Al_2O_3$ 中加入 ZrO_2 进行稳定，抑制了晶粒的长大，阻碍了界面滑移，故强度保持率和抗蠕变性能较 FP 纤维好。Almax 纤维是多孔 $\alpha-Al_2O_3$，晶粒长大和界面滑移严重，强度下降较快，抗蠕变性能差。由图 5.5 可见，Saphikon 纤维的抗蠕变性能最好，YAG 纤维次之。Saphikon 为 c 轴定向的单晶氧化铝纤维，有序性高，晶界不易移动，抗蠕变性能较好；呈石榴石结构的稳定立方晶相的 YAG 复合氧化物的扩散系数较小，抗蠕变性能较好。YAG 将是最好的氧化物纤维，可长期应用于 1 500℃的环境中，但是由于制备工艺的限制，尚不能进行小批量生产。我国尚无一家研究单位或企业能生产连续氧化铝基陶瓷纤维，与国外有相当大的差距。

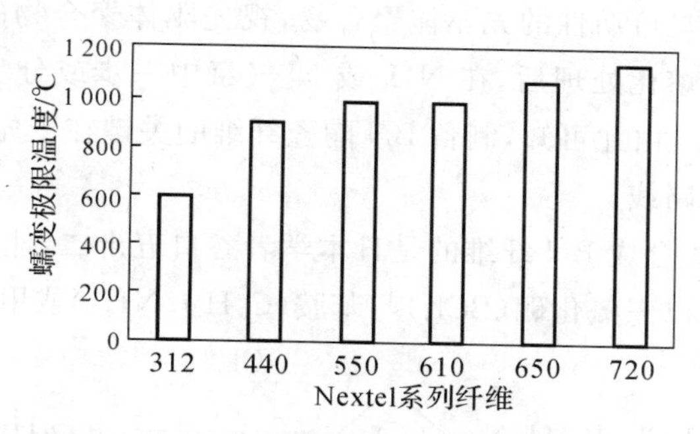

图 5.3　Nextel 系列纤维的蠕变极限温度

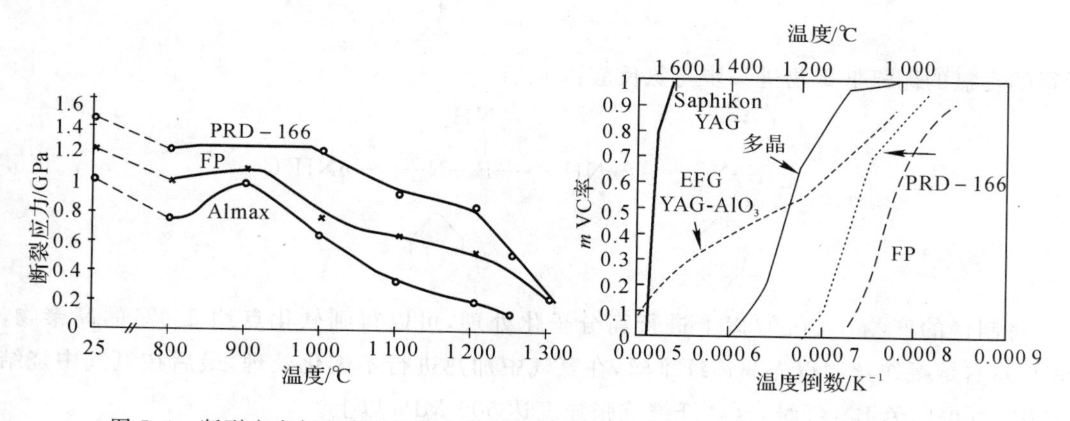

图 5.4　断裂应力与温度的关系曲线

图 5.5　几种纤维的弯曲应力松弛系数与温度的关系

5.2.3　氮化硼(BN)纤维

BN 纤维具有良好的稳定性、耐腐蚀性、抗氧化性以及高吸收中子的能力等，可用做温度传感器套、火箭、燃烧室内衬、导弹和飞行器的天线窗、电绝缘器、重返大气层的降落伞以及火箭喷管鼻锥等陶瓷基复合材料的增强材料。

1. BN 纤维的制备方法

BN 纤维的合成方法有两种，一种是用化学转化法将无机 B_2O_3 凝胶纤维在 NH_3 气氛下高温转化（>1 500℃）为 BN 纤维，另一种是用有机先驱体法制备。前者氮化反应是气固非均相反应，难以制得均质的 BN 纤维，因而对于高性能 BN 纤维的合成，主要采用后者。山东工业陶瓷研究院采用化学转化法经低温氮化、高温热拉伸工艺制备 BN 纤维已达到小批量生产，密度为 $1.8 \sim 2.2 g \cdot cm^{-3}$，介电常数为 3，介电损耗为 2×10^{-4}，热膨胀系数为 $1.9 \times 10^{-6} K^{-1}$。

Seyferth 成功地总结了有机高分子聚合物可以作为无机陶瓷材料先驱体的特征条件，即聚合成先驱体的小分子或单体原料价廉、易得，聚合工艺简单，陶瓷产率高，且高聚物为液体或可溶可熔的固体，在常温下置于空气中化学性质稳定，不与 H_2O 或 O_2 发生反应，无挥发性或低收缩性，且其热解反应产生的小分子气体无毒无害。

用先驱体方法制备 BN 陶瓷纤维的一般过程是利用小分子的含硼或含氮物质为原料，经过逐步合成和聚合，得到具可纺性的先驱体聚合物，视先驱体聚合物的不同，用熔融法或湿法纺丝得到先驱体纤维，不熔化处理后，在 NH_3 或 N_2 气氛中一步或分步在 20～1 800℃温度下烧成，即得 BN 陶瓷纤维。由此可知，制备 BN 陶瓷纤维的关键在于先驱体聚合物的合成。

(1)非氧先驱体合成路线

最早用有机先驱体法合成 BN 纤维的是日本学者谷口五十二，他在 1976 年的专利报道中介绍了这种合成方法，即以三氯化硼(BCl_3)与苯胺($C_6H_5-NH_2$)或甲苯胺反应：

$$n BCl_3 + n H_2N-C_6H_5 \longrightarrow [B(Cl)-N(C_6H_5)]_n + 2n HCl \tag{5.4}$$

所得的含氯的硼氮低聚物进一步与氨反应：

$$[B(Cl)-N(C_6H_5)]_n + 2n NH_3 \longrightarrow [B(NH_2)-N(C_6H_5)]_n + n NH_4Cl \tag{5.5}$$

将制得的产物在 300℃以上进行高分子化处理，可以得到软化点约 230℃的高聚物，在 260℃左右熔融纺丝制得先驱体纤维丝，在氨气中加热进行不熔化处理，最后在氮气中烧结到 1 800℃可得白色 BN 纤维，这种纤维抗张强度达 500 MPa 以上。

目前，研究最活跃的工艺方法是，以 BCl_3 和氯化铵(NH_4Cl)为原料，先合成 2,4,6—三氯环三硼氮烷(TCB)，再选择不同的反应路线，合成先驱体。

Linquist 和 Rye 以 TCB、二甲胺($(CH_3)_2NH$)和六甲基二硅氮烷(HMDS)等为原料合成了线型结构的先驱体。

Narula 等以 TCB 和 HMDS 为原料合成了网状结构的先驱体分子，法国的 Pierre 也以 HMDS，TCB 和 BCl_3 为原料合成了具可纺性的先驱体聚合物。上述合成方法合成工艺路线较长，陶瓷产率低，工艺条件苛刻，纤维制品造价昂贵。1986 年 Paciorek 报道了较为简洁的工艺，他合成了 B—三氨基—N—(三烷基硅基)环三硼氮烷及其缩合产物，如三聚体、四聚体和八聚体。

对上述预聚体混合物在 196～260℃下施加热处理可得软化点 125～140℃的先驱体，然后可纺丝制成 BN 纤维。但用该工艺方法要得到稳定的先驱体难度较大，为此，他做了大量研究工作，考察了近十种合成 BN 纤维先驱体的工艺路线。与此同时，为了改进美国学者的工作，法国罗纳・布朗克公司的研究人员对 TCB 合成路线进行改进：将 TCB 和 $Cl_2BN(SiMe_3)_2$ 置于溶剂中，在 −40℃ 时通入 NH_3 制得均分子量大于 1 000 的先驱体，并声称可以纺丝制得 BN 纤维。

(2)含氧先驱体合成路线

由于非氧先驱体合成工艺要求严格，陶瓷获得率也相对较低，为了寻找更稳定、方便而且陶瓷产率高的先驱体纤维，材料学家又将思路转向含氧先驱体。1991 年，Venkatasubramanian 报道了用 sol - gel 方法制备 BN 纤维的工艺路线如下：

1)烷氧基硼的水解

$$H_2O + B(OR)_3 \xrightarrow{ROH} B(OR)_3 \xrightarrow[-ROH]{+H_2O} B(OR)_3 \tag{5.6}$$

2)烷氧基硼的水解产物环化

$$LiOR + B(OR)_3 \rightleftharpoons [B(OR)_4]^- Li^+ + B(OR)_3 + B(OR)_3 +$$

$$[B(OR)_4]^- Li \xrightarrow{-3ROH} \text{(RO)B}\langle B_3O_3 \text{ ring}\rangle\text{(OR)}\,B^-(OR)_2\,Li^+ \tag{5.7}$$

3)单环化合物与水反应形成链状高聚物

$$n\ \text{(RO)B}\langle B_3O_3 \text{ ring}\rangle\text{(OR)}\,B^-(OR)_2\,Li^+ + nH_2O \xrightarrow{-2nROH} \left[\ \text{(OR)B}\langle B_3O_3 \text{ ring}\rangle \text{OR}\ \right]_n \tag{5.8}$$

(gel)

借助上述反应，用溶胶凝胶法即可制得氧化物纤维，在 NH_3 下高温共氨解制得 BN 纤维。

2. 氮化硼纤维的性能

表 5.12 为不同合成工艺制备的氮化硼纤维的性能，可见化学转化法制备的氮化硼纤维的力学性能明显优于有机先驱体法制备氮化硼。

表 5.12 不同合成路线制备的BN纤维性能的比较

研制者	方法	纤维直径/μm	拉伸强度/MPa	弹性模量/GPa
Paciorek	非氮先驱法	10～20	250	5.5
Pieer	非氧先驱法	18～25	200	1.7
木村良晴(日)	非氧先驱法	15	250	
向阳春(中)	非氧先驱法	30	150	
Venkatasubramanian	含氧先驱体法		340～860	23～83
Carborundum(美)	化学转化法	6	830	210
山东工陶院	化学转化法	4～10	1 200～1 500	100～140

5.2.4 硅酸铝纤维

硅酸铝纤维具有耐高温、热稳定性好、热传导率低、热容小、抗机械振动好、受热膨胀小、隔热性能好等优点，经纺织或编织可制成硅酸铝纤维板、硅酸铝纤维毡、硅酸铝纤维绳、硅酸铝纤维毯等产品，是取代石棉的新型材料，广泛用于冶金、电力、机械、化工的热能设备上的保温。

硅酸铝纤维是 $Al_2O_3-SiO_2$ 系统的玻璃熔融物在聚冷条件下形成的玻璃体。其化学组成和物理性质如表 5.13 所示。

表 5.13 硅酸铝纤维的化学组成及物理性质

Al_2O_3 / %	SiO_2 / %	Fe_2O_3 / %	K_2O+Na_2O / %	纤维直径 μm	纤维长度 mm	高温收缩率/(%) (1 150℃×6h)	导热系数 $W \cdot m^{-1} \cdot K^{-1}$	长期使用温度/℃
48.93	47.9	0.98	<0.5	2～4	50	3.6	0.15～0.17 (700℃)	1 000

从热力学观点看，硅酸铝纤维这种玻璃体处于一种亚稳状态。图 5.6 为硅酸铝纤维的差热分析曲线，当温度条件具备时，玻璃会部分转向结晶态，并伴随着放热和体积收缩。从曲线上可以看出，980℃时有一放热峰，这是由放出结晶热引起的，该峰值温度是莫来石生成温度。

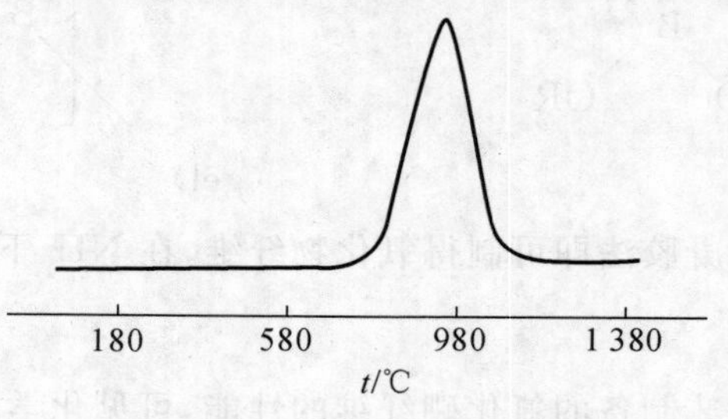

图 5.6 硅酸铝纤维的差热分析曲线

5.3 陶瓷基复合材料的界面

5.3.1 界面的功能及类型

1.界面功能

界面是陶瓷基复合材料强韧化的关键，主要功能有以下几点：

①脱黏偏转裂纹作用。当基体裂纹扩展到有结合程度适中的界面区时，此界面发生解离，并使裂纹发生偏转，从而调节界面应力，阻止裂纹直接越过纤维扩展。

②传递载荷作用。由于纤维是复合材料中主要的承载相，因此界面相需要有足够的强度来向纤维传递载荷。

③缓解热失配作用。陶瓷基复合材料是在高温下制备的，由于纤维与基体的热膨胀系数(CTE)存在差异，当冷却至室温时会产生内应力，因此，界面区应具备缓解热残余应力的作用。

④阻挡层作用。在复合材料制备所经历的高温下，纤维和基体的元素会相互扩散、溶解，甚至发生化学反应，导致纤维/基体的界面结合过强。因此，要求界面区应具有阻止元素扩散和阻止发生有害化学反应的作用。

2.界面类型

纤维增强陶瓷基复合材料沿纤维方向受拉伸时，根据纤维/基体界面结合强度的不同，复合材料的断裂模式不同，以此为依据分为三种类型：

①强结合界面——脆性断裂。当外加载荷增加时，基体裂纹扩展到界面处，由于界面结合强，裂纹无法在界面处发生偏转而直接横穿过纤维，使复合材料断裂(见图5.7(a))，但是对于颗粒增强陶瓷基复合材料来说，强结合界面是强韧化的必要条件。

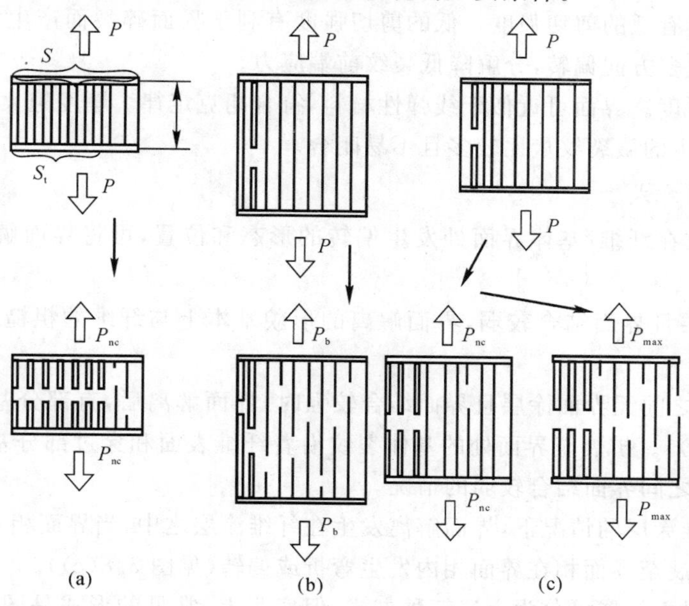

图5.7 纤维增强陶瓷基复合材料的三种断裂模式

(a)脆性断裂；(b)韧性断裂；(c)混合断裂

②弱结合界面——韧性断裂。当基体裂纹扩展到界面处时，由于界面结合不是很强，因此裂纹可以在界面处发生偏转，从而实现纤维与基体的界面解离、纤维桥联和纤维拔出（见图5.7(b)）。

③强弱混合界面——混合断裂。混合断裂是以上两种理想情况断裂模式的混合（见图5.7(c)），即在界面结合强处发生脆性断裂，而在界面结合弱处发生韧性断裂。

将复合材料界面简化为两类：白色纤维与基体的界面结合强，发生脆性断裂；黑色纤维与基体的界面结合弱，发生韧性断裂。在图5.7(a)中，当外载P增加时，少量纤维先断裂，最后当$P=P_m$时，全部纤维几乎在图中的同一水平面上发生断裂；在图5.7(b)中，个别纤维（界面结合较强的）先断裂，最后当$P=P_b$时剩余纤维断裂，纤维断裂不在同一水平面上；在图5.7(c)中，当载荷P增至某一值时，个别界面结合强的纤维先断裂，当$P=P_{nc}$时，所有界面结合强的纤维在同一水平面上发生断裂，最后在$P=P_{max}$时，全部纤维发生断裂。从以上描述来看，以图5.7(b)断裂模式断裂的复合材料具有较高的断裂韧性。

5.3.2 界面的性能和结构

1.界面的性能

根据复合材料中纤维/基体之间界面相应起的作用，以及高温长期服役后组织结构的演化，界面成分、结构、物理化学性能应具有以下特点：

①与纤维和基体之间具有化学和物理相容性。化学相容性是指不能与纤维、基体发生固溶或反应，形成新的化合物或固溶体；物理相容性是指不能与纤维、基体有良好的润湿性。否则都可能导致强结合界面而脆性断裂。

②高温稳定性。陶瓷基复合材料大多数在高温使用，界面相在高温下不能出现组织和结构改变而引起界面相的作用失效，进而影响整个复合材料的性能。

③界面相须具有低的剪切强度。低的剪切强度有利于界面碎裂而产生大量微裂纹，便于基体裂纹在此发生多方向偏转，分解降低裂纹前端应力。

④有一定的厚度。界面可近似于线弹性材料，符合胡克定律。厚度越大，界面压应力导致的变形量越小，产生的微裂纹量比较多且不易闭合。

2.界面的解离方式

根据基体裂纹在纤维/基体界面处发生偏转的形态和位置，可将界面解离分为三种形式（见图5.8）：

①无界面涂层且界面结合较弱，界面解离的形貌基本上与纤维的粗糙表面相吻合（见图5.8(a)）。

②纤维/基体之间无界面涂层且界面结合较强时，界面解离后，有部分基体黏接在纤维表面上（见图5.8 (b)）。扩展至界面处的基体裂纹沿着纤维表面和穿过部分基体偏转这种形式是属于纤维/基体之间界面结合较弱的情况。

③在具有纤维涂层的情况下，界面解离发生在纤维涂层之中，当界面相强度较低或疏松多孔时，基体裂纹扩展至界面相在界面相内发生弯折或偏转（见图5.8(c)）。

虽然裂纹沿界面扩展可分为上述三种方式，但实际上，常见的形式是图(b)和图(c)两种，特别是以图(c)为主，而图(a)的形式比较少见。

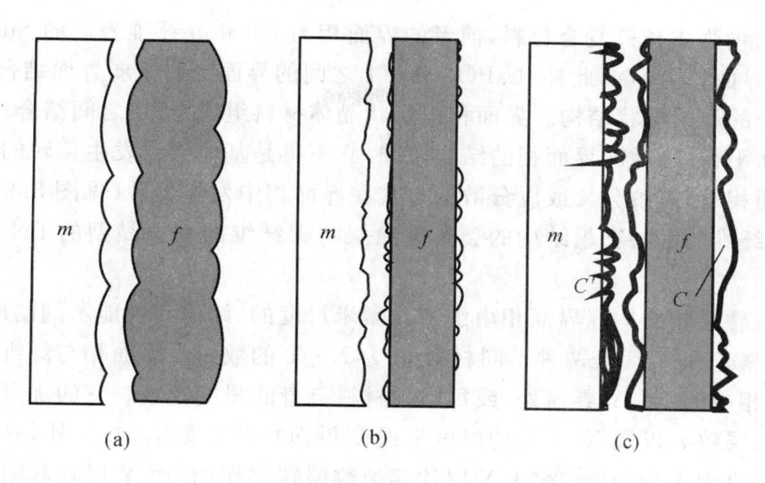

图 5.8　基体裂纹沿晶界扩展的三种形式

(a)界面结合弱；(b)界面结合强；(c)具有纤维涂层

3. 界面的微观结构

在大多数纤维增强陶瓷基复合材料中，所存在的界面相主要包括以下几种结构，不同结构的界面相将产生不同的裂纹偏转方式(见图 5.9)。

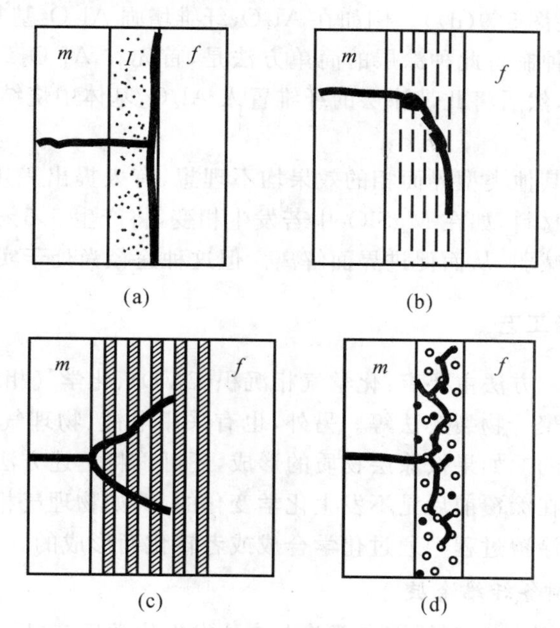

图 5.9　纤维增强陶瓷基复合材料中几种不同结构的界面相

(a)纤维/界面弱结构；(b)界面相为层状晶体；

(c)纳米或微米级$(X-Y)_n$；(d)界面相是多孔材料

①单一组分的乱层状结构涂层。界面相与纤维之间是简单的弱界面结合，基体裂纹扩展至纤维/界面相之间的界面处发生偏转，导致界面解离(见图 5.9(a))。比如通过化学气相渗透(CVI)法制备热解碳涂层的碳化硅纤维(Nicalon/PyC)增强碳化硅、氮化硼涂层的碳化硅纤

维(Nicalon/BN)增强碳化硅复合材料,前者的界面相为 Nicalon 纤维表面的 SiO_2 与热解碳的复合层,后者的界面相为 BN,此外,$LaPO_4/Al_2O_3$ 之间的界面也属于弱界面结合。

②单一组分的规则层状结构。界面相由层状晶体材料组成,每层之间结合较弱,且层片的方向与纤维表面平行。纤维/界面相的结合较强,它不再是基体裂纹发生偏转的位置。当基体裂纹扩散至界面相时,裂纹分叉或以分散的方式在界面相中发生偏转(见图 5.9(b))。这是一种理想界面,碳纤维的乱层石墨结构的裂解碳涂层与碳纤维的六方晶型的 BN 涂层属于此类界面相。

③多组分重叠层状结构。界面相由纳米或微米尺度的、结构和性能不同的层状材料构成,即 $(X-Y)_n$,其中 X 和 Y 代表两种不同材料;n 为 X－Y 的数目。界面相与纤维之间的界面结合很强,但界面相中的 X－Y 界面处,或每层中材料自身的强度较小。它的优点是可以通过调整 X,Y 的结构、层数 n 以及 X 和 Y 的厚度来改变界面相的显微结构;另外,界面相层片之间能够相互配合以呈现多种功能,例如,X 层片起裂纹偏转层作用,而 Y 层片起阻挡层作用。目前,具有两种不同层片结构的界面相已被广泛研究,如用于硅基玻璃陶瓷复合材料中的 BN－SiC 双层($n=1$)界面相;用于 SiC/SiC 复合材料中的 PyC－SiC 多层($n>1$)界面相。当基体裂纹扩展至这类界面相时,裂纹分叉并偏离原扩展方向,分叉的裂纹继续扩展时还可在界面相中的 X－Y 界面处引起二次界面解离(见图 5.9(c))。

④多孔结构。当基体裂纹扩展至界面相时,裂纹在界面相中沿微孔发生多次偏转,缓解了裂纹尖端的应力集中(见图 5.9(d))。例如在 Al_2O_3 纤维增强 Al_2O_3 基复合材料中的多孔氧化铝(或氧化锆)涂层。一种制备此种涂层的简单方法是,首先在 Al_2O_3 纤维表面沉积一层由碳和氧化物组成的混合物,然后将此带涂层的纤维置入 Al_2O_3 基体中烧结,最后碳被烧掉而形成多孔氧化物界面相。

⑤相变收缩结构。其他类型界面相的效果均不理想,有人提出采用能够在剪应力作用下产生相变收缩的界面相材料,如在 $MgSiO_3$ 中若发生相变,将产生 5.5%的体积收缩,可使界面相与纤维之间界面结合减弱,从而促进界面解离。但这种途径尚处于实验探索之中。

5.3.3 界面的制备工艺

纤维涂层的常用工艺方法主要有:化学气相沉积(CVD)、化学气相渗透(CVI)、原位生长、溶胶-凝胶(Sol－gel)和聚合物裂解法等。另外,也有采用电镀、物理气相沉积、等离子喷涂和喷射法来制备纤维涂层的。如果按涂层物质的形成,还可以将上述方法归于两类:直接法和间接法。直接法涂层材料在涂覆前后是不发生化学变化的,例如物理气相沉积和等离子喷涂;间接法的涂层材料则是在涂覆过程中通过化学合成或者转化而形成的。

1. CVD 和 CVI 法制备纤维涂层

CVD 法是将几种气体输送至纤维表面并在该处发生化学反应,反应产物沉积于纤维表面形成涂层。CVD 法是制备纤维涂层的常见方法之一,它的设备和工艺过程如图 5.10 所示。

CVD 法可以为纤维涂覆多类物质(如碳、碳化物、氮化物和氧化物)的涂层。涂层的厚度取决于反应气体浓度、反应炉温度、纤维在反应炉内的停留时间(＝反应炉工作区长度/走丝速度)以及重复进行涂层的循环次数等。涂层的厚度可以从数纳米至数微米。CVD 可以连续对长纤维涂敷,因此可以和缠绕法联合使用。这种方法的缺点是当每束丝的纤维根数较多(通常每束丝为数千根)时,丝束外面的纤维上容易沉积较多的反应产物,而位于丝束内部的纤维上不容易沉积反应产物，因此各处纤维的涂层不甚均匀。

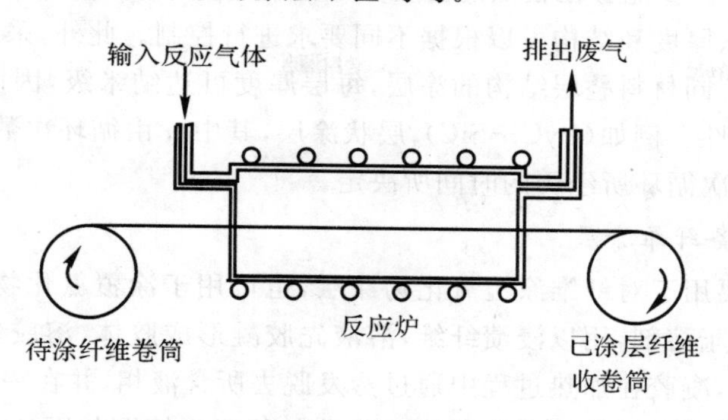

图 5.10　制备纤维涂层的 CVD 装置

CVI 法与 CVD 法的原理相同，但 CVI 法的沉积不仅在丝束表面进行，而且使气态先驱体渗入丝束内部，或者渗入由纤维编织的预成型体内部发生化学反应并进行反应产物沉积，因此能够制得较均匀的纤维涂层。纤维先编织成预成型体然后再进行涂层，还可以避免编织工序对涂层造成的损害，并且简化了涂层设备（可以与陶瓷基体共用 CVI 设备）。CVI 法可以制备碳化物、硼化物、氮化物和氧化物等多种纤维涂层，如表 5.14 所示。

表 5.14　CVI 法制备纤维涂层的源气和工艺条件

	涂层种类	源气	工艺条件/℃
碳化物	PyC	CH_4/C_2H_4	800～900
	TiC	$TiCl_4+CH_4(C_2H_2)+H_2$	400～600
	SiC	$SiH_4+C_xH_y$	200～500
	B_xC	$B_2H_6+CH_4$	400
氮化物	BN	$SiH_4+N_2+H_2$	300～400
		$BCl_3+NH_3+H_2$	25～1 000
		$BH_3N(C_2H_5)_3+Ar$	25～1 000
		$B_2H_4+NH_3+H_2$	400～700
	ZrN	$ZrBr_4+NH_3+H_2$	800
	AlN	$AlBr_3+NH_3+H_2$	200～800
氧化物	SiO_2	SiH_4+H_2O	200～600
		$SiH_4+CO_2+H_2$	200～600
		$Ti[OCH(CH_3)_2]_4+O_2$	250～700
	TiO_2	$TiCl_4+O_2$	250～700
	ZrO_2	$Zr[OCH(CH_3)_2)_4+O_2]+O_2$	250～500
		$ZrCl_4+O_2$	250～500

CVD 法和 CVI 法的共同优点是：①采用的气态先驱体简单并容易获得。例如裂解碳涂层可用 CH_4，C_2H_4 或 C_3H_6，SiC 涂层可用 CH_3SiCl_3（MTS）＋ H_2，BN 涂层可用 BX_3（其中 X

代表 F,Cl,Br)+NH_3。②能够在较低的温度和压力下进行,因此涂层工艺过程中对纤维的损伤小。③涂层的成分、厚度和结构可以根据不同要求进行控制。此外,采用循环变化源气成分的方法,还可以制得不同材料叠层结构的涂层,每层厚度可达纳米级,因而使界面相的设计与控制具有很大的灵活性。例如$(PyC+SiC)_n$层状涂层,其中 n 由循环次数决定,每一层的 PyC 或 SiC 的厚度则由该次循环所经历的时间所决定。

2. Sol-gel 法制备纤维涂层

溶胶-凝胶法主要用于对纤维涂覆氧化物涂层,也可用于涂覆氮化物涂层。它的原理是:将醇盐或其混合物溶于溶剂,用以浸渍纤维,溶液先胶凝形成胶体,溶胶经过一定时间后水解(或氨化)转变为凝胶,凝胶在加热过程中通过蒸发脱去所含液相,并在一定温度下烧结成为涂层材料。采用溶胶-凝胶法制备纤维涂层的工艺设备及流程简图如图 5.11 所示。图 5.11 中的高温炉仅对出厂前涂有保护胶层的纤维使用,通过高温除去这层保护胶层使纤维的表面裸露。采用超声波浸渍可以达到对丝束内部浸渍均匀。浸渍液为金属醇盐溶剂、水和催化剂(助溶剂)。对水解炉通入水蒸气,使纤维束中浸渍的溶液水解缩聚成为溶胶,此溶胶经过一定时间和加温成为含有大量水分的湿凝胶,湿凝胶脱水后形成 SiO_2或 Al_2O_3涂层。如果对水解炉通入的不是水蒸气而是氨,则生成的是氮化物涂层。

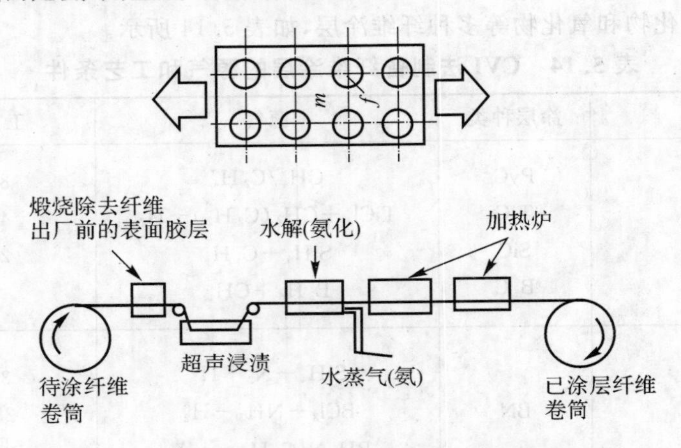

图 5.11 溶胶-凝胶法制备纤维涂层工艺的设备及流程

用溶胶-凝胶法制备纤维涂层有下列优点:①设备和工艺过程简单,生产成本低。②反应过程容易控制,通过调整原料的纯度,可以获得成分准确、纯度高的涂层,甚至可以获得非晶态涂层。③涂层厚度均匀,通过多次重复工艺循环,可以均匀增大涂层厚度(超过 200nm)。如果在循环中采用不同配方,还可制备多层结构$(X-Y)_n$的复合涂层,例如 X,Y 为具有不同成分的氧化物,或者氧化物和氮化物。④烧成温度低,纤维在涂层工艺过程中所受的损伤很小。

溶胶-凝胶法存在的主要问题是凝胶中含有较多液相,液相蒸发后产生的收缩会在涂层中形成微裂纹或孔隙。如果控制得当,也可利用这一特点获得多孔界面相。

Nextel 720 纤维典型的界面为 $LaPO_4$。磷酸(二)氢铵与硝酸镧溶液混合,化学反应形成透明稳定的磷酸镧溶胶,将 Nextel 720 纤维在其中反复浸渍,然后干燥热解,即获得 $LaPO_4$ 界面层。为了避免在浸渍过程中纤维丝粘连,通常在溶胶表面添加憎水性表面剂,或者预先通过 CVI 方法在 Nextel 720 表面制备纳米级 PyC 界面层,使单丝纤维具有一定刚度,从而避免在浸渍过程中因表面张力和毛细引力引起的单丝粘连。

3. 聚合物裂解法制备纤维涂层

聚合物裂解法又称为液态先驱体转化法。它是以先驱体聚合物的溶液浸渍纤维,在一定的温度和保护气氛下,先驱体聚合物裂解生成包覆于纤维表面的陶瓷涂层。聚合物裂解法制备连续纤维涂层的工艺设备和工艺流程简图如图 5.12 所示。如采用此法对多向编织预成型体中的纤维涂层,则浸渍工序应采用强制措施(如加压、超声振动、抽真空……)。采用此法较成功的例子是,用沥青为先驱体对纤维涂覆裂解碳涂层;用聚碳硅烷为先驱体对纤维涂覆 SiC 涂层。用聚合物裂解法进行纤维涂层存在的问题是由于聚合物先驱体的陶瓷转化率不高($<70\%$),裂解时产生大量气体逸出,因而涂层容易开裂或在内部形成气孔。为了减少这种不利影响,必须研制并采用陶瓷转化率高的聚合物先驱体,同时还可采用多次涂覆和裂解。

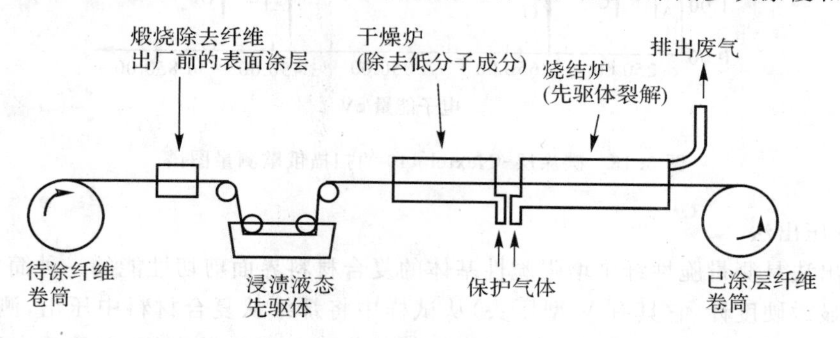

图 5.12 聚合物裂解法制备连续纤维涂层的设备和工艺流程简图

4. 原位合成法形成界面相

原位合成法形成的界面相不是对纤维涂覆涂层,而是在复合材料的制备过程中,基体和增强体之间相互扩散和发生化学反应,在基体和增强体之间形成材料成分和结构既不同于基体又不同于增强体的一个薄层区域,称为界面相。由于它不是预先涂覆而是在复合工艺过程中原位生成的,故名原位合成。原位合成界面相的实例是 Nicalon/玻璃-陶瓷复合材料中的富碳界面相,它是由增强体中的 SiC 与基体中的氧反应生成的。

5.3.4 界面的性能表征

界面相的性能是影响复合材料性能的关键因素,界面性能取决于其成分与结构。通常界面的厚度可以依据增重率计算,但是结构及成分需要借助仪器实现。

1. 界面结构表征

界面相的结构包括界面相的组成、厚度和微观结构。通过 SEM,EDAX,XRD 和 EDS 等,可分析纤维涂层的结构、成分、形貌以及涂层与纤维和基体之间的结合情况,也可以采用高分辨场发射俄歇电子探针得到界面成分的信息。图 5.13 是典型的纤维涂层的扫描俄歇测量谱线,它证明了碳涂层的存在。

2. 界面力学性能的表征

为了建立、评价和完善复合材料的力学模型以及复合材料力学性能与纤维/基体之间的关系,有必要测定界面的性能,它将有助于选择合适的纤维、基体和制备工艺,以及选择合适的纤维涂层。测量界面性能(主要是界面强度)一般有两种方法:纤维压出法和纤维拔出法。

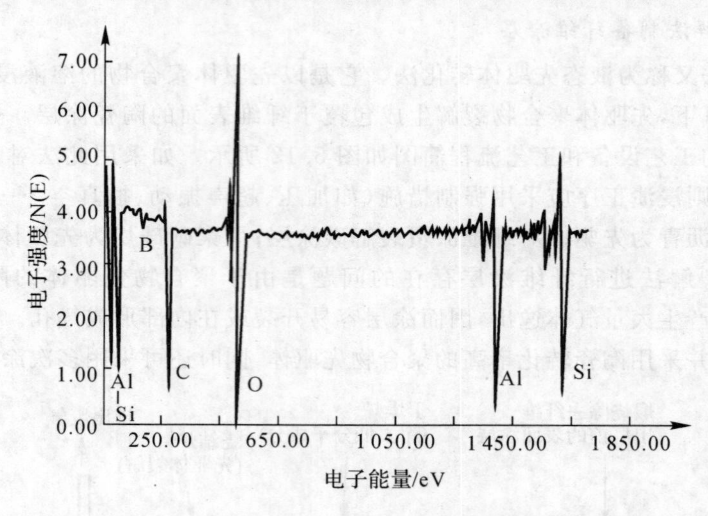

图 5.13 碳涂层-Nextel 440 的扫描俄歇测量图谱

(1)纤维压出法

纤维压出法是测量脆性纤维增强脆性基体的复合材料界面剪切性能的一种简单可行的方法。用标准显微硬度计(它具有 V 型压头)从试样中将纤维从复合材料中压出,测试纤维/基体之间界面的摩擦剪切强度。这种方法的试样的工作面是经过抛光的,它是垂直纤维轴方向的复合材料断面。将 V 型压头的尖端对准纤维中心,然后在压头上施加一定的载荷,使纤维沿着纤维/基体的界面滑动一定距离,其位移量取决于由压头所施加的载荷的大小。假设压头所施加的载荷完全被纤维/基体间的摩擦应力所承担,纤维被弹性压缩的量超过其脱黏长度(此长度由摩擦应力大小来决定),摩擦应力 τ、外加载荷 F 和纤维滑动位移 u 之间的关系式为

$$\tau = F^2/(4\pi^2 u r^3 E_f) \tag{5.9}$$

式中,r 为纤维半径;E_f 为纤维弹性模量。

孙文训等提出了用束顶出法研究界面结合情况,并研制了束顶出界面力学性能测试仪(见图 5.14),用以测量纤维束与周围基体的结合情况,并将该方法用于碳/碳复合材料的界面力学性能的研究。束顶出法根据三维编织碳/碳复合材料的结构特点,它不是研究单根纤维的界面(束内界面),而是以一束纤维(6 000~8 000)为对象,重点研究束间界面的结合情况。试验中将整束纤维从试样中用压头顶出,以评定束间界面的结合情况,束顶出试验装置简图如图 5.15所示。

(2)纤维拔出试验

纤维拔出试验是将纤维单丝复合在基体材料中制成如图 5.16 所示的试样。然后沿纤维轴向施加载荷 P,将纤维从基体材料中拔出,以测定界面剪切应力。这种方法最先在聚合物基复合材料中应用,后来也广泛用于具有脆性基体的陶瓷基复合材料。

利用剪滞分析方法(Shear Lag Theory)测得界面剪切强度 τ_i 为

$$\tau_i = \sigma_{fu} \cdot d_f/(2l_c) \tag{5.10}$$

式中,σ_{fu}为纤维断裂强度;d_f 为纤维直径;l_c 为纤维临界长度。测试时,用不同长度的纤维埋入基体(即改变纤维的长径比 l/d_f),显然,当埋入的长度等于 $l_c/2$ 时,纤维中的应力恰好达到

σ_{fu}，纤维被拔出面不被拉断。由此可以测算出 l_c 值，将 l_c 值代入式中便可以计算出界面剪切强度 τ_i。

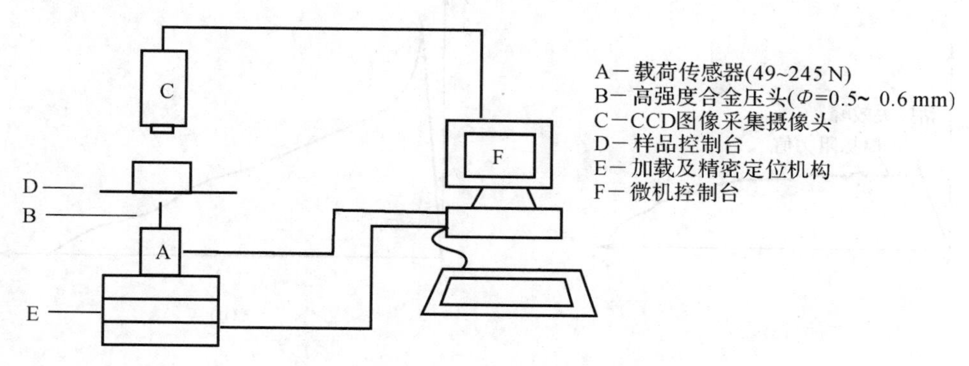

图 5.14 束顶出界面力学性能测试仪

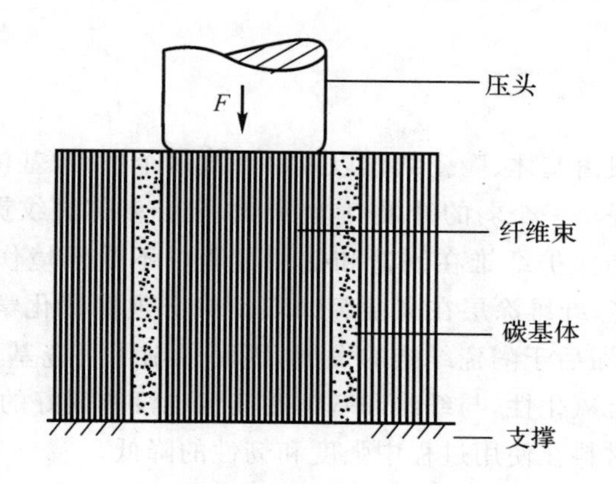

图 5.15 束顶出试样及其安装示意图

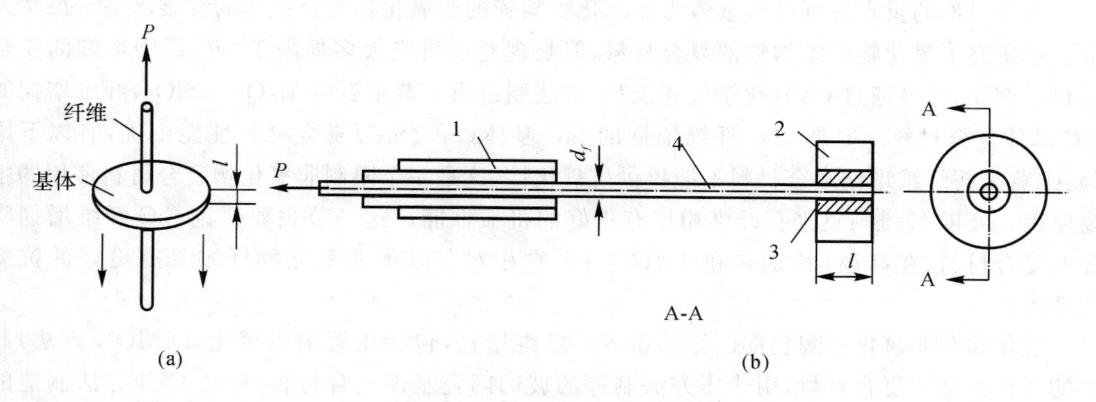

图 5.16 纤维拔出试验示意图

(a)穿透试样；(b)非穿透试样

1—夹具；2—模具；3—基体；4—纤维

图 5.17 示出玻璃纤维和碳纤维拔出试验时载荷 P 和拔出位移间的关系曲线。曲线上的尖峰对应着纤维脱黏的力，然后，随着拉出位移的增加，载荷降低并保持较低值，直至纤维被完

全拔出。

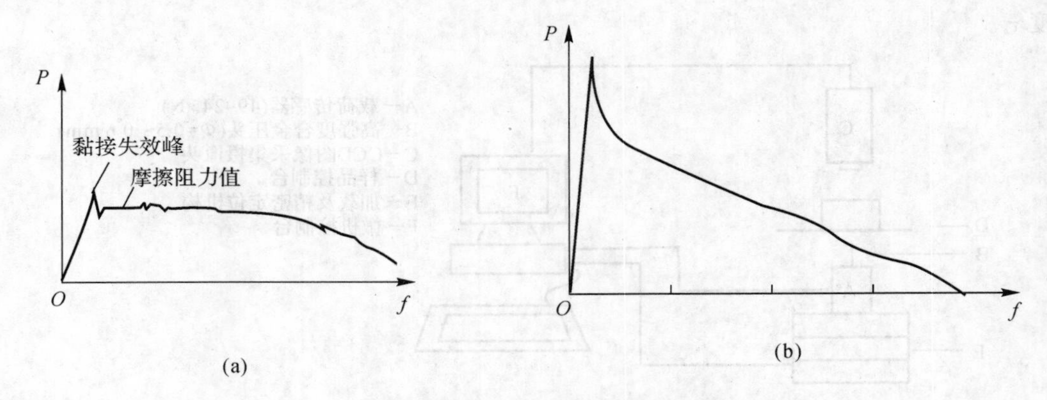

图 5.17　纤维拔出试验典型载荷(*P*)位移(*f*)曲线

(a)玻璃纤维拔出 *P*－*f* 曲线;(b)碳纤维拔出 *P*－*f* 曲线

5.3.5　界面材料

陶瓷基复合材料一般由基体、陶瓷纤维以及一个或多个纤维/基体界面涂层(纤维涂层)组成。纤维涂层的作用是提供一个弱的纤维-基体界面,阻止基体裂纹贯穿纤维以增加复合材料的韧性。纤维涂层还起到保护纤维在制造和使用过程中不受环境伤害的作用。为了保持纤维-涂层-基体的脱黏性能,纤维涂层在高温腐蚀环境中必须保持化学和力学稳定性。不幸的是,由于界面涂层的发展滞后于陶瓷纤维的发展,因而限制了陶瓷基复合材料的应用。现在,纤维涂层既没有较好的抗氧化性,与纤维和基体在高温也没有很好的相容性。一般来说,这些缺陷导致了陶瓷基复合材料在使用过程中强度和韧性的降低。

1.非氧化物复合材料的涂层

本节讨论的重点是纤维或基体为非氧化物陶瓷的非氧化物复合材料的纤维涂层。虽然大量文献研究了氧化物纤维增韧的复合材料,但是现有的研究大多局限于 SiC 纤维增韧的复合材料。例如,已经通过 CVI(化学气相沉积)方法制造出了莫来石($3Al_2O_3-2SiO_2$)纤维增韧的 SiC 基体复合材料。但是,SiC 纤维增韧的 SiC 基体(SiC/SiC)复合材料性能更优,有以下原因:①莫来石纤维增韧复合材料不能提供抗氧化性,这是一个限制非氧化物复合材料使用的主要原因;②SiC 纤维与莫来石纤维相比有更好的机械性能。这一节主要讨论 SiC 纤维增韧陶瓷基复合材料,在高温(特别是在 1 100℃)下它相对于其他非氧化物纤维具有更好的抗氧化性能。

氧化物和非氧化物陶瓷都已经采用 SiC 纤维增韧,包括用熔融铝氧化(DIMOX 方法)制造的氧化铝基体复合材料,用热压方法制造的玻璃陶瓷基体复合材料,通过 CVI 方法制造的 SiC 基体复合材料,通过聚合物高温分解制造的 SiC 或 SiC/Si_3N_4基体复合材料和用熔融硅渗透的方法制造的 SiC－Si 基复合材料。

陶瓷基复合材料一定要具有热稳定性。这是因为其必须长时间处在高温时还要保持大部分的强度和韧性。它们还必须在氧化条件下保持这些性能。即使一个复合材料是热稳定的,但当在高温、高应力同时存在的氧化条件下,也会变成不稳定的。在复合材料的工作环境中会经常出现这种条件。虽然已经研究了很多种类的纤维涂层，但是只有使用了 C 或 BN 纤维涂层的非氧化物复合材料才能同时具有韧性和热稳定性。

纤维-涂层-基体界面的氧化是阻碍非氧化物陶瓷广泛应用的一个主要问题。当纤维末端暴露在环境气氛或基体出现裂纹时，环境中的氧气就会到达纤维涂层，界面就会暴露在氧化环境中。

当复合材料受到超过裂纹强度（比例极限）的应力时，裂纹就会发生扩展。有时候即使陶瓷基复合材料在低于比例极限条件下工作，也有可能发生裂纹扩展。基体裂纹一旦形成，即使应力减小到低于基体裂纹强度也不会自动愈合。氧气会沿着基体裂纹进入，因此纤维涂层会发生氧化，并导致纤维性能的下降。涂层的氧化还会降低界面的脱黏性能，因此会降低复合材料的强度和韧性。

(1)碳涂层

碳涂层是最早的可以使陶瓷纤维增强的陶瓷基复合材料产生韧性的涂层之一。在用热压方法制造的玻璃陶瓷基复合材料中，可以使用 Nicalon 纤维分解的方法来原位形成碳涂层，或者可以通过 CVD 的方法来制备。复合材料的韧性随着涂层厚度的增加而提高，但是，基体和纤维之间传递的载荷却随着涂层厚度的增加而减小。因此，涂层的厚度一般为 0.1～0.3 μm。如图 5.18 所示，用 CVI 方法制备的具有碳涂层的 Nicalon 纤维增强的 SiC 基复合材料的韧性已经得到了证实。

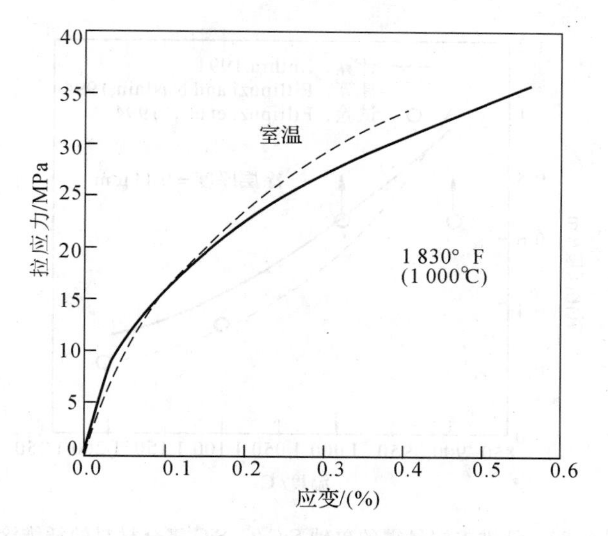

图 5.18　CVI 法制备的 Nicalon 纤维增韧 SiC 基复合材料的拉伸应力-应变曲线

Filipuzi 和 Naslain 最早对 Nicalon 纤维增强的 SiC 基复合材料中的碳涂层氧化进行了详细系统的研究。图 5.19 是具有碳涂层的 Nicalon 纤维增强的 SiC 基（SiC/SiC）复合材料中氧化现象的示意图。碳氧化生成 CO 和 CO_2 气体，气体释放出之后就在纤维和基体之间留下了缝隙，导致两边临近的纤维和基体发生氧化并生成 SiO_2。由于氧气沿着纤维和基体发生氧化出现的空隙进行扩散，导致复合材料发生连续的氧化，直到纤维和基体发生氧化生成的 SiO_2 封闭了空隙。根据 Nicalon 纤维和 SiC 基体的氧化速率常数，Luthra 计算了封闭空隙所需要的时间，发现其与纤维和基体的氧化速率系数的变化相反，却随着纤维涂层的厚度的增加而增加。

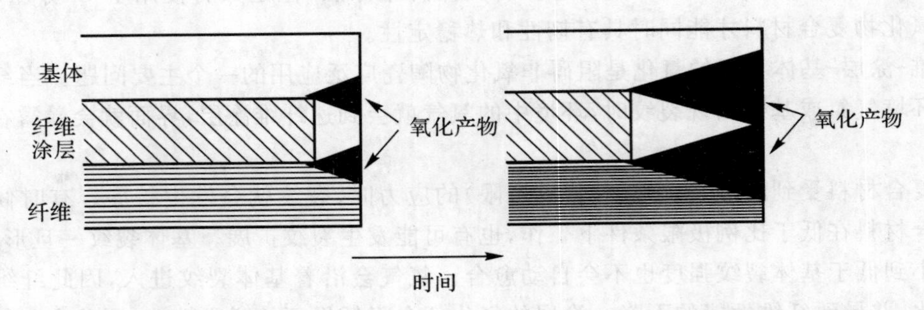

图 5.19 沿着纤维末端暴露的单轴 SiC/C/SiC 复合材料的纤维/涂层/基体界面的氧化过程的示意图(只显示了沿着纤维/涂层/基体界面的环形区域的一个界面)

图 5.20 显示了碳涂层的氧化深度是温度的函数。即使纤维涂层的厚度只有 0.1 μm,纤维涂层的氧化深度都很深,在毫米量级。因此纤维涂层的氧化与纤维末端的暴露密切相关。在 900～1 200℃温度范围内,氧化深度的变化方向与温度的变化方向相反。在高温时,由于碳氧化造成的空隙会很快被封闭,因此限制了氧化的深度。相反地,纤维末端暴露在 700～800℃的中温区是最有害的,它可以导致复合材料的脆化。在中温区的脆化一般被称为pesting。

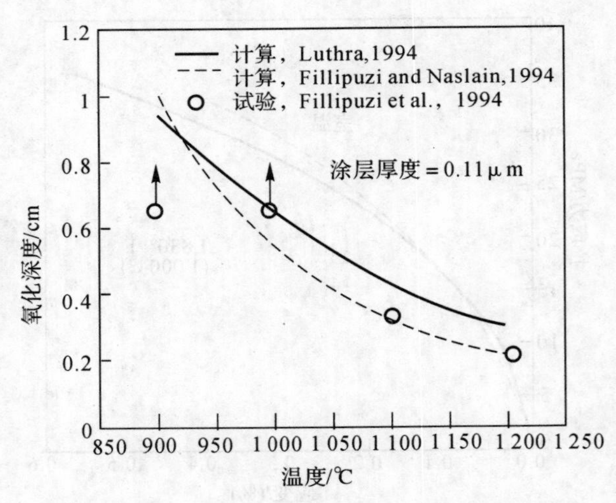

图 5.20 纤维末端暴露的单轴 SiC/C/SiC 复合材料的纤维涂层的氧化深度(所有的数据都来自 CVI 法制造)

虽然非氧化物复合材料被设计在比例极限温度以下工作,但是应该考虑到有时候也会在比例极限以上的温度工作。当发生这种情况时,氧气会沿着基体裂纹和氧化的碳纤维涂层进行扩散。在这些情况下,氧化前沿会沿着纤维方向前进,氧化深度与上述观察到的末端暴露的情况相近。此外,空隙被 SiC 氧化生成的 SiO_2所封闭的机制在 700～800℃的中温区不再起作用。因此,要寻找另外的封闭基体裂纹和使氧化失效最小化的机制。

在碳纤维增强的碳基复合材料(C/C)中,将硼掺杂到基体中可以帮助封闭中温区的基体裂纹。硼氧化生成的 B_2O_3 玻璃,充当裂纹封闭剂的作用。Dupont Lanxide 已经把这种硼封闭的方法应用于 CVI SiC/SiC 复合材料中。但是，现在还不清楚当裂纹扩展时硼添加剂是否能快速地生效，起到阻止碳纤维涂层氧化的作用。

(2)氮化硼涂层

除了碳以外，BN 是唯一的能在非氧化物复合材料中发生缓慢破坏的纤维涂层。但应指出的是，并不是所有的 BN 都是一样的。当在低温下沉积的时候，生成的 BN 是无定形的或者杂乱的。当在高温下沉积的时候(例如在 1 500℃以上)，BN 一般为有序的六方结构，这是能够使陶瓷基复合材料具有韧性的结构。碳或氧掺杂是 CVD 沉积的 BN 中的常见现象，但是硅掺杂的 BN 具有更高的抗氧化性能。

与具有碳涂层的纤维增强的陶瓷基复合材料一样，具有 BN 涂层的纤维增强的陶瓷基复合材料的韧性随着涂层厚度的增加而提高。BN 涂层的最理想的厚度范围应该是 0.3～0.5 μm，要比碳涂层的厚一些。图 5.21 所示的是用熔体渗透的方法制备的 Hi－Nicalon SiC 纤维增强的 SiC－Si 基复合材料的拉伸试验结果。图 5.22 所示的是用热压方法制备的 Nicalon SiC 纤维增强玻璃陶瓷基复合材料的拉伸试验结果。二者都具有 BN 涂层。非线性的应力-应变曲线和大于 0.6%的断裂应变显示了复合材料具有良好的韧性。

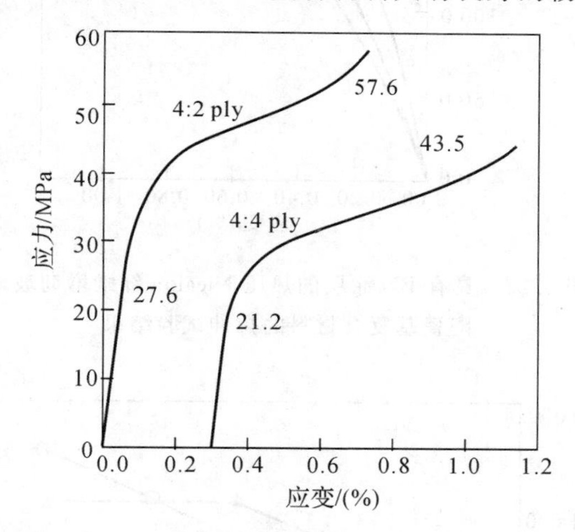

图 5.21　熔融渗透制造的 Hi－Nicalon 纤维增强 SiC－Si 基复合材料拉伸试验结果
(纤维方向为 0°和 90°的纤维的数量的比值为 4∶2 和 4∶4 两种情况)

由于 BN 被氧化之后的产物是液态的氧化硼而不是气态的氧化物，因此可以预料 BN 在干燥的空气或氧气中的氧化率要比碳低得多。这一点可以从复合材料的末端氧化研究中得到反映。试验中观察到的 SiC－Si 基复合材料的 BN 涂层的氧化深度很浅，在 700～1 200℃的温度范围进行 100 h 的氧化后，氧化深度只是在 10 μm 的量级甚至更小。通常认为，BN 氧化生成的氧化硼液体与纤维和基体的氧化产物二氧化硅相互作用生成一种硼硅酸盐玻璃，这种玻璃的成分由于氧化硼不断地从表面挥发而随时间发生变化。BN 涂层氧化的深度要比碳涂层氧化的深度浅得多，因此在干燥的氧化环境中 BN 涂层比碳涂层的性能更好。

在潮湿环境中所作的氧化试验显示，BN 涂层的氧化性能和碳涂层的氧化性能很类似。氧化产物(B_2O_3)在能封闭由于 BN 氧化和挥发所产生空隙的硼硅酸盐玻璃形成之前就以氢氧化硼的形式挥发掉了。图 5.23 所示的是具有 0.5 μm 的名义涂层厚度的 Hi－Nicalon 纤维增韧的 SiC－Si 基复合材料的 BN 涂层的氧化深度。在 1 200℃时，氧化过程进行 1 h 之后空隙被封闭。而在 900℃时，氧化进行了大约 4 h。在 700℃时空隙不会被封闭，氧化会一直进行下去直到 100 h。因此，可以看出复合材料的脆化在 700～800℃的中温区发生的可能性比在 1 200℃的高温条件下发生的可能性更大。

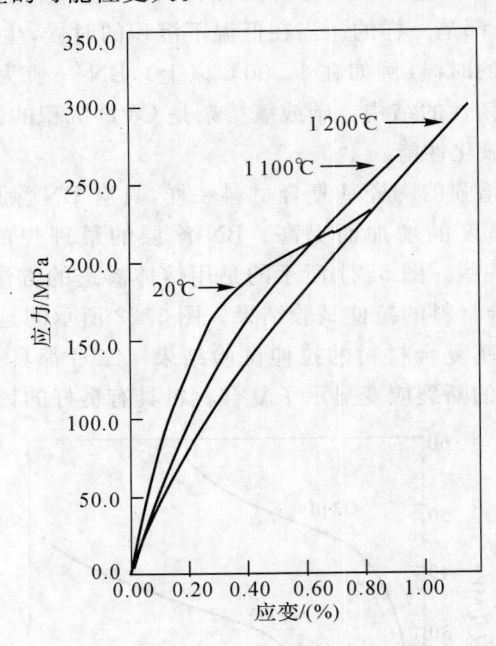

图 5.22　具有 BN 涂层的热压 Nicalon 纤维增韧玻璃陶瓷基复合材料的拉伸试验结果

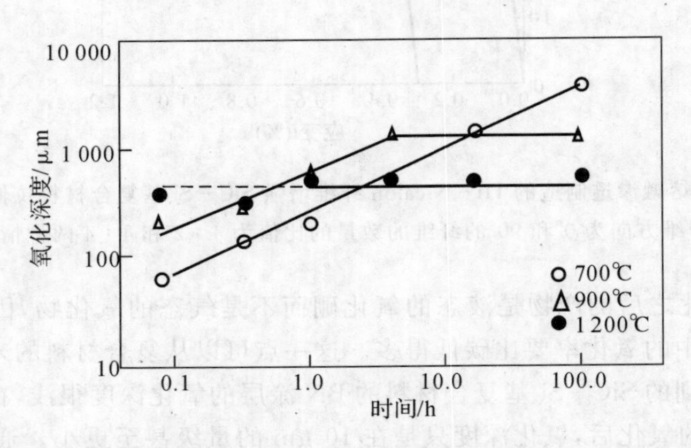

图 5.23　用熔融渗透方法制造的 Hi－Nicalon 纤维增强的 SiC－Si 基复合材料的涂层氧化深度(BN 涂层的名义厚度为 0.5 μm)

当基体裂纹存在的时候，氧化剂(氧气和水蒸气)能够迅速的通过基体裂纹扩散并氧化纤维涂层。一般涂层厚度小于 1 μm，因此，涂层会迅速氧化(在高于 900℃的试验温度下只需要几分钟)，并且这种损伤会迅速的扩展到纤维上。在干燥环境中，由末端氧化研究可知，这种损伤会由于侧面的氧化产物的放慢而被限制。在潮湿环境中，由于 BN 涂层氧化的速度很快，损伤会迅速扩展。

因此,必须要寻找封闭由于过应力所产生的基体裂纹的方法。两种可能的通过基体来封闭裂纹的机制为:①基体强化或变形(如通过蠕变);②能够提供封闭裂纹的氧化产物的基体添加剂(在氧化之前)。原则上说,基体封闭方法在复合材料受到显著破坏之前都会起作用。Nicalon纤维增强的并具有一层 BN/SiC 涂层的玻璃陶瓷基复合材料的应力断裂试验显示封闭确实发生了。一个试样在1 100℃的空气中,受到138 MPa 的应力(远高于 88 MPa 的快速断裂比例极限应力),经过19个月之后,其残余强度仍与未氧化的试样相当。

研究发现,在水蒸气环境下晶体BN和硅掺杂的BN具有比无定形的BN更优良的抗氧化性能。其中硅掺杂的BN既能保持BN的脱黏性能并且在干燥和潮湿环境下都能明显提高BN的抗氧化性能,因而更引人注意。虽然硅对抗氧化的影响还没有进行定量的评估,但是有理由相信在BN中添加硅可以显著降低涂层的氧化速率。氧气在BN的氧化产物 B_2O_3 中的扩散速率比在SiC和 Si_3N_4 的氧化产物 SiO_2 中的扩散速率高3个数量级,且硅以氢氧化硅形式的挥发也比氢氧化硼低得多,因此硅在BN中的掺杂还可以降低水蒸气环境中涂层的挥发,这是今后应重点研究的内容。

(3)其他的纤维涂层

对于BN/C/BN,BN/C/Si_3N_4,SiC/C/SiC和BN/SiC等多层涂层,其分层涂层中每一层的碳或者BN涂层都没有单一的碳或者BN涂层厚。多层涂层的脱黏层也应该是多层的,另外还有一些碳化物,如 Ti_3SiC_2;氮化物,如AlN;以及多种氧化物,也都具有层状结构。

虽然很难对所有涂层的抗氧化性都作出评估,但是讨论最好的抗氧化涂层的潜在性能却是很值得的。为了保证基体和纤维之间进行有效的载荷传递,对于纤维束来说纤维涂层的厚度最大值为1 μm,而对于直径在100 μm 的单丝纤维来说涂层的最大厚度为几个微米。当前的讨论认为涂层的最大厚度为1 μm。

由于氧化物陶瓷不会发生氧化,所以一般认为氧化物涂层是抗氧化最好的选择。虽然这种想法对于防止纤维涂层的氧化是正确的,但是对于非氧化物纤维来说它并不能起到很好的保护作用,并且不能保持一个弱的纤维-基体界面层。通过应用扩散分析,Luthra证明了即使存在 SiO_2 这样的抗氧化层,非氧化物纤维仍然会迅速地从纤维和氧化物涂层之间的界面开始氧化。纤维涂层界面一旦发生这样的氧化,纤维就会和涂层结合起来,也许还会和基体强结合,这样就会损坏复合材料的韧性。涂层的成分也会发生变化,这对于弱结合的涂层和脱黏发生在涂层内部的情况尤其重要。由于纤维涂层反应可发生在涂层的制备温度,因此很难做到制备氧化物纤维涂层时不损害纤维和复合材料的性能。

因为在所有的氧化物中二氧化硅的氧气扩散率最低,因此在1 100℃以上的温度可生成二氧化硅的材料可以提供最好的防氧化保护。但是Luthra已经证明能生成二氧化硅的材料如SiC或 Si_3N_4 形成的一个微米厚的涂层所提供的抗氧化保护是有限的,在1 200℃下大概只能持续100 h。因此,在氧气存在的条件下,没有一种非氧化物涂层可以保护SiC涂层不受氧化超过100 h。所以抗氧化要全面考虑复合材料系统,确定氧化是怎样降低复合材料的性能的,怎么改变复合材料系统包括纤维、涂层和基体来避免这个问题。

(4)避免氧化脆化的系统方法

在氧化环境下,当存在裂纹时,没有一种纤维涂层可以保护纤维在1 200℃的温度下免受氧化超过100 h。但是这并不意味着不需要纤维涂层,因为理论极限现在还没有达到。因此应该继续以下两种方法：

①非氧化物纤维涂层的抗氧化性要进一步提高，从现在的只能保护几分钟（在1 200℃）的1 μm厚的BN涂层到理论上的最大值可持续100 h的1 μm厚的可生成二氧化硅的涂层。

②探索迅速封闭裂纹的技术。要在纤维涂层被氧化之前封闭裂纹。

图5.24粗略地表示了一个有裂纹的陶瓷基复合材料。裂纹的宽度与涂层的厚度相当，大约在一个微米的量级。图5.25表示一个裂纹/涂层/基体区域的氧化效应。图5.25(a)表示了发生在裂纹区域的各种过程。各种氧化剂，如氧气和水蒸气，通过裂纹扩散到复合材料内部，使裂纹边缘和纤维涂层（如箭头所示）发生氧化。氧化后，氧化产物的体积大于氧化物的体积。例如，SiC氧化之后全部生成了二氧化硅。因此，氧化产物可以填充裂纹区域并阻止进一步的氧化。图5.25(b)为氧化区域的演化简图。我们可以从中看到，虽然裂纹的宽度已经减小了，但是裂纹没有被氧化产物完全封闭。图5.25(d)显示的一个涂层在裂纹愈合之前就被氧化透了。通过裂纹扩散进来的氧气可以透过涂层的氧化产物，继续氧化纤维。最好的情形应该如图5.25(c)所示，裂纹在涂层被完全氧化之前完全愈合，这样就可以阻止了纤维-涂层-基体界面的显著的破坏。如果采用可以提供多个脱黏层的多层涂层的话，这个方法应该是可行的。

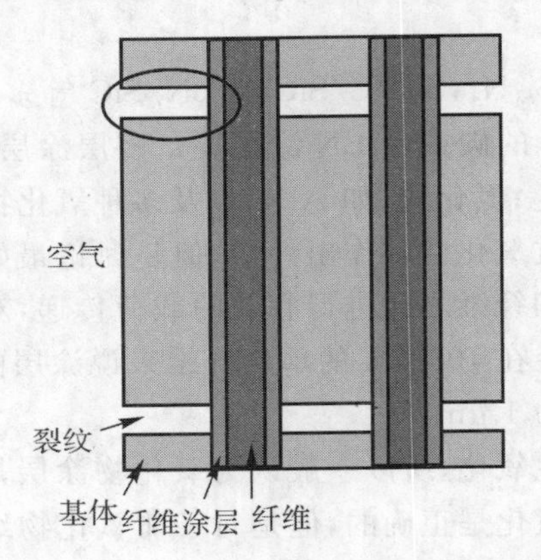

图5.24　连续纤维增韧陶瓷复合材料暴露在高于基体开裂强度的应力下的基体裂纹的示意图

如果裂纹扩展到纤维/涂层界面，那么界面在裂纹愈合之前发生氧化是不可避免的。如果存在多个脱黏层的话，在裂纹愈合之后界面的脱黏性能还会保持得很好。但是这一点还没有在任何一个复合材料系统中得到证明。现在提出了这样一个问题，就是在实际情况受到循环载荷的条件下，愈合区域的持续性能如何。因此，除了关注裂纹愈合和涂层的使用寿命，还要在实际环境的条件下考核这些材料的性能。

(5)涂层的制备

CVD是最常用的制造复合材料系统涂层的方法，因为这是一种可以在各种不同结构上沉积相当均匀涂层并且保形的方法。CVD或许是唯一的能够成功地应用于制造具有良好的力学性能的韧性复合材料的方法。很多涂层都是用CVD方法制造的，如碳涂层、BN涂层、硅掺杂的BN涂层和SiC涂层。

碳涂层通常是用碳氢化合物如CH_4和C_2H_2，在1 000～1 800℃的高温进行裂解来沉积的。BN涂层是三氯化硼和氨气在800～1 200℃下进行反应得到的，其中用氮气作为载气，BN

的结晶能力和沉积率随着温度的升高而提高，但是，随着温度的升高涂层也变得不均匀。当在纤维束上进行沉积时非均匀度比较小，而当在三维构件上进行沉积时非均匀度比较大。BN 涂层的化学性质不但取决于先驱体，还取决于其他的因素。例如，在石英反应器中制造的 BN 涂层中含有氧杂质，而在碳炉中制造的涂层中含有碳杂质。Patibandla 和 Luthra 在他们所制造的 BN 涂层中观察到原子百分比为 12%的氧原子；Sun 制造的 BN 涂层为硼原子 40%、氮原子 40%、碳原子 20%。不过 BN 的化学组成和结晶性对复合材料的力学性能的影响还不是很清楚。

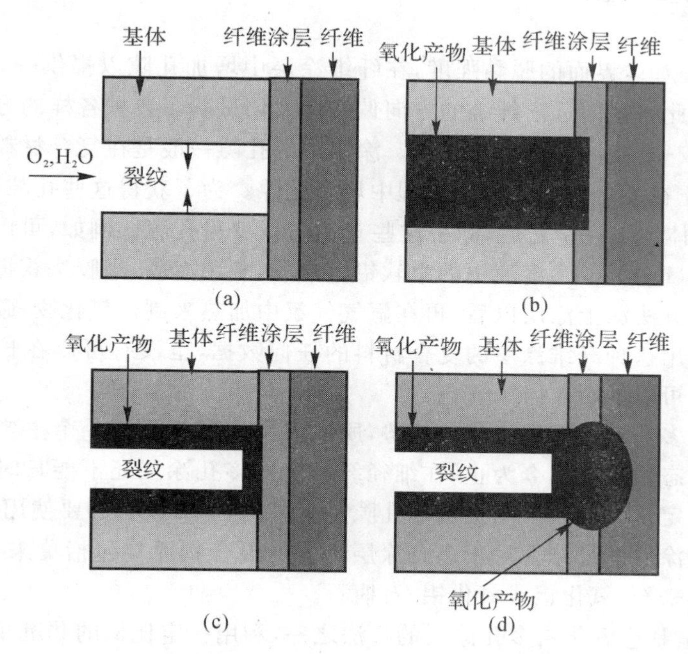

图 5.25　图 5.24 中椭圆区域中的裂纹/基体/纤维涂层区域的氧化进程示意图

2. 氧化物纤维涂层

因为氧化物纤维抗蠕变性能低，而且缺乏适当的氧化物纤维涂层来促进纤维-基体的脱黏，所以氧化物陶瓷复合材料的发展滞后于非氧化物复合材料的发展（与 SiC 相比）。20 世纪 90 年代，在抗蠕变氧化物纤维（例如，Nextel 720）和界面控制方面的进展已经使氧化物复合材料在工业和国防领域的应用潜力得到提升。有效的涂层能够提供弱的纤维-界面结合，因此使复合材料具有韧性行为。

氧化物纤维涂层常被用于氧化物纤维。一般要避免在硅基非氧化物纤维上使用氧化物涂层，这主要是因为纤维有和氧化物涂层反应的趋势，从而产生牢固的界面结合。然而，也有例外，例如，SiC 纤维用 SiO_2/ZrO_2/SiO_2 多层涂层。

对氧化物复合材料的 C 基和 BN 基涂层的研究远没有像对非氧化物复合材料 C 基和 BN 基涂层的研究那样丰富。造成这种情况的一个原因是氧化物复合材料的抗氧化性具有先天的优势，这种易于氧化的界面的存在阻碍了复合材料氧化的进行。这对 BN 尤其适用，因为硼的氧化产物可以与纤维和基体发生反应。易氧化界面的一个实例是 C 涂层，在氧化物复合材料中使用C涂层是使纤维与基体发生脱黏的一种方法。

最初为氧化物复合材料研究纤维涂层的方法不是采用非氧化物C和BN的方法，而是集中在与纤维和材料本身并不形成化合物的混合氧化物。这种方法后来转变为氧化物界面的涂层，这种涂层模仿了C和BN的层状晶体结构，能够为非氧化物复合材料提供弱的界面结合。人们也利用多孔和易变形的涂层来降低纤维与基体间界面的机械结合。对氧化物复合材料，人们最近正在研究在涂层与氧化物纤维之间制造高能的界面。

(1)多孔涂层和多孔基体

1)多孔涂层

为了降低纤维-基体界面的脱黏强度，在纤维涂层中增加孔隙以提供一条较弱的路径，使得基体裂纹能够沿此路径向远离纤维的方向偏转。人们试验了各种各样的方法在纤维涂层中增加孔隙，包括溶胶-凝胶法和共沉积方法。涂层中的孔隙一般是在复合材料基体加工之后产生的，这是为了防止在复合材料致密化过程中堵塞孔隙。为了获得这些孔隙，在沉积的涂层中常常包括C。在基体加工完毕之后，除去这些C就可以获得孔隙。例如，可以借助于在聚胺的聚甲基丙烯酸甲酯(Darvan C)溶液中的水软铝石溶胶，利用溶胶-凝胶法获得多孔的氧化铝涂层。纤维利用这种方法涂上涂层以后，再在氩气气氛中加热来制造氧化物-碳涂层。然而目前还依然没有获得使用这种纤维涂层的复合材料的任何数据，也没有可以在长纤维上生产高质量涂层的沉积技术可以展示。

因为在高温下多孔涂层有致密化的趋势，所以多孔涂层关心的一个主要的问题是在高温下要保持孔隙的形态稳定。迄今为止，在细径纤维上的多孔涂层还不能长时间暴露在高温中来评估其微结构稳定性。如果证明粗糙的孔隙是有害的，那么就有必要使用氧化物，利用缓慢扩散的机制来防止涂层的烧结。对于多孔涂层可能的混合物原料包括莫来石、石榴石或两者的混合相，例如，莫来石-氧化铝或氧化铝-石榴石。

CVD被认为是制造氧化锆多孔涂层的方法之一，利用一定比例的共沉积C和碳化锆的氧化可以产生40%的多孔氧化锆涂层。然而，在1 100℃涂层的氧化会引起氧化锆的烧结从而使涂层致密化。在使用这种涂层的氧化铝基的复合材料中可以观察到部分纤维拔出。然而，这可能是纤维涂层(远离氧化物基体)在氧化和烧结温度以上收缩的结果。

2)无涂层/多孔基体途径

如果消除制备纤维涂层的这一过程，陶瓷基复合材料的成本会降低而且整个工艺也会得到简化。通用电气公司(GE)和加州大学圣巴巴拉分校(UCSB)的研究者正在研究Nextel 610或Nextel 720纤维增强氧化铝-莫来石基体复合材料系统。GE公司以氧化铝颗粒和有机硅聚合物为复合材料基体。有机硅聚合物使素坯具有强度形成预制体，分解产生的硅与氧化铝基体颗粒反应而黏接在一起。UCSB通过压力浸渗的方法把具有双峰分布的粗糙莫来石颗粒和精细氧化铝颗粒压入纤维预制体中形成基体的主要部分，再渗入羟基氯化铝溶液将基体颗粒连接起来。成功的关键是在基体中保持足够的孔隙，以便允许裂纹在基体中分叉并沿连续纤维发生偏转，整个复合材料的孔隙率依据纤维承载情况在20%～50%之间。除了在整个基体中延长了多孔的界面区域以外，这种方法与前面描述的多孔涂层的方法是十分相似的。

由于多孔基体力学性能较差，多孔的陶瓷基复合材料应用范围受到一定的限制。多孔基体复合材料抗压和层间的性能一般较差，这造成了设计一个能够承受非水平载荷的结构是一件十分困难的事情。另外，把多孔基体同相邻的结构结合在一起也十分困难。因此，制备多孔基体的复合材料三维编织结构比二维编织结构更加具有优势。

对于这种类型的复合材料，一个潜在的问题是基体颗粒和纤维接触的地方可能反应烧结。UCSB的Nextel 610复合材料在1 200℃暴露100 h的试验结果显示其仍然保持了可观的力学性能，Nextel 720复合材料同样条件下的试验还需要进行。因此，讨论基体-纤维结合问题尚缺乏长期高温环境试验数据。因为降解可能是由动力学控制的，所以纤维的残余强度需要由在一定温度下的时间来加以说明。

工业场合(例如，工业燃气涡轮或热交换机)要求复合材料连续在高温下工作若干年，而随时间的推移，纤维性能乃至复合材料的性能会随基体颗粒与纤维的反应和烧结而恶化。人们的另一个担心就是在长时间暴露在工作温度下复合材料有致密化的趋势，从而引起基体中孔隙尺寸分布的改变，并且有可能改变复合材料的力学性能。据报道，GE的Gen IV复合材料中，硅连接相中细小孔隙的长大限制了这种材料的最高使用温度。Gen IV复合材料的这个特点成为更加稳定的UCSB多孔基体复合材料的发展动机，UCSB的复合材料使用了氧化铝连接相。

界面和基体形态的稳定性在国防领域的应用中可能不会十分重要，在此领域中，尤其是在很高的温度下，陶瓷构件的服役时间相对较短。然而，在多孔基体中，无涂层的纤维可以承受降低纤维强度的工作环境下的多种腐蚀因素。必须对这些复合材料进行测试，以确定没有纤维涂层是否加速了纤维强度的下降。

(2)逸出和隔离弱界面

1)逸出界面

逸出界面涂层的概念是建立在含有碳涂层纤维基础之上。在复合材料致密化之后，这种涂层能够被氧化掉，从而在纤维-基体界面上形成空隙。从本质上说，纤维-基体界面在一开始就产生脱黏，而不是由于扩展裂纹前端的应力集中产生的。

采用这种方法的一个重要技术问题是如果界面完全脱黏的话，如何保证载荷传递到纤维。基于混合定则的试验数据表明，即使除去碳涂层，在基体和纤维的界面上也能产生载荷传递。载荷传递的程度依赖于逸出层的厚度、纤维表面的粗糙度和纤维直径沿长度方向的变化率。

如果逸出区域与纤维尺寸相比并不是太厚的话，那么基体和纤维就存在部分的接触，使得载荷传递得以进行。然而，纤维-基体的接触却提高了基体和纤维间界面因反应烧结而降低纤维强度的可能性。Nextel 720纤维增强钙铝硅酸盐玻璃陶瓷基复合材料(除去了碳涂层)在1 000℃经500 h无应力状态的热处理之后，其强度和模量仍保持较高的数值。

这种方法的第二个问题就是裸露的纤维表面会暴露在工作环境中，这会引起纤维强度的降低。因此，使用逸出界面的复合材料必须在真实工作环境中进行测试。这是成本相对低廉的制备涂层的途径，因为使用这种方法很容易利用溶胶-凝胶法和CVD技术沉积碳涂层。

2)隔离弱界面

隔离弱界面是一种很有前景的脱黏方法，它是基于无空隙弱纤维-基体界面边界发展而提出来的。有报道说，在致密的氧化物陶瓷基复合材料中使用隔离可以削弱纤维-基体的界面结合。这种方法的基础是人们观察到在氧化铝中添加氧化钙后可以减少氧化铝的断裂韧性。典型的复合材料是用钇铝石榴石单晶在掺杂氧化铝的氧化锶或者氧化钙基体上热压制备的。锶和钙优先存在于钇铝石榴石-氧化铝界面上。利用维氏硬度测试，可以发现隔离改善的界面要比没有掺杂的钇铝石榴石-氧化铝界面有更弱的结合。这个结构增加了用这种低成本方法来制备高温陶瓷基复合材料的可能性。迄今为止，对于这种涂层方法仅仅只有初步的研究，而且只限于理想化的复合材料。对这种方法，还有必要做一些定量的试验来确定它是否能够为复合材料增加裂纹偏转。而且，初步的结果只对单晶-多晶基体界面有效，为多晶-多晶纤维-基体界面选择合适的隔离层可能会更加困难。

(3)致密氧化物纤维涂层

1)无反应氧化物

有效的纤维涂层的首要条件是与复合材料中纤维、基体是化学稳定的。如果它们之间发生反应，就会产生牢固的界面结合，复合材料则表现出脆性断裂特征。根据目前可用的相图，混合氧化物无法形成可商业化利用的氧化物纤维，尤其要对能耐高温的纤维(氧化铝纤维，例如，FP，PRD－166 和 Nextel 610)给以更多的关注。一般认为混合氧化物是稳定的，它主要包含氧化锡、氧化锆、氧化钛(在温度低于 1 150℃的时候)，钛酸锆($ZrTiO_4$，温度低于 1 150℃)，可能还有钛锡酸锆。

含有氧化锡纤维涂层的复合材料的试验表明，部分裂纹在涂层-纤维的界面上发生偏转。然而，含有氧化锡涂层的氧化铝纤维增强氧化铝基体复合材料的纤维拔出程度随基体相的致密度增加而下降，导致了这种复合材料中脆性断裂行为的增加。另外，高温下氧化锡也存在热稳定性的问题，比如在空气中超过 1 300℃，氧化锡(固体)就会分解为 SnO(气体)和 O_2(气体)。当试验环境中氧的分压减少的时候，这个反应会在更低的温度下发生。

在氧化铝纤维增强氧化铝基体复合材料中，氧化锆涂层需要涂层间存在空隙以允许裂纹在氧化铝-氧化锆界面间发生偏转。虽然钛酸盐涂层的试验还不是十分完整，但可以认为在一般情况下这些不反应的等方向的氧化物在纤维和基体之间提供了一个反应阻挡层。然而，它们都是致密的涂层，它们界面的脱黏强度非常高以至于裂纹扩展无法在氧化铝纤维周围发生。

2)层状氧化物

许多层状氧化物是很有潜力的纤维涂层，可以用于氧化物陶瓷，类似于层状 C 和 BN 纤维涂层用于非氧化物复合材料。第一种层状氧化物是一类片层硅酸盐，例如氟云母。人们已经对硅酸钾云母($KMg_{2.5}(Si_4O_{10})F_2$)和氟石金云母($KMg_3(AlSi_3O_{10})F_2$)进行了测试，这些人造的云母容易沿着包括氟和层间碱金属阳离子的晶面分层。由于这些弱的晶面沿纤维-基体界面存在，促使了裂纹发生偏转。然而由于多组分化合物有复杂的化学特性，它们与当前可用的纤维和基体是化学不相容的，这导致了复合材料在长时间暴露在高温下是不稳定的和无效的。

人们也已经研究了一些复杂化学层状氧化物，包括 β-氧化铝($Me^{1+}Al_{11}O_{17}$)和磁铁铅矿($Me^{2+}Al_{12}O_{19}$)结构，它们与氧化铝是相容的，被认为氧化铝纤维增强复合材料很有前景的候选涂层。虽然这些层状氧化物不像氟云母一样容易在基本的晶面上产生分离，但是，它们的断裂能很低，足够促使裂纹沿纤维-基体界面偏转。β-氧化铝和磁铁铅矿的结构都包含层状尖晶石簇($(Al_{11}O_{16})^+$)，在尖晶石层与层之间沿 C 轴方向填充有碱、碱土和稀土阳离子。这两类化合物相似的结构如图 5.26 所示。

因为在热处理过程中碱离子会产生损失，尤其是含有钠和钾的 β-氧化铝，所以对 β-氧化铝纤维涂层的研究已经不再继续了。但有报道说，利用原子序数更大的碱离子，比如说铷，因为它们的原子半径更大，所以在 β-氧化铝结构中有较低的活性，可以使离子的挥发降低到最小程度。磁铁铅矿结构包含碱土或稀土离子并没有表现出挥发问题，因而更有希望作为纤维涂层的候选材料。对 Nextel 720 和 $RbAl_{11}O_{17}$ 的相容性研究表明，对有涂层的纤维在 1 100℃

热处理1 h之后，纤维强度会有下降。经过相似的热处理之后，$RbAl_{11}O_{17}$与Nextel 610是稳定的，然而Nextel 610较低的耐高温能力却排除了它在许多高温结构中的应用。

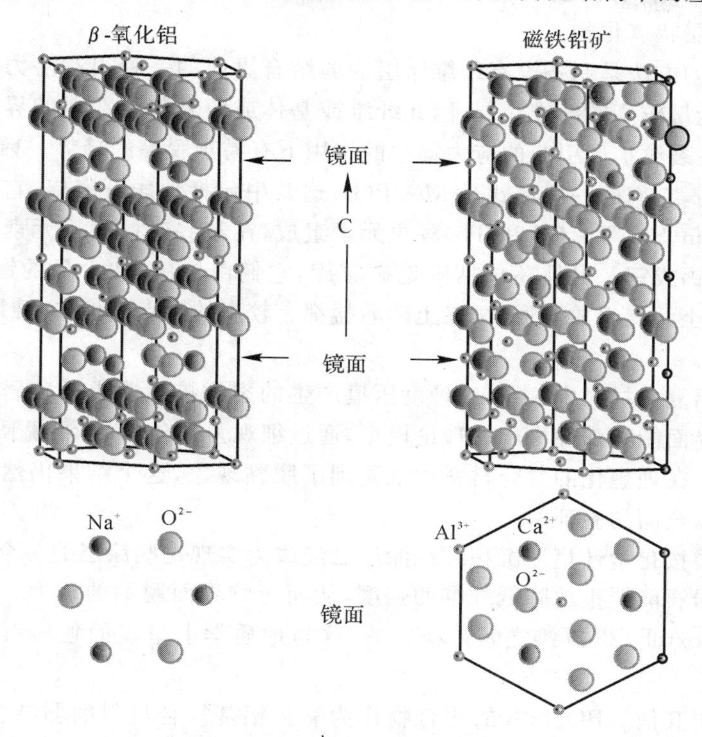

图5.26 六方β-氧化铝和磁铁铅矿结构

对层状氧化物最详尽的研究集中在磁铁铅矿上，如$CaAl_{12}O_{19}$，对包含制备有铝酸钙涂层的热压氧化铝和YAG基体中的单晶纤维(Al_2O_3和YAG纤维)复合材料的研究表明有促使裂纹偏转的作用。

使用铝酸钙的一个问题是在热压过程中钙有从涂层扩散到基体的倾向。基部平面阳离子的交替作用，将会减少扩散到基体和纤维的倾向，可以解决这个问题。

选择铝酸钙的最初原因是，与其他层状氧化物相比，它可以在较低的温度下转变成磁铁铅矿结构。新颖溶液先驱体化学能够允许在更低的温度下完成磁铁铅矿结构的转变，并将其扩展到更大的成分范围，其中包括不易受基体与纤维间的移动影响的阳离子。磁铁铅矿包括碱土和稀土元素，可能与包含莫来石的纤维化学不相容，例如Nextel 720(因为观测到β-氧化铝的存在)。为了利用磁铁铅矿纤维涂层，目前需要制备一种不包含Si的更耐高温的纤维，例如YAG或抗蠕变的搀杂氧化铝，这种纤维要能保证界面的稳定性，允许在高温下加工，并且具有磁铁铅矿结构。

最新的作为纤维涂层的层状氧化物是层状钙钛矿，包括铌酸钙钾($KCa_2Nb_3O_{10}$)和钛酸钕钡($BaNd_2Ti_3O_{10}$)。铌酸钙钾的熔点是1 460℃，而钛酸钕钡的熔点要超过1 800℃。对这些化合物仅仅做了初步的研究，因此评价它们是否能作为氧化物复合材料的涂层是远远不够的。所关心的一个主要问题是这些复杂化合物与纤维和基体的稳定性。这两种化合物与氧化铝之间是稳定的，至少直到1 250℃都是稳定的，但是它们与Nextel 720纤维(包含莫来石)和YAG

纤维之间的稳定性却可能会有更加复杂的化学特性。钾元素在铌酸钙钾中具有挥发性，铌酸盐薄膜加热到800℃时，钾的损失相当严重。然而，铌酸钙钠可能有较小的挥发性。

3)弱结合，非层状氧化物

在早期，隔离的方法是制备没有纤维涂层的弱结合界面的一种很有潜力的方法。另一种替代方法是利用能量较高的纤维涂层，因此纤维或基体或两者都存在弱的界面。在涂层和纤维间的高能界面在裂纹扩展引起的应力集中的作用下有易于脱黏的趋势。稀土磷酸盐与氧化铝之间的结合较弱，它们的一般形式是 $Me^{+}PO_4$，这其中包括独居石家族，它们大部分由镧系(La，Ce，Pr，Nd，Pm，Sm，Eu，Gd 和 Tb)稀土元素组成，在某些时候镧系元素会被二价和四价氧离子代替，例如钙或锶。另外还包括磷钇矿家族，它们由钪、钇和少量的镧系(Dy，Ho，Er，Tm，Yb 和 Lu)稀土元素组成。通常，稀土磷酸盐都有较高的熔点。例如，独居石 $LaPO_4$ 的熔点是 2 072±20℃。

在热压氧化铝复合材料中，由韦氏硬度压痕产生的裂纹扩展造成了独居石涂层纤维的脱黏。研究者基于界面能和弹性失配的理论模型，通过细观力学分析，预测脱黏发生在独居石氧化铝纤维界面上。在理想化的复合材料中观测到了脱黏现象，这个结果仍然需要在实际的致密复合材料中加以全面的验证。

如何从镧到磷按化学计量比沉积纤维涂层已经成为实现这些涂层的一个较大的困难。非化学计量比的独居石能严重地降低纤维的强度，从而影响界面脱黏的能力。当达到化学计量比时，独居石与 Nextel 720 纤维之间是稳定的，这与地质学上呈现的独居石与铝硅酸盐稳定的信息是相关的。

人们也提议用其他 ABO_4形式的化合物作为氧化铝基复合材料的弱结合、非层状氧化物纤维涂层，包括钨酸盐($Me^{2+}WO_4$)、钼酸盐($Me^{2+}MoO_4$)、钽酸盐($Me^{2+}TaO_4$)和铌酸盐($Me^{2+}NbO_4$)。碱土金属的钨酸盐的熔点在 1 358℃($MgWO_4$)到 1 580℃($CaWO_4$)(白钨矿)之间。同种金属的钼酸盐比钨酸盐的熔点要低。虽然钽酸盐和铌酸盐的熔点数据还不完整，但是一般来说，它们的熔点比钨酸盐和钼酸盐的熔点高。钽酸盐的熔点接近 1 900℃，而铌酸盐的熔点大概在 1 600℃。

人们分别对白钨石和 $ErTaO_4$纤维涂层在氧化铝-白钨石和氧化铝-$ErTaO_4$双基体复合材料中的 Nextel 610 纤维做了研究。白钨石与 Nextel 610 纤维是化学相容的，同时又容易脱黏。单向复合材料室温下的强度超过 340MPa，并且在多孔复合材料中纤维拔出接近 20%。然而，仍然需要确定在工程上典型的服役环境中高温下白钨石-氧化铝的脱黏机制。虽然在实际中没有观察到这种涂层与 Nextel 610 之间的脱黏，但初步的研究表明，白钨石、$ErTaO_4$与氧化铝之间是稳定的。因为钽酸盐与独居石有相似的晶体结构，因此它们在脱黏特性上也有相似之处。然而，仍然还需要做另外的研究来对此进行证明。$ErTaO_4$的晶粒尺寸比 $CaWO_4$的晶粒尺寸小，这表明 ABO_4涂层的晶粒尺寸对界面能量有很大的影响，并因此影响界面易于脱黏的能力。

最初的试验和透射电镜研究表明在白钨石涂层的 Nextel 720 纤维增强的氧化物复合材料中，白钨石和 Nextel 720 纤维是相容的。更进一步说，白钨石含有天然石英，地质学的证据指出它应该与含有硅的纤维是稳定的，比如说 Nextel 720。然而，还需要详细的试验来验证白钨石作为 Nextel 720 纤维涂层的可行性。事实上，只有部分 ABO_4型化合物与基于氧化铝和硅酸铝的纤维呈现出弱的连接，因此需要在原子尺度上对氧化物-氧化物界面进行基础研究。

了解决定这些界面为什么是弱结合的原因，可能会发现其他类型的界面，从而拓展复合材料的范围。

(4)涂层制备

1)不混合液相涂层技术

大多数有前景的氧化物涂层似乎都是多组分氧化物，溶液方法是生产这些复杂氧化物涂层最常用的方法。虽然 CVD 的方法在 $LaAl_{11}O_{18}$ 和独居石中取得了成功，但是使用 CVD 的方法常常很难在涂层中达到化学计量比。CVD 方法通常价格高昂，而且在连续涂层加工中使用先驱体是无效的。溶液先驱体法允许精确地控制化学计量比，而且利用无机聚合物可以产生先驱体溶胶，先驱体溶胶可以低温下分解成想要的相，比如有报道称可以在 100℃下由水溶液来形成独居石。

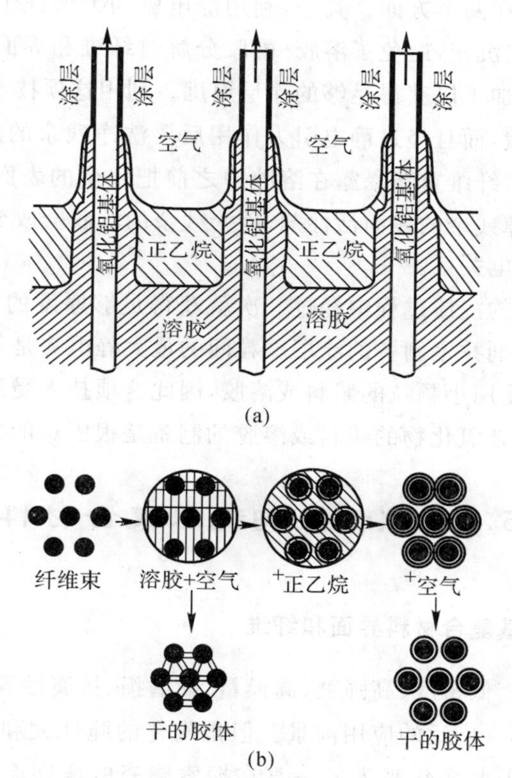

图 5.27　不混合液相涂层技术的示意图

(a)从纵向来看纤维束涂层中的一系列情况；

(b)溶胶-凝胶纤维束涂层在两相液体中理想化的结果(在结合部分)

溶液方法的主要缺点是很难获得连续、致密、无桥联的涂层。CVD 涂层在形态上比溶胶-凝胶法获得的涂层要好。人们研究了一种能够使桥联问题的影响降到最小化的新技术，这种技术在一束纤维之间用溶液制备的涂层不混合液体代替残余的涂层溶液，而原来的技术通常在经过涂层先驱体之后保留这些残余的涂层(见图 5.27)。这些技术背后的基本思想是利用表面能关系，使得纤维之间彼此一直被一层碳氢化合物分割开来，一直持续到涂层先驱体发生凝胶。这项技术可以制备较厚的致密性良好的涂层。因为先驱体的特性决定了涂层的质量，最好的先驱体是能够形成薄膜,并且发生最小的气体分解。过多的气体分解将会导致涂层从纤维表面脱离,并导致纤维发生桥接。

目前,仅有美国空军 Wright 实验室和 McDermott 技术公司(前身是 Babcock 和 Wilcox 公司)、Lynchburg 研究中心在使用溶胶-凝胶不溶液相涂层技术来制备适量的纤维涂层。这项技术的优点是相当低的成本,其关键因素是液相涂层先驱体的化学性质。

2)杂凝聚技术

杂凝聚技术利用了纤维和浆料或液态媒介中高介电常数的胶体颗粒之间产生的静电吸引力,例如水。常常需要表面活性剂来改变纤维或者涂层颗粒上等电位的点,以便在给定的 pH 值下产生静电引力。

这项技术的优点体现在两个方面。其一,利用静电驱动力保证了纤维涂层的致密性。其二,涂层作为需要的相直接沉积,避免了溶胶-凝胶分解时纤维和界面相之间的反应。这项技术的一个缺点是需要反复加工以获得足够的涂层厚度。利用这项技术的连续涂层工艺是很复杂的,它需要完成多次浸渍,而且经过静电引力作用后要洗净残余的溶胶,而且经常需要重新吸收表面活性剂,然后再将纤维重新暴露在溶胶中之前把残余的表面活性剂洗净。为了防止溶胶的污染,必须完全洗掉残余的表面活性剂,因为残余的溶胶会改变溶液的 Zeta 电位,从而影响溶胶液和纤维间的静电关系。

为了使纤维束在溶胶的浸渍过程中经过一次就获得足够厚度的涂层,研究普通氧化物纤维与候选的利用表面活性剂技术制备的涂层颗粒间的最大静电势是很有用的。为了得到想要的涂层复合材料,不得不使用小颗粒的浆料或溶胶,因此这项技术受到一定的限制。原因是部分用来作为纤维涂层的复杂氧化物的浆料或溶胶的制备是很困难的。

5.4 碳化硅陶瓷基复合材料

5.4.1 碳化硅陶瓷基复合材料界面和纤维

陶瓷材料具有耐高温、低密度、高强度、高模量、耐磨损、抗腐蚀等优异性能,使其作为热结构材料在航空航天领域具有广泛的应用前景。但是陶瓷的脆性大和可靠性差等致命弱点,长期阻碍了其被广泛应用,因此多年来人们一直在探索陶瓷的增韧途径,近年来取得了重大突破。CMC 在航空航天热结构件的应用证明,发展连续纤维增韧的 CMC 是改善陶瓷脆性和可靠性的有效途径,可以使 CMC 具有类似金属的断裂行为,对裂纹不敏感,没有灾难性损毁。因此美国 NASA Lewis 研究中心制定的高温发动机材料计划(HITEMP)明确发展连续纤维增韧的 CMC,这一点在国际上已达成共识。

高性能的连续纤维只为陶瓷增韧提供了必要条件,能否有效发挥纤维的增韧作用而使 CMC 在承载破坏时具有韧性断裂特征,还取决于界面状态。表 5.15 示出 PyC 界面层对 C/SiC力学性能的影响。可见,适当的 PyC 界面层是提高 C/SiC 韧性和力学性能的关键。

碳纤维、碳化硅纤维、Nextel 720 氧化铝纤维都已用做碳化硅陶瓷基复合材料的增强相,其中碳纤维作为一种比较价廉的纤维目前被大量使用,但是高温易氧化的特性使其对裂纹十分敏感，任何裂纹都会成为氧化源导致碳纤维全部被烧掉，特别当复合材料处于 700～800℃ 的中温循环载荷或有温度梯度的情况下更会加剧上述过程。

表 5.15　PyC 界面层对 C/SiC 力学性能的影响

C/SiC 的性能	无界面层	0.2 μm PyC 界面层
气孔率/(%)	16	16.5
体积密度/($g \cdot cm^{-3}$)	2.05	2.01
弯曲强度/MPa	157	459
断裂韧性/($MPa \cdot m^{1/2}$)	4.6	20
断裂功/($J \cdot m^{-2}$)	462	25 170

纤维与基体的界面必须是利于裂纹扩展的低能(弱结合)面，以提供一个具有损伤容限的界面使基体裂纹的扩展在界面进行，从而产生纤维与基体脱黏以达到增韧目的。碳纤维常用 PyC，BN，PyC/SiC/PyC/SiC 作为界面，碳化硅纤维通常用 PyC 作为界面，BN 界面和 Nextel 720 常用 PyC 或 $LaPO_4$ 界面层。以 BN 作为 SiC 纤维增强玻璃陶瓷界面层的试验表明，基体裂纹能够被有效封填。该试样在 1 100℃的空气介质和 138MPa 的静应力条件(基体产生裂纹的应力为 88MPa)长达 1.7 年，试样的残余强度与未氧化试样相似。

对于 SiC 纤维增强的复合材料，层化的界面如 BN/C/BN，BN/C/Si_3N_4，SiC/C/SiC，BN/SiC以及重复这些涂层单元的复合层的试验初步说明，非氧化物复合材料的氧化问题得到改善。美国 Bayer 在 Si－B－N－C 纤维中发展了原位自生 BN 界面层和抗氧化 SiO_2 外保护层。

5.4.2　碳化硅陶瓷基复合材料的制备

C/SiC 具有优异的性能和广阔的应用前景，因此该材料的制备方法得到了广泛的关注与发展。工艺决定结构，结构决定性能，C/SiC 性能与制备方法及工艺密切相关。目前制备 C/SiC的常用方法有：化学气相渗透法(CVI)、先驱体浸渍裂解法(PIP)和液相硅浸渍法(LSI)等。

1. CVI 技术

CVI 是在 CVD 基础上发展起来的方法。CVI 与它的区别在于：CVD 主要从外表面开始沉积，而 CVI 则可以通过孔隙渗入内部沉积。图 5.28 为 CVI 制备碳化硅陶瓷基复合材料工艺示意图，图 5.29 为 CVI 方法制备的 C_f/SiC 陶瓷基复合材料。其典型的工艺过程是将碳纤维编织体置于 CVI 炉中，源气(即与载气混合的一种或数种气态先驱体)通过扩散或由压力差产生的定向流动输送至编织体周围后向其内部扩散，此时气态先驱体在孔隙内发生化学反应，所生成的固体产物(成晶粒子)沉积在孔隙壁上，成晶粒子经表面扩散进入晶格点阵，使孔隙壁的表面逐渐增厚。为了进行深孔沉积，CVI 过程在低温(800～1 100℃)和低压(1～10 kPa)下进行，以降低反应速度并提高气体分子在多孔编织体中的平均自由程。控制适当的温度梯度和压力梯度、气态先驱体的流量和浓度，在 2～12h 内可制备出密度为理论密度 70%～90%的制品。CVI 方法根据工作条件的不同又可细分为等温/等压 CVI(I－CVI)，温度/压力梯度 CVI(F－CVI)，压力脉冲 CVI(P－CVI)和数控 CVI(PC－CVI)等。界面制备按照式(5.11)和式(5.12)化学反应进行，基体制备按照式(5.13)化学反应进行，CVI 过程中需要氢气催化。

$$C_xH_y \rightarrow C + H_2 \tag{5.11}$$

$$BCl_3 + NH_3 \rightarrow BN + HCl \tag{5.12}$$

$$CH_3SiCl_3 \xrightarrow{H_2} SiC + HCl \tag{5.13}$$

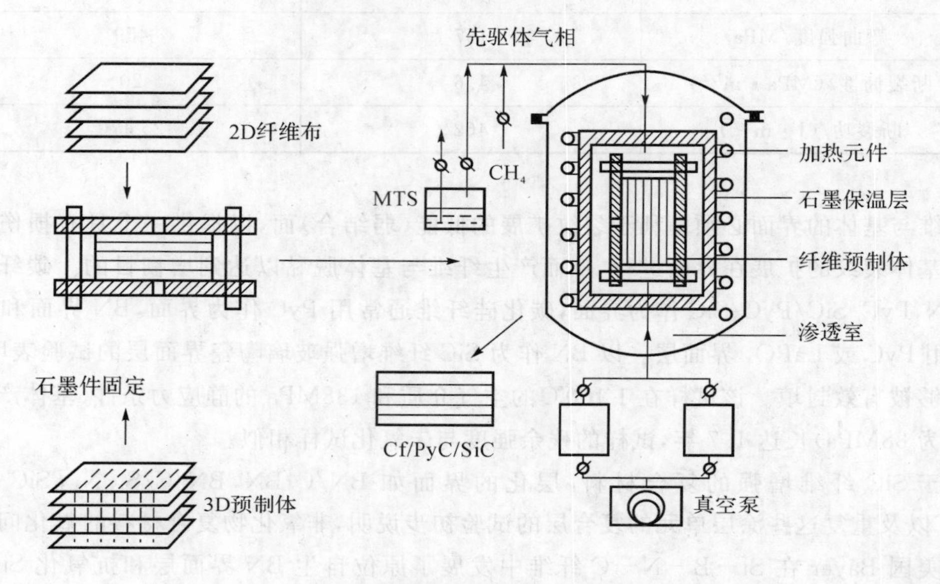

图 5.28　CVI 制备碳化硅陶瓷基复合材料工艺示意图

(a)　(b)

图 5.29　CVI 制备的 C_f/SiC 陶瓷基复合材料

(a) 航空发动机消音管道；(b) 液体火箭发动机喷管

CVI 法的主要优点是：能在低压、低温下进行基体的制备，材料内部残余应力小，纤维受损伤小；能制备硅化物、碳化物、氮化物、硼化物和氧化物等多种陶瓷材料，并可实现微观尺度上的成分设计；能制备形状复杂和纤维体积分数高的近尺寸部件；在同一 CVI 反应室中，可依次进行纤维/基体界面、中间相、基体以及部件外表涂层的沉积。

CVI 法的缺点是：SiC 基体的致密化速度低，生产周期长，制造成本高；SiC 基体的晶粒尺寸极其微小，复合材料的热稳定性低；复合材料不可避免地存在 10%～15%的孔隙以作为大分子量沉积副产物的逸出通道，从而影响了复合材料的力学性能和抗氧化性能；编织体的孔隙入口附近气体浓度高，沉积速度大于内部沉积速度，易导致入口处封闭形成“瓶颈效应”而产生密度梯度；制备过程中会产生强烈的腐蚀性产物。

2. PIP 技术

PIP 是近十几年才发展起来的一种制备 C/SiC 的方法。其制备 C/SiC 的典型工艺是用纤维编织件为骨架，真空排除编织件中的空气，采用液态的聚碳硅烷溶液或熔体浸渍到多孔的纤维编织体内，经过干燥或交联固化，填充先驱体的编织件，然后在惰性气体保护下高温裂解热解，原位转化成 SiC 基体。由于裂解小分子逸出形成气孔和基体裂解后的收缩，制备过程须多次实施浸渍/裂解过程才能实现材料的致密化。聚碳硅烷溶剂通常采用二甲苯或二乙烯基苯，热解反应如式(5.14)和式(5.15)。依据反应气体不同产物不同，当采用氩气气氛时，分解产物为 SiC 和 C，当采用氢气气氛时，由于氢气能与 C 反应，因此产物为纯 SiC。

$$[(CH_3)SiH—CH_2]_n \xrightarrow{Ar} nSiC + nC + 3nH_2\uparrow \tag{5.14}$$

$$[(CH_3)SiH—CH_2]_n \xrightarrow{H_2} nSiC + nCH_4\uparrow + H_2\uparrow \tag{5.15}$$

PIP 工艺的优点是：先驱体分子可设计，可制备所期望结构的陶瓷基体；在单一的聚合物和多相的聚合物中浸渍，可以得到组成结构均匀的单相或多相陶瓷基体；裂解温度较低（小于 1 300℃），无压烧成，因而可减轻纤维的损伤和纤维与基体间的化学反应，对设备要求也较低；对各种纤维编织体的适应性强，可制备大型复杂形状的 C/SiC 构件，能够实现净成型。

PIP 工艺的缺点是：由于高温裂解过程中小分子逸出，不易致密化，需要多个周期的浸渍裂解过程，制品孔隙率较高，工艺成本较高；裂解过程中基体的体积收缩较大，易产生裂纹和气孔；基体体积收缩大，对碳纤维容易造成损伤。

3. LSI 技术

LSI 法不须施加机械压力，可以制备净尺寸、形状复杂的工件。Si 的熔点为 1 410℃，它在真空熔融状态能够与 C 反应形成 SiC 陶瓷，因而 LSI 法是一种简单、快捷且成本较低的制备 SiC 基体的途径。先采用沥青、酚醛等树脂先驱体浸渍碳纤维编织体，然后高温裂解生成基体碳，在 C/C 复合材料的基础上，采用熔体 Si 在真空下通过毛细作用进行浸渗处理，使 Si 熔体与碳基体反应生成 SiC 基体，图 5.30 为 LSI 制备碳化硅陶瓷基复合材料示意图，图 5.31 为 LSI 制备的 C_f/SiC 陶瓷基复合材料。该工艺可以通过调整 C/C 的体积密度和孔隙率控制最终复合材料的密度。该方法的不足在于：熔体 Si 与碳基体反应的同时不可避免会与碳纤维反应，纤维被侵蚀导致性能下降，从而限制了整体复合材料性能的提高；复合材料中的基体组成包括 SiC，Si 及 C 三种物质，残余单质 Si 的存在对材料高温性能不利；通过 LSI 法制备的材料表面不均匀，须加工处理。为克服熔体 Si 对碳纤维的侵蚀，可将 LSI 法与 CVI 法或 PIP 法相结合，这样既能改善 CVI 或 PIP 制备 C/SiC 致密度低的问题，又能有效抑制 Si 对碳纤维的侵蚀作用。

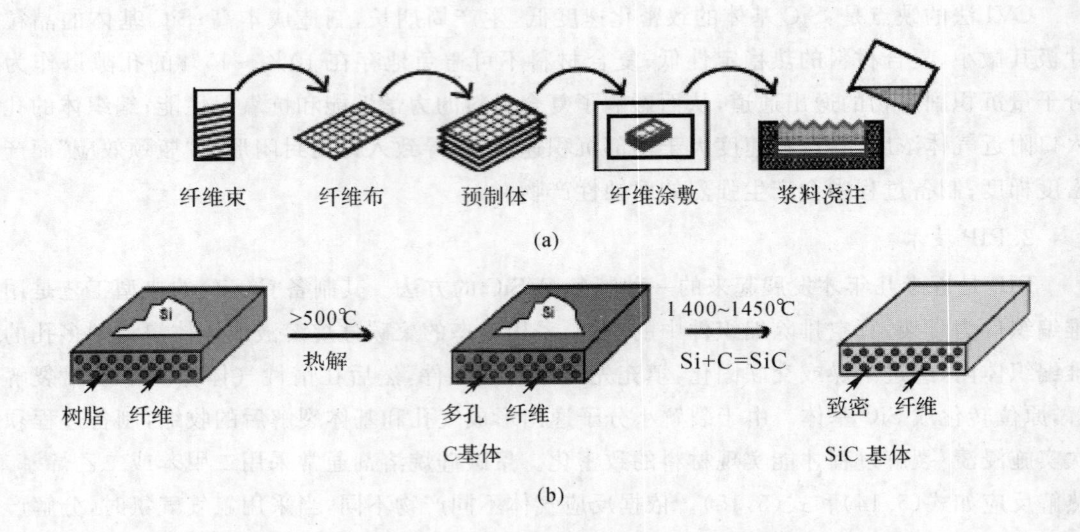

图 5.30 LSI 制备碳化硅陶瓷基复合材料工艺示意图

(a) 预制体的制备;(b) 液态硅渗透

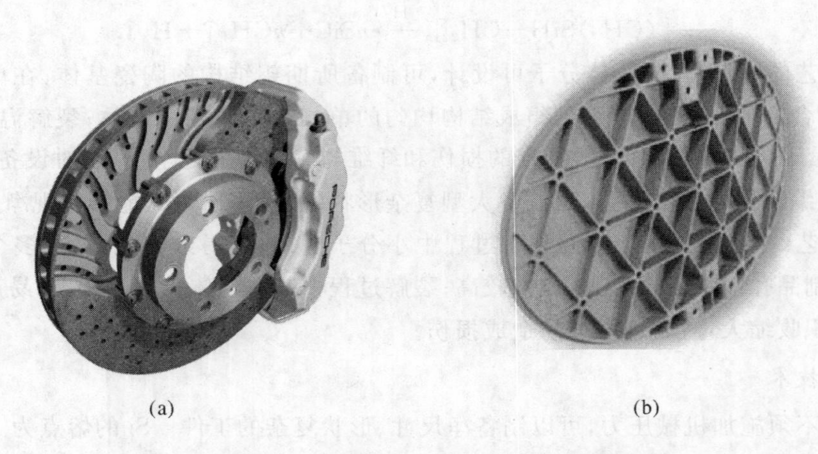

图 5.31 LSI 制备的 C_f/SiC 陶瓷基复合材料

(a) 刹车盘;(b) 太空反射镜

5.4.3 碳化硅陶瓷基复合材料的主要性能

表 5.16 列出连续碳纤维和碳化硅纤维增韧 SiC 基复合材料的力学性能,可见复合材料断裂韧性相比块体陶瓷大幅度提高。

图 5.32 为连续纤维增强碳化硅陶瓷基复合材料的典型应力-应变曲线。由图可见,未增强的陶瓷为脆性断裂,而增韧后明显具有类似金属的断裂行为。图 5.33 为 Nextel 720/SiC 陶瓷基复合材料的应力-应变曲线。由图可见,在 1 300℃时 Nextel 720 纤维晶粒长大,是由于抗蠕变性能差引起的。

表 5.16　SiC 基复合材料及其性能

制造者	法国 SEP		德国 MAN		日本 Toshiba	日本 Tyoto	中国 NWPU		中国 SNMTI
CMC 体系	2DC/SiC	2DSiC/SiC	2DC/SiC	2DSiC/SiC	1DSiC/SiC	2DSiC/SiC	3DC/SiC	3DSiC/SiC	3DC/SiC
制造技术	ICVI	ICVI	FCVI	FCVI	CVI+RMI	CVI+PIP	ICVI	ICVI	CVI+PIP
开口孔隙率/(%)	10	10	10～15	10～15	2	8	16		
纤维体积分数/(%)	45	40	42～47	40～50	30	35	40	40	40
体积密度/($g \cdot cm^{-3}$)	2.1	2.5	2.1～2.2	2.3～2.5	3.0	2.55	2.06	2.5	2.11
抗拉强度/MPa	317	187	270～330	300～350	556	350	200～210		
拉伸断裂应变/(%)	0.93	0.22	0.6～0.9	0.5～0.8	0.9	0.2	0.58		
弹性模量/GPa	76	211	90～100	180～220	240				
泊松比/(%)			0.2		0.2				
抗弯强度/MPa	454	259	450～500	500～600		620	430～500	862	553
真空 1 300℃抗弯强度/MPa							370～400	890～1 000	
真空 1 600℃抗弯强度/MPa							445		
抗压强度/MPa	520	800	450～570	440			447		
剪切强度/MPa	26		44～55	65～75			30	67	55～56
断裂韧性/($MPa \cdot m^{1/2}$)		25				25	20	35	15.6
断裂功/($kJ \cdot m^{-2}$)		10					24～33	46	
1 300℃断裂功/($kJ \cdot m^{-2}$)									
冲击韧性/($kJ \cdot m^{-2}$)							62	36	
热膨胀系数/($10^{-6}K^{-1}$)	//3.0 ⊥5.0	//3.0 ⊥1.7	//2.0 ⊥5.0	//4.0 ⊥4.0	//4.9 ⊥4.7		3.83	4.9	
导热系数/($W \cdot m^{-1} \cdot K^{-1}$)		//25.0 ⊥6.0			RT50 1 000℃30	//55.0			

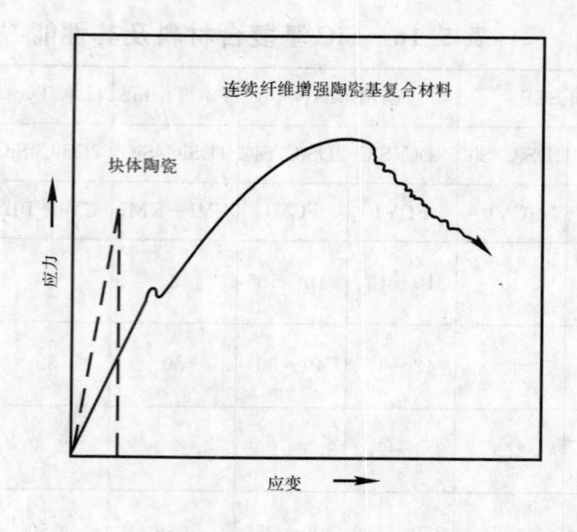

图 5.32 连续碳纤维增强陶瓷基复合材料应力-应变曲线

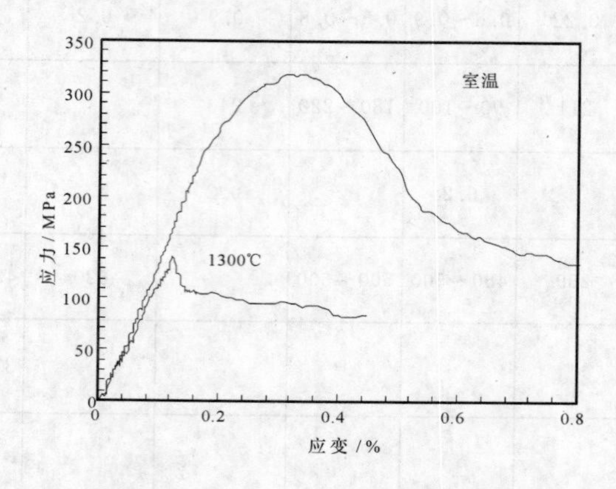

图 5.33 Nextel 720/SiC 陶瓷基复合材料应力-应变曲线

5.5 氧化硅陶瓷基复合材料

石英玻璃由于结构网络的高度紧密性和完整性以及原子间很高的键强，同时具有非常低的密度、热膨胀系数、电导率和较高的机械强度、耐热温度、抗热冲击性、抗腐蚀性和低的介电性能，因此以碳纤维增韧的石英基复合材料被作为烧蚀材料用于洲际导弹以及航天器再入大气层端头帽，以石英纤维或氧化铝纤维增韧的石英基复合材料被作为高温透波材料用于高马赫数航天器天线罩及天线窗，在国防高性能材料领域有重要的应用背景。

5.5.1 高温透波复合材料

天线罩是保护飞行器在恶劣环境条件下进行通信、遥测、制导、引爆等系统正常工作的一种介质材料，集导流、透波、防热、承载和抗蚀等多功能于一体，在运载火箭、飞船、导弹及返回式卫星等飞行器无线电系统中得到广泛应用。各种有机透波材料具有宽频带、低介电常数等优点，承受最高温度为800℃，只适用于低速飞行器。随着航空航天技术的发展以及现代化战争的需要，航空航天飞行器的飞行马赫数不断提高，处于飞行器气动力和气动热最大最高位置的天线罩需承受的温度和热冲击越来越高，因此耐高温陶瓷基透波材料成为研究重点。

氧化铝是最早应用于天线罩的单一氧化物陶瓷，它的主要优点是强度高、硬度大，不存在雨蚀问题，成功应用于麻雀Ⅲ和响尾蛇等导弹上。其缺点在于热膨胀系数和弹性模量高导致抗热冲击性能差，只适用于3*Ma*以下导弹。

配合美国海军的"小猎犬"导弹计划，1955—1956年，美国康宁公司开发出以TiO_2为晶核剂的Mg-Al-Si系微晶玻璃，牌号为9606。该材料介电常数约为5.7，具有耐高温、强度高、电性能好的优点，从20世纪60年代起被广泛用来代替氧化铝陶瓷用于3～4*Ma*导弹天线罩，包括海军的"鞑靼人""小猎犬""百舌鸟"等。中科院上海硅酸盐研究所的3-3配方与9606类似，并成功应用于我国某型导弹。但其工艺复杂，成型和晶化处理难以控制。

20世纪50年代末60年代初，应航天器防热和通信发展的要求，美国乔治亚理工学院研制出了石英陶瓷材料，它是以熔融石英玻璃碎块为原料，经磨细、制浆、浇注成型后烧结制备而成，可生产出各种形状和规格的制品。石英陶瓷材料具有石英玻璃的许多优良性能，特别是突出的高温电性能稳定性和抗热冲击性能，使其能在5*Ma*以上条件下使用，并且生产成本显著低于氧化铝陶瓷和微晶玻璃，因此得到各国的重视和大力发展，20世纪70年代以后，被应用于多种型号导弹上，包括美国的爱国者、意大利的"Aspide"导弹等。

表5.17为可用做天线罩的陶瓷材料性能。其中氮化硼介电性能仅次于石英玻璃，但氮化硼结构呈石墨状，硬度极低，抗雨蚀性能差，只能用于低入射角的场合，同时其烧结性能差，制备困难。氧化铝、微晶玻璃以及熔石英等块体陶瓷均具有陶瓷本身的脆性，因此发展连续纤维增韧的陶瓷基复合材料成为研究热点。

表5.17 可用做天线罩的陶瓷材料的性能

材料	密度 / $g\cdot cm^{-3}$	介电常数	介电损耗角正切	弯曲强度 / MPa	弹性模量 / MPa	热膨胀系数 / $10^{-6}℃^{-1}$	导热系数 / $W\cdot m^{-1}\cdot K^{-1}$	吸水率 / %	抗热冲击
Al_2O_3	3.9	9.60	0.001 4	270	270	8.10	37.680	0	差
微晶玻璃	2.6	5.68	0.000 2	235	235	4.00	3.768	0	好
石英玻璃	2.2	3.42	0.000 4	44	44	0.45	0.795	5	很好
氮化硅	3.2	7.90	0.0040	400	400	3.20	20.930	—	很好
氮化硼	2.0	4.50	0.0003	100	100	3.20	25.120	0	很好
氮化铝	3.3	8.2～8.8	0.000 5～0.001	360～490		4.5	320		

注：氮化铝介电性能在1 MHz测试，其他介电性能均在10 GHz。

目前，依据使用温度和条件的差异，透波材料有二氧化硅系、氮化硼系、氮化硅系、磷酸盐系、有机硅树脂系以及氟塑料等多个体系。其中石英纤维增韧二氧化硅基复合材料具有与石英玻璃类似的介电性能和耐烧蚀性能，而韧性比石英玻璃高得多，使用温度高达1 200℃以上，温度越高，介电性能越好，可满足高马赫数($Ma>6.5$)飞行器天线窗和天线罩材料的需求，从而成为一种优良的介电-防热-结构材料。

石英陶瓷的缺点是室温强度低，含5%～8%气孔，易吸潮，硬度低，抗雨蚀能力差。目前，连续纤维增韧二氧化硅基复合材料的制备方法主要有热压法和硅溶胶循环浸渍法两种。

热压法是将石英纤维束通过在熔石英料浆中渗透、缠绕、干燥后叠层，置于热压炉中烧结而成复合材料。其不足在于：①热压温度在1 300℃以上，二氧化硅容易析晶生成方石英，方石英的高低温相变严重降低了复合材料的抗热震性。同时，氧化物纤维抗剪切性能低，热压对纤维损伤严重。②缠绕纤维束内和束间基体分布不均，导致该法制备的平板构件和异型构件性能相差悬殊，而且材料性能的方向性强，层间抗剪切能力差。所以热压法在三维或多维复杂形状构件制造方面不具优势。

硅溶胶循环浸渍法是将纤维预制体在硅溶胶中多次浸渍，再在低于900℃的温度下热处理，获得多孔的二氧化硅基复合材料，可制备复杂形状的多维复合材料构件，是目前天线罩用二氧化硅基复合材料的主要制备方法。其缺点在于：①浸渍过程的瓶颈效应制约了复合材料密度的提高，加之热处理温度低，基体没有完全烧结，因此复合材料致密度和力学性能较低，导致加工过程容易出现裂纹或被污染。②由于烧结温度低，硅溶胶中不仅残余大量羟基，而且呈多孔结构，在飞行器存放以及飞行过程中极易吸潮，从而严重影响材料高温介电性能的稳定性。必须采用氟化物进行表面钝化处理或制备憎水保护膜，增加了制造工序和成本。③作为硅溶胶稳定剂的Na等碱金属存在，使弹头再入大气层时，气动加热导致高温等离子体鞘套内电子密度剧增而发生“黑障”，不仅会使飞行器与地面通信中断，而且自由电子进入尾流引起雷达反射面增大，对突防极为不利。美国通过离子交换法清除硅溶胶中的杂质，并用氟化物处理复合材料半成品，研制出了高性能的石英纤维增韧二氧化硅基复合材料。但是，增加了工艺复杂性并提高了工艺成本。

天线罩具有薄壁、形状复杂、表面尺寸精度高等特点。传统制备工艺为了避免石英玻璃析晶而限制烧结温度低于900℃，导致天线罩孔隙率高、强度低、脆性大和成型精度差等问题，需要依靠后续大余量机加工来保证精度。在机加工过程中容易脆裂出现废品或在内部形成致命缺陷。这不仅提高了制造成本，也增加了飞行器飞行过程灾难性破坏的概率。CVI法是一种制备连续纤维增韧陶瓷基复合材料构件的先进技术，可一次制备出薄壁、复杂、近终尺寸的复合材料构件。由于CVI法的制备温度低(<800℃)，不会导致石英纤维析晶，而且复合材料强度高，仅通过表面磨削加工即可达到高精度要求，从而降低成本。该技术不仅能制备天线罩，也可以制备天线窗等各种复杂形状的石英纤维增韧氧化硅复合材料构件，对于发展我国高性能透波材料构件的制造技术有重要意义。同时，可大幅度提高军事应用的可靠性。

为保持石英陶瓷材料的优点，同时克服其力学和抗侵蚀性能较差的缺点，在20世纪70～80年代，以中远程导弹天线窗和天线罩为应用背景，美国通用电器公司和菲格福特公司分别研制了不同结构的三维多向石英或氮化硼织物增强二氧化硅基复合材料，该材料具有石英陶瓷优异的电性能，同时又具有明显好于石英陶瓷的力学性能、抗热冲击性能和抗雨蚀性能。由于受编织技术的限制，当时难以获得大尺寸整体织物，没能在大型天线罩上应用。以高温天线罩和天线窗为应用背景，近年国外还对氮化硼陶瓷、氮化硅陶瓷等材料的常温、高温力学和电性能，以及烧蚀性能进行了大量的研究。近十几年来，为发展耐高温、宽带、低瞄准误差天线罩，以氮化硅为基本组成的复合陶瓷材料天线罩是西方各国专家研究的主要目标之一，除继续改进热压氮化硅、反应烧结氮化硅制造工艺和技术外，在无压烧结工艺和材料的基础组成上又进行了卓有成效的工作。1995—1996年，在美国海军部资助下，研究出了以磷酸盐为黏结剂，无压烧结，且烧结温度不超过900℃的氮化硅陶瓷材料，其20℃时的介电常数为4.03，到1 000℃时介电常数的变化为5.2%，抗弯强度达85MPa，能满足多种战术导弹天线罩的需求。1997年，在美国陆军部资助下，又研制出了无压烧结的Sion纳米复合陶瓷天线罩，应用于极超声速飞行器。该材料在25℃和1 000℃下的介电常数和介电损耗分别为4.78，5.00和0.001 4，0.002 5，介电常数变化不到4.7%，抗弯强度为190 MPa，为石英陶瓷(48 MPa)的4倍，硬度为10 440 MPa，为石英陶瓷(2 120～5 000 MPa)的2～5倍，综合性能显著优越于石英陶瓷。天线罩材料是一种多功能材料，不同天线罩材料具有各自不同的性能优势和不同的适用环境，以及不同的生产制造成本和周期，对天线罩的选材要根据实际使用要求进行综合考虑。在上述材料中，介电性能最好的是石英陶瓷和石英纤维增强二氧化硅基复合材料，不仅介电常数最小(分别为3.4～3.5和3.1～3.2)，而且介电性能随温度的变化也非常小，从电性能角度看，是现有耐热透波材料中最好的。纤维增强磷酸盐基复合材料在800℃以下具有与石英类材料相近的介电性能(介电常数小于4)，也是一种性能很好的耐热透波材料。

5.5.2　氧化硅陶瓷基复合材料

氮化物具有优良的力学性能和介电性能而被广泛用来增强石英。加入30%第二相氮化铝颗粒于1 400℃下烧结，所得的复合材料的抗弯强度和断裂韧性分别为200 MPa和2.96 MPa·$m^{1/2}$。引入AlN+BN复合颗粒，复合材料的热导率提高、热膨胀系数下降，使复合材料的临界热震温度由600℃提高到1 000℃。但材料性能与第二相的引入量、热压温度和方石英的析出量有很大关系。以SiO_2-AlN体系为例，AlN的引入能有效抑制方石英的析出，减小材料内部引发缺陷，降低结构损耗，但同时却阻碍了材料的致密化。提高热压温度能够提高材料致密度，但方石英的析出量也随之增多，影响复合材料介电性能和抗热震性能。

由于晶须和陶瓷粉末尺寸相近，可用处理粉料的方法进行处理，因此晶须增强陶瓷基复合材料制备工艺简单。1988年吉村昌弘等在SiO_2中加入体积分数为20%～30%的Si_3N_4晶须，于1 200℃及35 MPa下进行热压烧结，制得了致密的复合材料，基体没有析晶，断裂韧性K_{Ic}达到2.0～2.9 MPa·$m^{1/2}$。

F. PMeyer等研究了短切纤维增强熔石英复合材料的性能，并做了雨蚀试验，探讨了超声速雷达天线罩的可能性。与连续纤维增强相比，颗粒、晶须和短切纤维增强的复合材料虽然力学性能有较大提高，且制备工艺简单、成本低，但其增韧效果及抗热震性能远不如连续纤维增强的复合材料，故一般用于要求不太苛刻的部位。

连续高硅氧纤维或石英纤维增强的二氧化硅基复合材料，其断裂强度和断裂韧性有很大提高，断裂模式发生本质变化。为了避免高温下石英纤维析晶，因此复合材料的制备温度低，纤维-基体界面的连接不牢固，难以充分发挥复合材料的力学性能。两向增强的方式有层间强度小，剪切应力作用下层间裂纹生长迅速的特点，这种结构难以在苛刻的疲劳及冲击条件下使用。三向增强结构能克服以上缺点，其结构的三维整体性为材料的力学性能提供较好的损伤容限。三向石英增强二氧化硅基复合材料（$3DSiO_2/SiO_2$）具有与石英玻璃类似的介电性能和耐腐蚀性能，但韧性比石英玻璃大得多，是一种先进的透波材料。穿刺高硅氧布增强二氧化硅是石英纤维束 Z 向穿刺层叠高硅氧布形成三向织物，经 SiO_2 浸渍烧结而成的透波材料，它价格低廉，性能优良。纤维增强二氧化硅复合材料与石英玻璃的主要性能比较如表 5.18 所示。

表 5.18　二氧化硅基复合材料种类及性能

性能		$3D\ SiO_2/SiO_2$	熔融石英	连续高硅氧纤维增强 SiO_2
抗弯强度/MPa		Z:14.0 X:13.2	—	79 (RT)
介电常数		2.70～2.90	3.78	2.96～3.20 (RT)
$\tan\delta$		0.008	<0.001	0.005～0.006 (RT)
导热系数/$(W\cdot m^{-1}\cdot K^{-1})$		270℃，0.838	1.676	0.352～0.427
线膨胀系数/$(10^{-6}K^{-1})$		0.55(15～800℃)	0.50	0.51～0.53
密度/$(g\cdot cm^{-3})$		平均 1.78	2.20	1.60～1.65
线烧蚀率/$(mm\cdot s^{-1})$	小功率电机燃烧气流	0.089	—	0.15～0.20
	电弧加热器	0.360	—	0.483～0.507

5.5.3　纤维增强熔石英复合材料

1. 碳纤维/熔石英复合材料

碳纤维与石英玻璃在合适的制备温度下不会发生化学反应，C 的轴向热膨胀系数与石英玻璃相当。碳/石英无论在强度和韧性方面均较之石英玻璃本身都有大幅度的提高，强度增加了 11 倍，断裂功增加了两个数量级。由于热膨胀系数小，因此抗热震性优异。该材料还具有密度小、表面幅射系数大、热导率低、比热大等特点，因此综合了耐高温、抗热震、隔热性强、比强度大、韧性较高等高性能，是比较理想的防热材料。郭景坤等以此制备了远程导弹端头帽，性能基本满足要求。另外，我国以飞船和回收卫星的典型飞行环境为依据，针对材料的防热性和脆性进行了大尺寸结构件的常温振动和冲击、低温振动和冲击，以及再入加热试验。在此基础上，将碳/石英材料用于卫星再入防热，获得成功。

连续碳纤维增强熔石英的制备通常是碳纤维束以一定速度穿过石英玻璃泥浆并吸附适量石英粉（石英粉对碳纤维的润湿性较好），然后在专用设备上以周向缠绕（直绕和斜缠相结合）与轴向铺设相互交替的形式缠绕成型，干燥后在（1 300～1 350）℃×（10～20）MPa×30min 条件下烧结而成。该材料和工艺不足之处在于，制得的平板材料和锥型材料（如端头帽）的性能相差非常悬殊，因此在制备异型构件时工艺性能和使用性能都会变差。这主要表现在，第一，由于形状限制，缠绕后形状尺寸和最终尺寸之间差别较大，使热压烧结时纤维变形分布错位，对增强效果发挥不利；第二，单束纤维内难以充填料浆及加压时纤维束间聚集使纤维和基体分布极不均匀，致密度低，界面结合弱，材料性能变差；第三，纤维以周向或轴向增强，材料性能方向性强，层间抗剪切能力差。为了克服上述缺点，哈尔滨工业大学制备了短碳纤维增强熔石英基复合材料(还包含其他两种颗粒组分)，在致密化、成型精度和性能上具有明显优势，已经被我国某新型号导弹选用制作防热部件。表5.19为C_f/熔融SiO_2复合材料部分性能。

表5.19　C_f/熔融SiO_2复合材料的性能

材料类型	碳纤维含量(%)(体积)	抗弯强度 MPa	抗拉强度 MPa	弹性模量 GPa	断裂韧性 $MPa\cdot m^{1/2}$	断裂功 $J\cdot m^{-2}$	断裂应变 %	膨胀系数 $10^{-6}K^{-1}$
熔融SiO_2	0	50～60				5.94～11.3	0.03	0.54
C/熔融SiO_2	连续正交30	294	52.9				0.32	
C/熔融SiO_2	连续端头帽25	轴向8～10 径向15～25	轴向3.6 径向6.3				轴向0.36 径向0.32	2.75
C/熔融SiO_2	短切纤维20	42.6±7.3		弯曲60	0.76			

2.石英纤维/熔石英复合材料

为了制备高性能的天线窗材料，20世纪70年代美国等先进国家发展了用石英玻璃纤维三向织物增强石英玻璃制成复合材料(称三向石英增强石英，3DQ/SiO_2)，后来受到各国的重视，我国也已制备出这种材料。在3DQ/SiO_2的生产中，要用三向石英织物反复进行浸渍高纯硅溶胶、干燥和烧结等过程，以达到必要的致密度，因此周期长，并且很难获得较高致密度。3DQ/SiO_2的弯曲强度和断裂应变比石英玻璃高得多，是一种先进的介电防热材料。但由于其致密度低、基体的软化温度和熔融黏度也比石英玻璃低，因此其烧蚀率比石英玻璃大。

除以上两种以织物形式增强外，美国军事材料研究中心的Meyer等以超音速雷达天线罩为应用背景进行了高纯石英玻璃纤维增强熔石英陶瓷的研究。采用短切石英玻璃纤维与石英玻璃颗粒复合，结构分析指出，断口处纤维拔出十分明显，说明纤维与基体结合力不够，这是由于为避免石英玻璃析晶而采用较低的烧结温度使得致密度不够高所致。力学性能测试表明，纤维的加入对断裂韧性指数K_{IC}几乎没有影响(保持为约1 $MPa\cdot m^{1/2}$)，但却使断裂功显著增加。雨蚀台架试验结果表明，复合材料雨蚀得更为严重，但表面雨蚀较未增强者更为均匀，而且不像未加纤维时那样在试验过程中产生灾难性裂纹。该文献未报道任何工艺细节。

3.其他纤维增强熔石英复合材料

氮化硼纤维增强熔石英复合材料(BN_f/SiO_2)在合适的工艺制备温度下也是一个较好的匹配系统，并且具有良好的介电性能，是制备天线窗的候选材料。但这种材料还处于研究阶段，力学性能还有待于提高，并且BN_f的制备工艺和复合材料异型件的制备工艺也不成熟。

美国洛克希德实验室还研制了Al_2O_3纤维增强熔石英复合材料及SiC纤维增强熔石英复合材料，用于导弹和卫星等航天器的防热和抗激光加固。

以性能优异的SiC纤维作增强剂的石英玻璃复合材料的研究报道还不多见。1993年Vasilos等研究了SCS-6SiC纤维增强熔石英复合材料。该研究中，采用低于5%(体积分数)的SiC纤维含量，先将纤维单向排列于容器内，再将熔石英粉料泥浆注入容器，干燥后于1 200℃×1.5h条件下烧结。所制得的复合材料，致密度在85%左右。性能测试表明，尽管纤维含量只有不到5%(体积分数)，但已显示出明显的增强效果，当纤维含量为4.6%(体积分数)时,使材料强度从未增强的 11.4～14.2 MPa 提高到 58～66 MPa,断裂应变从原来 0.03%～0.04%提高到 0.19%～0.22%,抗静载荷蠕变能力也有明显提高。但是由于 SiC 纤维的植入,也明显地增大了介电损失。另外,用该方法制备复合材料时,当纤维含量高于 5%(体积分数)时,排丝困难,坯体开裂,因此很难制得纤维含量高的复合材料。

5.6 氮化硅陶瓷基复合材料

5.6.1 氮化硅陶瓷

Si_3N_4有两种晶型,$\beta-Si_3N_4$是针状结晶体,$\alpha-Si_3N_4$是颗粒状结晶体。两者均属六方晶系,都是由$[SiN_4]^{4-}$四面体共用顶角构成的三维空间网络。β 相是由几乎完全对称的 6 个$[SiN_4]^{4-}$组成的六方环层在 C 轴方向重叠而成的。而 α 相是由两层不同,且有变形的非六方环层重叠而成的。α 相结构的内部应变比 β 相大,故自由能比 β 相高。

在 1 400～1 600℃加热,$\alpha-Si_3N_4$会转变成 $\beta-Si_3N_4$,但并不是说:α 相是低温晶型,β 相是高温晶型。因为:①在低温相变温度合成的 Si_3N_4 中,α 相和 β 相可同时存在;②通过气相反应,在 1 350～1 450℃可直接制备出 β 相,表明 β 相不是从 α 相转变而成的。α 相转变为 β 相是重建式转变,除了两种结构有对称高低的差别外,并没有高低温之分,只不过 α 相对称性较低,容易形成。

两种晶型的晶格常数 a 向相差不大,而在 c 向上,α 相是 β 相的 2 倍。两个相的密度几乎相等,相变中没有体积变化。α 相的热膨胀系数为 $3.0\times10^{-6}℃^{-1}$,而 β 相的热膨胀系数为$3.6\times10^{-6}℃^{-1}$。

通常,热压 Si_3N_4 陶瓷的强度最高,而反应结合 Si_3N_4 陶瓷的强度最低,原因是前者最致密,而后者较疏松。Si_3N_4陶瓷的力学性能取决于制备工艺和显微结构。由于 $\beta-Si_3N_4$ 是针状结晶体,因此随着材料中 $\beta-Si_3N_4$ 含量的增加,材料的强度和韧性均增加。而材料中 β 相的含量随 Si_3N_4 原粉中 α 相的增加而增加。所以原料中 α 相的含量越高,材料的韧性就越高。

5.6.2 颗粒增强氮化硅陶瓷基复合材料

SiC 颗粒的大小和含量对复合材料的韧性和强度的影响是显著的,在其极限粒径(d_c)以下,增加 SiC 颗粒的体积含量和粒径可以提高增韧效果。SiC 颗粒对 Si_3N_4 基体的增强、增韧除了传统的弥散强化外,主要还是它会在烧结过程中阻碍基体 Si_3N_4 的晶粒长大。

增强相 SiC 的粒径对材料的力学性能有较大影响,随着 SiC 粒径的增加,材料的强度先提高后降低。SiC 颗粒作为第二相加入材料中将对基体 Si_3N_4 的晶界移动产生一个约束力。研究表明,含有 SiC 的 Si_3N_4 的粒径明显小于不含 SiC 的粒径,且有随着 SiC 粒径减小,基体晶粒尺寸逐渐减小的趋势,表明加入 SiC 确有阻碍基体晶粒长大的作用。随着第二相 SiC 粒径的增加,材料的韧性先下降后提高,再下降。SiC 粒径在 25 μm 以下时 Si_3N_4 材料强度较好,增韧的粒径范围在 30～50 μm 之间。

因为 TiN 具有高电导率,TiN 颗粒增强 Si_3N_4 使复合材料可用电火花切割加工。为了使

TiN_p/ Si_3N_4材料易于烧结，在对其热压烧结时一般要加烧结助剂，如 Al_2O_3，Y_2O_3等。TiN_p/Si_3N_4陶瓷复合材料的力学性能如表 5.20 所列，说明 TiN 颗粒对 Si_3N_4陶瓷有显著的增强、增韧作用，但却对材料的硬度有微小的降低作用。TiN 颗粒的含量对 Si_3N_4材料的断裂韧性有影响，基本趋势是随着 TiN 颗粒含量增加，复合材料的断裂韧性是上升的。

表 5.20　TiN/Si_3N_4陶瓷复合材料的力学性能

试样	TiN %(质量)	Si_3N_4 %(质量)	HRN15N	σ_f MPa	K_{Ic} $MPa \cdot m^{1/2}$	切割速率 $m \cdot min^{-1}$
Si_3N_4	0	100	97.4	450	6.0	0
10TiN(2μm)	10	90	96.1	743	8.1	0
20TiN(2μm)	20	80	96.2	660	7.9	2.80
30TiN(2μm)	30	70	96.8	780	7.9	7.11
30TiN(2μm)	40	60	95.9	690	9.5	9.82
10TiN(10μm)	10	90	97	572	7.3	0
20TiN(10μm)	20	80	96.8	682	6.9	0
30TiN(10μm)	30	70	96.8	692	7.5	1.55
40TiN(10μm)	40	60	96.1	497	9.6	4.68
10TiN(30μm)	10	90	96.0	583	8.4	0
20TiN(30μm)	20	80	96.8	677	8.2	0
30TiN(30μm)	30	70	96.0	697	10.2	0.34
40TiN(30μm)	40	60	95.9	620	11.2	3.89

5.6.3　晶须增强氮化硅陶瓷基复合材料

晶须强化 Si_3N_4基复合材料的主要制造方法有反应烧结和添加烧结助剂烧结等。添加烧结助剂烧结法可分为热压和热等静压(HIP)以及陶瓷的一般制造方法——常压烧结法。反应烧结是将金属硅粉与晶须混合，烧结时硅与氮气反应生成 Si_3N_4。但是这样所得的材料气孔较多，力学性能较低。为了得到高密度的材料，可采用二段烧结法，即在硅粉中加入烧结助剂，氮化后升至更高的温度烧结而得到致密的材料。添加烧结助剂热压法是将 Si_3N_4粉、烧结助剂和晶须混合后放入石墨模具，边加压边升温。由于晶须可能阻碍 Si_3N_4基体中烧结时物质的迁移，所以烧结比较困难。为了提高密度，需要施加压力。此时晶须在与压力垂直的平面内呈二维分布。由于热压所得到的制品形状比较简单且成本较高，使其使用受到了限制。现在主要应用于切削工具。

反应烧结法制备的 SiC_w/ Si_3N_4材料的抗弯强度可达 900 MPa，其断裂韧性随 SiC 晶须含量的增加而增加。

用热压法制备，再用 HIP 处理得到含 SiC 晶须 30% 的 Si_3N_4陶瓷复合材料，弯曲强度为

1 200 MPa，断裂韧性为 8 MPa·$m^{1/2}$。还有在 Si_3N_4 中添加烧结助剂（Y_2O_3，$MgAl_2O_4$）与SiC 晶须混合再成型后在 1MPa 氮气气氛中 1 700℃预烧结，然后在 1 500～1 900℃，2 000 MPa 制度下 HIP，该工艺得到的 SiC_w/Si_3N_4 材料的抗弯强度可达 900MPa，其断裂韧性为 9～10 MPa·$m^{1/2}$。HIP 温度越高，材料的强度越高，但断裂韧性却有所降低。另外，在高压氮气下烧结，SiC_w/Si_3N_4 材料也具有较好的力学性能，如加少量烧结助剂（Y_2O_3，Al_2O_3 等），掺 20%（质量）SiC 晶须，在 1MPa 氮气气氛中 1 825℃烧结 3h，材料的相对密度达 98%以上，材料的抗弯强度为 950 MPa，断裂韧性为 7.5 MPa·$m^{1/2}$。

HIP 制备 SiC_w/Si_3N_4 材料具有良好的性能，在转缸式发动机中作为密封件得到了应用。由于该类材料具有优异的耐热性、耐热冲击性、韧性和耐磨性，作为摩擦材料时可以减轻对方的磨损。

5.6.4 长纤维增强氮化硅陶瓷基复合材料

长纤维增强 Si_3N_4 基复合材料的制备方法有反应烧结法、添加烧结助剂法、液态硅氮化法（Lanxide 法）、CVI 法以及聚合物热分解法等。

反应烧结法是在纤维预制体中放入金属硅粉末，在硅的熔点附近 1 300～1 400℃，长时间（50～150h）与氮气反应，生成 Si_3N_4 基体的方法。该工艺的特点是形成材料的形状和尺寸与预制体基本一致，易于制备形状复杂构件，大大减少陶瓷材料的加工。

传统的烧结方法至今仍是 Si_3N_4 基复合材料的有效制备方法之一，一般需要 1 750℃以上的高温、良好的烧结助剂以及足够的压力。纤维与基体 Si_3N_4 的界面反应易于损伤纤维，从而恶化材料性能，所以需要耐热高的纤维或对纤维进行涂层，以避免或降低界面反应。纤维与基体的热膨胀系数差不能太大，否则会在材料中产生应力。添加烧结助剂（LiF－MgO－SiO_2）和热膨胀调节剂，可以使烧结温度降低到 1 450～1 500℃。并利用 ZrO_2，制出了碳纤维强化 Si_3N_4 基复合材料，虽然抗弯强度提高不大，但其断裂功为 4 770 J·m^{-2}，提高了 200 倍，断裂韧性为 15.6 MPa·$m^{1/2}$，提高了 2 倍。将碳纤维在含 Y_2O_3，Al_2O_3 或莫来石的 Si_3N_4 粉末制成的浆料中浸渍，再定向排列叠层，于 1 600～1 800℃热压，形成的碳纤维增强 Si_3N_4 复合材料的常温抗弯强度为 190～598 MPa，1 200℃时为 83～865 MPa，常温断裂韧性为 5.8～28.8 MPa·$m^{1/2}$。

液态硅氮化法是将具有一定形状的纤维预制体置在液态硅之上，硅向纤维渗透的同时氮化，从而生成 Si_3N_4 和 Si 结合的基体。该法制备的 SiC 纤维增强 Si_3N_4 复合材料的抗弯强度为 392MPa，抗拉强度为 334MPa，断裂韧性为 18.5MPa·$m^{1/2}$。

CVI 法是用 $SiCl_4$，NH_3 等气体通过纤维预制体，控制反应温度、气体压力和流量，在纤维上沉积出由气体反应形成的高纯度、均匀的 Si_3N_4。CVI 法通常在 800～1 250℃进行。形成的复合材料一般含有 10%左右的气孔，且难以进一步致密化。CVI 法过程很长，一般需要数日到数周的时间，因此该工艺制备材料生产效率低，成本较高。

聚合物热分解法中采用聚氮硅烷为先驱体，反复浸渍纤维预制体，然后在 1 200℃热解即可获得 C/Si_3N_4 或 SiC/Si_3N_4 陶瓷基复合材料。聚氮硅烷比陶瓷粉末泥浆更容易浸渍，且分解形成陶瓷的温度非常低。

思　考　题

1. 简述陶瓷基复合材料的组成和微结构。
2. 简述陶瓷基复合材料的分类方法。
3. 简述陶瓷基复合材料的增强相的分类、结构及性能。
4. 简述陶瓷纤维的分类、结构及性能。
5. 简述陶瓷基复合材料的设计原则。
6. 简述陶瓷基复合材料界面的分类、组成及作用。
7. 简述陶瓷基复合材料的断裂模式及模型。
8. 简述陶瓷基复合材料的增韧方式及相关机制。
9. 简述陶瓷基复合材料的制备方法、分类及其特点比较。
10. 简述陶瓷基复合材料的国内外发展现状及趋势。
11. 简述图 5.33 的含义。

第6章 气凝胶

6.1 概述

气凝胶(Aerogels)是由纳米量级胶体粒子或高聚物分子聚结而成的网状结构多孔性新型固态材料,孔中为气态分散介质。

气凝胶的外貌如图6.1所示,多呈半透明,质量极轻,也被称为"固态烟"或"冷冻烟雾",其内含大量的空气,典型的孔隙尺寸在1~100 nm范围,孔隙率在80%~99.8%,是一种具有纳米结构的多孔材料。这种新材料并不像外表看上去那么脆弱不堪,它一般可以承受相当于自身重力几千倍的压力;在温度达到1 200℃时才会熔化;导热性和折射率也很低;绝缘能力比最好的玻璃纤维高39倍。气凝胶也具有凝胶的性质,即具有膨胀作用、触变作用、离浆作用。美国宇航局科学家研制出的一种气凝胶,作为世界最轻的固体,正式入选吉尼斯世界纪录。它主要由纯二氧化硅组成,其中的空气比例占到了99.8%,这种新材料密度为0.03 $g \cdot cm^{-3}$,仅为空气密度的2.33倍。

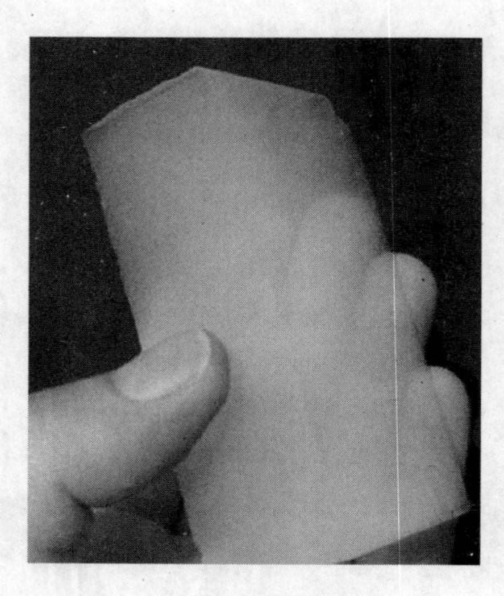

图6.1 气凝胶的外貌

气凝胶问世于1931年,由美国加州太平洋大学Samuel Stephens Kistler首先合成。以Na_2SiO_3的水溶液为原料,通过溶胶-凝胶法在盐酸催化下水解生成湿凝胶,其中的液相组分为NaCl的水溶液；随后Kistler发现若对其进行常规的蒸发干燥会使凝胶孔结构塌陷，得到碎裂的干凝胶或粉末，但若将凝胶孔内的NaCl水溶液首先置换为乙醇，再利用超临界干燥技术，在不破坏凝胶孔网络结构的前提下，抽取掉凝胶孔中的液态分散相，就可以制备出一种具有高比表面积、低堆积密度和低热导率的疏松多孔非晶固态材料，并把它命名为气凝胶。Kistler成功地制备出了氧化硅、氧化铝、氧化铁、氧化锡、氧化镍和氧化钨气凝胶，并预言了气凝胶将在催化、隔热、玻璃及陶瓷领域得到应用。但由于凝胶孔径为纳米量级，传质速率低，水洗、醇水交换等步骤低效、费时，而且产品的纯度难以保证，因而溶剂置换过程往往烦琐而漫长，另外当时也没有发现气凝胶的实际应用价值，从而限制了对其应用的研究，在其后的30多年间并没有引起人们的兴趣。

1968年，法国的Nicoloan等人利用正硅酸甲酯(TMOS)等有机醇盐为原料，经一步溶胶-凝胶法制备出了氧化硅气凝胶，大大缩短了其干燥周期，并对所制备的气凝胶进行了表征，才使得气凝胶材料的制备与应用得到了发展。但是TMOS有剧毒，对人体有害且污染环境，从而也限制了人们的研究。1985年，美国劳伦斯伯克力国家实验室的Param H. Tewari和Arlon J. Hunt等使用毒性较低的正硅酸乙酯(TEOS)代替毒性较大的TMOS作硅源前驱体来制备气凝胶，并用CO_2代替乙醇作为超临界干燥介质，在室温水平成功地对湿凝胶进行干燥，大大提高了气凝胶生产过程中的安全性，推动了气凝胶的商业化进程。同年，第一届国际气凝胶专题研讨会在德国的Wuerzhurg召开，之后每3年举行一次，该会议一直延续至今。

近年来，人们对气凝胶的研究主要放在以下三个方面：气凝胶的合成条件(如溶剂、催化剂种类、前驱体种类、干燥条件)的影响作用；气凝胶的物理化学性质(力学性能、疏水性等)；气凝胶微观结构控制、表征及介孔结构的研究，如分形结构的研究、凝胶生长过程的模拟、结构模型的研究等方面。

气凝胶在超低密度耐高温隔热材料、灵敏元件传感器、高效高能电极材料、特种介电材料、优良的气体吸收剂和过滤器、新型高能粒子控测器、太阳能吸收转化器、高效催化剂和催化剂载体、特种玻璃前驱体等方面具有非常诱人的应用前景。

目前国际上关于气凝胶材料的研究工作主要集中在德国的维尔茨堡大学、BASF公司、DESY公司，美国的劳伦兹·利物莫尔国家实验室、桑迪亚国家实验室，法国的蒙彼利埃材料研究中心，瑞典的LUND公司，日本的高能物理国家实验室等。国内也早在20世纪90年代开始了关于气凝胶的研究，并申请了若干专利。主要研究机构集中在同济大学波尔固体物理实验室，中科院物理与化学研究所，浙江省绍兴市的纳诺高科股份有限公司等，国防科技大学、山西煤碳化学研究所、国防大学、武汉大学、大连理工大学、哈尔滨工业大学、南京大学、中国科学技术大学等单位和高校也在气凝胶方面展开了研究工作。

6.2 气凝胶的分类及结构

6.2.1 气凝胶的分类

气凝胶的种类很多，迄今为止已经研制出的气凝胶有数十种。

按气凝胶组成物的性质分类，可以分为无机、有机、无机-有机系列的气凝胶和碳气凝胶，有机气凝胶和碳气凝胶的制备与应用是近年来新兴的研究方向。气凝胶中以研究性能相对优越的无机氧化物气凝胶为主。

按气凝胶中氧化物的数量分为：单元氧化物气凝胶：SiO_2，Al_2O_3，TiO_2，B_2O，MoO_2，MgO，ZrO_2，SnO_2，WO_3，Nb_2O_5，Cr_2O_3等；金属-氧化物气凝胶混和材料（用做高效催化剂）：$Cu-Al_2O_3$，$Pd-Al_2O_3$等；双元氧化物气凝胶：$Al_2O_3-SiO_2$，$B_2O_3-SiO_2$，$P_2O_5-SiO_2$，$Nb_2O_5-SiO_2$，$Dy_2O_3-SiO_2$，$Er_2O_3-SiO_2$，$Lu_2O_3-Al_2O_3$，$CuO-Al_2O_3$，$NiO-Al_2O_3$，$PbO-Al_2O_3$，$Cr_2O_3-Al_2O_3$，$Fe_2O_3-Al_2O_3$，$Fe_2O_3-SiO_2$，$Li_2O-B_2O_3$等；三元氧化物气凝胶：$CuO-ZnO-ZrO_2$，$CuO-ZnO-Al_2O_3$，$B_2O_3-P_2O_5-SiO_2$，$MgO-Al_2O_3-SiO_2$，$Pb-Mg_{1/3}-Nb_{2/3}O_3$。

6.2.2 气凝胶的结构表征

气凝胶是纳米多孔网络结构材料，用于气凝胶结构研究的实验技术有许多种：用透射电镜和扫描电镜 观测粒子形状、粒子排列等结构特征，并定量估计孔隙或粒子尺寸；用吸附-解吸法（包括 BET，比重仪和气孔测量仪）测定比表面、孔隙率及骨架密度；用小角 X 射线散射（SAXS）或小角中子散射（SANS）测量构成气凝胶的胶体颗粒（或网络直径）的分布和骨架密度，获得气凝胶结构的一些特殊性质（如分形结构等），用核磁共振（NMR）从分子水平上检测气凝胶结构，也可应用低频拉曼散射研究构成气凝胶网络结构的粒子平均大小。

目前制得的气凝胶孔隙率为 80%～99.8%，典型孔隙尺寸在 1～100 nm 范围内，比表面积可达 1 000 $m^2\cdot g^{-1}$，作为基本单元的胶质粒子直径约为 1～20nm。

SiO_2气凝胶的典型结构如图 6.2 所示。密度在 0.01 $g\cdot cm^{-3}$ 以下的超低密度 SiO_2气凝胶，比表面积达 500～1 000 $m^2\cdot g^{-1}$，孔隙尺寸约为 15 nm，对应的胶质粒子线度约为 1～3 nm。而碳气凝胶比表面积高达 400～1 000 $m^2\cdot g^{-1}$，其孔隙尺寸一般小于 50 nm，网络胶质颗粒或聚合链特征尺度（直径）为 10nm。部分气凝胶的织构和结构特性如表 6.1 所示。

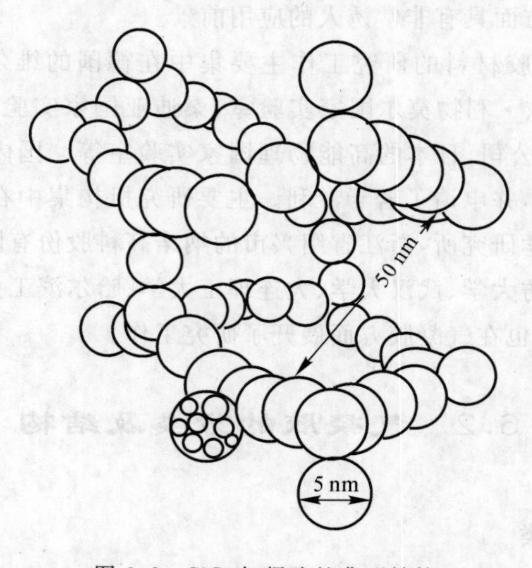

图 6.2 SiO_2气凝胶的典型结构

表 6.1　气凝胶的织构和结构

气凝胶	比表面积/($m^2 \cdot g^{-1}$)	比体积/($cm^3 \cdot g^{-1}$)	平均孔径/nm
SiO_2	366～1 590	2.0～4.2	6.0～12.0
TiO_2	97～750	1.9～3.6	15.0～18.0
Al_2O_3	123～750	5.0～7.0	30.0～40.0
ZrO_2	138～500	1.6～1.8	14.0～16.0
$Fe_2O_3-Al_2O_3$	230～570		
$Fe_2O_3-SiO_2$	690～760		
$NiO-Al_2O_3$	270～710		
$NiO-Al_2O_3-SiO_2$	30～890		
$Fe_2O_3-Al_2O_3-Cr_2O_3$	300～700		
$Fe-ZrO_2$	227	0.67	6.0
TiO_2-CeO_2	254.5	1.2	18.7

6.2.3　气凝胶的分形

气凝胶与其他材料相比还具有分形几何结构，可简单地理解为不规则的几何结构。本体相的分形不同于表面的分形，对于本体相来说，围绕着一个凝胶网络上的任意点（为球心），一个半径为 R 的凝胶球的质量 M，是 R 的统计学函数

$$M \approx R^D \tag{6.1}$$

式中，D 称为分形维数。对于表面分形物体，其表面积 A 遵循这样的定律：

$$A \approx R^{D_s} \tag{6.2}$$

实际上，凝胶只能在有限的半径 R 值范围内是分形的，大约处在被称为中间（过渡）范围的 1～50 nm，根据具体的材料有所不同。而在宏观的尺度内，凝胶呈现的是均一的密度。凝胶的分形维数，可以由 X 射线小角散射实验所证实，另一个证据是其对不同横截面积的分子均产生吸附。在 SAXS 数据中，在所谓的中间范围角度，散射强度 $I(k)$ 遵循 Porod 定律

$$I(k) \approx k^{-2D+Ds} \tag{6.3}$$

式中，k 是在某一个散射角 θ 的波常量，对于一个 X 射线波长 λ

$$k = 4\pi/\lambda \sin(\theta/2) \tag{6.4}$$

分子吸附实验中，在低压下被吸附的质量 w 遵循如下类型的定义：

$$w = \sigma^{-(Ds,a/2)} \tag{6.5}$$

式中，Ds,a 是吸附一个横截面积为 σ 的吸附质的表面分形维数。另外，对于小于孔径 r 的孔的容积 $V_{p(r)}$，其与 r 的关系是

$$dV_{p(r)}/dr \approx r^{2-Ds} \tag{6.6}$$

气凝胶的表观密度明显依赖于标度尺度。以SiO_2气凝胶为例,如果分析尺度大于关联度$\xi\sim100$ nm,此时认为SiO_2气凝胶材料是均匀的,其密度也为常数(即宏观密度)。如果分析尺度减小到与孔隙尺寸相当的范围,测得的密度将大于其宏观密度;如果分析尺度进一步减小到与最小结构单元线度$a\sim1$ nm相当范围,测得的密度为其网络骨架密度,此时能得到气凝胶结构信息。在ξ与a之间,SiO_2气凝胶的密度具有标度不变性,即

$$\rho(L)\propto L^{D-3} \tag{6.7}$$

式中,L为标度尺度;D为分形维数。由式(6.7)可知,SiO_2气凝胶的密度随分析尺度的增加而减小,且具有自相似结构,因此SiO_2气凝胶具有典型的分形性质。实验测得在碱性、酸性、中性条件下制得的SiO_2气凝胶的分形维数分别为1.8,2.2,2.4。在气凝胶分形结构动力学研究方面的结构还表明,在不同尺度范围内,有三个色散关系明显不同的激发区域,分别对应于声子、分形子和粒子模的激发。改变气凝胶的制备条件,可使其关联长度在两个量级的范围内变化。因此硅气凝胶已成为研究分形结构及其动力学行为的最佳材料。

6.3 气凝胶的性能

气凝胶在力学、声学、热学、光学、电学等诸方面均显示其独特性质。它们明显不同于孔隙结构在微米和毫米量级的多孔材料,其纤细的纳米结构不仅使得该材料在基础研究中引起人们的兴趣,而且在许多领域蕴藏着广泛的应用前景。下面具体从力学特性、光学特性、热学特性、电学特性、声学特性等几个方面阐述气凝胶的特性。

6.3.1 力学特性

气凝胶是把气体分散于固体中形成的干凝胶,在微观上具有纳米尺度的均匀结构,所以它的力学性能除了与组成气凝胶的材料本身有关外,还受到多种因素的影响,如孔隙率、胶体密度等。孔隙率越大,固体骨架承受的应力越大,气凝胶的强度越低,有效弹性模量、体积模量随孔隙率的变化而变化;气凝胶的密度越大,固体骨架所承受的应力越小,故其强度越高,反之亦然。

以SiO_2气凝胶为例,与玻璃相比,其组成和化学性质相似,但在宏观上表现出与非晶态玻璃材料完全不同的力学性能。SiO_2气凝胶的强度很低,脆性更大。实验表明:SiO_2气凝胶的弹性模量E、拉伸强度δ与宏观密度ρ之间满足下列关系:

$$E\propto\rho^{3.3} \tag{6.8}$$

$$\delta\propto\rho^{2.6} \tag{6.9}$$

被用来制作超级隔热材料应用于航空航天和军事领域的SiO_2气凝胶的物理性能如表6.2所示,可见其弹性模量不到10 MPa,抗拉强度只有16 kPa,断裂韧度只有0.8 kPa·$m^{1/2}$,呈现脆性大、力学强度低的缺点,所以它不能直接作为结构材料来隔热保温。为了解决此缺点,用晶须、短纤维、长纤维、硅酸钙石等作为增强相,制备气凝胶隔热复合材料,在不影响隔热效果的前提下,提高气凝胶的力学强度。研究气凝胶的力学性能主要是为材料的筛选提供有用的参数。

表 6.2 SiO_2气凝胶的物理性能

参数	值
表观密度/($g \cdot cm^{-3}$)	0.003～0.35
比表面积/($m^2 \cdot g^{-1}$)	600～1 000
平均孔径/nm	～20
平均粒径/nm	2～5
耐热度/℃	500
导热系数/($W \cdot m^{-1} \cdot K^{-1}$)	～0.013
热膨胀系数/K^{-1}	2.0×10^{-6}～4.0×10^{-6}
弹性模量/MPa	1～10
抗拉强度/kPa	16(ρ=0.1g·cm^{-3})
断裂韧度/($kPa \cdot m^{\frac{1}{2}}$)	～0.8(ρ=0.1g·cm^{-3})
介电常数	～1.1(ρ=0.1g·cm^{-3})
声音传播速度/($m \cdot s^{-1}$)	100(ρ=0.07g·cm^{-3})

6.3.2 光学特性

除碳气凝胶是黑色不透明的之外，其他气凝胶都可制成透明或半透明材料，对紫外～可见光区的透光性良好，对光的散射小、折射率也很低，并阻止环境温度的热红外辐射，因此是一种很好的绝热透明材料。气凝胶的这种光学特性最早应用于切仑可夫探测器，切仑可夫探测器对材料的折射率的要求是其在1.0～1.3之间。通过获得不同密度的气凝胶可方便地满足切仑可夫探测器对材料折射率的要求，使用这种不同密度的气凝胶作为切仑可夫探测器中的介质材料，可用来探测高能粒子的质量和能量。

在适当条件下可制得高度透明的 SiO_2气凝胶，该材料在波长为 630nm 处的特性湮灭系数 $e_{可见光}=0.1\ m^2\cdot kg^{-1}$，处于这个波长区的光子在密度为 100 $kg\cdot m^{-3}$的气凝胶介质中的平均自由程 $L=1/(e\cdot\rho)\approx0.1$ m。SiO_2气凝胶在波长 $\lambda<7\ \mu m$ 和 $\lambda>30\ \mu m$ 区域的典型湮灭系数 $e\leqslant10\ m^2\cdot kg^{-1}$，而在波长为 8～25 μm 区域的典型湮灭系数 $e\geqslant100\ m^2\cdot kg^{-1}$，它对红外和可见光的湮灭系数之比达 100 以上。而气凝胶的折射率 n 与密度 ρ 之间关系为

$$n-1\approx2.1\times10^{-4}/\rho \tag{6.10}$$

因此 SiO_2气凝胶具有良好的透光度，并能阻止环境温度的热辐射。

6.3.3 热学特性

气凝胶是目前所有固体和多孔材料中热导率最低的材料。它具有高孔隙率，其纤细的纳米多孔网络结构增加了固态传热通路，且小于 100nm 的孔隙尺寸小于空气分子的平均自由程，限制了内部空气运动，导致其能有效限制固相传热、气相传热及热对流。这一特性使气凝在作为隔热材料方面具有很大的潜力。

气凝胶热传导是由气态传导、固态传导和热辐射传导组成的，由于气凝胶具有纳米多孔结

构，因此常压下气态热导率λ_g很小，对于抽真空的气凝胶，热传导由固态传导和热辐射传导决定。对硅气凝胶的研究发现，同玻璃态材料相比，由于密度低限制了稀疏骨架中链的局部激发的传播，使得固态热导率λ_s仅为非多孔玻璃态材料热导率的1/500左右。一般近似认为，密度在0.07～0.3 g·cm^{-3}的SiO_2气凝胶的固态热导率为

$$\lambda_s \propto \rho^{\alpha} \tag{6.11}$$

式中，$\alpha = 1.5$。而热辐射热导率为

$$\lambda_r \propto T^3/c \tag{6.12}$$

式中，T为绝对温度；c为湮灭系数，与密度ρ有关。气凝胶的热辐射为发生在3～5 μm区域内的红外热辐射，其λ_r随着温度升高而迅速增加，它使气凝胶的总热导率增大。如果在SiO_2气凝胶材料掺入遮光剂（如碳黑、TiO_2等），则由红外热辐射引起的热传导作用将大大减小，这种加有遮光剂的粉末状、块状气凝胶在室温常压下的热导率分别达0.018 W·(m·K)$^{-1}$和0.012 W·(m·K)$^{-1}$，在真空条件下可低达0.004 W·(m·K)$^{-1}$，不论是在高温还是常温下，均有接近于静止空气的导热系数，是目前隔热性能最好的固态材料。

6.3.4 电学特性

气凝胶有独特的电学特性，不仅有绝缘性能优良的无机、有机气凝胶，而且有导电性强的碳气凝胶。

有机、无机气凝胶具有极低的介电常数ε，通常$1<\varepsilon<2$，且ε具有连续可调的特性，介电强度高，绝缘性能优良。尤其是有机气凝胶和金属氧化物气凝胶，它们都是非常优异的介电体，同时有些金属氧化物气凝胶显示出优越的超导性、热电性和压电性。

初步研究表明气凝胶介电常数ε与密度ρ(单位kg/m^3)之间有以下近似关系：

①纯SiO_2气凝胶，$\varepsilon-1\approx(1.40\times10^{-3})/\rho$　(kg·m^{-3})；

②RF气凝胶，$\varepsilon-1\approx(1.75\times10^{-3})/\rho$　(kg·m^{-3})；

③MF气凝胶，$\varepsilon-1\approx(1.83\times10^{-3})/\rho$　(kg·m^{-3})。

实验测得$\rho=8$ kg·m^{-3}的SiO_2气凝胶的介电常数ε为1.008，是目前介电常数最低的块状固体。

碳气凝胶具有良好的导电性（电导率一般为10～25 S·cm^{-1}），其电导率κ与密度ρ满足标度定律，即

$$\kappa \propto \rho^{t} \tag{6.13}$$

式中，标度参量$t=1.5\pm0.1$。而在温度$T<50$K范围内，碳气凝胶的电导率与温度关系为

$$\kappa(T) \propto \exp\left[-E_a/(RT)\right] \tag{6.14}$$

式中，E_a为活化能，通常随密度增大而减小。此外碳气凝胶还具有光电导特性，其导电机理和光电导机理正在研究中。

6.3.5 声学特性

气凝胶所具有的独特纳米孔隙、高孔隙率、极小的纳米胶体颗粒和连续网络结构使其对声波传播速率的阻碍作用非常明显；同时气凝胶的声阻抗Z与密度ρ成正比，可通过控制不同的密度ρ来控制不同的声阻抗Z。气凝胶表现出了低声速、声阻抗可变范围较大的特性。

多孔材料对声波的阻力与其孔隙直径和颗粒大小有关。气凝胶的声传播速率C和弹性

模量E与其宏观密度ρ之间的关系可用标度定律来描述：

$$C \propto \rho^{\alpha}, \quad \alpha = 1.0, 1.1, \cdots, 1.4 \tag{6.15}$$

$$E \propto \rho^{\beta}, \quad \beta = 3.2, 3.3, \cdots, 3.8 \tag{6.16}$$

式中，标度参量α,β与制备条件密切相关。例如SiO_2气凝胶的弹性模量为MPa的数量级，比相应非孔性玻璃态材料低4个数量级，其纵向声传播速率可低达10 $m \cdot s^{-1}$，是一种理想的声学延迟或高效隔音材料。除低声速外，在气凝胶内的声传播的另一个奇特性质是其弹性常数会随外界压力(方向与声速一致)的增加而减小，而气凝胶的声阻抗

$$Z = \rho C \ (10^3 \sim 10^7) \ \ kg \cdot (m^2 \cdot s)^{-1} \tag{6.17}$$

通过控制其制备条件可以得到一系列不同密度的气凝胶，从而得到不同的声阻抗Z。

6.3.6 气凝胶的其他性质

气凝胶具有催化性能，这与其高孔隙率、高比表面积、低密度、高的热稳定性、材料中各组分高度分散等独特特点是分不开的。气凝胶具有催化剂的活性、选择性，且寿命远远高于常规催化剂，并可大幅提高活性组分的负载量。它既可作为催化剂的活性组分，也可以作为助催化剂，还可以作为催化剂载体。

气凝胶同时还具有强吸附性能，这与胶体具有高比表面积、低密度、连续网络结构且孔隙尺寸很小又与外界相通的特点息息相关，有“终极海绵”的称号。这种独特的性能使气凝胶在环保、净化、医药等领域有独特的应用。

气凝胶其结构在某些尺度上具有非均匀性，这些非均匀性可以表现出典型的分形特性，在基础研究方面被用来对分形学进行研究。

6.4 气凝胶的制备

气凝胶的制备主要包括湿凝胶的制备和干燥两个方面，湿凝胶的制备工艺通常采用溶胶-凝胶法，该法最初是由Teichner应用在SiO_2湿凝胶的制备之中。

溶胶-凝胶法具有以下优点：

①反应条件温和，通常不需要高温高压。

②对设备技术要求不高，体系化学均匀性好。

③所得产品纯度高，粒径分布均匀，粒度分布窄。

④可通过改变溶胶-凝胶过程参数来控制纳米材料的微观结构。

气凝胶主要由两步法制备：第一步溶胶-凝胶阶段，第二步超临界流体干燥。

溶胶-凝胶过程可概述如下：在反应物溶液中，首先生成初次粒子，粒子长大，形成溶胶，溶胶粒子相互交联，形成三维的网络结构即凝胶。事实上，溶液中的成核反应尚未完成，粒子的长大、支化和交联就开始进行了，成核速率、粒子生长速率和交联速率影响着凝胶的最终结构。金属醇盐(MOR)先进行水解反应而后再进行分子间的缩聚，两个反应交叉进行，水解过程中包含缩聚反应，而缩聚产物也会发生水解反应，因而产物也非常复杂。另外，凝胶的干燥也包括两个步骤：凝胶粒子间连续分散相(液相)的除去和新分散相(气体)的重新分散。干燥过程中，气液两相共存于凝胶的孔结构中。当液体开始蒸发时，由于分子间引力而产生的表面张力会导致液体在毛细管中形成弯月面，使液体产生压缩应力，此应力使湿凝胶的网络结构收缩，

若凝胶孔壁的机械强度不足以抵抗毛细管力，则孔隙会发生开裂和塌陷。所以干燥方法对于干凝胶的性质有很大的影响。

6.4.1 溶胶-凝胶过程

溶胶-凝胶过程是制备湿凝胶的过程，不论所用的前驱物为无机盐或金属醇盐，其主要反应步骤是前驱物溶于溶剂中(水或有机溶剂)形成均匀的溶液，溶质与溶剂产生水解或醇解。反应生成物聚集成1nm左右的粒子并组成溶胶，经蒸发、干燥转变为凝胶。基本原理如下：

①溶剂化：能电离的前驱物，如金属盐的金属阳离子 M^{Z+}，会吸引水分子形成溶剂单元 $M(H_2O)_n^{Z+}$(Z 为 M 离子的价数)，同时为保持它的配位数的稳定而强烈地释放 H^+：

$$M(H_2O)_n^{Z+} \rightarrow M(H_2O)_{n-1}(OH)^{(Z-1)+} + H^+ \qquad (6.22)$$

这时如有其他离子进入就可能产生聚合反应，但反应极为复杂。

②水解反应：非电离式分子前驱物，如金属醇盐 $M(OR)_n$(n 为金属 M 的原子价)，与水反应：

$$M(OR)_n + xH_2O \rightarrow M(OH)_x(OR)_{n-x} + xROH \qquad (6.19)$$

反应可延续进行，直至生成 $M(OH)_n$。

③缩聚反应：可分为

失水缩聚：$-M-OH + HO-M- \longrightarrow -M-O-M- + H_2O$ (6.20)

失醇反应：$-M-OH + HO-M- \longrightarrow -M-O-M- + ROH$ (6.21)

溶胶-凝胶过程如图6.3所示。无论是低密度聚合物状的还是高密度胶体状的溶胶粒子，先聚集形成一个个团簇，这些团簇不断扩大并相互联结，形成网络状大团簇，大团簇会和凝胶颗粒逐渐反应从而使自身膨胀扩展到整个容器，这个过程可以认为是凝胶形成的阶段。缩聚反应存在团簇结构形成的过程中，同时凝胶形成后的缩聚反应还将继续进行，特别是在凝胶体表面凹陷处和纤细网络之间(见图6.4)，凝胶中的胶体颗粒之间或初始形成的团簇网络结构之间或颗粒与团簇结构之间通过缩聚反应，聚集粘联，进一步形成凝胶体系里的网络结构，从而在整个容器范围扩展得到纳米级孔隙尺寸的三维凝胶网络结构。凝胶形成时间首先由水解和缩聚反应速率决定，而这两者依赖于催化剂和温度。其次，反应物配比也影响凝胶形成时间，同时还决定最终制成的气凝胶的宏观密度。凝胶形成后还会进行凝胶老化的阶段，凝胶老化的过程及老化过程中胶体颗粒、网络外形的变化如图6.5所示。

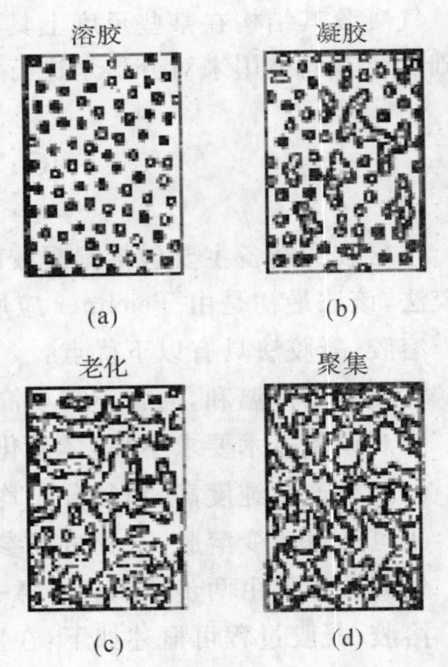

图6.3 溶胶-凝胶过程示意图

硅凝胶老化过程中会发生部分溶解—再缩聚，由于表面能的作用使网络变得光滑，硅凝胶的老化过程还伴随着光学性能改变，由于网络随着老化时间的增长而变粗，所得气凝胶的透光性会变差，直至不透明。RF凝胶经过一定的水热老化后强度便难以继续提高，经过酸催化作用可使RF网络间的交联程度进一步提高，明显提高其强度。此外，凝胶网络表面的部分溶解与重新凝聚这个可逆反应因网络表面不同曲率处溶解度不同而不可避免地发生,且溶解优先发生于网络表面的凸起处。凝聚优先发生于表面的凹陷处。所有这些过程即老化过程的最终效果是使凝胶网络变粗变光滑(见图 6.5(c)),总体比表面积下降,网络的孔径分布、组成网络的胶体颗粒半径的分布变窄,这种效果还将随 pH 值的增大而增大,当 pH＞8.5 时将变得非常突出。

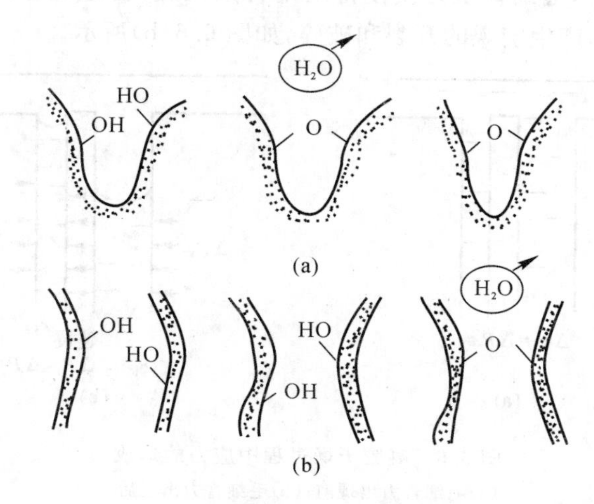

图 6.4　凝胶形成后的缩聚反应

(a) 发生在胶体表面凹陷处;(b) 发生在纤细网络之间

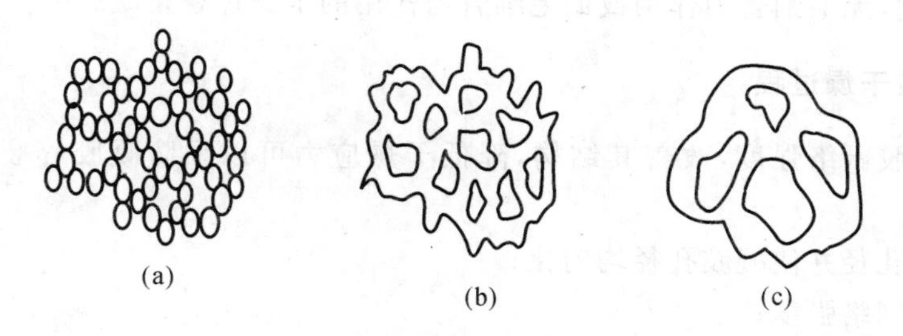

图 6.5　凝胶的老化过程

(a) 最初的凝胶网络由胶体颗粒组成;

(b) 胶体颗粒之间相互融合,联为一体;

(c) 进一步老化使网络变粗、表面更趋光滑

凝胶形成后,其孔隙及周围会充满溶剂,通常溶剂包括醇类、少量水和催化剂,要得到气凝胶,必须用适当的干燥方法去掉溶剂,且干燥过程必须在凝胶经历了一段时间的老化,其网络骨架变粗后才能进行。干燥前的凝胶为纳米颗粒组成的网络和网络构成的纳米空隙组成,空隙中充满溶剂。干燥过程就是用气体取代溶剂,而尽量保持凝胶网络结构不破坏的过程。由于溶剂与固体网络间存在表面张力作用,导致在干燥过程中凝胶网络承受毛细管力作用。毛细管作用产生的毛细管压力 ΔP 可表示为

$$\Delta P = 2\gamma\cos\theta / r \tag{6.22}$$

式中,ΔP 为毛细管压力;r 为管半径;θ 为液-固接触角;γ 为液体表面张力。

理论上,对于半径为 20nm 充满乙醇的直筒孔,承受毛细管压力约 2.3 MPa(乙醇液体表

面张力 $\gamma=22.75\ dyn\cdot cm^{-1}$（$1\ dyn=10^{-5}\ N$），密度 $\rho=0.789\ 3\ g\cdot cm^{-3}$）。强烈的毛细管力作用使胶体在干燥过程中进一步接触、加压、聚集、收缩甚至破碎，如图 6.6 所示。在干燥初期，溶剂量大，没有出现弯月面，两个空隙均没有产生毛细管力，如图 6.6(a)所示；当溶剂蒸发到一定程度空隙中出现弯月面，产生毛细管力作用，由于半径不同($r_1>r_2$)，产生的毛细管力大小也不同($\Delta P_1<\Delta P_2$)，毛细管压力差使得纳米骨架拉裂，在微观上产生裂纹或破裂，裂纹扩展到一定临界尺寸后，产生宏观的开裂和破碎，如图 6.6(b)所示。

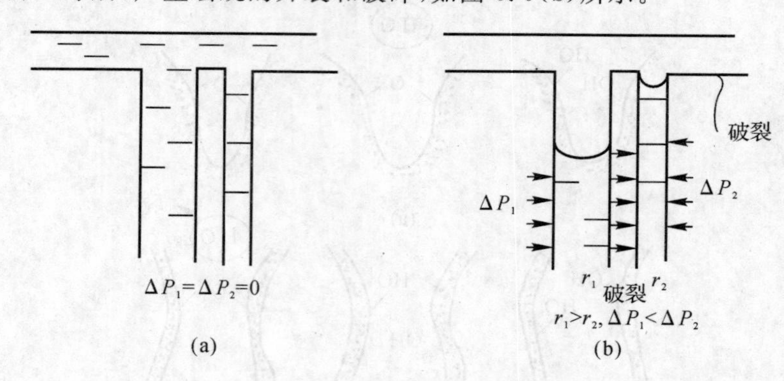

图 6.6　凝胶干燥过程中应力的形成

(a)毛细管力出现前；(b)毛细管力出现后

对于干燥方法的选择必须考虑降低干燥过程中凝胶所承受的毛细管力，避免凝胶结构破坏，针对这种问题，无毛细管力作用或低毛细管力作用的干燥过程是凝胶的干燥合理选择。

6.4.2　凝胶干燥过程

为了提高凝胶网络强度，改善其结构，降低干燥应力可以预防凝胶碎裂，相应的技术措施有：

①增大凝胶孔径并使凝胶孔径均匀化；

②提高凝胶网络强度；

③降低凝胶孔内液体表面张力及黏度；

④消除毛细管力，即消除干燥过程的气/液界面。

调整凝胶孔结构可采用前述的溶胶-凝胶过程；增强凝胶的机械强度可通过凝胶老化实现；但只靠这两种途径是不足以防止凝胶碎裂的，必须采用一种有效的干燥技术。降低液体的表面张力及黏度的方法之一是加入表面活性剂。第二种方法是采用表面张力及黏度较低的液体，但由于液体要和溶胶-凝胶反应匹配，故这两种方法受到限制。第三种方法是提高蒸发温度及压力来降低孔内液体的表面张力及黏度。但这 3 种方法并不能消除产生张力的气/液界面，从根本上避免凝胶碎裂。

凝胶收缩及碎裂源于毛细管力，因而消除气/液界面的干燥方法是行之有效的。消除气/液界面的方法有冷冻干燥和超临界干燥。

1. 冷冻干燥

在低温下将气/液界面转化为能量更低的气/固界面。将凝胶空隙中的溶剂冷冻为固态，通过升华的方法除去，得到气凝胶，这是冷冻干燥法的原理。但冷冻凝胶干燥成功率很低，常得到粉末或形成粗糙的孔，这主要是冷冻过程中溶剂晶体生长所致。凝胶必须冷至溶剂正常熔点之下，溶剂才能结晶，晶核生成于凝胶表面，孔内液体会流向晶核，这样凝胶内就会形成与蒸发干燥非常相似的流动，并因此产生相似的应力，破坏凝胶结构。另外，孔内结晶的生长排斥凝胶网络，致使凝胶网络断裂，最终只能得到粉末状气凝胶而不是气凝胶块体。

2. 超临界干燥

超临界干燥为气凝胶干燥手段中研究最早、最成熟、最有效的工艺。

所谓的临界状态是指气态与液态共存的一种边缘状态。在此状态下的液体密度与其饱和蒸汽压相同，相界面消失。超临界流体是在超过物质的临界温度、临界压力所形成的高压、高密度物相。如果把凝胶中的有机溶剂或水加热到超过临界温度、临界压力，则系统中的液气界面将消失，凝胶中的毛细管力也不复存在。常用溶剂的临界参数如表 6.3 所示，由表中可知水的临界温度和临界压力都太高，对超临界干燥不利，超临界干燥过程中选用的溶剂不同对应于不同临界温度、临界压力，对设备和操作技术的要求。

表 6.3　常用溶剂的临界参数

名称	沸点/℃	临界温度 t_c/℃	临界压力 P_t/MPa	临界密度 ρ_c/(g·mL^{-1})
二氧化碳	−78.50	30.98	7.375	0.468
氨	−33.40	132 33	11.313	0.236
乙醚	34.60	193.55	3.638	0.265
丙酮	56.00	234.95	4.700	0.269
异丙酮	82.20	235.10	4.650	0.273
甲醇	64.60	239.43	8.100	0.272
乙醇	78.30	240.77	6.148	0.276
正丙醇	97.20	263.56	5.170	0.275
苯	80.10	288.95	4.898	0.306
正丁醇	117.70	289.78	4.413	0.270
水	100.00	373.91	22.050	0.320

超临界干燥的过程一般如图 6.7 所示，液体达到超临界状态有两条途径，一种方法（途径 1）是向装有湿凝胶的高压釜内加入同凝胶孔内相同的液体，加热使之达到超临界状态（b 点）；另一种方法（途径 2）是先用惰性气体加压，防止凝胶内液体蒸发，再升温至超临界状态。达到超临界状态后，将系统恒温减压，排出溶剂蒸汽，减压至常压（d 点）后可降温至室温，为防止降温过程中溶剂在高压釜壁上冷凝、接触并破坏凝胶，必须在降温前用惰性气体吹扫高压釜。这样凝胶孔内液体不穿过气液平衡线达到超临界状态，消除了气液态的差别，无气液界面形成，在无觉察中凝胶孔内液体变成了气体，即可得到无裂纹的块状气凝胶。典型的超临界干

燥装置如图 6.8 所示。

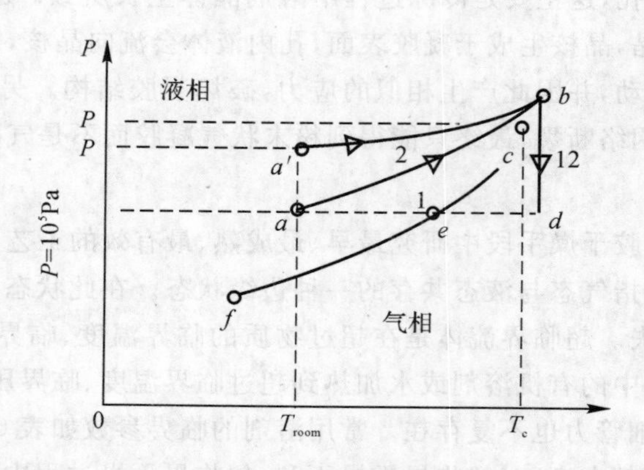

图 6.7　超临界干燥过程示意图

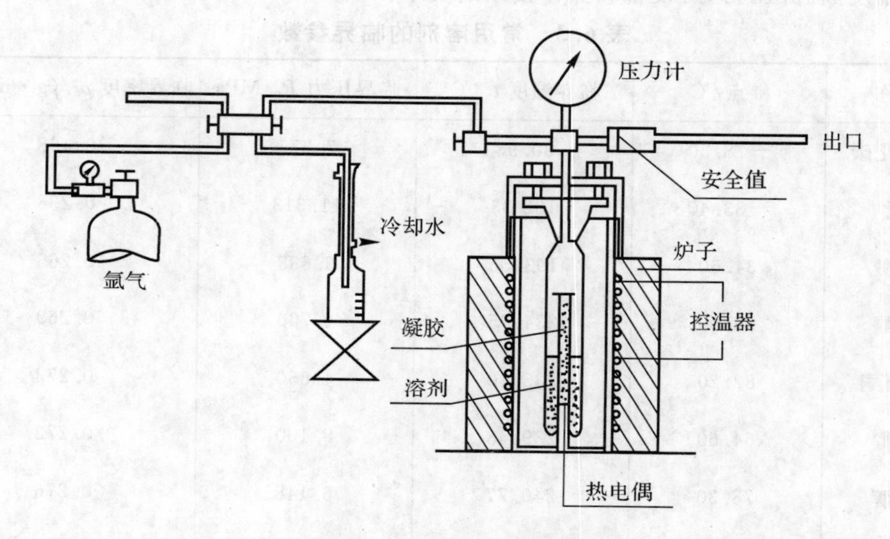

图 6.8　超临界干燥装置图

按照所选用的干燥介质临界温度的高低可分为：高温超临界流体干燥和低温超临界流体干燥。常用干燥介质有两种：①高温超临界流体，如甲醇、乙醇、异丙醇等醇类，临界温度都高达 200℃以上，多采用临界温度为 239.4℃，临界压力为 8.09 MPa 的甲醇；②低温超临界流体，一般采用 CO_2，其临界温度为 30.98℃，临界压力为 7.375MPa。图 6.9 是高温超临界流体干燥的流程图。

图 6.9　高温超临界流体干燥流程图

低温超临界流体的干燥步骤是，在干燥前，先用无水乙醇置换掉凝胶中的水，得到醇凝胶（指气凝胶的网络孔隙中吸附的是醇）。将凝胶放入萃取釜中，周围灌满乙醇，往釜内通入 55℃，20 MPa 的超临界 CO_2，由于超临界 CO_2 具有很好的扩散能力，会以很快的速度进入凝胶孔中，溶解并置换其中的醇。保持此状态萃取4h。当分离釜中已观察不到乙醇液体时，即可恒温并缓慢泄到常压。等釜温降至常温时就可取出气凝胶。图6.10是低温超临界流体干燥的流程图。如果首先制备的是水凝胶，那么先用易溶解在液态CO_2中的有机介质置换水凝胶（指气凝胶的网络孔隙中吸附的是水）中的水，然后再用液态CO_2置换有机介质。

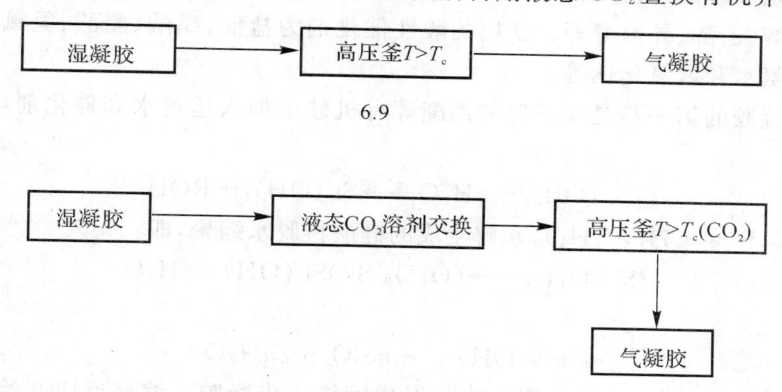

图6.10　低温超临界流体干燥流程图

目前气凝胶大规模制备均采用CO_2干燥，与高温超临界流体干燥相比，CO_2具有不可燃烧性和无爆炸性，且是一种不参与反应的惰性气体。CO_2超临界干燥在气凝胶制备中的成功应用，使工业过程变得安全可靠，推动了气凝胶超临界干燥研究的发展。CO_2超临界干燥避免了溶剂置换，使干燥时间进一步缩短，操作费用大幅降低。由于CO_2临界温度低，多种高温易分解的有机气凝胶经CO_2超临界干燥已制备成功，在超临界干燥中必须选择合适的超临界温度和压力以及适当的干燥速率才能得到高品质的气凝胶。

除超临界干燥外，常压干燥正日益受到广大研究者的青睐，与超临界干燥相比，从设备、费用和安全角度考虑，常压干燥法具有操作简单、费用低等诸多优点，但这种方法研究还尚未成熟。在常压条件下，往往需要对凝胶进行不同的处理，使凝胶收缩和开裂的趋势达到最小，这也是目前常压干燥法的研究重点。

表6.4为几种干燥方法的优缺点对比。

表6.4　几种干燥方法的优缺点对比

干燥方法	优点	缺点
超临界干燥法	可获得完整结构气凝胶	设备费用高、制备周期长、操作参数难控制、危险性高、应用小
常压干燥法	操作简单、费用低、有潜力	影响参数多、干燥时间长、产品易开裂和收缩
冷冻干燥法	操作简单、费用低	干燥时间长、产品易开裂、孔隙率低、干燥成功率低

6.4.3　气凝胶的制备举例

1. 无机气凝胶的制备

无机气凝胶的制备一般选用金属有机物（也有少量非金属像Si，B等的有机物）作为原料，利用溶胶-凝胶过程在溶液内形成无序、枝状、连续网络结构的胶体颗粒，并采用超临界干燥工艺去除凝胶内剩余的溶液而不改变凝胶态的结构，由此得到多孔、无序具有纳米量级连续网络结构的低密度非晶固态材料。

硅气凝胶是典型的无机气凝胶之一，常用硅质原料为正硅酸乙酯、多聚硅烷、硅溶胶等。常用溶剂为甲醇、乙醇、异丙醇等。常用的酸性催化剂为盐酸、硝酸、醋酸、氢氟酸等。常用的碱性催化剂为氨水和氢氧化钠等。

制备硅气凝胶的第一步是在正硅酸乙酯等有机硅中加入适量水和催化剂，使之发生水解反应，即

$$Si(OR)_4 + 4H_2O \longrightarrow Si(OH)_4 + ROH \tag{6.23}$$

式中，R 为烷基（$R = CH_3, C_2H_5$），水解生成的硅酸再脱水缩聚，即

$$2Si(OH)_4 \longrightarrow (OH)_3SiOSi(OH)_3 + H_2O \tag{6.24}$$

或

$$nSi(OH)_4 \rightarrow nSiO_2 + 2nH_2O \tag{6.25}$$

生成以≡Si—O—Si≡为主体的聚合物并形成网络构成凝胶。缩聚反应开始前水解并不需要反应完全，部分水解的有机硅即可产生缩聚反应，同时，已经缩聚的硅氧链上未水解的部分可以继续水解。水解和缩聚的反应速率是控制凝胶结构的重要因素。

图 6.11 给出了 pH 值对硅酯水解和缩聚反应相对速率的影响。水解速率还受水与有机硅的比 $W = w_{H_2O}/w_{Si(OR)_4}$ 的影响。在 pH ＝2～5 范围内水解速率较快，体系中存在大量硅酸单体，有利于成核反应，因而形成较多的核，但尺寸都较小，最终将形成聚合物状、弱交联、低密度网络的凝胶；在碱性条件下，缩聚反应速率较快，硅酸单体一经生成即迅速缩聚，因而体系中单体浓度相对较低，不利于成核反应，而利于核的长大及交联，易形成致密的胶体颗粒，最终得到颗粒聚集形成的胶粒状凝胶。强碱性或高温条件下 Si—O 键形成的可逆性增加，即氧化硅的溶解度增大，使最终凝胶结构受热力学控制，在表面张力作用下形成由表面光滑的微球构成的胶粒聚集体。

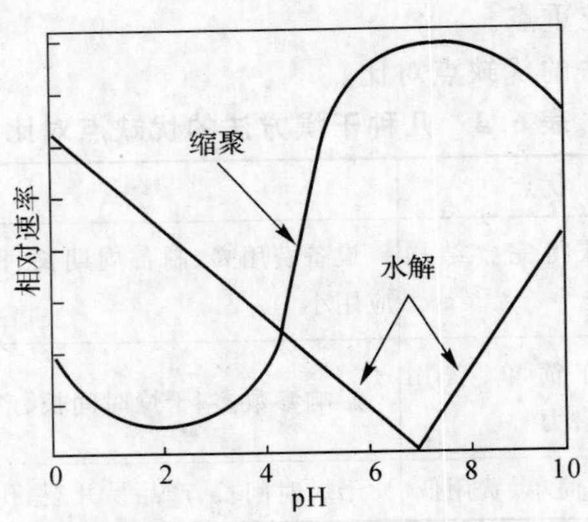

图 6.11　硅酯水解及缩聚相对速率示意图

为了进一步降低 SiO_2气凝胶的密度，可使有机硅与醇及含量低于化学计量比的水混合均匀（水与 TEOS 的摩尔比率在 1.3～1.6 之间），在酸性条件下加热使其部分水解得到缩合硅的先驱体，然后补足化学计量比的水，以丙酮为溶剂在碱性条件下生成凝胶，按此法制得的

SiO_2气凝胶的密度下限可达 $3kg \cdot m^{-3}$。

2. 多组分气凝胶的制备

在气凝胶中添加其他组分形成多组分气凝胶，是改善气凝胶结构、优化气凝胶品质的重要手段，也是制备多组分气凝胶催化剂的一种新型方法。多组分气凝胶的制备可分为3种类型：

①2种或3种金属醇盐同时水解得到混合凝胶，再经超临界干燥而制备，如 $Al_2O_3-SiO_2$ 气凝胶是正硅酸乙酯与异丙醇铝混合，以冰醋酸为催化剂，水解、缩聚、干燥而成。

②在醇凝胶形成的一定阶段添加其他物质并使其充分分散，然后经超临界干燥而制备。将正硅酸乙酯、水、乙醇、富勒烯以适当摩尔比混合，ph≈5，老化后干燥，即可得到 $C_{60}/C_{70}-SiO_2$ 气凝胶，随富勒烯增加气凝胶颜色随之加深。

③使金属或金属氧化物沉积在已制得的氧化物气凝胶上而制备，如 $Fe-SiO_2$，$Pd-SiO_2$，$Pd-TiO_2$等。$Fe-SiO_2$ 气凝胶的制备方法为：先将 $FeCl_3 \cdot 6H_2O$ 水溶液滴入氨水，形成 $Fe(OH)_3$黄色沉淀，清洗后加入冰乙酸使沉淀溶解形成棕褐色溶液，再加入正硅酸乙酯的水-乙醇溶液，加入盐酸促使水解，胶凝后干燥即得 $Fe-SiO_2$ 气凝胶。

3. 有机气凝胶结构的制备

有机气凝胶是新兴的研究方向，其制备过程与传统的无机气凝胶在制备过程中的水解、缩聚过程及超临界干燥过程都很相近，甚至连反应的pH值、反应物的配比及温度等对凝聚发生过程、网络结构等的影响也有类似之处。有机气凝胶目前研究最多的是RF(Resorcinol Formalde-hyde)气凝胶，其制备过程中是将原料配比为1mol间苯二酚和2mol甲醛溶于适量的去离子水中，加入适量催化剂(一般用 Na_2CO_3)，再经过溶胶-凝胶过程。在这里，间苯二酚(Resorcinol)与催化剂(Catalyst)的摩尔比值R/C值是一个很重要的参量(无机气凝胶与之对应的参量为pH值)，一般说来，R/C比值在50～300能得到透明的凝胶，超出此范围得到的为不透明胶体。通常，初始溶液中含反应物小于7%，反应须在95℃下持续7d，而反应物含量较高的，反应时间可大大缩短。经超临界干燥的有机气凝胶，其孔隙尺寸一般50 nm，比表面积高达 $400 \sim 1\,000\ m^2 \cdot g^{-1}$，网络胶体颗粒直径为10 nm。

间苯二酚和甲醛在碱性催化剂作用下水溶液中聚合成凝胶，凝胶经超临界干燥制得气凝胶。其主要包括如下两个反应：

(1)酚醛加成反应

在碱性催化剂的作用下，间苯二酚首先形成酚盐负离子，使苯环上邻、对位氢原子活性提高，与甲醛形成一元酚醇和多元酚醇的混合物。反应式为

$$C_6H_4(OH)_2 + CH_2O \longrightarrow C_6H_3(OH)_2(CH_2OH) + C_6H_3(OH)_2(CH_2OH) + C_6H_2(OH)_2(CH_2OH)_2 \quad (6.26)$$

这一步是加成反应，速度快。

(2)羟甲基的缩合反应

酚醇与酚或酚醇之间发生缩合脱水，使苯环之间通过亚甲基键($—CH_2—$)和亚甲基醚键

(—CH_2OCH_2—)连接形成基元胶体颗粒，在这些基元胶体颗粒中，小颗粒的溶解能力比大颗粒强，易于溶解而使大颗粒继续生长成团簇，团簇进一步缩聚最终形成网络状体型聚合物，即RF有机凝胶。反应式为

OH OH CH_2OH OH CH_2OH + OH CH_2OH OH CH_2OH → OH CH_2OH OH —CH_2— OH CH_2OH OH ；→ OH CH_2OH OH —CH_2OCH_2— OH OH

(6.27)

第二步是缩聚反应，反应速度慢。

与硅气凝胶形成的团簇聚集过程不同，RF溶胶-凝胶过程经历了成核-生长和不稳分解两段历程。决定凝胶结构的主要过程发生在不稳分解区，是交联诱发并控制的微相分离过程。在溶胶-凝胶过程中，聚合的RF核的分子量不断增加，支化程度逐渐提高，致使混合熵减小，聚合物与溶剂的相容性降低，诱发相分离。在小分子体系中，这种不相容性会导致宏观尺度(macro - scale)的相分离，但在凝胶中，由于宏观相分离必须压缩或拉伸已支化、扭曲的聚合物链，将消耗很高的能量，因而相分离被限制在纳米尺度。在催化剂浓度较低时，形成的核支化程度和交联密度较低，在成核-生长区存在时间较长，有利于核的长大，因而低催化剂浓度(R/C=300)条件下合成的凝胶网络中可发现珍珠串式(string - of - pearls)结构，气凝胶平均孔径较大(约20 nm)；催化剂浓度较高时，核的支化程度和交联密度会提高，聚合物与溶剂相容性变差，相分离微区因此变小，聚合物核在成核-生长区存在时间变短，聚合物核难以长大，因而高催化剂浓度(R/C=50)条件下形成的凝胶网络更具小球熔合特征，网络平滑纤细，孔径较小(约5 nm)。

4. 碳气凝胶

碳气凝胶最早于1989年由美国的Pekala以间苯二酚和甲醛为原料，在碱性条件下将溶胶-凝胶过程和超临界干燥制得的气凝胶经碳化得到，这是气凝胶材料研究中具有开创性的进展，它将气凝胶材料从无机界扩展到了有机界，从电的不良导体扩展到了导电体，开创了凝胶材料新的应用领域。

碳气凝胶(Carbon Aerogel)是由球状纳米粒子相互联结而成的一种新型轻质、多孔、非晶态、块体纳米碳材料，其连续的三维网络结构可在纳米尺度控制和剪裁。它的网络胶体颗粒直径3～20 nm，孔隙率高达80%～98%，典型的孔隙尺寸<50 nm，比表面积高达600～1 100 $m^2 \cdot g^{-1}$。

碳气凝胶的制备一般分为三步：

① 有机湿凝胶的制备；

② 有机湿凝胶的干燥；

③ 有机气凝胶的碳化。

关于有机湿凝胶的制备和干燥在这里就不重复介绍。有机气凝胶的碳化是指将有机气凝胶在惰性气体保护下高温热解碳化得到碳气凝胶。在700～900℃范围内，碳化工艺条件对碳气凝胶结构和性能的影响顺序为：升温速率＞碳化温度＞碳化时间。升温速率越慢，碳化终温越高，碳气凝胶密度越低。RF碳气凝胶的微孔会随着碳化温度的升高而减少。

相比于无机气凝胶，碳气凝胶及其有机气凝胶的研究目前还处于初级阶段，许多规律和应用价值，尤其是网络结构的控制规律，还有待于人们进一步探索和开拓。

6.5 气凝胶的应用

气凝胶在力学、声学、热学、光学、电学及其他方面拥有许多特殊的特性，不仅在基础研究方面作为基础研究的对象，而且在应用研究方面，已经被用来制成多种特殊功能性材料，其蕴藏的广阔应用前景已受到学术界、商业界、工业部门和能源部门等的高度重视。表6.5列出了气凝胶的特性及相关的应用。

表6.5 气凝胶的特性及相关应用

	特性	应用
机械	弹性、高比表面积	能量吸收剂、高速粒子捕获剂等
光学	低折射率、透明、多组分	Cherenkov探测器、光波导、低折射率光学材料及器件等
热学	导热率低、透明	节能材料、保温隔热材料等
电学	低介电常数、高介电强度	介电材料、电极、超级电容器等
声学	低声速	声耦合器件等
密度	超低密度材料	浇注用模具、惯性约束核聚变以及X光激光靶等
孔隙率	高比表面积、多组分	催化剂、吸附剂、缓释剂、离子交换剂、传感器等

6.5.1 隔热材料

气凝胶是所有固体材料中隔热性最好的一种，其超低的热导率及良好的热稳定性，可在高温环境下使用，被广泛应用于各种特殊的窗口隔热体系中。在作为透明隔热材料方面，纯净的气凝胶多是透明无色的，折射率接近1，而且对红外和可见光的特性湮灭系数之比达100以上，能有效地透过太阳光，并阻止环境温度的红外热辐射，成为一种理想的透明隔热材料，在太阳能利用和建筑物节能方面已经得到应用。无机气凝胶由于其耐高温特性，使其成为航天航空器上理想的隔热层。

SiO_2气凝胶在作为绝热材料方面的应用潜力是非常巨大的。与传统绝热材料相比，纳米孔SiO_2气凝胶绝热材料可以用更轻的质量、更小的体积达到等效的隔热效果。这一特点使SiO_2气凝胶在航空、航天应用领域具有举足轻重的地位。如果用做航空发动机的隔热材料，既起到了极好的隔热作用，又减轻了发动机的质量，也已用于火星探测器和宇宙空间站等航天器上。它还可以用于高温燃料电池的隔热层。另外在建筑材料方面，SiO_2气凝胶可以替代传统的矿物棉，使房屋既隔热又保暖。如果将其用于高层建筑，则可取代一般幕墙玻璃，大大减轻建筑物自重，并能起到防火作用。SiO_2气凝胶绝热材料也可用在太阳能墙板构件中，将两块玻璃之间夹一层SiO_2气凝胶，然后把这墙板安在建筑物正面吸热墙外面。当阳光照到建筑物上时，50%～80%的可见光透过气凝胶层，它比墙体有更好的隔热效果。科学家发现用硅气凝胶制备的双层隔热窗热导率低于0.002 $W\cdot(m\cdot K)^{-1}$，这项透明保温材料的研究已在世界范围内引起了人们很大的兴趣。

在作为冰箱隔热材料方面，常见的应用于冰箱等低温隔热系统中的绝热材料为用氟里昂研制的聚氨酯泡沫，由于该材料内含有大量氟里昂气体，它的泄漏会破坏大气臭氧层，导致温室效应，对人类的生存环境产生危害而正被逐步淘汰，若采用其他气体作为发泡剂，聚氨脂泡沫的隔热性能会大幅度降低。因此研制热导率低于0.02 $W\cdot(m\cdot K)^{-1}$，且无公害、不燃烧的隔热材料，引起了人们的兴趣。SiO_2气凝胶是一种可能的候选材料，通过添加适量的红外吸收剂将有效降低辐射热传导。因此热导率极低的掺杂气凝胶可以被用做冰箱等低温系统的绝热材料。

纳米孔超级绝热材料SiO_2气凝胶应用于太阳能热水器的储水箱、管道和集热器等上面，集热效率可提高1倍以上，而热损失下降到现有水平的30%以下。此外，在管道、窑炉及其他热工设备中用SiO_2气凝胶隔热复合材料替代传统的保温材料，可大大减少其热能损失。为了使该材料得到推广应用，其成本还有待于降低。气凝胶亦可来制造保温服、隔热毡、防热瓦等。

6.5.2 声阻耦合材料

气凝胶是一种高孔隙率的多孔材料，它表现出了明显的弹性力学性能；气凝胶具有分形结构，控制制备条件可以得到一系列不同密度的气凝胶，声速与密度之间满足标度定律。由于气凝胶具有低声速特性，它可以制备出声学延迟或隔音降噪材料，结合气凝胶优异的隔热保温性能，使它有望发展成为优良的高效环保型保温隔热隔声轻质新型建材。

通过调节气凝胶的密度，气凝胶的声阻抗可在$10^3\sim10^7$ $kg\cdot(m^2\cdot s)^{-1}$调节，因而气凝胶是理想的声阻耦合材料。SiO_2其纵向声传播速率极低，而声阻抗随密度的变化范围也很大。常用的压电陶瓷超声换能器的声阻（$\approx1.5\times10^7$ $kg\cdot(cm^2\cdot s)^{-1}$）与空气的声阻（$\approx400$ $kg\cdot(cm^2\cdot s)^{-1}$）相差甚大，这势必大大地降低声波的传播效率，为了提高声波的传播效率，降低器件应用中的信噪比，用1/4波长的SiO_2气凝胶作为压电陶瓷与空气的声阻耦合材料，其耦合结果已使声强度提高43.5dB，与理论计算结果非常一致。若采用具有合适密度梯度的气凝胶，其耦合性能还将大大提高。

6.5.3 催化剂和催化剂载体

Kistler在成功地制备出气凝胶后就预言了它在催化领域的广阔应用前景。气凝胶的结构特性使其在催化剂领域应用非常活跃，气凝胶催化剂的活性和选择性远远高于常规催化剂，而且它还可以有效地减少副反应的发生。这主要有无机氧化物气凝胶催化剂和碳气凝胶催化剂两种类型。气凝胶在催化领域的应用潜能受到了越来越广泛的重视，几乎应用到了所有的催化反应体系，如催化氧化、光催化、催化环氧化、固体酸催化、硝基化、催化加氢、费托合成、合成氨等反应。这些催化剂一般是以SiO_2和Al_2O_3气凝胶为载体的过渡金属氧化物或几种过渡金属氧化物的混合气凝胶。

气凝胶可以作为催化剂的活性组分，也可以作为助催化剂，还可以作为催化剂载体。在作为催化剂载体时，它能起到极其优良的作用，例如 SiO_2 气凝胶或 Al_2O_3 气凝胶载以 Fe_2O_3 后所形成的催化剂，在费托(Fischer - Tropsch)法合成烷烃反应中的催化活性是普通 Fe_2O_3 催化剂活性的 2～3 倍；Rh 负载于 TiO_2 - SiO_2 气凝胶上催化苯加氢为环己烷。TiO_2 气凝胶在光催化下降解有机污染物，水环境污染物中水杨酸的光降解反应速率约为德固萨(Degussa)TiO_2 粉末为催化剂时的 10 倍。NiO - Al_2O_3 气凝胶比浸渍法制 NiO - Al_2O_3 催化剂具有更高的活性，且在制备过程中添加氧化镧助剂等能够降低其使用过程中的烧结和积碳等缺点；SiO_2，Pt - SiO_2 等催化乙醛氧化为乙酸；TiO_2 - SiO_2 复合氧化物气凝胶或 Ti 取代的分子筛是近年来发现的非常有效的烯烃过氧化催化剂；Ni - SiO_2 催化甲苯加氢为甲基环己烷；Ni - SiO_2 - Al_2O_3 催化硝基苯加氢为苯胺；Cu - ZnO - Al_2O_3 等催化 CO_2 加氢制甲醇等。

气凝胶同时还具有强吸附性能，是很好的吸附剂，在气体过滤器、吸附介质以及污水处理等方面也有着很大的应用价值。例如，SiO_2 - $CaCl_2$ 或 SiO_2 - LiBr 气凝胶具有每千克吸附剂吸附 0.9～1.1 kg 水蒸气的能力，比已知无机固体的吸水能力强很多。活性 Al_2O_3 与其他商业干燥剂相比属高效干燥剂，经它干燥的气体含水量很低，同时又因为 Al_2O_3 气凝胶的耐热性，因此适宜在高温下干燥气体。SiO_2 气凝胶可用于惯性约束聚变靶的低温冷冻靶，有利于节约驱动能，提高聚变产额；还可作为氚化水蒸气的吸附剂，用于放射性物质的环境监测。CaO - MgO - SiO_2 气凝胶可用做室温气体捕获剂，吸附燃气中 CO_2 和 SO_2 气体，因而对防止温室效应具有深远意义。

6.5.4 高能粒子探测器

太空探测器对材料的要求是：低密度、良好的透光性、折射率在 1.0～1.3 之间。通过调控 SiO_2 气凝胶的密度，折射率可在 1.007～1.24 之间连续调节。早期的探测器使用高压气体，结构笨重，造价高，而气凝胶制备的探测器，结构简单，造价低，操作更方便且安全。对于空间中不同质量和能量的高能粒子(如 π 介子、K 介子、中子等)，当折射率满足一定条件时，其很容易穿入该多孔材料并逐步减速，实现"软着陆"，从而可用肉眼或显微镜观察到被阻挡、捕获的粒子，确定该高能粒子的质量和能量。气凝胶在 20 世纪 70 年代早期开始应用于 Cerenkov 探测器，这一将太空微粒带回地球的非凡成就因气凝胶所具有的优异性质而成为可能。

为了在不破坏其结构的前提下捕获高速飞行的彗星微粒和星际尘埃粒子，美国宇航局(NASA) 在"星尘" 号任务中使用了一种气凝胶，图 6.12 即为"星尘"号配备的尘埃捕捉器中的气凝胶阵。

图 6.12 为"星尘"号配备的尘埃捕捉器中的气凝胶阵

6.5.5 在电学中的应用

气凝胶由于具有超低介电常数和优良的缺口填补能力，可作为大规模集成电路的电介质脚。在微电子行业中，利用气凝胶低介电常数的特性，可提高响应速度，现已用做多层印刷电路板的内层电介质。通常做法是把凝胶状态时的材料制成薄膜，粘贴在硅或玻璃基板上。气凝胶的介电常数极低（$1<\varepsilon<2$）且连续可调，因此可望用于高速运算的大规模集成电路的衬底材料。当气凝胶孔隙内填充铁氧体时，就形成一类具有软磁性、低密度、高电阻的纳米复合材料。V_2O_5气凝胶复合材料可作为充电锂电池的阴极，由于锂的传输受到晶格的限制，因而能达到理论所需的容量。通过与碳的结合，能够部分克服它们低的电传导性。用这种材质作为电极制成的锂电池，其锂电容量和能量密度相对较高。对于快转换速度装置来说，尺寸降到亚微米范围会带来电阻电容延迟现象，因此往往在 GaAs 基装置中，通过引入低介电常数的 SiO_2气凝胶来克服这一问题。

碳气凝胶结构和孔径可调、比表面积高、质轻、导电性能极其独特，已在电极材料、靶材料、催化剂和水处理等领域有着广泛的应用。研究结果表明，由碳气凝胶合成的电极用于微量金属定量分析时，其最小检测量可达 1 $\mu g \cdot L^{-1}$，表现出较好的电化学性能。碳气凝胶也被用来制造高效高能气电容器，这种气电容器实际上是一种以碳气凝胶为电极的高功率密度、高能量密度电化学双层电容器，它的比电容高达 4×10^4 $F \cdot kg^{-1}$，对于输出电压为 1.2V 的电池，能量密度最高达 288 $J \cdot g^{-1}$。一般情况下，电池功率密度为 7.5 $kW \cdot kg^{-1}$，重复充电次数可达 100 000 次以上，且价格非常便宜。碳气凝胶是制造新型高效可充电电池的理想材料，这种电池储电容量大、电导率高、体积小、充放电能力强、可重复多次使用，有很好的商业化应用前景。已有研究发现以 RF 碳气凝胶为电极材料，在 1mol $\cdot L^{-1}$ 的 H_2SO_4电解液中比电容值达 $95F \cdot g^{-1}$。美国劳仑兹利物莫尔国家实验室在美国能源部支持下研究开发了碳气凝胶碳电极电容器。Powerstor 公司已将碳气凝胶为电极的超极电容器商品化。此外，碳气凝胶还具有光电导性，因此被用做细网光电管中的数字指示装置。

气凝胶也用于制作荧光太阳能收集器（Luminescent Solar Concentrators，LSC）。荧光太阳能收集器一般是向透明的塑料基体中加入荧光染料，结合太阳能电池制成的。当荧光染料受到太阳光辐射时，就会发出荧光，如果基体的折射率与空气有足够的差值，在基体与空气的界面处荧光辐射将会反射回基体，直接进入另一侧的太阳能电池。气凝胶用于荧光太阳能收集器中具有塑料基体无法比拟的优点，如气凝胶具有良好的热稳定性和光学稳定性及紫外-可见光区良好的透光性；负载染料分子的气凝胶能完全隔离相邻染料分子、杂质和光解产物，避免副反应的发生；气凝胶具有极高的孔隙率，因而浸渍荧光染料时，可以获得很高的负载浓度，并具有很好的稳定性，染料不会浸出，降低了染料分子的平动、转动及振动自由度。

6.5.6 在光学中的应用

气凝胶在 Cerenkov 探测器中的应用体现了气凝胶在光学中的应用，除此之外，气凝胶也可制成低折射率的光学透镜及轻质光学器件。

由于气凝胶具有很高的孔隙率，因而它可以浸渍聚合物等添加剂，用于制备非线性光学活性玻璃。由 SiO_2气凝胶致密化制得的超纯玻璃在 0～500℃范围内热膨胀系数为零，因而可用于制造特殊环境使用的透镜。利用不同密度的 SiO_2气凝胶膜对不同波长的光制备光耦合材料，可以得到高级的光增透膜。

6.5.7 气凝胶的其他应用

在基础研究方面，气凝胶的弹性模量、声传播速率、热导率、电导率等均与其宏观密度成标度关系，这类纳米多孔介质的反常输运特性、动力学性质、低温热学性质及其分形结构等已经成为当今凝聚态物理研究的前沿课题。由于气凝胶结构可控，因此它是研究分形结构动力学的最佳材料。

在医学领域，由于有机气凝胶及碳气凝胶具有生物机体相容性及可生物降解特性，因而在医学领域具有广泛用途。可能的应用包括诊断剂、人造组织、人造器官及器官组件等。它特别适用于药物控制释放体系，有效的药物组分可在溶胶-凝胶过程加入，也可以在超临界干燥过程中加入，利用干燥后的气凝胶进行药物浸渍也可实现担载。气凝胶用于药物控制释放体系，可获得很高的药物担载量，并且稳定性很好，是低毒高效的胃肠外给药体系。通过控制制备条件可以获得具有特殊降解特性的气凝胶，这种气凝胶可以根据需要在生物体中稳定存在一定时间后即开始降解，并且降解产物无毒。二氧化硅气凝胶用于担载药物的实验研究也已经开展。

在能源与环保领域，有机气凝胶及碳气凝胶是理想的吸附核燃料的材料，由轻原子量元素组成的低密度、微孔分布均匀的气凝胶对氘氚具有良好的吸附性能，因而为惯性约束聚变实验研制高增益靶提供了一个新途径，这对于利用受控热核聚变反应来获得廉价、清洁的能源具有重要意义。纳米结构的气凝胶还可作为新型气体过滤器，与其他材料不同的是该材料孔隙大小分布均匀，气孔率高，是一种高效气体过滤材料，例如，$CaO-MgO-SiO_2$气凝胶被用做温室气体捕获剂，吸附燃气中CO_2，SO_2，H_2S，NO等有毒有害气体，这方面的研究对人类如何防止自身生存环境恶化——大气层产生温室效应方面具有极其深远的意义。有“终极海绵”之称的气凝胶，其表面数百万个小孔是吸收水中污染物质的最佳材料。气凝胶对消灭蟑螂非常有效，可作为无害高效杀虫剂，它本身并没有毒性，但它可附在昆虫体上，并很快将其体内的水分吸附出，从而导致昆虫死亡。此外，气凝胶还正在试探用做化妆品中的除臭剂等。

气凝胶在建筑及日常生活领域也已经有了初步的应用。用气凝胶制作的隔热房子已经首先在英国成为了现实。气凝胶也可制作极端条件下的绝缘服装。由意大利服装公司 Corpo Nove 生产的穿着于冬季极端寒冷条件下的夹克是成为商业现实的含有气凝胶的众多产品中的一种。在美国，用 Aspen 气凝胶生产气凝胶绝缘毯并且作为冬季极端寒冷条件下穿着服装的衬料据说要比 3M 公司的 Thinsulate 产品有效 3 倍多，气凝胶中塞满了微细的隔绝气袋，这使得大多数气体分子包括空气不可能通过，事实上这样就形成了零热量损失。体育装备公司邓禄普现已采用气凝胶研制一系列垒球和网球球拍，该材料加入之后能使球拍击球更有力度。气凝胶也可用做化妆品或牙膏中的添加剂或触变剂。

此外，气凝胶独特的性能使它有着广阔的应用前景。科学家们正在研制利用气凝胶作为新型太空服的绝缘内衬材料，有助于 2018 年宇航员首次登陆火星。有科学家相信一层18 mm厚的气凝胶即能充分保护宇航员抵御零下 130℃的极度温度环境。气凝胶还用于测试未来防弹住宅和军用装甲车辆。在实验室，一个覆盖 6 mm 厚气凝胶的金属板在炸药的直接爆炸中没有丝毫损坏。研究人员认为，一些由铂金制成的气凝胶能用于加速氢的产生，这样的话，气凝胶就能用来生产以氢为基础的燃料。更有学者相信，人类将会利用气凝胶制造新一代的电脑芯片，可使电脑速度提高一倍以上，达至 24 GHz。

思 考 题

1. 从化学组成和物理性质上分析 SiO_2 气凝胶与普通玻璃的异同。

2. 气凝胶也被称为“冷冻烟雾”和“终极海绵”，试从结构决定性能的角度解释这种称呼的依据。

3. 简述两步法制备气凝胶的基本原理及制备过程中团簇网络结构的演化。

4. 简述碳气凝胶的性能及主要应用。

5. 简述临界干燥过程。

参考文献

[1] 李坚利.水泥生产工艺.武汉:武汉理工大学出版社,2008.
[2] 林宗寿.无机非金属材料工学.武汉:武汉理工大学出版社,2006.
[3] 肖争鸣.水泥工艺技术.北京:化学工业出版社,2006.
[4] 苏达根.水泥与混凝土工艺.北京:化学工业出版社,2005.
[5] 范晓.最新水泥行业国家标准、行业标准及强制性条文.北京:北京腾图电子出版社,2005.
[6] 李坚利.水泥工艺学.武汉:武汉工业出版社,1999.
[7] 胡宏泰.水泥的制造和应用.济南:山东科学技术出版社,1994.
[8] 吴卫红.生态水泥-污泥资源化的新途径//2006年中国农学会学术年会,2006.
[9] 赵宏义.部分特种水泥的现状和发展途径.山东建材,2006(5).
[10] 隋同波.我国特种水泥的研发和应用.中国水泥,2006(3).
[11] 李彦军.机场跑道用低碱水泥的研制及使用.中国水泥,2003(8).
[12] 刘明亮.浅谈核电站工程用水泥的生产.水泥工程,1998(1).
[13] 贺蕴秋,王德平,徐振平.无机材料物理化学.北京:化学工业出版社,2005.
[14] 马建丽.无机材料科学基础.重庆:重庆大学出版社,2008.
[15] 张联盟.材料学.北京:高等教育出版社,2005.
[16] 卢安贤.无机非金属材料导论.长沙:中南大学出版社,2004.
[17] 杨华明,宋晓岚,金胜明.新型无机材料.北京:化学工业出版社,2005.
[18] 戴金辉,葛兆明.无机非金属材料概论.哈尔滨:哈尔滨工业大学出版社,1999.
[19] 姜建华.无机非金属材料工艺原理.北京:化学工业出版社,2005.
[20] 詹姆斯·谢弗,等.工程材料科学与设计.2版.余永宁,强文江,等,译.北京:机械工业出版社,2003.
[21] 关长斌,郭英奎,赵玉成,等.陶瓷材料导论.哈尔滨:哈尔滨工程大学出版社,2005.
[22] 金志浩,等.工程陶瓷材料.西安:西安交通大学出版社,2000.
[23] 张玉军,张伟儒,等.结构陶瓷材料及其应用.北京:化学工业出版社,2005.
[24] 胡志强.无机材料科学基础.北京:化学工业出版社,2004.
[25] 林宗寿.无机非金属材料.武汉:武汉工业大学出版社,1999.
[26] 张金升,王美婷,许凤秀,等.先进陶瓷导论.北京:化学工业出版社,2006.
[27] 徐政,倪宏伟,等.现代功能陶瓷.北京:国防工业出版社,1998.
[28] 沈曾民.新型碳材料.北京:化学工业出版社,2003.
[29] 益小苏,杜善义,张立同.中国材料工程大典(第10卷:复合材料工程).北京:化学工业出版社,2006.
[30] 张中伟,王俊山,许正辉,等.C/C复合材料抗氧化研究进展.宇航材料工艺,2000(2).
[31] 张中伟,王俊山,许正辉,等.C/C复合材料1 800℃抗氧化涂层探索研究.宇航材料工艺,2005(2).
[32] 成会明.纳米碳管制备、结构、物性及应用.北京:化学工业出版社,2002.

[33] 舒武炳,乔生儒,白世鸿,等.C/C复合材料防氧化复合涂层的制备及其性能.宇航材料工艺,1998(5).
[34] 赵源祥.日本碳碳复合材料的现状与进展.高科技纤维与应用,1998 (1).
[35] 黄剑锋,李贺军,熊信柏,等.碳/碳复合材料高温抗氧化涂层的研究进展.新型碳材料,2005(20).
[36] Qinghua Zhang,Sanjay Rastogi,Dajun Chen,et. al. Low percolation threshold in single-walled carbon nanotube/high density polyethylene composites prepared by melt processing technique. Carbon,2006(44).
[37] Christian P Deck,Kenneth Vecchio. Growth mechanism of vapor phase CVD-grown multi-walled carbon nanotubes. Carbon,2005(43).
[38] Paiva M C ,Zhou B,Fernando K A S,et. al. Mechanical and morphological characterization of polymer-carbon nanocomposites from functionalized carbon nanotubes. Carbon,2004(42).
[39] Ahalapitiya H Jayatissa,Tarun Gupta,Angiras D Pandya. Heating effect on C_{60} films during microfabrication: structure and electrical properties. Carbon,2004(42).
[40] Hyun Kyong Shon,Tae Geol Lee,Dahl Hyun Kim,et al. The effect of C_{60} cluster ion beam bombardment in sputter depth profiling of organic-inorganic hybrid multiple thin films. Applied Surface Science,2008(255).
[41] Yunfan Jin,Cunfeng Yao,Zhiguang Wang,et al. Structural stability of C_{60} films under irradiation with swift heavy ions. Nuclear Instruments and Methods in Physics Research Section B: Beam Interactions with Materials and Atoms,2005(230).
[42] Nobuyuki Iwata,Keigo Mukaimoto,Hiroyuki Imai,et al. Transport properties of C_{60} ultra-thin films. Surface and Coatings Technology,2003(169 - 170).
[43] Carrott P J M,Nabais J M V,Ribeiro Carrott M M L,et al. Preparation of activated carbon fibres from acrylic textile fibres. Carbon,2001(39).
[44] Edie D D. The effect of processing on the structure and properties of carbon fibers. Carbon,1998(36).
[45] Paredes J I,Martínez-Alonso A,Tascón J M D. Surface characterization of submicron vapor grown carbon fibers by scanning tunneling microscopy. Carbon,2001(39).
[46] Soo-Jin Park,Min-Kang Seo,Young-Seak Lee. Surface characteristics of fluorine-modified PAN-based carbon fibers. Carbon,2003(41).
[47] Greene M L,Schwartz R W,Treleaven J W. Short residence time graphitization of mesophase pitch-based carbon fibers. Carbon,2002(40).
[48] Dhakate S R,Bahl O P. Effect of carbon fiber surface functional groups on the mechanical properties of carbon/carbon composites with HTT. Carbon,2003(41).
[49] Rodríguez-Mirasol J,Thrower P A,Radovic L R. On the oxidation resistance of carbon-carbon composites: Importance of fiber structure for composite reactivity. Carbon,1995(33).
[50] McKee D W. Oxidation behavior of matrix-inhibited carbon/carbon composites. Car-

bon,1988(26).

[51] Dhami T L,Bahl O P,Awasthy B R. Oxidation-resistant carbon-carbon composites up to 1700°C. Carbon,1995(33).

[52] Mark D Alvey,Patricia M George. $ZrPt_3$ as a high-temperature,reflective,oxidation-resistant coating for carbon/carbon composites. Carbon,1991(29).

[53] Smeacetto F,Salvo M,Ferraris M. Oxidation protective multilayer coatings for carbon-carbon composites. Carbon,2002(40).

[54] Wen-Cheng,Wei J,Wu Tsung-Ming. Oxidation of carbon/carbon composite coated with SiC/$ZrSi_2$. Carbon,1994(32).

[55] Huang Jian-Feng,Zeng Xie-Rong,Li He-Jun,et. al. Mullite - Al_2O_3 - SiC oxidation protective coating for carbon/carbon composites. Carbon,2003(41).

[56] Huang Jian-Feng,Li He-Jun,Zeng Xie-Rong,et. al. Influence of preparation technology on the microstructure and anti-oxidation property of SiC - Al_2O_3 - mullite multi-coatings for carbon/carbon composites. Applied Surface Science,2006(252).

[57] Huang Jian-Feng,Li He-Jun,Zeng Xie-Rong,et. al. Yttrium silicate oxidation protective coating for SiC coated carbon/carbon composites. Ceramics International,2006(32).

[58] Huang Jian-Feng,Li He-Jun,Zeng Xie-Rong,et. al. Preparation and oxidation kinetics mechanism of three-layer multi-layer-coatings-coated carbon/carbon composites. Surface and Coatings Technology,2006(200).

[59] Huang Jian-Feng,Zeng Xie-Rong,Li He-Jun,et. al. Mullite - Al2O3 - SiC oxidation protective coating for carbon/carbon composites. Carbon,2003(41).

[60] Huang Jian-feng,Zeng Xie-rong,Li He-jun,et. al. Al2O3 - mullite - SiC - Al4SiC4 multi-composition coating for carbon/carbon composites. Materials Letters,2004(58).

[61] Huang Jian-Feng,Liu Miao,Wang Bo,et. al. SiC_n/SiC oxidation protective coating for carbon/carbon composites. Carbon,2009(47).

[62] 李成功,傅恒志,于翘,等. 航空航天材料. 北京:国防工业出版社,2002.

[63] 周曦亚. 复合材料. 北京:化学工业出版社,2005.

[64] 张长瑞,郝元恺. 陶瓷基复合材料. 长沙:国防科技大学出版社,2001.

[65] 于翘. 导弹与航天丛书——液体弹道导弹运载火箭系列:材料工艺. 北京:宇航出版社,1993.

[66] 杨大祥,宋永才. 先驱体法制备连续碳化硅纤维工业化生产的现状与展望. 机械工程材料,2007,31(1).

[67] 陈蓓. 硅酸铝纤维陶瓷基复合材料的性能研究. 重庆大学学报:自然科学版,1997,20(4).

[68] 向阳春,等. 氮化硼陶瓷纤维的合成研究进展. 材料导报,12(2).

[69] Guo J K,Yen T S. Microstructure and Properties of Ceramic Materials [M]. Beijing: Science Press,1984.

[70] 温广武. 不连续体增强熔石英陶瓷复合材料的研究[D]. 哈尔滨:哈尔滨工业大

学,1996.

[71] Vasilos T,et al. Ceram Eng Sci Proc,1993,14(9-10).

[72] 曹峰,李效东,冯春祥.连续氧化铝纤维制造、性能与应用.宇航材料工艺,1999(6).

[73] 冯春祥,范小林,宋永才.21世纪高性能纤维的发展应用前景及其挑战(Ⅱ):含铝氧化物陶瓷纤维.高科技纤维与应用,1999,24(6).

[74] Husing N, Schubert U. Aerogel-Airy Material: Chemistry, Structure and Properties [J]. Angew. Chem. Int. Ed,1998(37).

[75] 沈军,王珏,吴翔.硅气凝胶和它的分形结构[J].物理,1994(23).

[76] Pajonk G M. Catalytic aerogels[J]. Catal Today,1997(35).

[77] 杨南如,余桂郁.溶胶-凝胶法的基本原理与过程[J].硅酸盐通报,1993(2).

[78] Land V D, Harris T M, Teeters D C. Proeessing of Low-Density Silica Gel by Critical Point Drying or Ambient Pressure Drying[J]. Non-Cryst. Solids,2001(283).

[79] 秦国彤,李运红,魏微,等.碳气凝胶结构的形成和控制[J].化工新型材料,2006,34(3).

[80] Herming S, Jarlskog G, Mjornmark U. An Aerogel Cherenkov Counter for the AFS Experiment[J]. Physica ScriPta,1981,23(4).

[81] Buzykaev A R, Danilyuk A F, Ganzhur S F, et al. Measurement of Optical Parameters of Aerogel[J]. Nuclear Instruments and Methods in Physics Research A,1999(433).